U0159344

大容量

特高压直流输电技术

刘泽洪　著

中国电力出版社
CHINA ELECTRIC POWER PRESS

内 容 提 要

本专著以我国率先在世界范围形成的“10GW、分层接入”特高压直流输电成套技术方案和工程设计方案为基础，从系统设计、设备研制到试验调试和试运行，对10GW和分层接入进行系统梳理和提升，以期能对同行有所裨益。

本专著共分为六章，分别为综述、大容量直流输电技术系统方案设计、工程设计、主设备研制关键技术、分层接入特高压直流控制保护系统和工程调试及应用。

本专著可供从事特高压直流工程建设、运行维护的技术人员学习使用。

图书在版编目（CIP）数据

大容量特高压直流输电技术 / 刘泽洪著. —北京：中国电力出版社，2022.8
ISBN 978-7-5198-6404-0

Ⅰ. ①大… Ⅱ. ①刘… Ⅲ. ①特高压输电–直流输电–输电技术–研究 Ⅳ. ①TM726.1

中国版本图书馆CIP数据核字（2022）第000279号

出版发行：中国电力出版社
地　　址：北京市东城区北京站西街19号（邮政编码100005）
网　　址：http://www.cepp.sgcc.com.cn
责任编辑：翟巧珍（806636769@qq.com）
责任校对：黄　蓓　郝军燕
装帧设计：张俊霞
责任印制：石　雷

印　　刷：北京瑞禾彩色印刷有限公司
版　　次：2022年8月第一版
印　　次：2022年8月北京第一次印刷
开　　本：787毫米×1092毫米　16开本
印　　张：17.75
字　　数：430千字
印　　数：0001—1000册
定　　价：148.00元

前　言

我国能源资源大多分布在西部和北部地区，而电力消费集中在东部和中部，如何跨越千里实现能源资源的大范围优化配置，成为摆在我国经济社会发展面前的一道难题。

特高压直流输电技术作为目前世界上电压等级最高、输送容量最大、送电距离最远、技术水平最先进的输电技术，可将经济输电距离由 1000km 延伸至 2000km 以上，是解决我国能源资源与电力负荷逆向分布问题、实施国家“西电东送”战略的核心技术。依托自主创新，我国成功研发了特高压直流输电技术，使“以电代煤、以电代油、电从远方来、来的是清洁电”成为我国能源和电力发展的新常态，为我国经济社会高质量发展提供了坚强动力。

我国攻克了特高电压、特大电流下的绝缘特性、电磁环境、设备研制、试验技术等世界级难题，在过电压抑制与外绝缘配置、直流系统构建、直流设备研制、大电网安全稳定控制、试验体系建设和直流集成技术等方面取得了全面突破，成功研发特高压直流输电技术。同时，通过十余项特高压直流工程实践，构建了完整的特高压直流输电技术、标准和装备体系。

为进一步提高远距离输电效率，减小走廊土地占用，降低输电损耗和建设成本，迫切需要在特高压直流示范工程成功建设的基础上，发展更大容量输电技术，建设新一代特高压直流工程，对于提高我国能源资源大范围高效优化配置能力，加快能源转型升级，构筑稳定、经济、清洁、安全的能源供应体系具有特别重大的意义。大容量特高压直流输电技术需要解决容量提升带来的直流系统设计、交流系统承载、关键设备研制以及电流提升带来的回路过热和损耗控制等难题，国内外没有先例，极具挑战性。

本专著从特高压直流输电技术发展历史出发，深入分析我国能源资源分布特点及消费需求，在总结回顾我国直流输电技术引进、消化吸收、自主创新历程和工程实践基础上，以大容量特高压直流输电技术形成的时代背景、技术特点、研发难点和工程应用为主线，结合作者对特高压直流输电工程建设的深入思考，全面总结了大容量特高压直流输电技术研发过程以及工程实践情况。

本专著通过六章系统阐述了大容量特高压直流输电技术的特点和难点、系统研究与方案设计、大容量特高压直流输电工程换流站设计、直流线路与接地极及其线路设计、主设备研制关键技术、分层接入特高压直流控制保护系统和工程调试及应用等内容，涵盖了方案研究、工程设计、设备研制和工程调试等工程建设的多个环节，可为直流输电技术研究人员、设备制造人员及工程建设人员提供参考，也可为未来直流输电技术的创新发展提供支撑和借鉴。

本专著汇集了直流输电科研、设计、设备、调试等单位的集体智慧和丰富经验，在编写过程中也得到了王绍武、黄勇、郭贤珊、张进、肖鲲、杨鹏程、段昊、蒲莹、杨万开、卢亚军、赵峥、薛英林、于洋、鲁俊、熊凌飞、申笑林、张健、崔博源、李新年、谢国平、周建辉等同志和相关单位的支持和帮助，在此表示诚挚的感谢！盼望更多直流输电从业人员能从本书中得到帮助，共同为我国直流输电的美好未来贡献力量。

限于作者水平，书中难免存有不妥之处，恳请广大读者批评指正！

作　者

2022 年 4 月

目　录

第一章 综 述

能源是经济社会发展的基本保障。随着全球能源资源紧张、气候变化问题的日益加剧，加快能源战略转型，促进能源安全、高效、清洁利用，已成为国际社会的共同使命。我国幅员辽阔，能源资源总量丰富，但能源资源与负荷需求呈逆向分布格局，76%的煤炭分布在北部和西北部地区，80%的水能资源分布在西南部地区，陆地风能主要集中在西部、东北和华北地区，而70%以上的能源消费位于东中部地区。能源资源的自然禀赋决定了“西电东送”成为我国能源发展的重要战略。

我国大型清洁能源基地与东部负荷中心相距1000～3000km，如何安全、经济地将规模庞大的水电、风电、光伏等清洁能源送至负荷中心成为电力系统面临的重大挑战。2010年我国在世界上率先建成向家坝—上海±800kV特高压直流输电工程（简称向上工程），实现了±800kV、6400MW的示范工程突破，此后陆续投运的锦屏—苏南、哈密—郑州、晋北—南京等10项±800kV特高压直流输电工程，因其高度的可靠性、优良的经济性，均已成为推动我国能源结构调整的国家级战略性工程。特高压直流输电技术作为实施西电东送战略的核心技术，在推动能源转型与绿色发展、优化能源配置、保障电力供应、防治大气污染、拉动经济增长、引领技术创新方面发挥了不可替代的作用。

为进一步提高远距离输电效率、减小走廊土地占用、降低输电损耗和建设成本，我国又成功研发新一代更大容量特高压直流输电技术（大容量特高压直流一般指输送容量为10GW及以上的特高压直流）。2017年，我国自主研制成功全套大容量特高压直流设备，建立了设备技术标准体系，建成锡盟—泰州、扎鲁特—青州、上海庙—临沂10GW特高压直流工程，大容量特高压直流工程的建设带动了我国电工装备制造业持续创新发展，增强了我国高端电工装备的竞争力和影响力。未来，随着“西电东送、北电南供”电网格局的形成，远距离、大容量特高压直流工程必将在能源资源大范围优化配置、推动能源转型与绿色发展中发挥更加重要的作用。

第一节 特高压直流输电发展概况

我国于1990年建成国内首个高压直流输电工程，即葛洲坝—上海直流输电工程（±500kV、1200MW），它的投产使我国首次实现了华东和华中两个区域电网的非同步联网。通过引进世界先进的直流输电技术，我国于2003、2004、2007年又相继建成投运了三峡—常州、三峡—广东、三峡—上海3个±500kV、3000MW高压直流输电工程。依托三峡直流工程的建设，在业主的组织下，国内各电力工程科研和设计单位在换流站成套设计、过电压抑制与绝缘配合、直流控制保护策略、电磁环境等方面开展了深入的研究，形成了具有中国特色的较为完善的技术体系和规范。我国设备制造厂通过技术引进和消化吸收、技术合作、自主创新等多种形式，掌握了换流变压器、换流阀、平波电抗器、直流控制保护等关键设备的生产制造技术，为我国特高压直流工程建设奠定了坚实基础。2011 年，国家电网公司自主设计、研发和建设的世界首个±660kV 直流输电工程——宁东—山东直流输电工程建成投运，该工程成功研制出当时世界单台容量最大的换流变压器、容量最大的单 12 脉动换流阀、在国内首次应用 1000mm^2 大截面导线，全面检验了国家电网公司在直流输电领域的自主创新能力。

2004 年，依托《西南水电送出超/特高压技术研究》国家科技攻关计划项目，我国全面启动了±800kV 特高压直流输电经济技术研究工作，首次提出金沙江一期水电送出采用特高压直流输电方案构想，系统性制订了特高压直流关键技术研究总体规划。同时，面对当时国内电力供应紧张局面，提出了建设特高压电网的战略目标，发展特高压的思路由此从设想逐渐变为实践。

特高压直流输电从理论到工程实践开展了一系列的电力技术和设备的研发与创新，国家电网公司自 2004 年对±800kV 特高压直流输电技术开展全面技术攻关，建立了特高压直流试验基地，主要包括户外试验场、试验大厅、污秽及环境试验室、绝缘子试验室、避雷器试验室、特高压直流试验线段、电晕笼、电磁环境模拟试验场，具备特高压电磁环境、外绝缘、系统运行安全、设备试验技术与运行特性等方面的全方位试验研究能力；在河北霸州建立了特高压杆塔试验基地，以开展塔型外形尺寸及设计荷载等研究，满足特高压直流工程杆塔整形试验要求；在西藏拉萨建立了高海拔试验基地，海拔 4300m，由户外试验场、污秽试验室和试验线段三部分组成，作为世界上海拔最高的试验基地，可满足 4000m 及以上输变电线路、设备绝缘和电磁环境特性研究的需要；建立了国家电网仿真中心和特高压直流工程成套设计研发中心，深入系统地开展特高压交直流混合大电网规划、设计建设、运行技术，以及特高压直流系统设计、阀厅设计、设备成套设计、联调试验等仿真试验研究工作，为特高压直流关键技术研发提供了坚实的技术支撑。上述试验基地和仿真实验室的建成，使国家电网公司具备了完善的特高压直流技术研究手段，为特高压直流示范工程的建设提供了坚强技术保障。

2010 年 7 月，历经近六年的自主研究和建设，向上工程建成投运。该工程额定功率 6400MW、输电距离 1891km。向上工程的建成攻克了特高电压、特大电流下的绝缘特性、电磁环境、设备研制、试验技术等世界级难题，表明了我国在过电压抑制与外绝缘配置、直流系统构建、直流设备研制、超大容量直流接入电网的安全稳定控制、试验体系建设和直流集成技术六个方面取得了全面突破。通过工程建设的实践，国家电网公司构建了完整的特高压直流输电技术体系，在系统方案制定和关键设备研制方面取得了大量创新。

首先，提出了特高压直流输电系统方案。我国±800kV 特高压直流输电系统首次确定了每极双 400kV 12 脉动换流器串联的方案，进一步发挥了特高压直流运行灵活、经济性好、可靠性高的优势；采用 800kV 复合外绝缘的技术方案，获得了特高压直流全尺寸绝缘子污闪特性、冰闪特性及其海拔修正方案；提出了±800kV 直流工程电磁环境限制标准和噪声控制方案；提出了±800kV 直流输电系统设备技术规范，确定了设备型式和参数，制定了换流阀、换流变压器、平波电抗器、直流场设备等±800kV直流全套设备技术规范。

其次，研制了特高压直流输电系统全套设备。确定了6in晶闸管及换流阀技术参数，开发了全新的阀塔冷却水路设计方案，升级完善了换流阀机械设计平台；解决了换流变压器绝缘结构设计难题，研制了阀侧套管和出线装置，解决了换流变压器局部放电难题；开发了平波电抗器设计程序，确定了降噪措施和电磁屏蔽结构；研制了特高压直流穿墙套管、直流避雷器、直流支柱绝缘子、测量装置、直流转换断路器、直流控制保护系统等换流站全套设备，突破了特高压直流设备制造难题。

为进一步提高能源输送效率，提高电网运行安全性和社会综合效益，更好保护生态环境，满足更大规模、更远距离电力输送要求，特高压直流输电在继承原有创新基础上，在更大输送容量、更高电压等级及特高压直流接入特高压交流的方式方面又取得了一系列持续性创新：

首先，特高压直流输送容量持续提升。继向上工程之后，国家电网有限公司（简称国家电网公司）相继建成了锦屏—苏南、哈密南—郑州、溪洛渡—浙西、宁东—浙江、酒泉—湖南、晋北—江苏±800kV特高压直流工程，额定输送容量从6400MW分别提升至7200MW和8000MW，锡盟—泰州、扎鲁特—青州、上海庙—临沂三项±800kV特高压直流工程的额定直流电流6250A，额定容量达到10GW。上述工程在促进清洁能源基地开发，提高能源利用效率，扩大新能源消纳范围，缓解东中部地区电力供需矛盾和环境保护压力方面发挥了重要作用。“特高压±800kV直流输电工程”因其在能源资源开发利用方面的显著优势和对经济社会发展的卓越贡献，荣获2018年度国家科学技术进步特等奖。

其次，特高压直流系统接入特高压交流系统方案更加灵活。锡盟—泰州等10GW特高压直流工程，由于单个输电系统的输送容量巨大，全部送入500kV电网，除造成换流站交流出线太多而造成选址困难、线路走廊紧张外，直流故障对电网的冲击也越来越大，对500kV电网安全稳定造成不利影响。因此，该三项工程的受端换流站均采用了分层接入500kV/1000kV交流系统的方案，借助交流特高压实现更大范围的电力资源消纳。

最后，特高压直流电压等级进一步提升。我国新疆准东新能源与火电打捆外送以及跨国输电等项目输电距离超过3000km，采用±800kV直流输电，线损将超过10%。因此，需要利用更高电压等级直流输电技术，在降低损耗的同时提高输电容量，进一步发挥特高压电网大范围、大规模、高效率优化配置资源的能力。

截至2021年7月，国家电网公司已累计建成13条特高压直流输电工程。工程的成功建设和稳定运行，全面验证了特高压直流输电的安全性、经济性和优越性，特高压直流输电作为能源资源优化配置的有效载体，已成为构建能源互联网的坚强支撑，成为推动我国经济社会可持续发展的重要力量。

第二节 大容量特高压直流输电技术特点

2017年9月30日，锡盟—泰州±800kV特高压直流工程（简称锡泰工程）完成168h试运行，全面建成投产。该工程是世界上首个额定容量达到10GW、受端换流站分层接入500kV/1000kV交流电网的±800kV特高压直流工程（“分层接入”是指特高压直流换流站各极串联的 2 个 12 脉动换流器，通过各自换流变压器接入两个不同交流场的换流母线，两个交流场在远端存在或强或弱的联络）。锡泰工程的建成投产是国际高压直流输电领域的重要里程碑，创造了新的世界纪录。此前国际高压直流输电工程的最高额定容量为 8GW，最高接入系统电压为交流 750kV。继锡泰工程之后，国家电网公司又建成扎鲁特—青州、上海庙—临沂特高压直流工程，此三项特高压直流工程（简称三直工程）额定容量均达到 10GW。

±800kV/10GW 特高压直流输电工程额定直流电流首次提升至 6250A，受端每极的高压、低压端换流器分别接入 500kV/1000kV 交流电网，实现了特高压直流输电技术的持续性创新。依托“三直”工程，科研、设计、制造、试验、施工、调度、运行单位和各领域专家进行了联合攻关，历时 5 年时间，按照容量越高、电压越高、可靠性要求就越高的原则，我国在世界上率先攻克了超大容量直流输电与分层接入的系统设计、控制策略与保护原理，以及设备制造难题，提出了成套技术方案和工程设计方案，成功研制可铁路运输的超大容量换流变压器、网侧接入 1000kV 特高压交流系统的换流变压器、载流能力更大的直流穿墙套管和换流变压器阀侧套管、6250A 晶闸管及换流阀、分层接入控制保护设备、高电气寿命 1100kV 柱式交流滤波器小组断路器、8 分裂 $1250mm^2$ 大截面导线等全套直流新设备，代表了当前国际特高压直流输电技术和设备的最高水平。

一、直流系统技术方案特点

由于±800kV、10GW 特高压直流输电工程额定电流及容量的提升，原有±800kV 特高压直流工程技术方案不再适用，必须从直流系统成套层面进行全新的顶层设计，制订技术可行、经济合理的整体技术方案。

主回路结构方面，由于直流系统额定输送容量达到 10GW，依靠 500kV 交流电网实现全部负荷的就地消纳十分困难，为充分发挥特高压交流电网的大范围资源配置能力，工程受端换流站采用分层接入 500kV/1000kV 交流电网方案，为降低高端换流变压器的制造难度和减少工程投资，采用高端换流变压器接入交流 500kV、低端换流变压器接入交流 1000kV 方式。受端高、低端换流器接入不同交流电网，交流系统运行特性存在差异，为真实准确反映高、低端换流器运行特征，配置了高、低端换流器中点 400kV 直流分压器。图 1-2-1 为大容量特高压直流受端分层接入交流系统主回路示意图。

采用分层接入方案，高、低端换流变压器短路阻抗选择成为 10GW 工程必须面对的重要问题，通过分析不同短路阻抗对直流系统运行的影响，以及综合考虑阀短路电流、运行中的最大换相角和无功消耗等因素，结合换流变压器生产制造及运输限制，最终确定受端高、低端换流变压器短路阻抗均采用 20%的技术方案。

过电压绝缘配合方面，采用分层接入方案时，高、低端换流器中点将叠加一定的谐波电压，抬高了 MH、CBH 避雷器的持续运行电压、参考电压、保护水平及设备绝缘水平，使得送、受端换流站高端设备的绝缘水平整体增加；由于额定电流提升 25%，部分避雷器能量显著增加。

无功功率平衡与控制方面，两个电压等级的交流系统具有不同的运行特性，针对不同电压等级电网的特性选择不同的滤波器和低压无功补偿设备的配置方案。

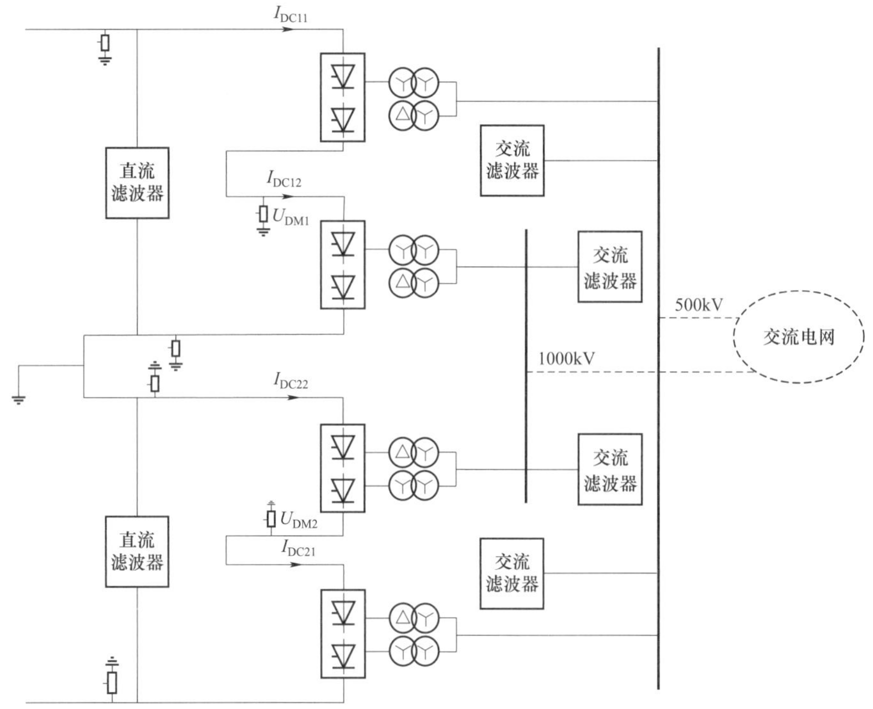

图 1-2-1　大容量特高压直流受端分层接入交流系统主回路示意图

换流站布置方面，受端换流站与交流特高压站合建，首次采用“一字形”布置换流站阀厅，通过优化防火墙间距，减少了占地面积。

二、设备研制难点

±800kV、10GW 特高压直流输电工程可靠性要求更高，需新研发 24 大类、50 余种新设备，涉及大量新技术、新结构、新工艺，极具挑战性。设备研制面临容量增大、温升控制、损耗限制、运输尺寸限制等多个难题。

（一）一次设备

换流变压器方面，10GW 工程换流变压器容量较哈密—郑州、溪洛渡—浙西±800kV 特高压直流输电工程增加了 25%，因运输尺寸和质量不能增加，温升控制及绝缘设计难度大幅增加，通过采用新的弧形油箱和优化的绝缘结构，保证了绕组绝缘距离、磁密、电密等控制指标与常规换流变压器相比不增加，且总损耗在相同水平。换流变压器采用强油导向冷却方式，在容量增大 25%的不利条件下，绕组实测温升均在设计值以内，且达到了更优的水平。面对绝缘设计与温升控制双难题，网侧采用结构简洁、无分裂线圈的端部出线结构，解决了绝缘和机械对开孔要求的矛盾。采用大体积复合屏蔽新结构，解决了大电流下的漏磁屏蔽难题。

换流阀方面，额定电流从 5000A 提升至 6250A，晶闸管通流能力增加，导致晶闸管关断时间面临挑战和损耗增加，通过增加有效导流面积、降低通态压降、改进制造工艺等创新技术，优化换流阀电气设计，以及采用新的冷却系统，通过新型晶闸管的研制，解决了主通流回路损耗增加带来的温升难题。

交流滤波器小组断路器方面，面对频繁的容性电流开合、高达 2900kV 的恢复电压、120ms 直流分量时间常数等挑战，设备厂研发了新的灭弧室，提出双柱、四个压气式灭弧室串联、双台操动机构的技术方案，提高容性电流开断能力，开展 C2 级裕度试验，进行 0.4*g* 加速度真型试验，成功研制了 1100kV 交流滤波器小组断路器。

直流场通流设备方面，平波电抗器质量从 60t 增加到 94t，包封层数从 22 层增加到 25 层，利用仿真指导设计，实现了电流提升后平波电抗器各包封层温升均匀分布；直流转换开关主转换开关从两断口增加至三断口，通过提高电弧电压提升振荡回路能力，保证大直流电流下有效过零，增加并联回路提升稳态通流能力，每个分支的长期通态电流均小于 5000A；换流变压器、阀厅及直流场的金具与接头方面，提高了电流密度控制裕度，将电流密度允许值降低到 5000A 时的 0.8 倍，电流密度控制值更低。

直流输电线路方面，采用 $8\times1250\text{mm}^2$ 大截面导线，研制国内截面最大的五种型号 1250mm^2 大截面导线，其中钢芯成型铝绞线和铝合金芯成型铝绞线两种类型、三种规格型线导线为国际首创。研发了八分裂导线全套金具，研制了具有蛇节端头的接续管保护装置及大截面导线配套施工机具，系统总结以往导线压接、金具制造、施工经验，全方位优化提升质量，采用 4×“一牵二”架线施工方案，保障了工程施工质量。

（二）控制保护设备及运行控制策略

大容量特高压直流系统受端分层接入 500kV/1000kV 交流系统时，存在“交流侧分层、直流侧耦合”的特征，须结合分层接入工程受端两交流系统的耦合紧密度、无功补偿设备独立配置、换流变压器及系统特性存在差异、直流电流共电流回路等特点，制订与之相适应的控制保护策略。

基于“三直”工程的成功建设，分层接入特高压直流工程控制保护取得了新的技术突破：

一是提出了适用于直流正、反送等多种运行方式的控制策略。非分层接入换流站与在运特高压直流工程一致，正送时控制直流电流，反送时控制直流电压；分层接入换流站利用高、低端换流器间的中点分压器，正送时对高、低端换流器分别进行独立的直流电压控制，反送时控制直流电流。实现了分层接入侧高、低端换流器的电压平衡。

二是确定了高、低端换流器中点分压器故障时的控制保护措施，保障了中点分压器测量异常时直流系统的运行可靠性。

三是制订了分层接入直流系统的保护配置方案，保护配置兼顾不同交流系统及串接换流器之间的故障耦合，实现了保护的选择性、灵敏性、速动性和可靠性的要求。

基于大容量特高压直流输电技术，±800kV 特高压直流工程的输电容量从 8GW 提升至 10GW、受端换流站分层接入 500kV/1000kV 交流系统，特高压直流建立了与特高压交流的直接联系，进一步扩大了直流大容量、远距离输电的技术优势和成本优势，同时，为多端直流系统的发展打下了良好的基础。大容量特高压直流输电技术为强交流、强直流相互配合、相互支撑的坚强智能电网的构建提供了关键技术支撑。

第二章　大容量直流输电技术系统方案设计

直流系统容量的提升及大容量直流系统受端分层接入技术的采用，给系统安全稳定、直流系统主回路设计、交流滤波器设计及过电压绝缘配合等方面带来了诸多挑战。随着直流容量的提升，一次设备容量也随之提升，同时直流故障引发的功率波动也随之增大，需要进行设备参数设计、系统安稳策略及过电压特性方面针对性的研究。此外，直流系统受端由单点接入转变为分层接入后，直流系统运行方式、过电压绝缘配合、受端不同电压等级系统间的相互影响等方面也会面临一些新的问题。

第一节　系　统　研　究

一、概述

直流系统接入交流电网后，其运行及故障会在不同程度上影响交流系统的潮流稳定，并引发一系列过电压问题。直流输送容量的增加，加大了直流系统对交流系统潮流稳定及过电压的影响程度。受端分层接入技术的采用，使受端交流系统安全稳定问题分析及直流系统运行方式设计愈加复杂，同时也引发了两种不同电压等级电网间通过直流系统耦合的问题。因此，需要对大容量直流接入系统引发的潮流稳定、过电压特性及特高压交流主变压器充电产生的励磁涌流对大容量分层接入直流系统的影响等问题进行深入研究。

二、大容量直流接入系统潮流稳定问题研究

随着特高压直流输送容量的增加，单点接入方式可能会在潮流疏散、电压支撑等方面引发一系列问题，针对 10GW 及以上的特高压直流输电工程创新性地使用分层接入技术，对于缓解潮流疏散压力，提高电网安全稳定水平方面具有一定改善作用。本节重点分析特高压直流分层接入技术对电网的潮流分布和稳定控制带来的影响。

（一）潮流疏散

特高压直流分层接入方式下，直流换流站高、低端分别接入 500、1000kV 受端交流系统，其阻抗分配和潮流分布情况如图 2－1－1 所示。图 2－1－1 中 i、j 分别为 1000、500kV 换流母线，k、l 分别为直流分层接入的 1000、500kV 母线，z_l 为负荷阻抗，z_{ik}、z_{jl} 为线路阻抗，z_k、z_l、z_{kl}、z_{kj} 为等效（联系）阻抗，I_{d1}、I_{d2} 为分层注入交流电网的电流。

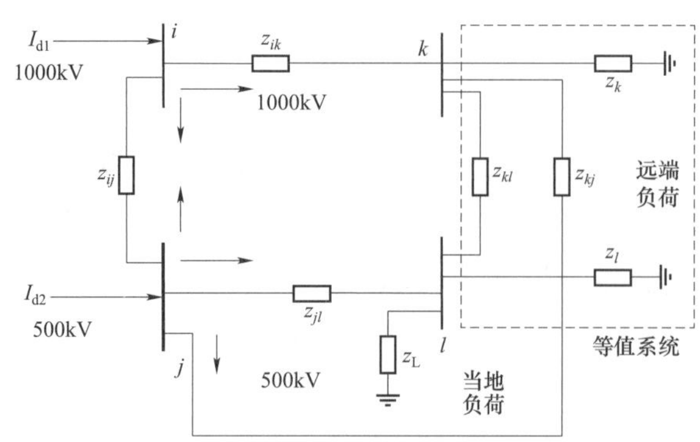

图 2-1-1 分层接入方式层间阻抗分配和潮流分布模型示意图

根据叠加原理，分别单独考虑 I_{d1}、I_{d2} 作用结果的叠加，即得到潮流分布。由于层间联系阻抗的作用，当电流从 1000kV 侧注入时，电流倾向于多向 1000kV 侧分配，从 500kV 侧注入时，倾向于多向 500kV 侧分配。

在 l 站接入较大负荷时，负荷阻抗 z_l 变小，500kV 等值阻抗减小，从而增加 500kV 侧的电流分配；而当 l 站接入负荷较少时，负荷阻抗 z_l 变大，500kV 等值阻抗增大，增加 1000kV 侧的电流分配。因此，从功率分配的角度，采用分层接入有助于兼顾当地负荷与剩余功率通过 1000kV 电网转移输送，可以有效避免直流功率全部接入 500kV 系统引起的潮流疏散困难等问题。与串联补偿装置、移相器、统一潮流控制器（UPFC）等通过改变网络参数或附加电势来改变潮流分布的手段不同，特高压直流分层接入方式通过分开在两级电网注入功率，更加灵活主动地引导潮流在不同电压层级间合理分布，充分发挥两级电网输电能力。

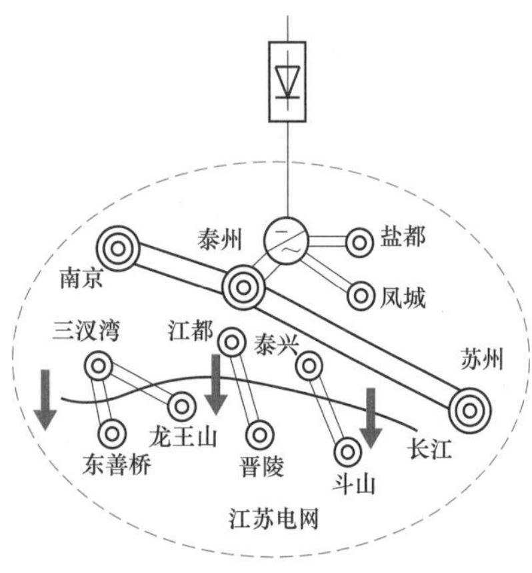

图 2-1-2 落点江苏特高压直流接入系统示意图

以落点江苏特高压直流为例，如图 2-1-2 所示，直流输送 8GW 方式下，本地消纳 490 万 kW，其余 310 万 kW 转送苏南地区。直流直接接入 1000kV、分层接入 1000kV/500kV、直接接入 500kV 三种方案下，江苏 500kV 苏北—苏南过江通道潮流分别为 770 万、865 万、970 万 kW。过江通道任一线路 $N-1$ 跳闸，直接接入 500kV 方案下潮流最重，其中江都—晋陵线路 $N-1$ 后功率达 233 万 kW，如表 2-1-1 所示，逼近热稳定极限，而其他两种接入方式下，还有较大热稳定裕度。

表 2-1-1 直流不同接入方式下的潮流疏散情况

过江通道	线路有功功率（MW/回，正常方式/N-1 方式）		
	直接接入 1000kV	分层接入 1000kV 及 500kV	直接接入 500kV
三汊湾—东善桥	952/1501	966/1533	986/1537
三汊湾—龙王山	947/1332	974/1362	955/1371
江都—晋陵	1215/1912	1407/2080	1597/2334
泰兴—斗山	737/1152	980/1521	1314/2186

（二）多馈入短路比

对于分层接入的特高压直流，等效接线方式可进一步简化成如图 2–1–3 所示。其短路比计算可沿用多馈入短路比，每个换流母线均需参与多馈入短路比计算。

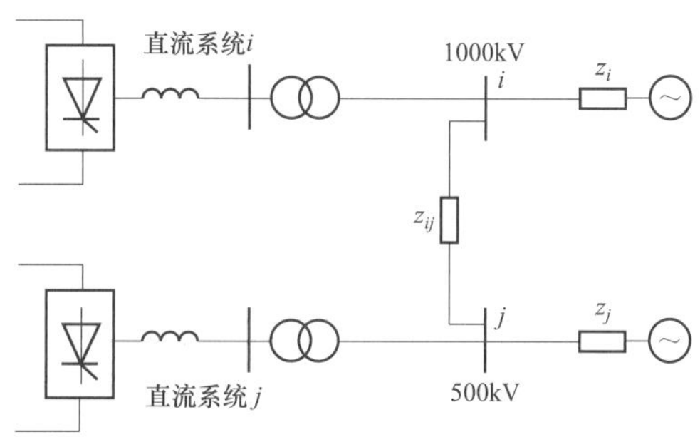

图 2–1–3 特高压直流分层接入方式等效接线方式图

多馈入短路比计算公式

$$MSICR_i = \frac{S_{aci}}{P_{di} + \sum_{j=1, j\neq i}^{n} \frac{\Delta U_j}{\Delta U_i} P_{dj}} = \frac{1}{\left|Z_{eqii}\right| P_{di} + \sum_{j=1, j\neq i}^{n} \left|Z_{eqij}\right| P_{dj}} \tag{2-1-1}$$

其换流母线 i、j 节点导纳矩阵如式（2–1–2）所示

$$\boldsymbol{Y} = \begin{bmatrix} \frac{1}{z_i} + \frac{1}{z_{ij}} & -\frac{1}{z_{ij}} \\ -\frac{1}{z_{ij}} & \frac{1}{z_j} + \frac{1}{z_{ij}} \end{bmatrix} \tag{2-1-2}$$

等效阻抗

$$Z_{eqii} = \frac{z_i z_{ij} + z_i z_j}{z_{ij} + z_i + z_j} \tag{2-1-3}$$

$$Z_{eqjj} = \frac{z_j z_{ij} + z_i z_j}{z_{ij} + z_i + z_j} \tag{2-1-4}$$

$$Z_{eqij} = Z_{eqji} = \frac{z_i z_j}{z_{ij} + z_i + z_j} \tag{2-1-5}$$

计算中需要注意：

（1）需对接入的两个母线 i 和 j 分别计算多馈入短路比，即对 n 个分层接入的直流换流站，需计算 $2n$ 个换流站母线的多馈入短路比。

（2）保留分层接入交流电网的换流站 1000kV 和 500kV 母线，计算全系统节点导纳矩阵，形成戴维南等值网络。

（3）每层直流送出功率 P_{di} 和 P_{dj} 均为原直流容量的 1/2。

下面比较直流单层接入方式与分层接入方式短路比。

对单层接入方式：为便于比较，直流单层接入方式可视为 2 个容量减半的直流

接入同一母线，即 i 和 j 为同一母线，$z_{ij}=0$，则节点阻抗矩阵中所有自阻抗和互阻抗相等，即

$$Z_{eqii}=Z_{eqij}=Z_{eqji}=Z_{eqjj}$$

直流单层接入方式

$$MSICR_{id}=\frac{1}{\left|Z_{eqii}\right|\frac{P_d}{2}+\left|Z_{eqij}\right|\frac{P_d}{2}}=\frac{1}{\left|Z_{eqii}\right|\frac{P_d}{2}+\left|Z_{eqii}\right|\frac{P_d}{2}} \quad (2-1-6)$$

对分层接入方式，由式（2－1－6）可知

$$MSICR_{is}=\frac{1}{\left|Z_{eqii}\right|\frac{P_d}{2}+\left|Z_{eqij}\right|\frac{P_d}{2}} \quad (2-1-7)$$

由于存在层间联系阻抗 Z_{ij}（$Z_{ij}>0$），由式（2－1－3）～式（2－1－5）可知，$Z_{eqii}>Z_{eqij}$，分层接入方式与单层接入相比：$MISCR_{is}>MISCR_{id}$。

因此，分层接入方式的 1000kV 和 500kV 母线短路比均高于单层接入方式的 1000kV 和 500kV 母线短路比。

以图 2－1－2 所示系统为例，从表 2－1－2 计算结果可以看出，几种接入方案中，分层接入方案的多馈入短路比均最高，接入 500kV 方案的多馈入短路比均最低，交流电网对直流系统的电压支撑能力最弱。

表 2－1－2　　直流不同接入方式下的多馈入短路比

直接接入 1000kV	直接接入 500kV	分层接入 1000kV/500kV
4.43	3.83	4.88 / 4.58

（三）换相失败

常规接入方式下，受端高、低端换流器接入同一个交流系统，如果交流系统发生较严重接地故障，两个换流器均发生换相失败。

分层接入方式下，高端换流器接入 500kV 交流电网，低端换流器接入 1000kV 交流电网，高、低端换流器交流母线之间具有一定电气距离（变压器和线路）。交流系统故障可能仅导致高端或低端换流器换相失败，不会必然导致高端和低端换流器同时换相失败，如图 2－1－4 所示。与高、低端换流器接入同一交流母线的情况相比，对系统的影响有所改善。

（四）换流器闭锁故障类型

分层接入方式下，新增单层闭锁类型，所有故障类型如图 2－1－5～图 2－1－8 所示。由于高、低端接入系统位置不同，高、低端单换流器闭锁，以及高、低端单层闭锁对受端系统影响不同。可能引起受端系统换流站近区潮流大幅转移，导致近区主变压器或交流线路过载。在安全稳定控制策略计算时，应注意考虑各种不同换流器闭锁故障类型。

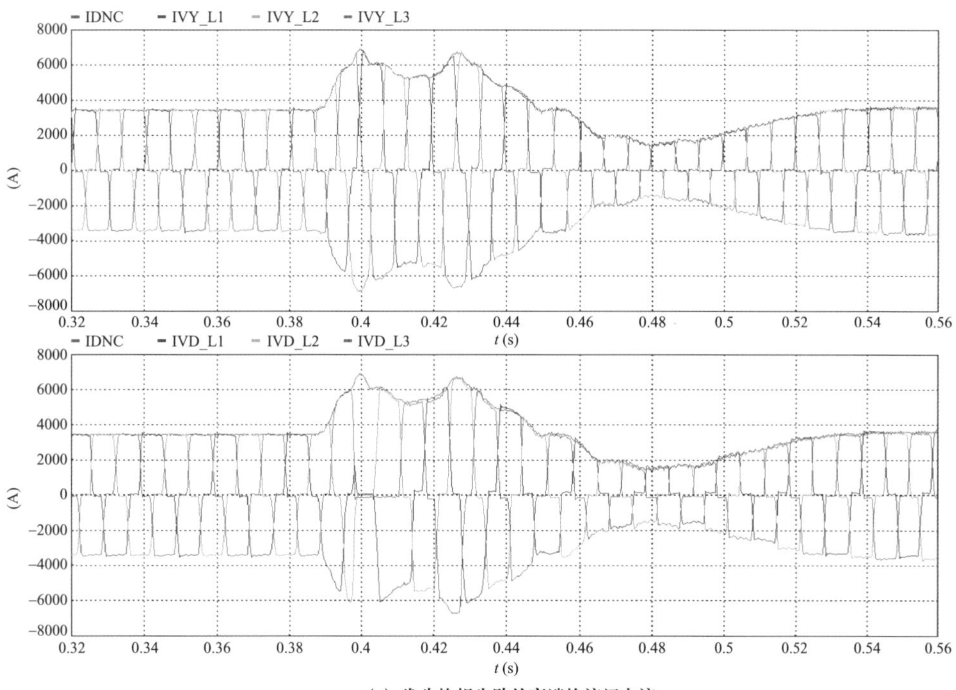

(a) 发生换相失败的高端换流阀电流

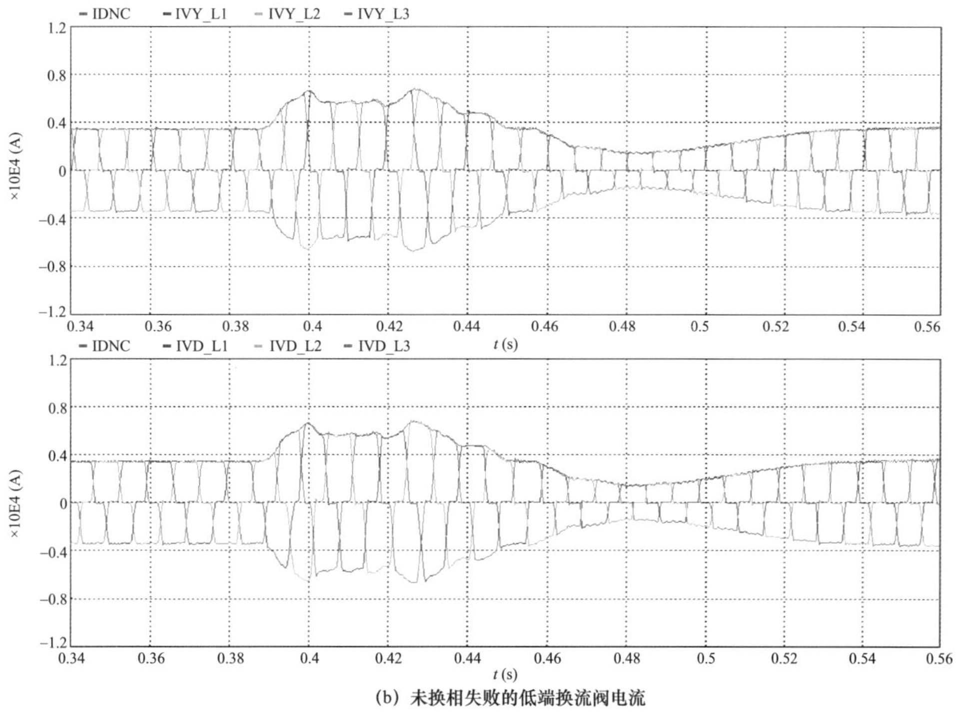

(b) 未换相失败的低端换流阀电流

图 2－1－4　500kV 换流母线单相接地 0.1s，残压 70%，
高端换流器换相失败，低端换流器未换相失败

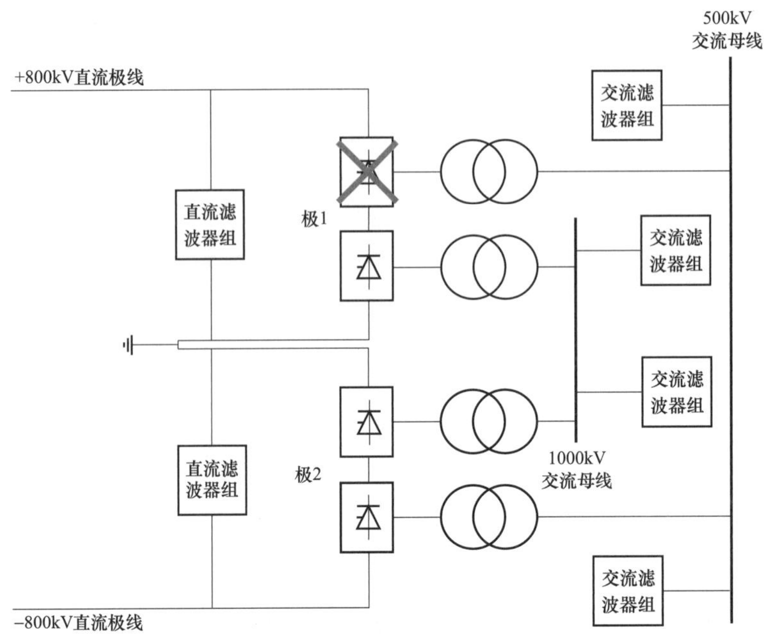

图 2–1–5　单换流器闭锁方式

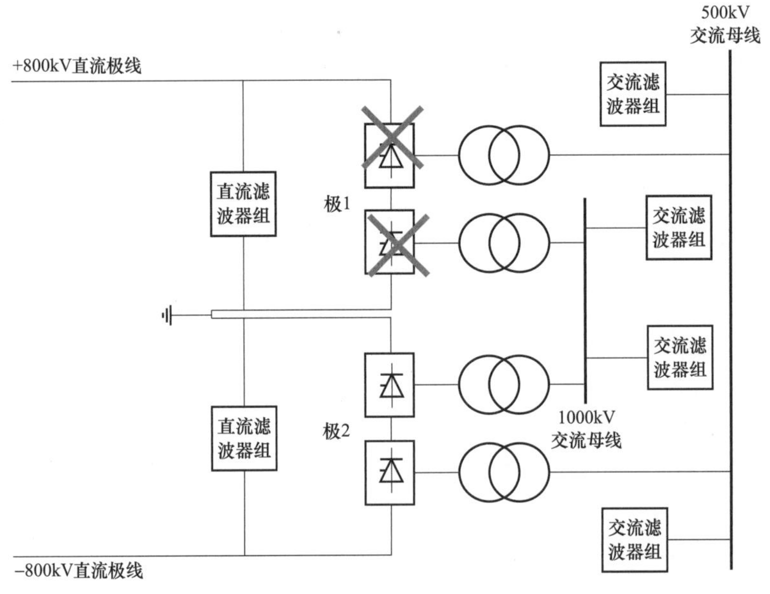

图 2–1–6　单极闭锁故障方式

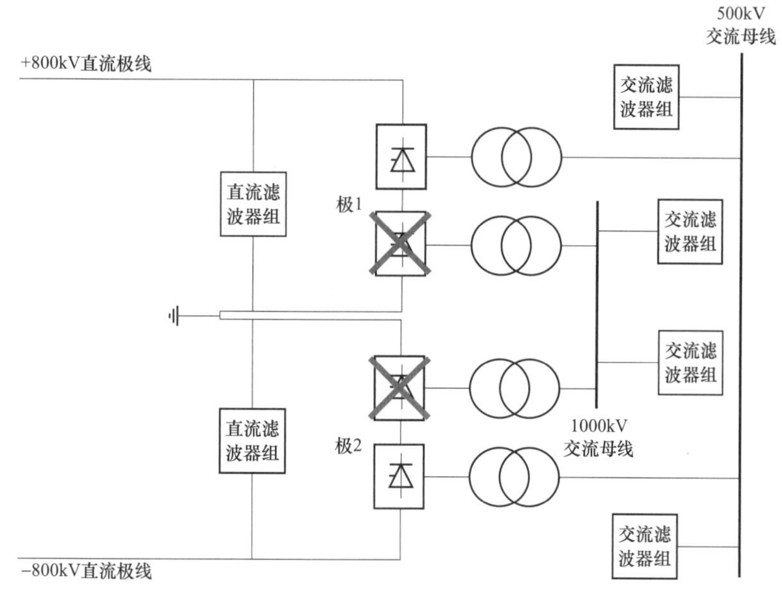

图 2-1-7　单层闭锁故障方式

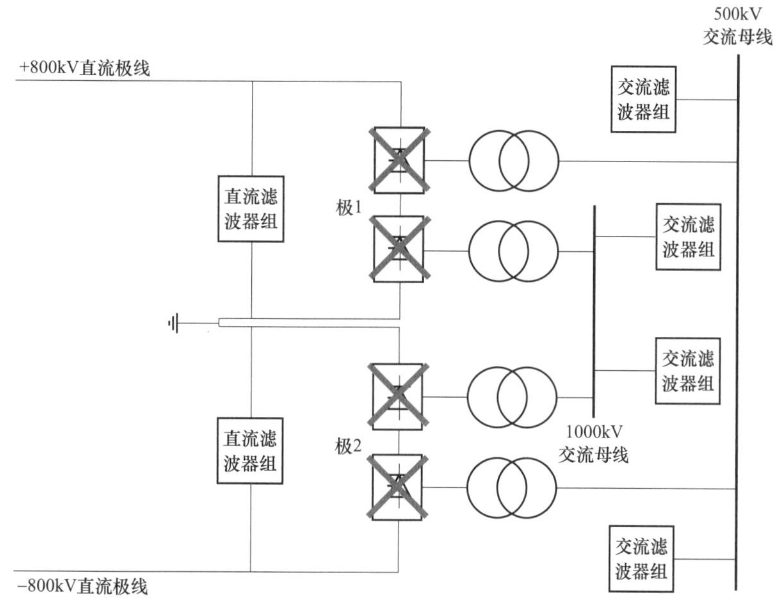

图 2-1-8　双极闭锁故障方式

（五）双极功率控制模式

常规直流接入方式下，不同换流器间功率转带对受端系统的影响仅体现在换流母线上，需关注所有在运换流器功率之和。

分层接入方式下，高、低端换流器在受端系统接入位置不同，因此不同换流器间功率转带可能导致两个换流母线间的潮流转移，使系统变化更加复杂。考虑单换流器故障退出（以极 1 为例），直流双极功率不同控制模式下功率转带共有 9 种可能，如表 2－1－3 所示。从表 2－1－3 中可以看出，功率转带对系统的影响要根据具体情况具体分析，特殊情况下功率转带可能恶化近区线路或主变压器过热稳问题，在方式安排或安全稳定控制措施设计时要充分考虑。

表 2－1－3　　双极不同功率控制模式对极 I 故障退出时功率变化的影响

极 2 控制模式	极 1 控制模式		
	极电流控制	单极功率控制	双极功率控制
极电流控制	退出单个换流器对其他换流器功率没有影响	退出单个换流器引起的功率变化由本极换流器承担，直到最大承担能力	退出单个换流器引起的功率变化由本极换流器承担，直到最大承担能力
单极功率控制	退出单个换流器对其他换流器功率没有影响	退出单个换流器引起的功率变化由本极换流器承担，直到最大承担能力	退出单个换流器引起的功率变化由本极换流器承担，直到最大承担能力
双极功率控制	退出单个换流器引起的功率变化由极 2 两个换流器平均承担	退出单个换流器引起的功率变化首先由本极换流器承担，直到最大承担能力；剩余变化功率由极 2 两个换流器平均承担	退出单个换流器引起的功率变化由两极所有换流器平均承担

控制对策包括：一是综合考虑所有控制模式，按最严重的工况假定运行方式和控制策略；二是针对不同控制模式、不同故障类型安排不同的运行方式和安全稳定控制措施策略，每种模式均需制定不同的对策；三是研究只在同层间进行功率转带的控制技术。

三、大容量直流接入交流系统过电压特性及控制措施

特高压直流逆变侧分层接入交流电网是国内外首次将±800kV 特高压直流系统接入 1000kV 特高压交流系统中，需重点关注换流站中 1000kV 交流母线工频暂时过电压和操作过电压水平，研究解决特高压直流逆变侧接入 1000kV 特高压交流电网的过电压问题，为特高压换流站 1000kV 交流侧空气间隙距离的选取和绝缘配合提供依据。

（一）特高压直流分层接入方式

特高压直流逆变侧分层接入交流电网方式可考虑两种方案。方案一：是特高压换流站和特高压变电站合建，特高压变电站中有多台特高压变压器，换流站 1000kV 侧有多回交流线路出线，相应的网架结构见图 2－1－9。方案二：是特高压换流站和 500kV 变电站合建而不与特高压变电站合建，换流站 1000kV 侧交流线路出线较少，相应的网架结构见图 2－1－10。双极高端换流变压器均接入 500kV 交流母线，双极低端换流变压器均接入 1000kV 交流母线，交流滤波器和无功补偿装置也分别接入 500kV 和 1000kV 交流母线。

特高压交流线路导线型号为 8×JL/G1A－630/45，1000kV 特高压交流输电线路采用频率

相关模型，避雷器额定电压为828kV。±800kV 直流输电工程中整流和逆变站均采用双极，每极 400kV+400kV 两个 12 脉动换流器串联接线方式。直流电流额定值为 6250kA，双极额定输送功率 10GW。整流站装设 BP11/BP13、HP24/36、HP3 交流滤波器和并联电容器组，逆变站装设 HP12/24、HP3 交流滤波器和并联电容器组。在方案一中整流站交流滤波器和并联电容器组总容量为 5255Mvar；逆变站交流滤波器和并联电容器组总容量为 6595Mvar，其中 3315Mvar 接入 500kV 交流母线，3280Mvar 接入 1000kV 交流母线。在方案二中整流站交流滤波器和并联电容器组总容量为 5840Mvar；逆变站交流滤波器和并联电容器组总容量为 6250Mvar，其中 3010Mvar 接入 500kV 交流母线，3240Mvar 接入 1000kV 交流母线。

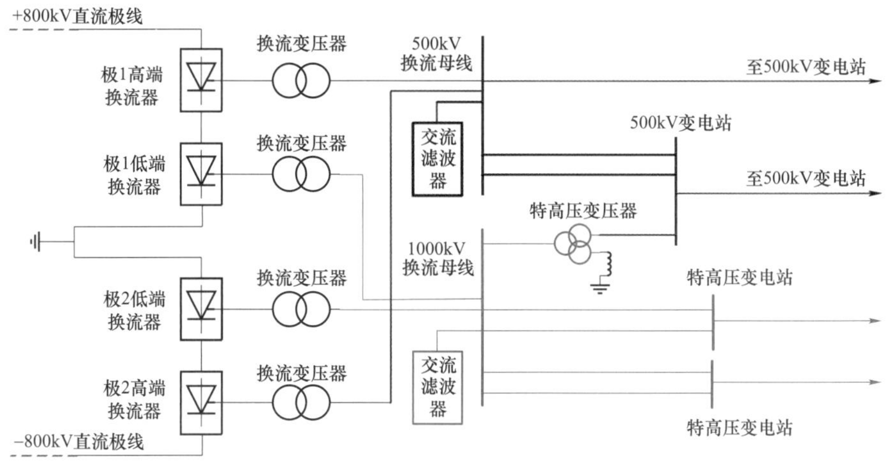

图 2-1-9　方案一电网网架结构

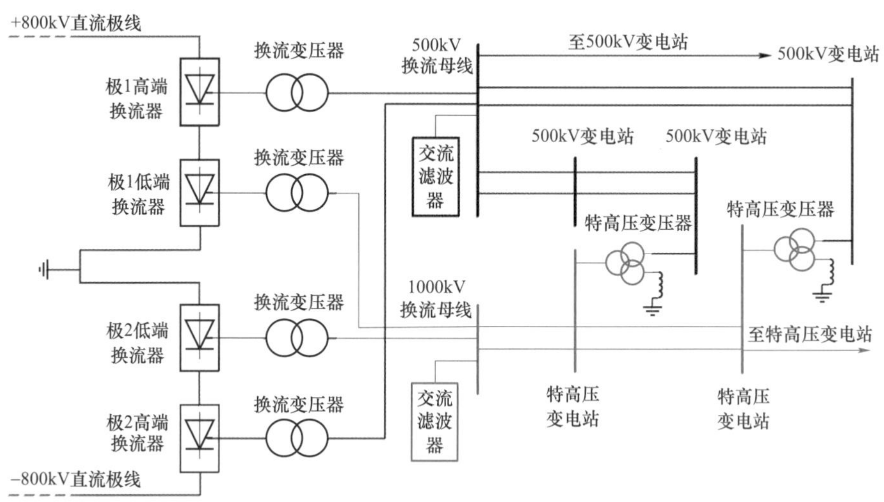

图 2-1-10　方案二电网网架结构

（二）1000kV 侧工频暂时过电压

工频暂时过电压是避雷器额定电压和设备绝缘能力选择的重要依据。对于分布参数线路，当末端空载时，由于电容效应，不仅使线路末端电压高于首端，而且使线路首末端电压高于电源电势，即空载长线路的工频电压升高。当系统中发生不对称短路时，短路电流的零序分量会使健全相出现工频暂时过电压的升高。当输电线路重负荷运行时，由于某种原因使线路突然跳闸甩负荷，也是造成工频暂时电压升高的另一重要原因。由于直流输送功率大，当直流甩负荷，即双极闭锁时，也会产生工频暂时过电压。因此，对工频暂时过电压影响较大的工况主要有以下三种：

（1）交流单回线路末端三相甩负荷（或称三相无故障跳闸）。

（2）交流单回线路末端单相接地，线路末端三相分闸。

（3）直流甩负荷（双极闭锁）。

特高压直流分层接入方式两种方案下，换流站 1000kV 侧交流母线工频暂时过电压如表 2－1－4 和表 2－1－5 所示。

表 2－1－4　　方案一逆变站 1000kV 侧工频暂时过电压（标幺值）

类型	运行方式	计算工况	相地	相间
无故障甩负荷	交流出线单回运行	甩负荷	1.02	1.71
接地甩负荷	交流出线单回运行	甩负荷	1.03	1.72
直流甩负荷	交流出线单回运行	直流双极闭锁	1.21	2.12

表 2－1－5　　方案二逆变站 1000kV 侧工频暂时过电压（标幺值）

类型	运行方式	计算工况	相地	相间
无故障甩负荷	交流出线双回运行	甩负荷	0.95	1.65
接地甩负荷	交流出线双回运行	甩负荷	0.95	1.65
直流甩负荷	交流出线单回运行	直流双极闭锁	1.17	1.85

由表 2－1－4 和表 2－1－5 对比可知：方案一中交流单回运行，直流双极闭锁时 1000kV 母线侧工频暂时过电压最高，相对地过电压标幺值为 1.21，相间过电压标幺值为 2.12；方案二中交流出线单回线运行，直流双极闭锁时 1000kV 母线侧工频暂时过电压最高，相对地过电压标幺值为 1.17，相间为过电压标幺值为 1.85。两种方案中，工频暂时过电压最大值均在直流双极闭锁时产生，主要是特高压直流输送大容量时，直流双极闭锁将导致大量负荷消失，在换流母线上产生过电压比其他工况大，同时因网架结构不同，方案一比方案二的工频暂时过电压略高，但均在允许范围内。

（三）1000kV 侧操作过电压

操作过电压包括正常分合空载线路或变压器等，也包括各类故障。由于“操作”使系统的运行状态发生突然变化，导致系统内部电感、电容元件之间电磁能量的互相转换。换流母线同时连接着交流电网和直流系统，与传统交流操作过电压相比还需考虑直流运行情况。因此操作过电压研究时需考虑以下 6 种方式：

（1）合空线和单相重合闸过电压。

（2）空载变压器合闸过电压。

（3）特高压交流线路换流站侧发生单相永久性短路故障，考虑单相重合闸，重合闸不成功跳三相。

（4）特高压直流紧急停运。

（5）特高压交流线路单回运行时，换流站侧发生单相永久性短路故障，不考虑单相重合闸，直接跳三相。

（6）特高压交流线路单回运行时，无故障最后 1 台断路器跳闸。

由于方案一中逆变站交流特高压出线有多回，而且有特高压变压器，因此不考虑第（5）、（6）条特高压交流线路单回运行工况；方案二中逆变站站交流出线少，不考虑第（1）、（2）条，合空线和空载变压器合闸工况。

过电压的幅值受到很多因素的影响，如系统参数、结构和运行方式、三相断路器合闸相位和不同期以及直流闭锁时间等随机因素。采用统计计算的方法，统计计算 100 次，选取 2%统计过电压。开关动作时间按照均匀分布。每次合闸的随机产生的合闸时间补加附加选择的随机偏移时间

$$T_{\text{close}} = T_{\text{random}} + T_{\text{offset}} \tag{2-1-8}$$

$$T_{\text{offset}} = \left(\frac{1/STATFR}{360}\right)[(1-\alpha)DEGMIN + \alpha DEGMAX] \tag{2-1-9}$$

式中　T_{close}——合闸时间；

T_{random}——产生的随机合闸时间；

T_{offset}——附加选择的随机偏移时间；

$STATFR$——频率，50Hz；

$DEGMIN$——最小角度 0°；

$DEGMAX$——最大角度 360°；

α——0.0～1.0 单位区间内均匀分布的随机数。

特高压线路断路器装 600Ω 合闸电阻，考虑分散性，接入时间为 8～11ms。断路器未装分闸电阻。三相断路器合闸最大时差为 5ms，分闸最大时差为 3ms。

表 2-1-6 和表 2-1-7 分别为两种方案下逆变站 1000kV 侧 2%统计操作过电压水平。

表 2-1-6　　方案一逆变站换流母线 2%统计操作过电压

运行方式	操作类型	相地过电压最高		相间过电压最高		避雷器能耗（kJ）
		幅值（标幺值）	波前时间（μs）	幅值（标幺值）	波前时间（μs）	
南京—泰州双回线路停运	合闸和单相重合闸过电压	1.32	5928	2.22	4759	＜1
南京—泰州、泰州—苏州单回线路运行	合空载特高压变压器过电压	1.41	1795	2.44	1711	295
	双极双换流器紧急停运	1.42	2254	2.56	2303	543
泰州—苏州双回线路运行 南京—泰州双回线路停运	单瞬故障清除后重合闸成功	1.53	2588	2.53	4467	133
	单相永久性短路故障重合闸失败后跳三相，直流继续运行	1.47	2102	2.56	2421	132
	单相永久性短路故障重合闸失败后跳三相，直流受到扰动闭锁	1.54	3187	2.71	3245	790

表 2-1-7　　方案二逆变站换流母线 2%统计操作过电压

<table>
<tr><th rowspan="2">运行方式</th><th rowspan="2" colspan="2">直流状态</th><th colspan="2">相对地最高</th><th colspan="2">相间最高</th><th rowspan="2">避雷器能耗（kJ）</th></tr>
<tr><th>过电压（标幺值）</th><th>波前时间（μs）</th><th>过电压（标幺值）</th><th>波前时间（μs）</th></tr>
<tr><td rowspan="2">临沂双回线路运行工况下临沂换流站侧单相永久性短路故障重合闸失败后跳三相</td><td colspan="2">故障清除后直流运行</td><td>1.52</td><td>2349</td><td>2.51</td><td>2603</td><td>37</td></tr>
<tr><td colspan="2">故障清除后直流闭锁</td><td>1.56</td><td>1896</td><td>2.71</td><td>2809</td><td>310</td></tr>
<tr><td rowspan="3">临沂单回线路运行工况下换流器紧急停运</td><td colspan="2">双极低端换流器紧急停运</td><td>1.54</td><td>2320</td><td>2.75</td><td>2323</td><td>106</td></tr>
<tr><td colspan="2">双极高端换流器紧急停运</td><td>1.56</td><td>2356</td><td>2.81</td><td>2240</td><td>102</td></tr>
<tr><td colspan="2">双极双端换流器紧急停运</td><td>1.57</td><td>1538</td><td>2.97</td><td>2465</td><td>414</td></tr>
<tr><td rowspan="2">临沂单回线路运行工况下单相永久性短路故障跳三相直流闭锁</td><td colspan="2">先闭锁再跳交流开关</td><td>1.57</td><td>1704</td><td>2.64</td><td>3806</td><td>2359</td></tr>
<tr><td colspan="2">先跳交流开关再闭锁</td><td>1.59</td><td>1993</td><td>2.80</td><td>2385</td><td>1903</td></tr>
<tr><td>临沂单回线路运行工况单相永久性短路故障重合闸失败跳三相</td><td colspan="2">故障清除后直流闭锁</td><td>1.59</td><td>1914</td><td>2.88</td><td>3019</td><td>5014</td></tr>
<tr><td rowspan="4">临沂单回线路运行无故障最后断路器跳闸</td><td rowspan="2">直流双极双换流器运行</td><td>先闭锁再跳开关</td><td>1.57</td><td>1617</td><td>2.99</td><td>2186</td><td>352</td></tr>
<tr><td>先跳开关再闭锁</td><td>1.59</td><td>2005</td><td>2.76</td><td>3770</td><td>1702</td></tr>
<tr><td rowspan="2">双极高端停运双极低端运行</td><td>先闭锁再跳开关</td><td>1.56</td><td>2712</td><td>2.90</td><td>2602</td><td>471</td></tr>
<tr><td>先跳开关再闭锁</td><td>1.60</td><td>1849</td><td>3.09</td><td>2712</td><td>2911</td></tr>
</table>

（1）合闸和单相重合闸、合闸空载主变压器过电压。合闸和单相重合闸以及合闸空载特高压变压器过程中会在 1000kV 交流母线侧产生过电压，直流受到扰动后保持稳定运行，在此过程中过电压幅值均不高。方案一中合特高压变压器时相对地 2%统计过电压较高，为 1.41（标幺值）；相间 2%统计过电压 2.44（标幺值）。方案二中不考虑此工况。

（2）特高压交流线路换流站侧发生单相永久性短路故障，考虑单相重合闸，重合闸不成功跳三相时过电压。特高压换流站有两回以上线路出线时，交流线路换流站侧发生单相永久性短路故障，考虑单相重合闸，重合闸不成功跳三相。分别将故障清除后，直流受到扰动双极闭锁和不闭锁继续运行情况进行研究。直流发生双极闭锁时，直流甩负荷，所有交流滤波器及电容器组仍未退出运行，因此当故障清除后直流受到扰动双极闭锁后，换流母线过电压水平比直流不闭锁时较高。换流母线过电压最高发生在三相断路器跳开的时刻，此时刻的过电压主要受直流运行状态和 1000kV 侧交流滤波器容量影响。由于两种方案下直流系统状态相似，因此过电压水平相近。当故障清除后直流受到扰动双极闭锁后，方案一中相对地 2%统计过电压为 1383.1kV［1.54（标幺值）］，如图 2-1-11 所示；相间 2%统计过电压为 2434.1kV［2.71（标幺值）］，如图 2-1-12 所示，避雷器能耗最大为 790kJ。方案二中相对地 2%统计过电压为 1402.2kV［1.56（标幺值）］，相间 2%统计过电压为 2432.0kV［2.71（标幺值）］，避雷器能耗最大为 310kJ。

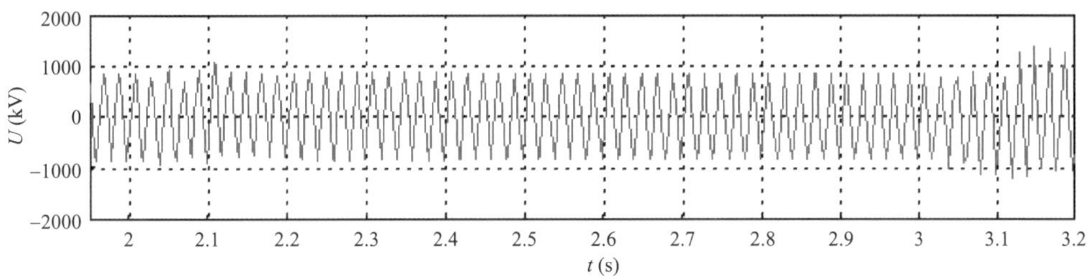

图 2－1－11　方案一逆变站换流母线相对地最高过电压

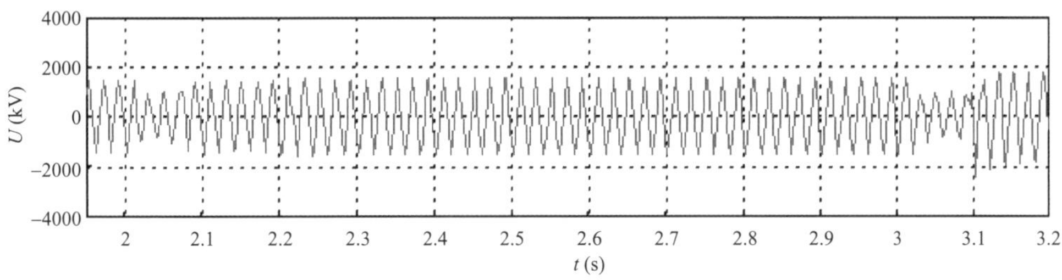

图 2－1－12　方案一逆变站换流母线相间最高过电压

（3）特高压直流紧急停运时过电压。特高压直流双极低端换流器紧急停运时，旁通对投入后，逆变侧直流侧短路，失去直流功率，而所有交流滤波器及电容器组仍在运行，会在低端换流母线产生较高的过电压。当直流双极高端换流器紧急停运时，同样会在高端换流母线产生较高的过电压，此过电压会通过特高压变压器传递到特高压换流母线，产生过电压。当双极双换流器紧急停运时，1000kV 母线电压同时受到高低端四组换流器紧急停运的影响，因此过电压水平最高。

双极双换流器紧急停运方式下，方案一中 1000kV 换流母线相对地 2%统计过电压为 1275.4kV［1.42（标幺值）］。相间 2%统计过电压为 2299.3kV［2.56（标幺值）］，避雷器能耗最大为 534kJ；方案二中 1000kV 换流母线相对地 2%统计过电压为 1412.7kV［1.57（标幺值）］，如图 2－1－13 所示。相间 2%统计过电压为 2665.3kV［2.97（标幺值）］，如图 2－1－14 所示。避雷器能耗最大为 414kJ。

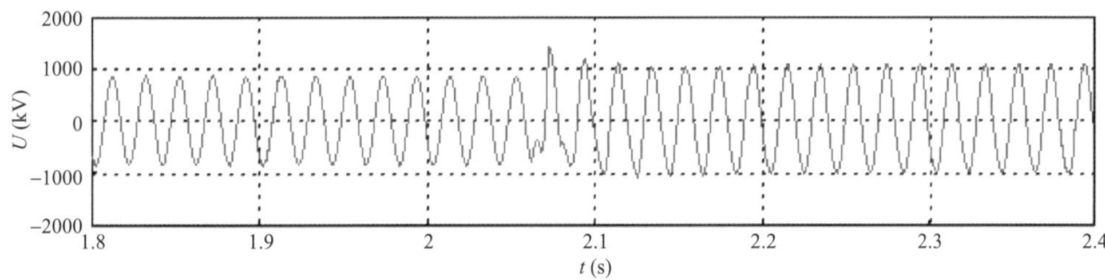

图 2－1－13　直流双极双换流器紧急停运相对地最高过电压

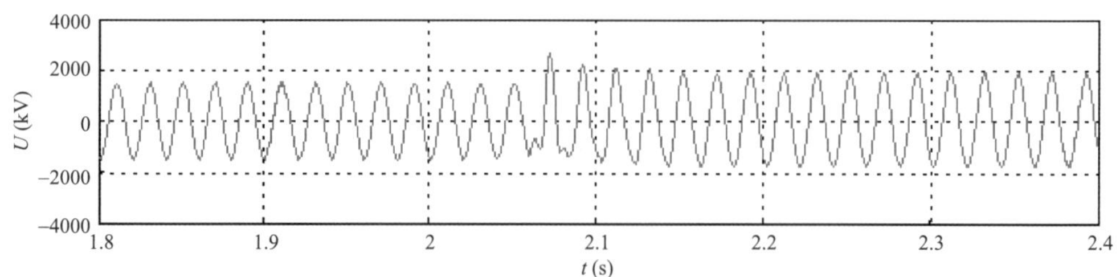

图 2－1－14　直流双极双换流器紧急停运相间最高过电压

计算结果表明，双极双换流器紧急停运时，方案二过电压水平高于方案一。图 2－1－15 中方案一的特高压换流母线有两回交流出线分别和其他特高压站连接，而且当直流紧急停运后，有 2 台特高压主变压器连接在特高压换流母线，由于其呈感性，因此在此工况下过电压水平不高。图 2－1－16 中方案二直流紧急停运后，特高压变电站—特高压换流母线的交流线路空载，空载线路末端电压较高，且有大量的滤波器及电容器组，此时特高压换流母线的过电压水平很高。

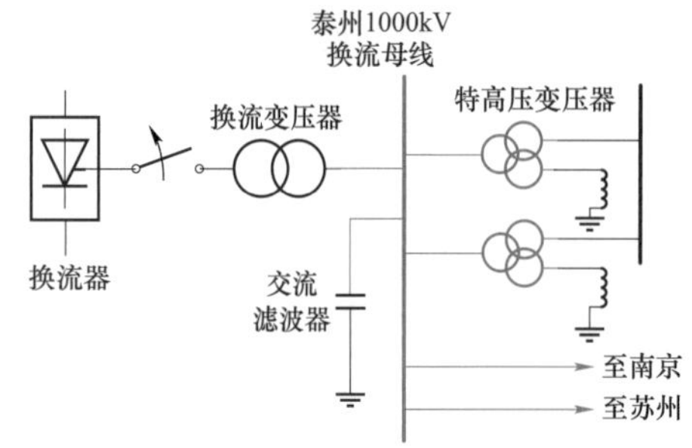

图 2－1－15　方案一直流紧急停运示意图

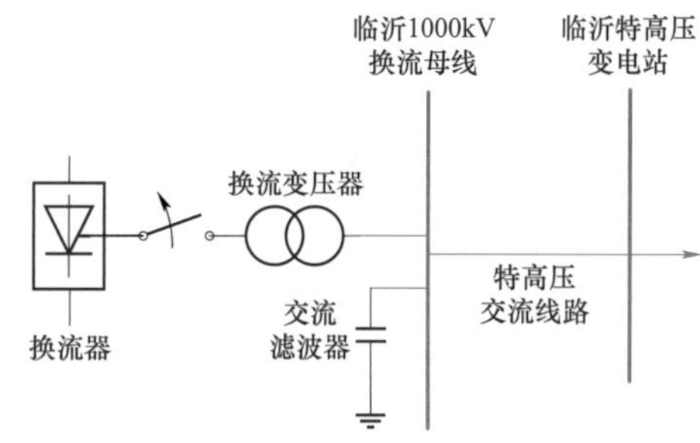

图 2－1－16　方案二直流紧急停运示意图

（4）特高压交流线路单回运行，单相永久性短路故障，不考虑单相重合闸直接跳交流三相开关时过电压。方案一不考虑此工况。方案二中临沂单回线路运行工况下，临沂换流站—临沂特高压站线路发生单相永久性短路故障，不考虑单相重合闸，跳开交流三相开关，直流双极闭锁。分别对先闭锁再跳交流开关和先跳交流开关再闭锁进行了计算研究。由于先跳开交流开关后，逆变侧换流母线失去交流电源支撑，在直流闭锁前，直流仍然向逆变侧输电，给交流滤波器和电容器组充电，在换流母线产生较高的过电压。相对地 2%统计过电压为 1426.3kV［1.59（标幺值）］，相间 2%统计过电压为 2517.9kV［2.80（标幺值）］，避雷器能耗最大为 1903kJ。当直流先闭锁再跳交流开关时，直流不再向逆变侧馈入能量，此时的过电压低于先跳交流开关再闭锁时的电压。

（5）特高压交流线路单回运行，单相永久性短路故障，单相重合闸失败后跳交流三相开关时过电压。方案二临沂单回线路运行工况下，临沂换流站—临沂特高压站线路换流站侧发生单相永久性短路故障，故障相切除后，直流仍可以短时间缺相运行。由于直流换相不平衡，导致交流母线电压畸变严重，当单相重合闸失败后跳交流三相开关直流双极闭锁时，在特高压换流母线产生较高的过电压，相对地 2%统计过电压为 1425kV［1.59（标幺值）］，接近避雷器的保护水平。由于交流电压波形畸变严重，相间过电压比（4）中不考虑单相重合闸时更高，为 2586.7kV［2.88（标幺值）］，避雷器能耗最大为 5014kJ，计算结果见表 2－1－7。由于工程运行中，交流仅有一回线路运行时不投重合闸功能，发生交流单相故障后，直接跳三相交流断路器，因此本工况仅作为研究参考。

（6）无故障最后一台断路器跳闸时过电压。方案二临沂单回线路运行工况下，临沂特高压线路无故障最后一台断路器跳闸，直流双极双换流器闭锁时，会在特高压换流母线产生过电压。本文分别在直流双极双换流器运行和双极高端换流器停运双极低端换流器运行工况下，对先闭锁再跳交流开关和先跳交流开关再闭锁进行了计算研究，详见表 2－1－7。此类工况下过电压产生的原因和（4）类似，特高压换流母线相对地过电压水平，均是当先跳交流开关再闭锁直流时较高。

两种直流的运行方式对相间过电压水平影响不同。仅双极低端换流器运行时，由于没有高端换流器的影响，仍是先跳开交流断路器直流再闭锁时相间过电压水平较高。而当直流双极双换流器运行，先闭锁直流再跳开交流开关时，换流母线电压同时受到双极高、低端换流器投旁通对闭锁的影响，交流电压畸变严重，使得一相的波峰和另一相波谷时间缩短，因此相间过电压高。临沂单回线路运行，双极高端换流器停运，双极低端换流器运行工况下，临沂特高压线路无故障最后一台断路器跳闸，相对地最高过电压如图 2－1－17 所示，相间最高过电压如图 2－1－18 所示。

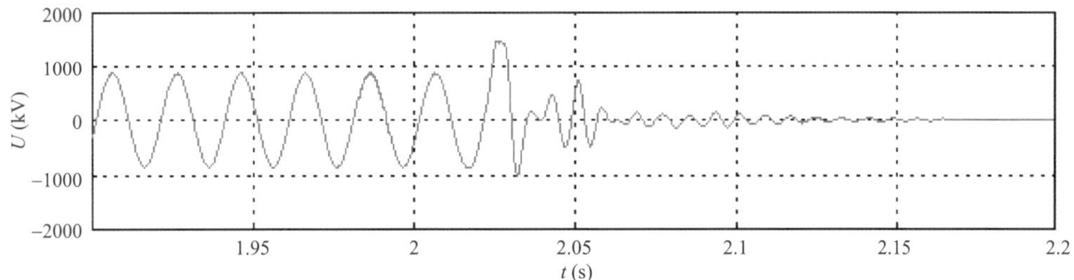

图 2－1－17　临沂单回线路运行无故障最后断路器跳闸相对地最高过电压

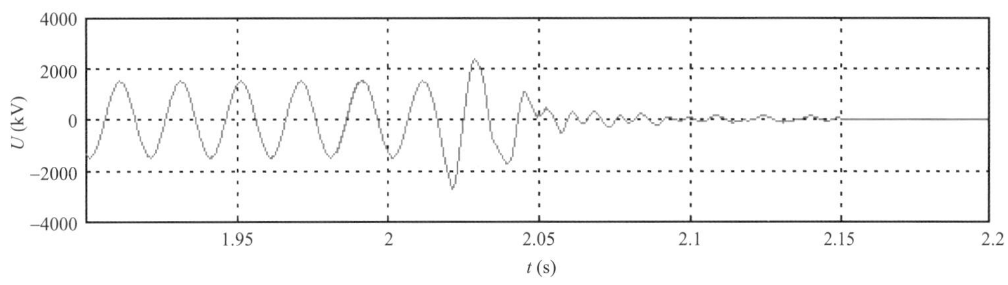

图 2－1－18　临沂单回线路运行无故障最后断路器跳闸相间最高过电压

常规交流系统的过电压研究主要考虑合空线和单相重合闸过电压、空载变压器合闸过电压和线路故障产生的过电压。直流接入系统后，当电网发生此类操作，直流系统能够保持正常运行的情况下，特高压换流母线的过电压水平不高。只有当扰动导致直流闭锁时造成的波形畸变和大量的无功过剩才会引起较高的过电压。换流站最后一台交流断路器无故障跳闸引起换流母线过电压水平较高，但由于直流输电工程的实际运行中出现的概率很小，因此结果仅作为研究参考，不作为空气间隙的选取和绝缘配合的依据。

当交流线路发生接地故障导致直流闭锁时，由于故障期间电压跌落，换流站无功补偿设备的无功容量低于其额定容量，因此此时直流闭锁的过电压低于无故障最后一台交流断路器跳闸引起的过电压。两种直流接入方案在此过程中产生的过电压相近。

当直流发生紧急停运时，不同接入方案的网架结构不同，导致过电压水平差别很大，应针对具体工程具体分析。

综上所述，方案一中逆变站过电压最高出现在有两回交流出线双回线路检修工况下，另一回线路侧发生单相永久性短路故障，考虑单相重合闸，重合闸不成功跳三相开关，直流受到扰动双极闭锁时。方案二中逆变站过电压最高出现在交流出线单回线路运行工况下双极双换流器紧急停运时，换流母线的过电压水平高于方案一的过电压水平。

（四）降低操作过电压措施研究

根据操作过电压的研究结果，1000kV 换流母线相间操作过电压最严重的工况出现在方案二交流单回线路运行，特高压直流双极双换流器紧急停运方式下为 2665.3kV［2.97（标幺值）］，超过了 GB/Z 24842—2018《1000kV 特高压交流输变电工程过电压和绝缘配合》要求的 2.90（标幺值）。随着金属氧化物避雷器制造技术的不断发展，特高压避雷器的额定电压逐步降低，额定电压 804kV 和 780kV 避雷器正在试验测试中，有望应用于工程中。采用额定电压为 804kV 避雷器时相对地 2%统计过电压为 1.54（标幺值），相间 2%统计过电压为 2.94（标幺值）；采用额定电压为 780kV 避雷器时相对地 2%统计过电压为 1.50（标幺值），相间 2%统计过电压为 2.89（标幺值）。因此，采用额定电压低的避雷器能有效降低过电压水平。采用不同额定避雷器时 1000kV 换流母线最严重操作过电压水平见表 2－1－8。

表 2－1－8　采用不同额定避雷器时 1000kV 换流母线最严重操作过电压水平

避雷器电压（kV）	相对地过电压	相间过电压	避雷器能耗（kJ）
828	1412.7kV［1.57（标幺值）］	2665.3kV［2.97（标幺值）］	414
804	1379.7kV［1.54（标幺值）］	2639.7kV［2.94（标幺值）］	633
780	1343.0kV［1.50（标幺值）］	2600.1kV［2.89（标幺值）］	870

四、特高压交流主变压器充电励磁涌流对近区大容量直流的影响

由于变压器铁芯的非线性励磁特性，变压器在空充时会产生励磁涌流，最大峰值可达变压器额定电流的 6～8 倍。同时，励磁涌流中含有大量的高次谐波，导致交流母线电压产生谐波畸变，尤其当直流接入弱系统时，励磁涌流引起的电压畸变尤为严重。当励磁涌流过大时，引起的交流母线电压畸变可能会导致近区逆变站发生换相失败。此外，对于近区大容量分层接入特高压直流系统，特高压交流主变压器充电产生的励磁涌流在导致本身交流电压畸变的同时，也会引起分层接入另一电压等级的交流电压产生一定程度的畸变，情况严重时可能会引起另一电压等级对应的换流器发生换相失败，导致直流功率损失。

（一）特高压交流主变压器充电励磁涌流

特高压交流主变压器充电励磁涌流产生机理及特性与常规交流主变压器基本相同。励磁涌流幅值及衰减特性主要影响因素为合闸电阻、合闸角及剩磁，合闸电阻可显著降低励磁涌流幅值，加快励磁涌流衰减速度；当合闸角为 0°，即合闸时刻励磁磁通最大时，励磁涌流幅值最大；剩磁对励磁涌流的影响则与合闸角有关，综合考虑合闸角及剩磁对应的励磁磁通最大时，励磁涌流幅值达到最大值。以国内某特高压交流站 1000kV 特高压主变压器充电为例，从 1000kV 侧对主变压器进行合闸空载主变压器操作，合闸方式为三相随机合闸，统计操作次数为 100 次，三相断路器的合闸时差不大于 5ms。主变压器 1000kV 侧断路器考虑了有、无合闸电阻的情况，其阻值及接入时间均按现有设备参数考虑，即 1000kV 断路器合闸电阻阻值为 600Ω（线路侧合闸电阻），投入时间为 8～11ms 和 15～20ms。励磁涌流特性如表 2－1－9～表 2－1－11 和图 2－1－19 所示。

表 2－1－9　特高压交流主变压器 1000kV 侧合闸空载主变压器励磁涌流研究结果

合闸侧	方　式	合闸涌流（kA）	
		无合闸电阻	有合闸电阻
1000kV	特高压侧馈电	3.6	2.3
	特高压联网	3.8	2.4

表 2－1－10　增加合闸电阻投入时间对励磁涌流的抑制效果

合闸侧	方式	合闸涌流（kA）		
		无合闸电阻	合闸电阻投入时间 8～11ms	合闸电阻投入时间 15～20ms
1000kV	特高压联网	3.8	2.4	1.4

表 2－1－11 列出了上述工况下，由 1000kV 侧合闸空载主变压器后不同时刻的合闸涌流研究结果，并以主变压器 1000kV 侧额定电流为基准（1 标幺值=1.65kA，有效值）提供了合闸涌流的倍数。图 2－1－19 为对应励磁涌流的波形。

表 2－1－11　特高压交流主变压器 1000kV 侧合闸空载主变压器后不同时刻的合闸涌流

合闸侧	投入合闸电阻时间	单位	合闸涌流				
			0.1s 内	0.2s 后	0.4s 后	0.6s 后	1.0s 后
1000kV	无	kA	3.80	3.45	3.23	3.07	2.80
		标幺值	2.30	2.09	1.96	1.86	1.70
	8～11ms	kA	2.44	2.16	2.03	1.94	1.81
		标幺值	1.48	1.31	1.23	1.18	1.10
	15～20ms	kA	1.44	1.31	1.26	1.23	1.18
		标幺值	0.87	0.79	0.77	0.75	0.71

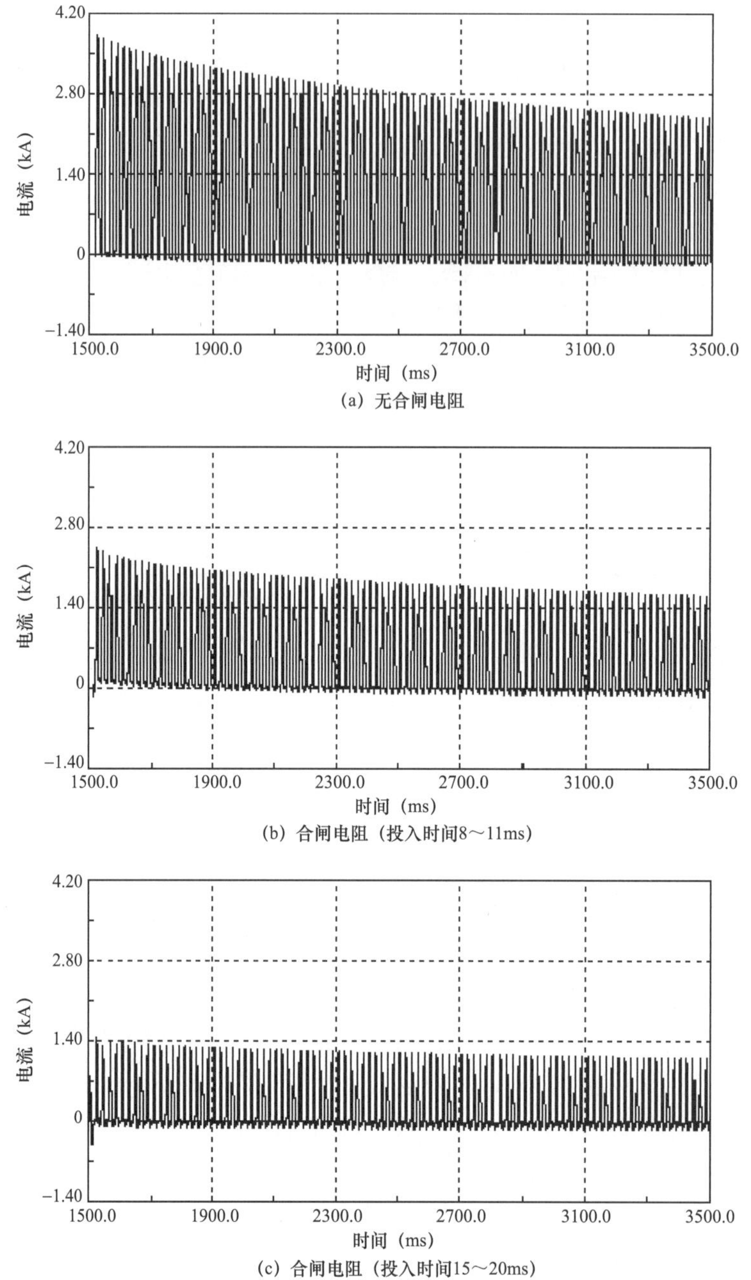

(a) 无合闸电阻

(b) 合闸电阻（投入时间8～11ms）

(c) 合闸电阻（投入时间15～20ms）

图 2－1－19　特高压交流主变压器 1000kV 侧合闸空载主变压器时的最大合闸涌流波形

从表 2－1－11 可以看出，在所研究的系统方式下：

（1）特高压交流主变压器 1000kV 侧断路器无合闸电阻情况下，合闸空载主变压器励磁涌流峰值最高为 3.8kA，衰减较为缓慢，在合闸 0.6s 后衰减至 3.07kA，降低幅度约为 19%。

（2）投入 1000kV 侧合闸电阻时，励磁涌流峰值最高为 2.4kA，在合闸 0.6s 后衰减至 1.9kA，降低幅度约为 21%，可见投入合闸电阻会使励磁涌流峰值明显降低。

（3）合闸电阻投入时间增加至 15～20ms，励磁涌流最高可降至 1.44kA，在合闸 0.6s 后衰减至 1.23kA，降低幅度约为 14.5%，可见增加合闸电阻投入时间后，励磁涌流峰值会进一步降低。

（二）特高压交流主变压器充电对近区大容量分层接入直流影响

对于近区大容量分层接入直流系统，特高压交流主变压器充电产生的励磁涌流越大，引起直流换流母线电压畸变越严重，对直流换相过程的影响也就越大。另外，特高压交流主变压器充电除了影响 1000kV 换流母线电压外，对 500kV 换流母线电压也有一定的影响，影响程度取决于 1000kV 换流母线与 500kV 换流母线间的电气距离。

以上文中特高压主变压器充电为例，考虑励磁涌流最严重时，即涌流为 3.8kA 的情况，基于对应交流电网运行方式，说明 1000kV 主变压器 1000kV 侧合闸空载主变压器对近区大容量分层接入直流的影响，其中直流系统以双极全压、额定功率 10GW 方式运行。图 2－1－20 为特高压主变压器 1000kV 侧充电后直流系统的响应情况，合闸时刻逆变侧低端换流器（1000kV 接入层）换流母线电压畸变较严重，导致 Y、D 桥都发生换相失败，换相失败预测功能启动，关断角增大；高端换流器（500kV 接入层）换流母线电压畸变较小，未发生换相失败。由于励磁涌流衰减较慢，1000kV 换流母线交流电压短时间内持续畸变，但是零序电压衰减到不足以启动直流换相失败预测功能的程度，导致直流换相失败预测功能退出，逆变站试图恢复正常关断角运行，恢复过程中关断角减小，引发多次换相失败。此外，实际工程中

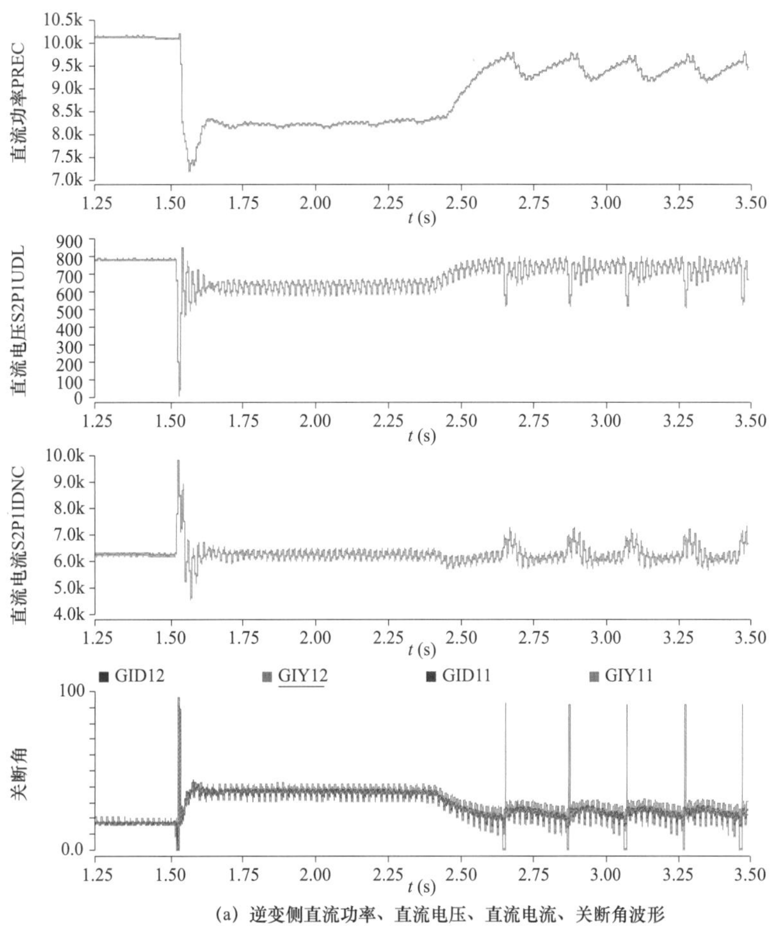

(a) 逆变侧直流功率、直流电压、直流电流、关断角波形

图 2－1－20 特高压交流主变压器 1000kV 侧无合闸电阻合闸空载主变压器的交直流系统波形（一）

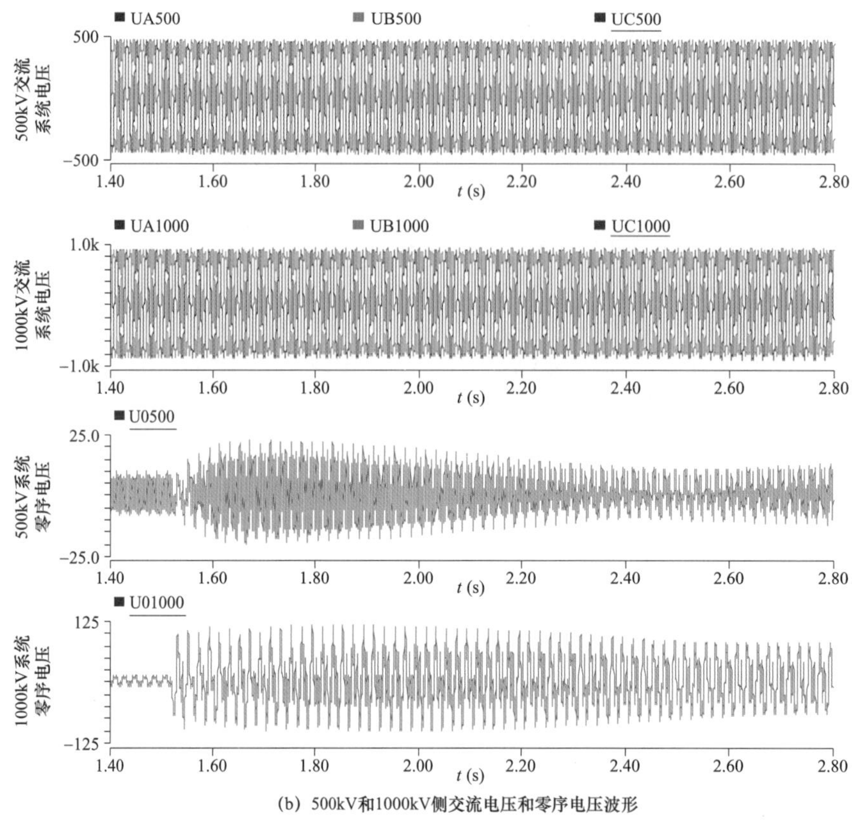

(b) 500kV和1000kV侧交流电压和零序电压波形

图 2－1－20　特高压交流主变压器 1000kV 侧无合闸电阻合闸空载主变压器的交直流系统波形（二）

励磁涌流的幅值和衰减特性各异，交流电网运行方式、分层接入直流系统的 1000kV 及 500kV 换流母线间电气距离也有所不同，在励磁涌流幅值较大、交流电网较弱或 1000kV 及 500kV 换流母线间电气距离较短时，特高压主变压器充电可能会导致 500kV 换流母线电压发生比较严重的畸变，导致 500kV 换流母线对应换流器发生换相失败，需结合实际工程进行具体针对性研究。

五、小结

（1）采用分层接入可以有效避免直流功率全部接入 500kV 系统引起的潮流疏散困难等问题。

（2）分层接入方式的 1000kV 和 500kV 母线短路比均高于单层接入方式的 1000kV 和 500kV 母线短路比。

（3）与高、低端换流器接入同一交流母线的情况相比，分层接入方式下直流功率分别输送至不同交流系统，直流系统换相失败对系统的影响有所改善。

（4）在安全稳定控制策略计算时，需充分考虑各种不同换流器闭锁故障类型下功率转带对系统的影响。

（5）在方式安排或安全稳定控制设计时，要充分考虑各种直流故障类型下功率转带对系统的影响。

（6）计算过电压时应考虑特高压换流站和特高压变电站合建及特高压换流站和 500kV 变电站合建两种接入方式。双极紧急闭锁后产生的过电压最大，采用额定电压低（780kV）的避雷器能有效降低过电压水平。

（7）特高压交流主变压器充电励磁涌流过大会引起逆变侧 1000kV 接入层换流器发生换相失败，500kV 接入层换流器是否发生换相失败需针对具体电网运行方式进行分析。

第二节 主回路研究与设计

一、概述

在高压直流输电系统中，主接线及运行方式的确定，以及由换流变压器、换流阀、平波电抗器、交直流滤波器、直流线路、接地极和接地极引线等设备构成的高压直流输电系统主回路的参数计算，是高压直流输电工程系统研究和成套设计的基础及关键技术。主回路的参数计算结果将进一步作为高压直流输电系统的换流变压器、换流阀等直流回路主设备的设计输入条件。

目前已投运的 10GW 特高压直流输电工程，常规送电方向均为从西北、东北能源基地直送至华北、华东负荷中心，直流额定电压均为±800kV，额定容量均为单极 5000MW、双极 10 000MW，受端以分层方式接入 500kV 与 1000kV 交流电网。与传统常规直流工程相比，容量提升、受端换流站分层接入不同电压等级交流系统的直流工程在设备研发、控制系统设计等诸多领域，将会面临一些新的问题与难点。作为直流系统成套设计的基础之一，本节着重研究的问题主要包括：① 因容量提升带来的换流变压器短路阻抗合理选取问题；② 因分层接入带来的直流降压水平与降压方式选择问题。对于这两方面的问题，需要进行深度调研及系统研究，以得出主回路参数优化推荐方案，为特高压直流工程后续各项研究的顺利开展奠定基础。

二、主接线及运行方式

基于工程前期的系统研究，10GW 容量提升直流工程送端主接线方案与以往国内常规±800kV 特高压直流工程相同；受端换流站将采用分层接入方式，分别接入 500kV 与 1000kV 交流电网。考虑到如果将双 12 脉动高端的换流变压器接入 1000kV 电网，对换流变压器设备的绝缘性能与制造要求难度显著增加，设备造价也将随之大幅提升。因此根据前期可行性研究结论，最终确定采用双极直流高压端换流器接入交流 500kV、低压端换流器接入特高压交流 1000kV 电网的方案。直流系统主拓扑结构图如图 2-2-1 所示。

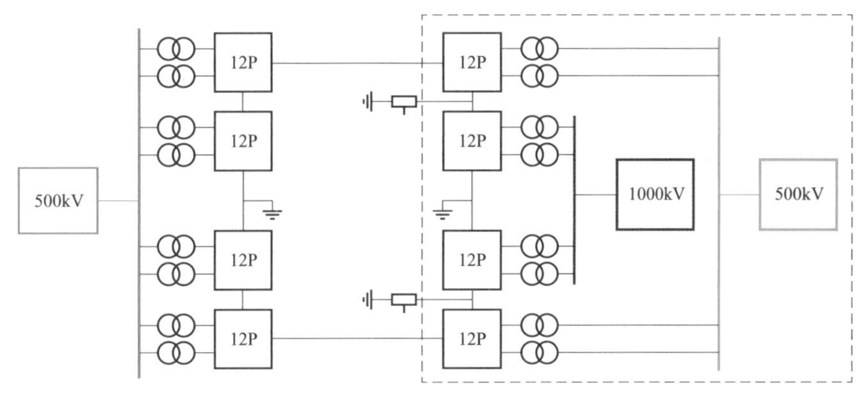

图 2-2-1 直流系统主拓扑结构图

分层接入方式下，主接线相比以往常规工程，在逆变站每极双 12 脉动换流器（简称换流器）的中点位置多配置了一组中点电压测量分压器，用于对高、低端分别进行电压控制。采用每极双 12 脉动换流器接线方式使直流系统运行方式灵活多变，主要运行接线方式有如下 7 类：

（1）双极全换流器接线。

（2）双极混合换流器接线（一极双换流器运行，一极单换流器运行）。

（3）双极单换流器接线（每极一个换流器运行）。

（4）单极金属全换流器接线。

（5）单极金属单换流器接线（只有一个换流器运行）。

（6）单极大地全换流器接线。

（7）单极大地单换流器接线（只有一个换流器运行）。

若工程跨越冰区，运行接线方式还需考虑设置融冰接线方式。在进行主回路参数设计时，需要考虑上述几种运行接线方式。对正送方式下的直流输送功率要求，通常考虑满足长期 1.0（标幺值）输送功率，2h、1.05（标幺值）输送功率，3s、1.2（标幺值）输送功率；对反送方式下的输送功率不提要求，通常以不额外增加设备投资为条件考虑，选取额定正送功率的 0.5～0.8（标幺值）。直流过负荷水平可根据不同工程的实际需求有所调整。

三、主回路关键参数计算

由于直流容量提升引起的换流阀短路电流水平增加，以及受端换流站分层接入交流 500kV 和 1000kV 电网引起的换流变压器分接开关相对级差区别，在成套设计阶段需要对换流变压器阻抗优化选择、分接开关级数和降压能力确定等问题开展专题研究。

（一）换流变压器阻抗选择

换流变压器阻抗选择是开展直流成套设计主回路研究的前提条件之一。换流变压器的阻抗不仅影响换流变压器自身的设备经济性、运行损耗、运输尺寸和质量，也决定了换流变压器的结构型式和运输方式，同时还对直流系统的阀短路电流、换相角、无功补偿容量以及运行可靠性都有很大影响。通常在工程初步设计前期，首先根据厂家调研的设备制造能力和换流站大件运输条件，确定一个合理的换流变压器阻抗范围；之后在该范围内针对直流系统阀短路电流、换相角、无功消耗等运行参数进行针对性的研究校核，并将研究结论返回给换流变压器厂家确认，由厂家进一步调整阻抗选择范围。经如此过程的反复迭代，最终确定一个工程采用的换流变压器阻抗值。从直流系统角度，换流变压器短路阻抗参数的选择，需考虑如下几个因素的制约：

（1）晶闸管换流阀可承受的最大短路电流水平。

（2）正常运行情况下的最大换相角要求。

（3）换流站无功消耗。

（4）直流系统过负荷电流水平（整流侧）。

随着特高压直流的容量提升，额定直流电流增大至 6250A，直流过负荷电流、换流阀短路电流水平相应提升，这对换流变压器阻抗的选择范围将产生一定影响。综合考虑上述各因素，针对换流变压器各主要参数进行研究计算与详细对比，基于比较结论提出最终的阻抗推荐方案。

1. 阀短路电流比较

直流系统的阀短路电流与换流变压器阻抗为反比关系，从阀短路电流角度考虑，换流变压器阻抗越大越好。经过前期调研，10GW 直流换流阀厂反馈的最大耐受短路电流水平为 60kA，因此设计以此为约束条件进行校核与阻抗优化。

图 2-2-2 为换流阀短路电流对比情况，可以看出，因送端与受端高端换流器均接入 500kV 交流电网，两者的交流系统短路容量相近，阀短路电流水平较为接近；而受端低端换流器接入 1000kV 交流系统，由于交流系统短路容量较高，对应的阀短路电流水平相对较高。

从图 2-2-2 中数据可以看出，直流工程送端换流变压器短路阻抗在 19%以上时，阀短路电流基本能够限制在 60kA 以内水平；受端高、低端换流变压器短路阻抗在 19%、20%以上时，阀短路电流基本能够限制在 60kA 以内水平。

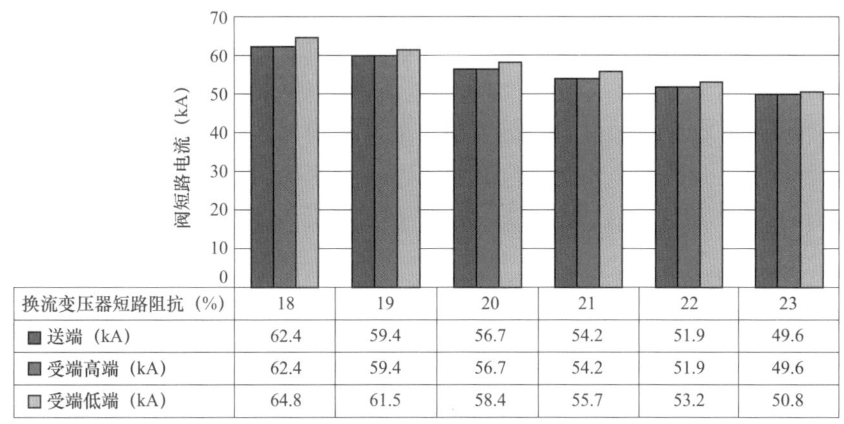

换流变压器短路阻抗（%）	18	19	20	21	22	23
■ 送端（kA）	62.4	59.4	56.7	54.2	51.9	49.6
■ 受端高端（kA）	62.4	59.4	56.7	54.2	51.9	49.6
□ 受端低端（kA）	64.8	61.5	58.4	55.7	53.2	50.8

图 2-2-2 换流阀短路电流对比情况

2. 最大换相角比较

直流系统的运行换相角与换流变压器阻抗为正比关系，通常为使得双 12 脉动换流器运行在“4-5”正常工况（一个换流器导通 3 个阀组时，另一换流器仅能导通 2 个阀组）的区间范围，避免进入同时有 6 个阀组导通的状态，一般要求直流系统运行的换相角最大不超过 30°。故从降低正常运行时的换相角角度考虑，换流变压器阻抗越小越好。

对于最大换相角的考虑原则是：通常情况在 3s 过负荷工况下将出现最大换相角，但由于仅为短时运行工况，故一般不以此作为设计校核边界。图 2-2-3 为送、受端最大换相角汇总表，图中各阻抗对应的最大换相角为直流系统长期运行各类工况下经全面比较确定的最大值。

从图 2-2-3 中数据可以看出，直流送端换流变压器阻抗不大于 22%时能够限制换相角在 30° 以下；受端换流变压器阻抗不大于 23%时将能够限制换相角在 30° 以下。

3. 无功消耗比较

换流变压器的短路阻抗与无功消耗呈现正比关系，换流变压器的无功功率会随着阻抗增大而增大，进而需要系统提供更多的无功补偿，不仅增加了直流系统建设成本，而且容易引起过电压，所以单从无功功率角度考虑，换流变压器阻抗越小越好。

换流变压器短路阻抗（%）	18	19	20	21	22	23
送端最大换相角（°）	26.7	27.8	28.7	29.7	30.7	31.6
受端最大换相角（°）	25.8	26.7	27.7	28.7	29.7	30.6

图 2-2-3　不同换流变压器阻抗最大换相角对比

图 2-2-4 为送、受端站换流变压器无功消耗对比。从图 2-2-4 中可以看出，随着换流变压器短路阻抗的增加，换流站无功消耗会有相应提升，但提升的程度并不大（对应每一级增加约 120Mvar），考虑到目前特高压换流站无功小组通常在 20 组以上，总容量提升一级对应的每小组容量增加仅 6Mvar 左右，通常要增加三级以上才会引起滤波器总组数的增加，故无功消耗通常不作为选择换流变压器短路阻抗的决定性因素。

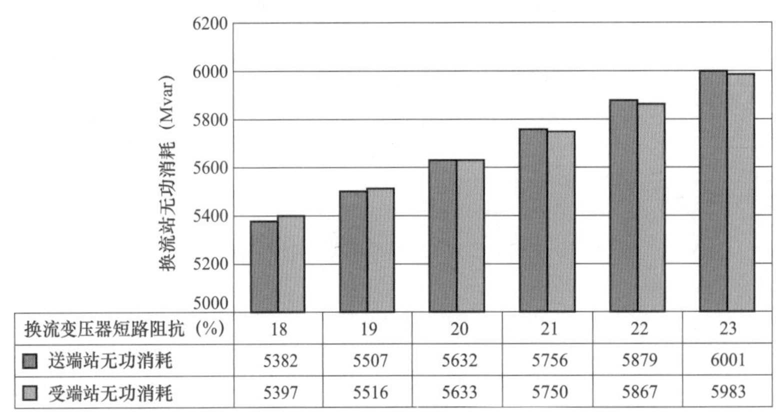

换流变压器短路阻抗（%）	18	19	20	21	22	23
送端站无功消耗	5382	5507	5632	5756	5879	6001
受端站无功消耗	5397	5516	5633	5750	5867	5983

图 2-2-4　送、受端站换流变压器无功消耗对比

4. 直流过负荷电流比较

送端换流站的换流变压器短路阻抗选择通常还将影响直流系统的电流过负荷水平，随着换流变压器短路阻抗的增加，直流系统的过负荷电流也会相应有所提升。图 2-2-5 为不同换流变压器阻抗过负荷电流对比。从图 2-2-5 中可以看出，随着送端换流变压器短路阻抗的增加，直流过负荷电流能力也会有一定程度增大，但增大的幅度并不明显；根据对众多换流阀厂的调研反馈结果，均表示能够满足在该阻抗范围内的过负荷电流水平，故对于过负荷电流的影响也不构成送端换流变压器阻抗选择的硬性约束条件。

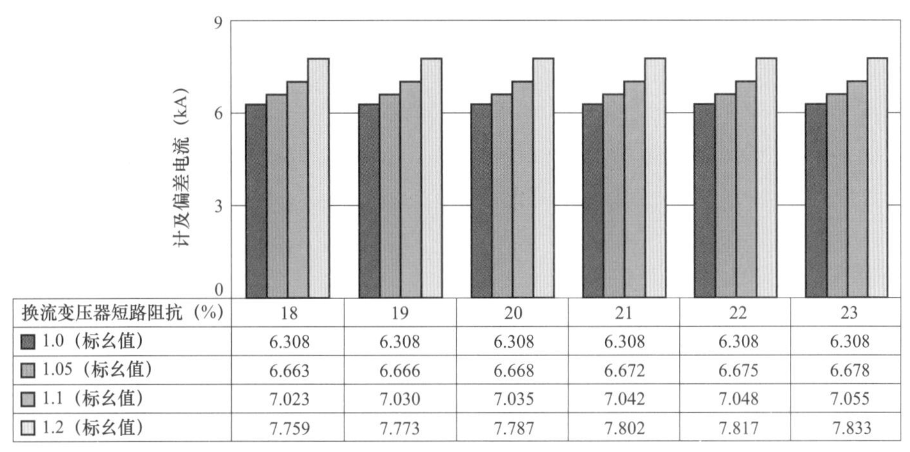

换流变压器短路阻抗（%）	18	19	20	21	22	23
1.0（标幺值）	6.308	6.308	6.308	6.308	6.308	6.308
1.05（标幺值）	6.663	6.666	6.668	6.672	6.675	6.678
1.1（标幺值）	7.023	7.030	7.035	7.042	7.048	7.055
1.2（标幺值）	7.759	7.773	7.787	7.802	7.817	7.833

图 2-2-5　不同换流变压器阻抗过负荷电流对比

5. 阻抗优化推荐结论

从直流系统运行参数的校核结果，换流变压器阻抗过小将会导致阀短路电流过大，使故障时换流阀元件承受的应力增加；然而随着换流变压器阻抗的增大，无功消耗与直流系统运行换相角都将提升，故从短路阻抗优化选择的角度，应在能够满足换流阀短路应力的条件下，尽量选择较小的换流变压器阻抗值，以使直流系统的各方面性能达到最优。综合以上各直流系统参数的比较结果，同时结合厂家反馈的换流变压器制造能力与现场大件运输条件，对 10GW 直流工程换流变压器阻抗选择推荐如下：送端换流变压器短路阻抗选择 21%，受端低压端换流变压器短路阻抗选择 20%，受端高压端换流变压器短路阻抗选择 20%。

（二）直流降压能力与降压方式选择研究

与传统的换流站直接接入 500kV 交流系统的特高压直流工程相比，受端高端换流变压器接入 500kV、低端换流变压器接入 1000kV 交流系统的大容量特高压直流工程，接入 1000kV 系统的换流变压器受到分接开关挡位耐压水平的限制，分接开关的调节级差（对应直流电压的相对级差，下文同）相比 500kV 要小很多，这就导致了 1000kV 换流变压器的直流降压运行能力将势必受到一定程度限制，因而在成套设计阶段需要根据设备能力考虑选择合理的直流系统降压水平与高低端降压配合方式。

基于国内外厂目前 1000kV 换流变压器分接开关挡位数与每级挡位耐压的制造能力，对直流系统降压能力的设计应主要从以下方面考虑：

（1）根据给定的系统降压水平和总挡位数，核算最大出现的换流阀运行角度。

（2）根据给定的系统降压水平和换流阀运行最大限制角度，核算需要的总挡位数。

（3）基于核算结果，结合换流变压器、换流阀厂的设备能力与控制保护系统要求，确定合理的降压水平与降压配合方式。

1. 换流阀最大降压运行角度核算

受端低端换流变压器直接接入 1000kV 交流电网，按照目前国内外 1000kV 换流变压器的设备制造能力，分接开关最大可做到 35 挡，挡位级差为 0.65%。换流阀最大降压运行角度核算时以此为输入条件，校核了在该换流变压器制造能力条件下，为实现直流系统不同程度降压运行，换流阀将达到的最大运行关断角度数（由于换流变压器阻抗参数对系统降压水平的影响较小，故不必考虑不同短路阻抗情况下的降压能力区别）。相应的核算结果如下：

（1）考虑 70%降压时，逆变侧 1000kV 低端换流变压器的最大关断角 γ_{max} 将达到 46°。

（2）考虑 75%降压时，逆变侧 1000kV 低端换流变压器的最大关断角 γ_{max} 将达到 42°。

（3）考虑 80%降压时，逆变侧 1000kV 低端换流变压器的最大关断角 γ_{max} 将达到 37°。

2. 换流变压器降压运行总挡位数核算

由于调压级差的降低，接入 1000kV 电网的换流变压器分接开关需配置更多挡位数，以满足直流系统所需的调压范围。本节以下部分对总挡位数的核算均针对接入 1000kV 电网的换流变压器而言。

（1）考虑 70%降压对总挡位数要求。以换流变压器设备制造能力为边界条件，校核计算的换流阀运行角度结果显示，相比 500kV 换流变压器，1000kV 换流变压器对于换流阀的最大运行角度要求更为苛刻。在分接开关级差按照目前水平（0.65%）保持不变的前提下，以换流阀最大运行角度的设备能力作为边界条件，对换流变压器需要的总挡位数进行核算。首先考虑实现直流系统 70%降压，计算的前提条件如下：

1）各工况下逆变侧的关断角都不超过 40°。

2）1000kV 换流变压器分接开关的最大级差为 0.65%。

换流变压器的负向挡位数已经由交流系统的最低电压和空载直流电压（U_{di0}）计算参数确定下来（10 挡），降压运行主要决定换流变压器正向挡位数需求。计算结果显示，1000kV 换流变压器的正向挡位数需要达到 39 挡以上才能满足上述降压运行要求，再加上额定挡位，此时换流变压器总挡位数将达到 39+10+1=50（挡），已经超出了目前变压器厂所反馈的设备制造能力的挡位范围。

（2）考虑 80%降压对总挡位数要求。以具备降压 80%运行的能力为要求，计算 1000kV 换流变压器的挡位数需求，计算的前提条件与计算 70%降压对总挡位数要求时相同。计算结果显示，1000kV 换流变压器的正向挡位数需要达到 18 挡以上，即能满足上述降压运行要求，此时换流变压器总挡位数为 18+10+1=29（挡）。如果考虑进一步限制关断角在 35°以内，计算可得 1000kV 换流变压器的正向挡位数需要达到 30 挡以上，即能满足上述降压运行要求，此时换流变压器总挡位数为 30+10+1=41（挡）。

3. 受端高、低压端降压方式选择

基于目前换流变压器有载调压开关制造能力，以现有级差（0.65%）和最大允许关断角度数（40°或 35°）为前提条件，计算推导得出了各降压等级下所需的分接开关挡位数。在此基础上，分别进一步考虑总挡位数 25、30 挡和 35 挡的情况，以 80%～90%降压水平为前提条件校核了低端的降压能力，对应地接入 1000kV 换流器最大运行关断角对比如图 2－2－6 所示。

对国内外换流变压器、换流阀厂的调研结果显示，目前 1000kV 换流变压器总挡位数能够达到 33～35 挡，6250A 换流阀关断角不应大于 40°。根据调研反馈的换流变压器挡位和换流阀的大角度运行能力，低端换流变压器可以实现 80%降压。

由于接入 500kV 交流系统的高端换流变压器与常规直流工程条件相同，经过校核能够满足常规直流 70%降压的需求。结合以上对低端换流变压器以及换流阀的分析可以看出，高、低端换流变压器与换流阀均能满足 80%降压要求，直流系统能够实现双极 80%降压。

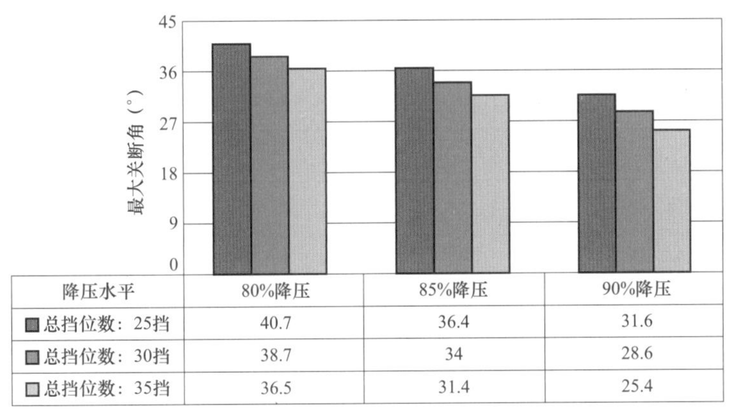

降压水平	80%降压	85%降压	90%降压
■总挡位数：25挡	40.7	36.4	31.6
■总挡位数：30挡	38.7	34	28.6
□总挡位数：35挡	36.5	31.4	25.4

图 2-2-6　不同降压水平下最大关断角对比

通过后续的高、低端换流器采用均衡和不均衡降压方案的对比分析研究表明，均衡降压方案能够避免保护降压重启成功后 500kV/1000kV 交流系统功率分配自动改变的问题，有利于直流系统安全运行。基于以上分析，优先推荐受端高、低端换流器均采用 80%降压的均衡降压运行方式。

（三）主回路参数与常规工程对比

根据主回路研究结果，10GW 分层接入的特高压直流工程与常规 8GW 的特高压直流工程相比，主要区别体现在以下几个方面：

（1）由于额定电流的提升，换流阀短路电流相比常规直流工程明显增大，导致在换流变压器短路阻抗选择时无法选择过小阻抗值。选取常规的 8GW 的特高压直流工程与容量提升至 10GW 的直流工程实际参数，阀短路电流水平对比情况如表 2-2-1 所示。

表 2-2-1　　8GW/10GW 工程受端换流站短路电流水平对比

参数	8GW 工程换流站	10GW 工程换流站高端	10GW 工程换流站低端
换流变压器阻抗（%）	18	20	20
换流阀短路故障第 1 峰值（kA）	42.5	56.7	58.4
换流阀短路故障第 2、3 峰值（kA）	44.8	60.2	62.1
平波电抗器的电流应力（kA）	35.1	39.5	39.5
直流母线和中性母线的电流应力（kA）	35.1	39.5	39.5

（2）随着额定电流的提升，以及受端分层接入系统时低端换流变压器接入更高的电压等级，导致换流变压器容量与电压（尤其是低端换流变压器）显著提升。常规 8GW 的特高压直流工程与容量提升至 10GW 的特高压直流工程，换流变压器参数对比如表 2-2-2 所示。

表 2-2-2　　8GW/10GW 工程受端换流站换流变压器参数对比

参数	8GW 工程换流站	10GW 工程换流站高端	10GW 工程换流站低端
换流变压器绕组	线路侧绕组		
变压器接线型式	Y0	Y0	Y0
额定相电压（kV）	294	300	606
最大稳态相电压（kV）	303	303	617
额定容量（MVA）	384	488	488
双极运行时额定电流（A）	1305	1627	806
1.05 倍标幺值过负荷电流（A）	1465	1858	891
分接头挡位数	+20/－6	+24/－4	+19/－9
分接头调节步长（%）	1.25	1.25	0.65
在额定分接头（0）时的阻抗（%）	18	20	20
换流变压器相对感性压降最大误差（%）	±0.9	±1.0	±1.0

（3）由于受端采用分层接入方案，在双 12 脉动换流器中点配置直流分压器，对高、低端电压采取分别控制 400kV 的控制策略，故在计算稳态运行时的最高直流电压，以及求解直流空载电压（U_{di0}）限制值参数时，需要计及高、低端换流变压器各自的一挡分接开关误差，这就导致直流最高运行电压相比常规工程会更高。同样选取 8GW 与 10GW 典型工程，对应的直流最高运行电压计算原理如下所示：

1）对于常规 8GW 特高压直流工程，考虑到每极串联的 2 个 12 脉动换流器有载分接头独立动作，相互之间挡位差不超过 1 挡。串联的 2 个 12 脉动换流变压器分接开关共同作用以控制直流母线 800kV 为目标，故只需计及 1 个挡位分接头误差以及电压的测量误差，在功率正送方式下直流电压误差范围为

$$\Delta U_{dR}=800\times(0.006\,25+0.005)=9\text{（kV）}$$

则考虑误差的最大直流电压为

$$U_{dmax}=800+9=809\text{（kV）}$$

2）对于容量提升至 10GW 的特高压直流工程，考虑到每极串联的 2 个 12 脉动换流器有载分接头独立动作，相互之间并无关联。串联的 2 个 12 脉动换流变压器分接开关以各自独立控制 12 脉动换流器端口电压 400kV 为目标，因此需要考虑高、低端 2 个挡位分接头误差以及电压的测量误差，在功率正送方式下直流电压误差范围为

$$\Delta U_{dR}=800\times(0.006\,25+0.003\,25+0.005)=11.6\text{（kV）}$$

考虑误差的最大直流电压为

$$U_{dmax}=800+11.6=811.6\text{（kV）}$$

对于受端分层接入的直流工程，尽管考虑误差的最大运行直流电压值有所增加，但依然能够限定在功能规范书规定的816kV直流电压水平范围内。

四、小结

直流系统主回路参数是直流系统研究的关键环节，是直流工程主设备参数研究的重要组成，是无功功率补偿与控制、过电压与绝缘配合等后续研究的必要输入。

对于特高压大容量直流输电工程的主回路研究与设计，由于输电容量提升和分层接入的特殊背景，在沿袭常规直流工程主回路计算方法的基础上，对换流变压器阻抗选择、降压运行能力等关键问题开展了专题研究，主要研究思路如下：

（1）基于对换流变压器、换流阀及晶闸管厂的调研，从换流变压器制造难度、换流阀通流能力要求、大件运输条件等方面开展系统比较，确定换流变压器阻抗取值范围。在此基础上，校核了不同的换流变压器短路阻抗对直流系统设计参数的影响，重点计算了阀短路电流、运行中的最大换相角及无功消耗等参数，最终综合比较提出了送受端换流变压器阻抗的推荐取值范围。

（2）依据各厂提供的换流变压器调压开关制造能力，校核直流系统的降压运行能力，核算受端高、低压端在不同降压深度（70%、75%及80%）下的最大关断角，同时以40°关断角作为极限条件，核算不同降压深度下所要求的分接开关挡位数，研究高、低压端通过配合实现80%降压的方式。分析直流控制保护系统在不均衡降压方式下的控制复杂程度以及对于不同交流系统运行调度的影响，并综合对直流系统影响以及换流阀、换流变压器等主设备的制造难度，最终确定高、低压端采用均衡降压80%的降压运行方式。

在10GW特高压直流工程成套设计的初期阶段，可通过上述专题研究以及迭代优化、反复比选，有效解决直流系统分层接入不同交流系统的一系列关键技术问题，为设备研制提供技术依据和后续设计工作的全面展开奠定良好基础。

第三节　过电压绝缘配合研究

一、概述

特高压直流输电工程分层接入500kV/1000kV交流电网，给工程的设计建设带来极大的挑战。研究分层接入对直流系统绝缘配合和直流系统过电压仿真计算的影响，提出分层接入500kV/1000kV电网直流系统的设备绝缘水平是非常必要的。研究分析计算分层接入工程换流站直流侧各关键点的过电压保护水平和设备的绝缘水平，是设备设计与研制的依据和工程实施的基础。为便于阐述，本节一些参数以锡泰工程为例给出。

二、大容量分层接入特高压直流输电工程绝缘配合的特点

换流站交直流两侧均采用无间隙氧化锌避雷器作为保护装置。±800kV换流站避雷器保护配置方案图如图2－3－1所示。

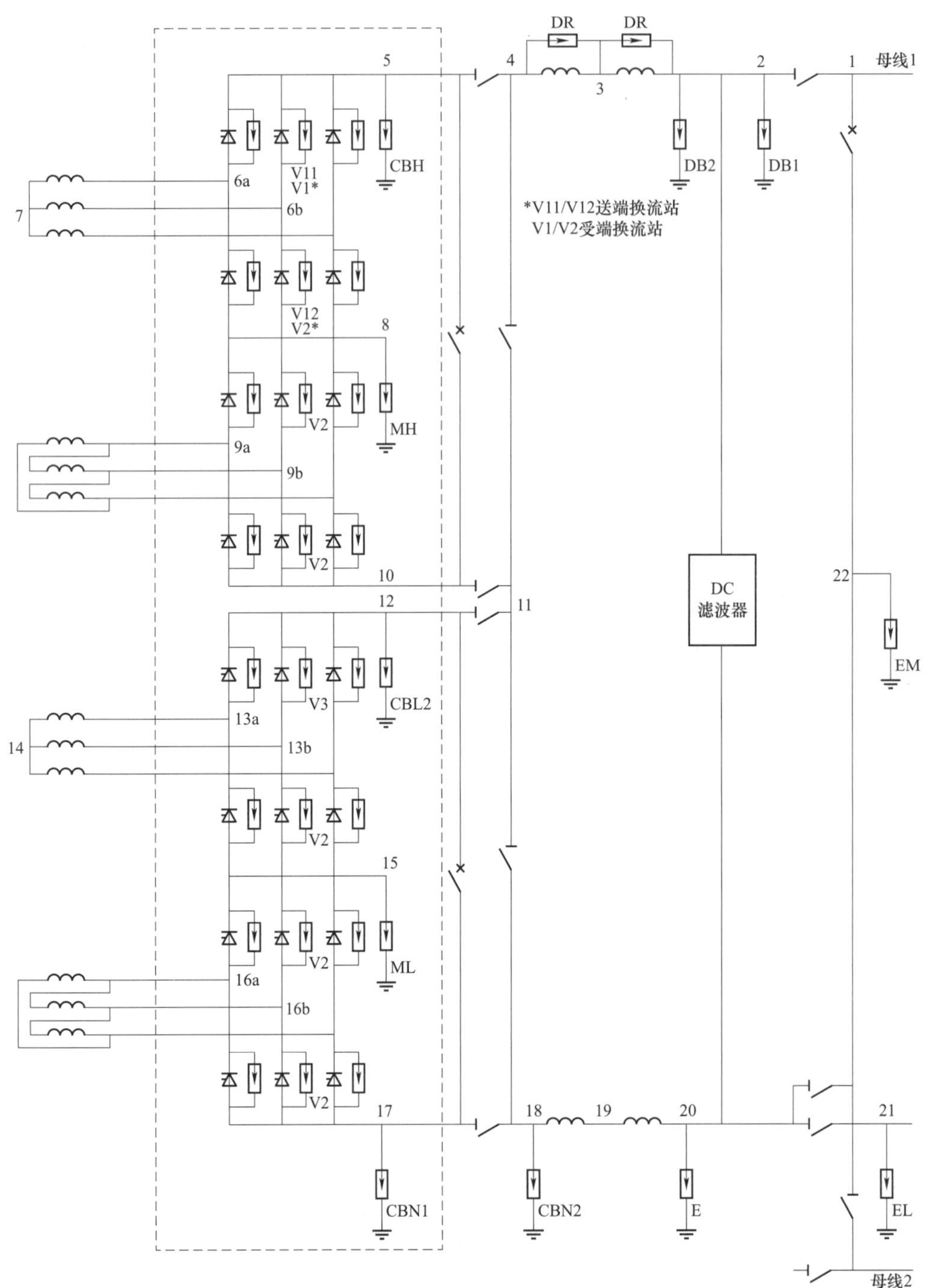

图 2-3-1　±800kV 换流站避雷器保护配置方案图

V1（V11）、V2（V12）、V3—阀避雷器；ML—下 12 脉动换流单元 6 脉动桥避雷器；MH—上 12 脉动换流单元 6 脉动桥避雷器；CBL2—上下 12 脉动换流单元之间中点直流母线避雷器（对地）；CBH—上 12 脉动换流单元直流母线避雷器（对地）；DB1—直流线路避雷器；DB2—直流母线避雷器；CBN1、CBN2、E、EL、EM—中性母线避雷器；DR—平波电抗器并联避雷器

（一）分层接入对 400kV 中点电压的影响

以往特高压直流输电工程中，由于平波电抗器采用极线和中性线平均分置方案，同时对高、低端进行相同的控制，使得送、受端 400kV 中点电压为类纯直流。

而对于换流站高、低端换流单元分别接入 500、1000kV 两个交流系统，两个系统的电压波动（幅值和相角）以及采用高、低端分别控制策略，换流回路的谐波增加，这将影响直流侧关键点的持续运行电压特性。图 2-3-2 给出了 400kV 中点电压仿真结果波形图，换流器 400kV 中点的电压水平不再是纯直流，而叠加一定的谐波电压。最大谐波峰峰值约 45kV，含谐波分量的最高运行电压峰值为 430kV，比 400kV 提高了 30kV。这对高端避雷器 MH、CBH 额定电压的选取会带来较大的影响。其他各点的持续运行电压变化不大。

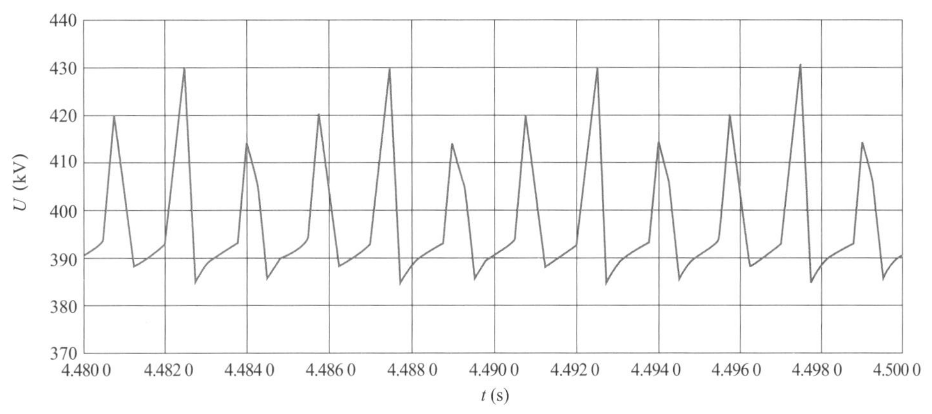

图 2-3-2　含谐波的 400kV 中点电压波形

（二）线路长度对 400kV 中点电压的影响

一般而言，送、受端额定直流电压因线路长度、线路选型及输送电流大小存在不同的差异，例如，哈郑工程线路电阻 9Ω 左右，受端额定电压比送端约低 45kV（大约为 755kV），400kV 中点处实际电压约为 377.5kV，与送端 400kV 电压相差 22.5kV。如果考虑上节所述的谐波影响，400kV 中点处的持续运行电压达到 407.5kV，高端避雷器不能沿用不分层接入时的设计值。

在容量提升和分层接入特高压直流输电工程中，采用了大截面导线，特别是对于输电线路长度相对较短的工程，线路电阻较小，锡泰工程电阻值为约 3.5Ω，线路压降较小大约只有 22kV，因此，受端额定电压约为 778kV，400kV 中点处的实际电压在 389kV 左右，与送端 400kV 电压只相差 11kV。如果考虑上节所述的谐波影响，400kV 中点处的持续运行电压达到 434kV，同样，高端避雷器更加不能沿用不分层接入时的设计值。

400kV 中点运行电压的提高，高端换流单元的 MH、CBH 避雷器额定电压必将随之提高。

（三）空载直流电压的影响分析

受端换流站的空载直流电压 U_{di0NI} 的计算式如下

$$U_{\rm di0NI}=\frac{\dfrac{U_{\rm dNR}-R_{\rm dN}I_{\rm dN}}{4}-U_{\rm T}}{\cos\gamma_{\rm N}-(d_{\rm xNI}-d_{\rm rNI})} \tag{2-3-1}$$

式中 $U_{\rm dNR}$——整流侧极线出口额定直流电压，kV；

$U_{\rm T}$——一个 6 脉动换流器的固有压降，kV；

$R_{\rm dN}$——总的直流额定电阻，Ω；

$I_{\rm dN}$——额定直流电流，kA；

$d_{\rm xNI}$——逆变侧换流变压器电感压降标幺值；

$d_{\rm rNI}$——逆变侧换流变压器电阻压降标幺值；

$\gamma_{\rm N}$——额定熄弧角，(°)。

由式（2–3–1）看出，相对感性压降 d_x 和直流线路电阻的不同会导致最大理想空载直流电压 $U_{\rm di0absmax}$ 的不同。

因直流系统输送容量提升的影响，根据系统研究结果，换流变压器阻抗确定为 20%，比以往特高压受端换流站的 17%左右约提高了 20%。由式（2–3–1）可以看到，d_x 的增大，空载直流电压会相应提高。

同样，由于直流线路电阻 $R_{\rm dN}$ 产生的压降，使受端换流站的空载直流电压 $U_{\rm di0}$ 比送端换流站的要低，向上工程以来，决定送、受端换流阀绝缘水平的关键参数 $U_{\rm di0ABSmaxR}$ 与 $U_{\rm di0ABSmaxI}$ 一般相差 15～20kV。

由于线路电阻大幅降低，受端空载直流电压升高，送、受端的最大理想空载直流电压 $U_{\rm di0absmax}$ 相差变小，分别为 240.39kV 和 234.91kV，受端仅比送端低 5kV 左右。而受端分层接入谐波影响导致的 400kV 中点处的稳态电压升高了 30 多 kV，两者无法相互抵消。

空载直流电压 $U_{\rm di0}$ 的升高导致阀避雷器持续运行电压的升高，所以阀避雷器额定电压必然升高。

三、避雷器的选择和优化

（一）避雷器额定电压选择

（1）阀避雷器。阀避雷器额定值选择的基本要素是其两端的运行电压，即考虑暂时过电压、谐波以及换相过冲。冲击负载和配合电流则由过电压研究和经验公式确定。

阀避雷器的峰值持续运行电压 $CCOV$ 由式（2–3–2）计算

$$CCOV=U_{\rm di0absmax}\times\frac{\pi}{3} \tag{2-3-2}$$

考虑最大情况 19%的换相过冲，则阀避雷器的最大峰值持续运行电压 $PCOV$=293.5kV。阀避雷器荷电率取为 1.0，所以阀避雷器额定电压也为 293.5kV（峰值），详细参数见表 2–3–1。

阀避雷器既遭受交流电压又遭受直流电压，因此最好使用能耐受直流电压的阀片。但是，交流电压（包括谐波）占主导成分，额定电压 $U_{\rm Nref}$（kV，均方根值）定义应与交流避雷器的相同。所以阀避雷器额定电压 $U_{\rm Nref}$ 为 207.6kV（均方根值）。

（2）MH 避雷器。MH 避雷器的运行电压为 400kV 中点处的运行电压加上一个阀避雷器的运行电压。以往特高压直流输电工程中，由于 400kV 中点电压为纯直流，因此 MH 的 *CCOV* 选为 637.7kV、*PCOV* 为 672.2kV，其中，阀避雷器 *CCOV* 为 233.2kV、*PCOV* 为 278.2kV。

分层接入工程，阀避雷器 *CCOV* 为 246kV、*PCOV* 为 293.5kV。400kV 中点处运行电压模拟结果为 430kV，考虑安全系数，按 440kV 考虑，所以 MH 的运行电压为 686kV。MH 处换相过冲取 9%，那么 *PCOV* 为 748kV。

表 2-3-1　受端换流站避雷器参数　（kV）

避雷器	*PCOV*	*CCOV*	U_{Nref}
V1、V2、V3	293.5	246.0	207.6（均方根值）
MH	748	686	836
CBH	956	918	1120
DB1、DB2	—	824	969
ML	304	256	360
CBL	491	455	554.8
A	—	638（均方根值）	828/804（均方根值）

注　A 为换流变压器网侧进线避雷器。

（3）CBH 避雷器。CBH 避雷器用于保护平波电抗器阀侧高压直流极线上连接的设备免受过电压的损坏。它也是由直流电压分量叠加纹波组成。当 $\alpha+\mu$ 很小时，理论上 *CCOV* 的值 U_{CCOV} 可按式（2-3-3）计算

$$U_{CCOV}=4\times U_{di0max}\times\frac{\pi}{3}\times(\cos15^{\circ})^2 \tag{2-3-3}$$

实际上的 *CCOV* 值比计算的值要小些，对于 12 脉动换流器来说，*CCOV* 与直流分量之比约为 1.07。例如，向上工程受端 CBH 避雷器的 *CCOV* 取为 859kV（*PCOV* 为 895kV），比按式（2-3-3）计算的值要小，基本是按 800kV 的 1.07 取值的。

比较式（2-3-2）和式（2-3-3）可以看到：CBH 的 *CCOV* 与阀避雷器的 *CCOV* 成正比。锡泰工程阀避雷器 *CCOV* 比向上工程提高了 5.5%（246kV/233kV），所以 CBH 避雷器的运行电压 *CCOV* 提高至 918kV 比较合理，*PCOV* 为 956kV。

（二）避雷器参数

受分层接入影响较大的避雷器额定电压在上节进行了分析，表 2-3-1 列出了受端换流站主要避雷器的 *CCOV*、*PCOV* 以及额定电压 U_{Nref}。

四、直流设备的绝缘配合

（一）绝缘裕度

根据相关国际标准和特高压直流输电工程设备绝缘水平要求，设备的最小绝缘裕度不小于表 2-3-2 中的值。

表 2-3-2　　设备的最小绝缘裕度　　(%)

项目	油绝缘（线侧）	油绝缘（阀侧）	空气绝缘	单个阀
陡波	25	25	25	15
雷击	25	20	20	10
操作	20	15	15	10

（二）避雷器保护水平及配合电流

选定的受端换流站避雷器的保护水平及配合电流如表 2-3-3 所示，其中 *LIPL* 为雷电冲击保护水平，*ILIPL* 为雷电配合电流，*SIPL* 为操作冲击保护水平，*ISIPL* 为操作配合电流。

表 2-3-3　　避雷器保护水平及配合电流

避雷器	*LIPL*（kV）	*ILIPL*（kA）	*SIPL*（kV）	*ISIPL*（kA）
V1	385	2	404	6
V2（高端）	398	2	404、367.9	3、0.2
V2（低端）	398	2	404	3
V3	398	2	404	3
ML	518	2	488	0.5
MH	1164	2	1087	0.2
CBL	776	2	728	0.2
CBH	1558	2	1451	0.2
DB1	1625	20	1391	1
DB2	1625	10	1391	1
A	1620	2	1460	20

（三）设备的绝缘水平

根据避雷器保护的设备，考虑上述的绝缘裕度后，得到的设备的保护水平及绝缘水平如表 2-3-4 所示。高端 Yy 换流变压器及极母线阀侧处操作冲击绝缘水平为 1675kV，雷电冲击绝缘水平为 1870kV；在不采用分层接入的±800kV 特高压直流输电工程中，高端 Yy 换流变压器及极母线阀侧处操作冲击绝缘水平为 1600kV，雷电冲击绝缘水平为 1800kV。平波电抗器线路侧额定操作冲击耐受水平仍为 1600kV，雷电冲击绝缘水平为 1800kV，与不采用分层接入的±800kV 特高压直流输电工程相同。

表 2-3-4　　受端换流站设备的过电压及绝缘水平

位　置	避雷器组合	*LIPL*（kV）	*ILIPL*（kA）	*SIPL*（kV）	*ISIPL*（kA）
阀桥两侧	max（V1/V2/V3）	398	438	404	445
直流线路（平抗侧）	max（DB1，DB2）	1625	1950	1391	1600

续表

位　置	避雷器组合	*LIPL*（kV）	*ILIPL*（kA）	*SIPL*（kV）	*ISIPL*（kA）
极母线阀侧	CBH	1558	1870	1451	1675
单个平波电抗器两端	DR	900	1080	—	—
跨高压 12 脉动桥	max（V1，V2）+V2	783	940	808	926
上换流变压器 Yy 阀侧相对地	MH+V2	1562	1870	1455	**1675**
上换流变压器 Yy 阀侧中性点	A′+MH	—	—	1348	1550
上 12 脉动桥中点母线	MH	1164	1397	1087	1250
上换流变压器 Yd 阀侧相对地	V2+CBL	1174	1410	1132	1302
上下两 12 脉动桥之间中点	CBL	776	932	728	838
下换流变压器 Yy 阀侧相对地	V2+ML	916	1100	892	1026
下换流变压器 Yy 阀侧中性点	A′+ML	—	—	749	862
下 12 脉动桥中点母线	ML	518	622	488	562

注　A′为换流变压器网侧进线避雷器保护水平根据变比折算到阀侧的值。

五、直流过电压校核计算

根据系统计算条件及所配置的避雷器参数，对直流系统过电压进行了仿真计算，相应的阀避雷器、CBH 避雷器、MH 避雷器、CBL 避雷器的保护水平及配合电流的计算结果如表 2－3－5～表 2－3－8 所示。

表 2－3－5　　阀避雷器保护水平及配合电流

序号	故障描述	避雷器特性	U_{max}（kV）	*I*（kA）
1	双极运行，换流器与换流变压器阀侧之间接地故障	max	382.5	1.9
2	双极运行，换流器与换流变压器阀侧之间接地故障	min	370.3	1.96
3	双极、极 1 单换流器运行，换流器与换流变压器阀侧之间接地故障	max	375.8	0.7
4	双极、极 1 单换流器运行，换流器与换流变压器阀侧之间接地故障	min	373.8	0.8
避雷器设计值			404	6/3

表 2－3－6　　CBH 避雷器保护水平及配合电流

序号	故障描述	避雷器特性	U_{max}（kV）	*I*（kA）
1	整流测三相交流故障	max	1204	0.012
2	逆变站开路启动直流传输（反向运行）		1259.2	0.016
避雷器设计值			1451	0.2

表 2-3-7　　MH 避雷器保护水平及配合电流

序号	故障描述	避雷器特性	U_{max}（kV）	I（kA）
1	整流测三相交流故障	max	958.5	0.000 1
2	逆变站开路启动直流传输（反向运行）		955.8	0.000 2
避雷器设计值			1087	0.2

表 2-3-8　　CBL 避雷器保护水平及配合电流

序号	故障描述	避雷器特性	U_{max}（kV）	I（kA）
1	整流测三相交流故障	max	580	0.01
2	逆变站开路启动直流传输（反向运行）		690.3	0.025
避雷器设计值			728	0.2

六、小结

（1）特高压直流输电工程受端分层接入两个不同的交流系统，导致 400kV 中点的运行电压不再是幅值为 400kV 的纯直流，而是幅值约为 430kV 的叠加一定含谐波分量的运行电压。

（2）受直流线路长度和截面积的影响，受端换流站 400kV 中点的运行电压也有一定的提高；此外，线路长度和截面积以及换流变压器漏抗的增加，还将使受端换流站的空载直流电压 U_{di0} 升高。

（3）经仿真计算研究，确定了阀避雷器额定电压为 207.6kV_{rms}、MH 避雷器额定电压为 836kV、CBH 避雷器额定电压为 1120kV。

（4）高端 Yy 换流变压器及极母线阀侧处操作冲击绝缘水平为 1675kV，雷电冲击绝缘水平为 1870kV，高于不采用分层接入的±800kV 特高压直流输电工程相同位置的绝缘水平；平波电抗器线路侧额定操作冲击耐受水平仍为 1600kV，雷电冲击绝缘水平为 1800kV，与不采用分层接入的±800kV 特高压直流输电工程相同。

第四节　交流滤波器设计

一、概述

交流滤波器设计是特高压直流输电工程系统方案设计的重要内容，涉及系统阻抗扫描、直流无功控制、换流器谐波计算、滤波器参数整定等方面，其目的是综合考虑安全、技术和经济因素，配置合理的交流滤波器方案并制定相应的投切策略，以满足各种运行工况下系统性能和设备定值要求。

区别于以往特高压直流输电工程，6250A 直流工程对交流滤波器设计产生影响的主要体现在：

（1）输送容量的变化，从 8GW 提升到 10GW。容量提升意味着换流器产生的谐波电流增大，交流滤波器定值可能增加。为了节省投资和布置场地，分层接入 1000kV 交流滤波器分为 2 大组。对于概率不大的大组滤波器退出运行方式，为避免定值增加过大，6250A 工程考虑交流滤波器设计满足“一大组交流滤波器退出运行时，最大可输送 80%功率”的要求；而一般情况下，常规直流输电工程交流滤波器设计满足“一大组交流滤波器退出后，系统仍可输送 100%的功率”的要求。

（2）接线方式的变化。受端换流站分层接入 500kV 和 1000kV 交流系统，对交流滤波器设计主要造成两方面的影响：

1）高端换流器和低端换流器连于电气距离较近的交流母线，层间换流器谐波可能会通过联络变压器或其他电气支路产生交互作用，如何定量评估该因素的影响值得探讨。

2）1000kV 交流滤波器的绝缘设计无工程经验参考。

二、分层接入谐波相互影响研究

（一）谐波交互影响因子法

1. 谐波交互影响机理

分层接入直流输电工程在 n 次频率下的谐波交互等效模型如图 2－4－1 所示，其中节点 i、j 分别为高端换流器所接的500kV 换流母线和低端换流器所接的1000kV 换流母线；$z_i^{(n)}$ 和 $z_j^{(n)}$ 分别为换流母线后的系统 n 次谐波等值阻抗（其中 n=1～50）；$z_{ij}^{(n)}$ 为换流母线 i 和 j 之间的 n 次谐波等值联系阻抗。

从图 2－4－1 中可以看出，由于换流母线 i 和 j 存在电气耦合（即体现两节点之间的 n 次谐波等值联系阻抗），所以当换流器 i 注入系统的谐波电流通过分流，经谐波联系阻抗进入换流母线 j，进而引起换流母线 j 的激发电压 $U_{ij}^{(n)}$。同理，换流器 j 注入系统的谐波电流通过分流，经谐波联系阻抗进入换流母线 i，进而引起换流母线 j 的激发电压 $U_{ji}^{(n)}$（注意采用的是标幺系统），也可求得 j 换流器 n 次谐波电流对 i 换流器的交互作用可以等效为在 j 点并联一个电流源为 $I_{ij}^{(n)}$，如图 2－4－2 所示。

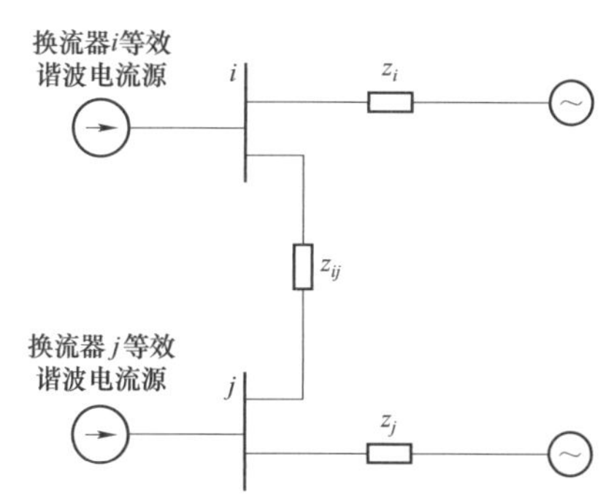

图 2－4－1　分层接入时换流器谐波交互模型

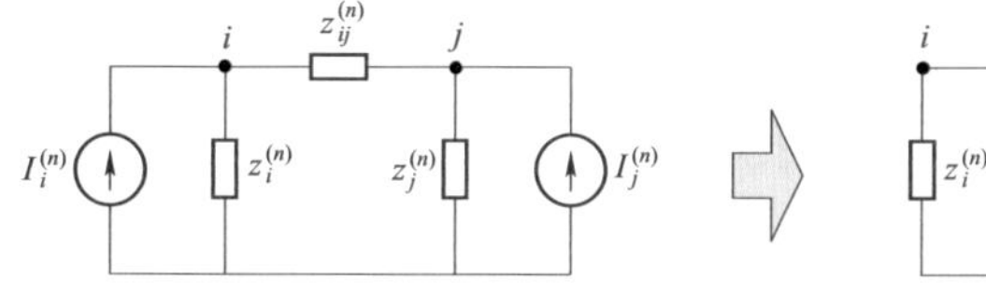

(a) n次谐波频率下分层谐波交互电路

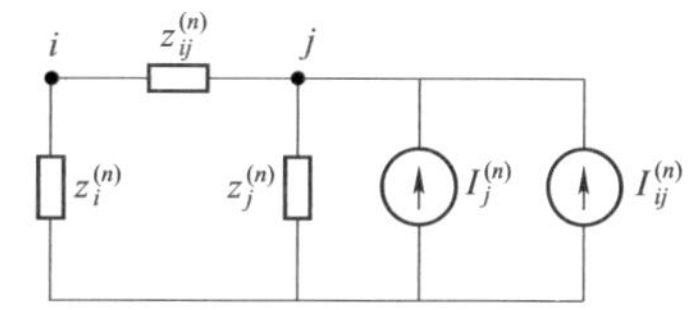

(b) n次谐波频率下分层谐波交互等效电路

图 2－4－2　n 次谐波频率下分层谐波交互电路

下面进一步分析分层间的谐波交互作用。图 2－4－2 中等值系统中交流网络的 n 次谐波频率下的节点导纳矩阵为

$$Y^{(n)}=\begin{bmatrix}\dfrac{1}{z_i^{(n)}}+\dfrac{1}{z_{ij}^{(n)}} & -\dfrac{1}{z_{ij}^{(n)}}\\ -\dfrac{1}{z_{ij}^{(n)}} & \dfrac{1}{z_j^{(n)}}+\dfrac{1}{z_{ij}^{(n)}}\end{bmatrix} \tag{2-4-1}$$

对其进行求逆，求取 n 次谐波频率下的节点阻抗矩阵如下

$$Z_{ij}^{(n)}=\frac{1}{z_i^{(n)}+z_j^{(n)}+z_{ij}^{(n)}}\begin{bmatrix}z_i^{(n)}z_{ij}^{(n)}+z_i^{(n)}z_j^{(n)} & z_i^{(n)}z_j^{(n)}\\ z_i^{(n)}z_j^{(n)} & z_i^{(n)}z_{ij}^{(n)}+z_i^{(n)}z_j^{(n)}\end{bmatrix}=\begin{bmatrix}Z_{ii}^{(n)} & Z_{ij}^{(n)}\\ Z_{ji}^{(n)} & Z_{jj}^{(n)}\end{bmatrix} \tag{2-4-2}$$

由式（2-4-2）可求得为换流母线 i、j 的自阻抗 $Z_{ii}^{(n)}$ 和 $Z_{jj}^{(n)}$，层间 n 次谐波等值联系阻抗 $Z_{ij}^{(n)}$（或 $Z_{ji}^{(n)}$）

$$Z_{ii}^{(n)}=\frac{z_i^{(n)}z_{ij}^{(n)}+z_i^{(n)}z_j^{(n)}}{z_i^{(n)}+z_j^{(n)}+z_{ij}^{(n)}} \tag{2-4-3}$$

$$Z_{jj}^{(n)}=\frac{z_j^{(n)}z_{ij}^{(n)}+z_i^{(n)}z_j^{(n)}}{z_i^{(n)}+z_j^{(n)}+z_{ij}^{(n)}} \tag{2-4-4}$$

$$Z_{ij}^{(n)}=Z_{ji}^{(n)}=\frac{z_i^{(n)}z_j^{(n)}}{z_i^{(n)}+z_j^{(n)}+z_{ij}^{(n)}} \tag{2-4-5}$$

换流器 i 产生的 n 次谐波在换流母线 j 点激发的交互电压为

$$U_{ij}^{(n)}=I_i^{(n)}Z_{ij}^{(n)} \tag{2-4-6}$$

根据诺顿等效原理，求得 i 换流器对 j 换流器的 n 次谐波等效交互电流 $I_{ij}^{(n)}$ 如下

$$I_{ij}^{(n)}=\frac{Z_{ij}^{(n)}}{Z_{jj}^{(n)}}I_i^{(n)}=\frac{z_j^{(n)}}{z_j^{(n)}+z_{ij}^{(n)}}I_i^{(n)} \tag{2-4-7}$$

同理，也可求得 j 换流器对 i 换流器的 n 次谐波等效交互电流 $I_{ji}^{(n)}$

$$I_{ji}^{(n)}=\frac{Z_{ij}^{(n)}}{Z_{ii}^{(n)}}I_j^{(n)}=\frac{z_i^{(n)}}{z_i^{(n)}+z_{ij}^{(n)}}I_j^{(n)} \tag{2-4-8}$$

2. 谐波电流交互因子分析

定义分层间的谐波电流交互因子见式（2-4-9）和式（2-4-10），以表征分层所连的换流器间谐波交互特性。其中，$\beta_{ij}^{(n)}$ 体现了 i 换流器对 j 换流器的谐波交互作用，$\beta_{ji}^{(n)}$ 体现了 j 换流器对 i 换流器的谐波交互作用

$$\beta_{ij}^{(n)}=\frac{Z_{ij}^{(n)}}{Z_{jj}^{(n)}}=\frac{z_j^{(n)}}{z_j^{(n)}+z_{ij}^{(n)}} \tag{2-4-9}$$

$$\beta_{ji}^{(n)}=\frac{Z_{ij}^{(n)}}{Z_{ii}^{(n)}}=\frac{z_i^{(n)}}{z_i^{(n)}+z_{ij}^{(n)}} \tag{2-4-10}$$

进一步对式（2-4-9）和式（2-4-10）进行变形如下，可以看出，谐波电流交互因

子与换流母线联系阻抗和换流母线后系统等效阻抗相关，即

$$\beta_{ij}^{(n)} = \frac{1}{1 + z_{ij}^{(n)} / z_j^{(n)}} \tag{2-4-11}$$

$$\beta_{ji}^{(n)} = \frac{1}{1 + z_{ij}^{(n)} / z_i^{(n)}} \tag{2-4-12}$$

显然，谐波电流交互因子完整表述了分层内某一层换流器谐波对另一层换流器的交互强弱程度。交互因子越大，表示分层间谐波交互作用越大；交互因子越小，表示分层间谐波交互作用越小。当交互因子等于零时，表明分层间电气距离足够远，谐波电流没有交互影响和传递。当交互因子等于 1 时，$z_{ij}^{(n)}=0$，相当于不存在分层接入，即常规直流接入同一换流母线情况。

事实上，处于不同电压层级的换流器产生的谐波交互影响有两条通路，如图 2-4-3 所示：一是较短电气路径，即直接经联络变压器；二是通过其他网络电气连接的路径。一般情况下，后者等效电气距离远大于前者，所以分层间的电气连接和耦合主要体现在 1000kV 和 500kV 的联络变压器所在的电气支路上，即见式（2-4-13）～式（2-4-14），其中 R_t、X_t 分别为联络变压器的等效电阻和等效电抗，R_L、X_L 分别为联络变压器通路除联络变压器外的等效电阻和等效电抗。如果 R_L=0，X_L=0，则意味着联络变压器直接联通 1000kV 换流母线和 500kV 换流母线，当 500kV 和 1000kV 站采用共建模式，联络变压器放在站内，则会出现这种情况，即

$$z_{ij}^{(1)} = R_t + \mathrm{j}X_t + R_L + \mathrm{j}X_L \tag{2-4-13}$$

$$z_{ij}^{(n)} = R_t + \mathrm{j}nX_t + R_L + \mathrm{j}nX_L \tag{2-4-14}$$

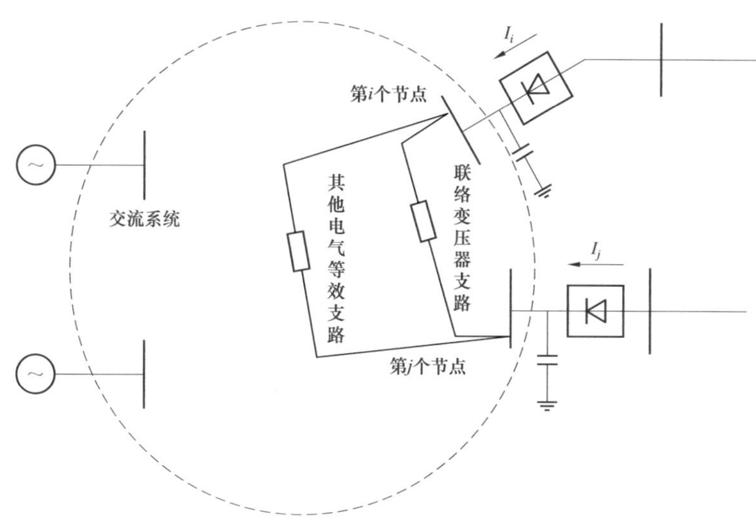

图 2-4-3　不同层级间谐波电流两种交互通路

由式（2-4-11）、式（2-4-12）可知，谐波电流交互因子取决于分层阻抗比（定义为 n 次谐波联系阻抗和系统后 n 次等值阻抗之比）。故分层阻抗比的幅值［$\gamma_{ji}^{(n)}$ 或 $\gamma_{ij}^{(n)}$］、角度［$\theta_{ji}^{(n)}$ 或 $\theta_{ij}^{(n)}$］分别如式（2-4-15）、式（2-4-16）所示，考虑到联系阻抗中电阻成分

很小（R_t，$R_L \approx 0$），这样其角度［$\delta_{ji}^{(n)}$或$\delta_{ij}^{(n)}$］近似为90°

$$\gamma_{ji}^{(n)} = \left|\frac{z_{ij}^{(n)}}{z_i^{(n)}}\right|, \gamma_{ij}^{(n)} = \left|\frac{z_{ij}^{(n)}}{z_j^{(n)}}\right| \tag{2-4-15}$$

$$\begin{cases} \theta_{ji}^{(n)} = \delta_{ji}^{(n)} - \delta_i^{(n)} \approx 90° - \delta_i^{(n)} \\ \theta_{ij}^{(n)} = \delta_{ji}^{(n)} - \delta_j^{(n)} \approx 90° - \delta_j^{(n)} \end{cases} \tag{2-4-16}$$

式中　$\delta_i^{(n)}$、$\delta_j^{(n)}$——分别为换流母线 i、j 系统后 n 次等值阻抗角。

谐波电流交互因子是复数，实际我们更关注其大小而不关注其角度，其大小表征了其他层换流器谐波电流传递到本层的比例系数。根据式（2-4-11）、式（2-4-12），物理意义是坐标（-1，0）到圆周上的距离的倒数。下面根据分层阻抗比的大小不同，分三种情况分析谐波电流交互因子。

（1）$0 < \gamma_{ji}^{(n)}, \gamma_{ij}^{(n)} \leqslant 1$。$0 < \gamma_{ji}^{(n)}, \gamma_{ij}^{(n)} \leqslant 1$时谐波电流交互因子的变化趋势如图2-4-4所示。从图2-4-4中可以看出，分为两个区域，在区域1内（此时主要为系统后 n 次等值阻抗主要为容性），谐波电流交互因子随着分层阻抗比增加而增加；在区域2内（此时主要为系统后 n 次等值阻抗主要为感性），谐波电流交互因子随着分层阻抗比增加而降低。特别地，当系统后 n 次等值阻抗完全为容性时，可能出现谐振，此时谐波电流交互因子将非常大。

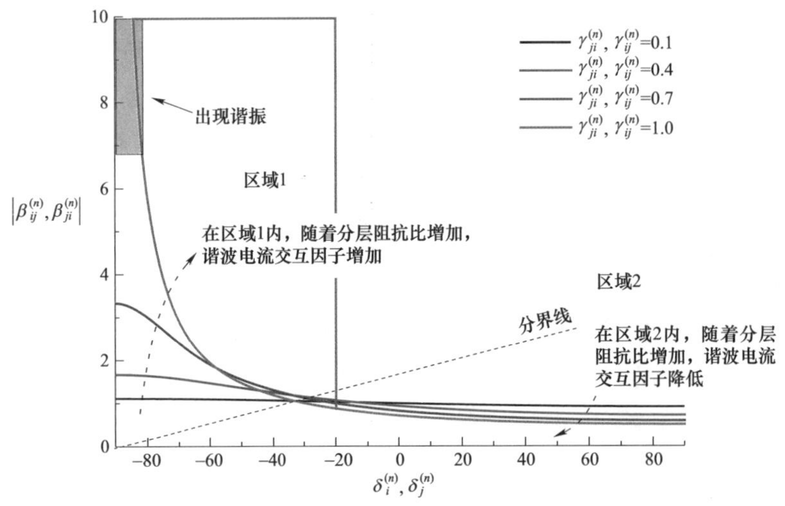

图2-4-4　$0 < \gamma_{ji}^{(n)}, \gamma_{ij}^{(n)} \leqslant 1$时谐波电流交互因子的变化趋势

（2）$1 < \gamma_{ji}^{(n)}, \gamma_{ij}^{(n)} \leqslant 2$。$1 < \gamma_{ji}^{(n)}, \gamma_{ij}^{(n)} \leqslant 2$时谐波电流交互因子的变化趋势如图2-4-5所示，可以看出谐波电流交互因子随着分层阻抗比增加而降低。系统后 n 次等值阻抗越大，谐波电流交互因子越大；分层阻抗比越接近1，系统后 n 次等值阻抗越接近-90°，谐波电流交互因子越大。

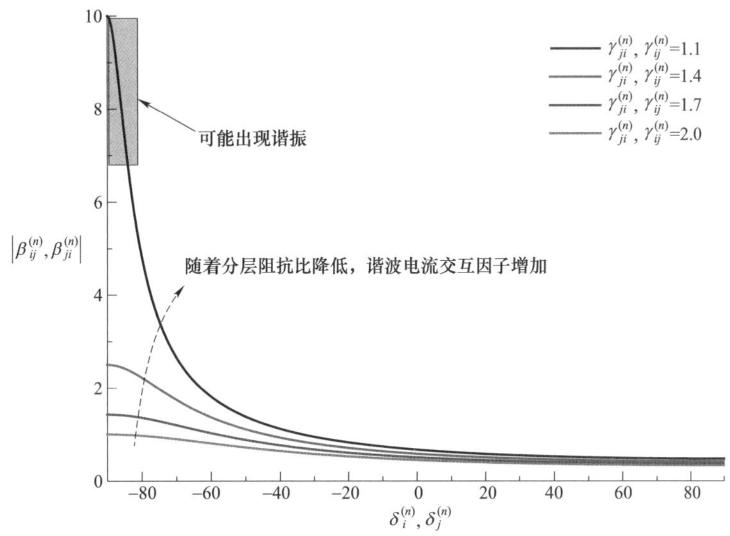

图 2-4-5　$0 < \gamma_{ji}^{(n)}, \gamma_{ij}^{(n)} \leqslant 1$ 时谐波电流交互因子的变化趋势

（3）$\gamma_{ji}^{(n)}, \gamma_{ij}^{(n)} > 2$。$\gamma_{ji}^{(n)}, \gamma_{ij}^{(n)} > 2$ 时谐波电流交互因子的变化趋势如图 2-4-6 所示。从图 2-4-6 可以看出，谐波电流交互因子随着分层阻抗比增加而降低；当分层阻抗比大于 8 后，谐波电流交互因子小于 0.15；当分层阻抗比大于 2 且小于 8 时（同时结合图 2-4-6），谐波电流交互因子在［0.2，0.1］范围。

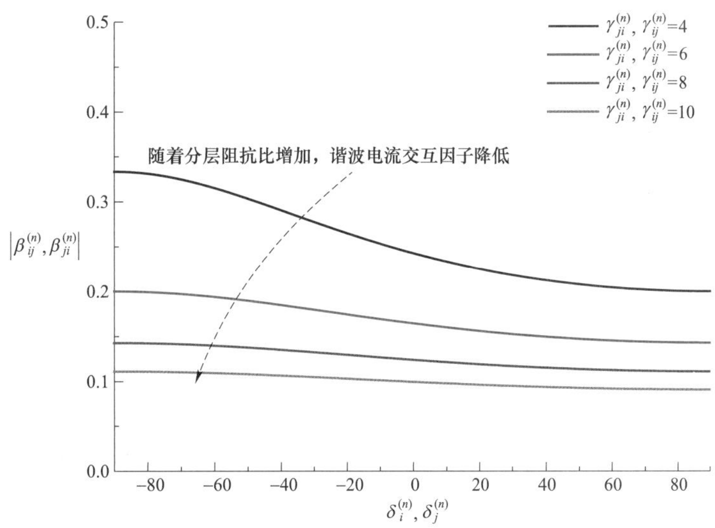

图 2-4-6　$\gamma_{ji}^{(n)}, \gamma_{ij}^{(n)} > 2$ 时谐波电流交互因子的变化趋势

一般受端分层电网属于强交流系统，此时，层间联系阻抗大于系统等值阻抗，即 $\gamma_{ji}^{(n)}, \gamma_{ij}^{(n)} > 1$，这样为进一步减小层间谐波电流交互作用，应尽量增大分层间的联系阻抗，有以下两种实现途径：

1）避免直接利用联络变压器连接，或连接变压器尽量放到站外以增加谐波电气距离。

2）增加联络变压器阻抗增加谐波电气距离。

总之，在联络变压器阻抗不变情况下，联络变压器放在站外优于布置在站内，因为前者的等效电气距离较远。

（二）谐波交互影响在分层接入工程中的应用

建立各次谐波频率下分层系统间等值电路十分烦琐和困难，因此寻找一种评估谐波电流交互作用的实用方法显得十分必要。

假设系统等效电压源串联电感的电路，在谐波频率下电感的阻抗呈线性增加。忽略电阻成分，经过等效化简如式（2－4－17）、式（2－4－18）所示，谐波电流交互因子与基波电流交互因子相同，即交互因子不随频率变化

$$\beta_{ij}^{(n)}=\frac{Z_{ij}^{(n)}}{Z_{jj}^{(n)}}=\frac{z_j^{(n)}}{z_j^{(n)}+z_{ij}^{(n)}}\approx\frac{nz_j^{(1)}}{nz_j^{(1)}+nz_{ij}^{(1)}}=\frac{z_j^{(1)}}{z_j^{(1)}+z_{ij}^{(1)}}=\beta_{ij}^{(1)} \tag{2-4-17}$$

$$\beta_{ji}^{(n)}=\frac{Z_{ij}^{(n)}}{Z_{ii}^{(n)}}=\frac{z_i^{(n)}}{z_i^{(n)}+z_{ij}^{(n)}}\approx\frac{nz_i^{(1)}}{nz_i^{(1)}+nz_{ij}^{(1)}}=\frac{z_i^{(1)}}{z_i^{(1)}+z_{ij}^{(1)}}=\beta_{ji}^{(1)} \tag{2-4-18}$$

这样各次谐波电流交互因子可以统一，忽略谐波次数的上标可写成如下形式

$$\beta_{ij}=\frac{Z_{ij}}{Z_{jj}}=\frac{z_j}{z_j+z_{ij}} \tag{2-4-19}$$

$$\beta_{ji}=\frac{Z_{ij}}{Z_{ii}}=\frac{z_i}{z_i+z_{ij}} \tag{2-4-20}$$

传统的多馈入相互因子定义如下

$$\frac{\Delta U_i}{\Delta U_j}=\frac{Z_{ij}}{Z_{jj}}=\frac{z_j}{z_j+z_{ij}} \tag{2-4-21}$$

$$\frac{\Delta U_j}{\Delta U_i}=\frac{Z_{ij}}{Z_{ii}}=\frac{z_i}{z_i+z_{ij}} \tag{2-4-22}$$

分层间的谐波电流交互影响可以采用传统的多馈入相互因子指标进行评估，即如式（2－4－23）所示。而这种实用方法也是国际大电网会议CIGRE所推荐的，并指出当多馈入相互因子小于0.1，可以忽略分层间的谐波交互影响

$$\beta_{ij}=\frac{\Delta U_i}{\Delta U_j},\beta_{ji}=\frac{\Delta U_j}{\Delta U_i} \tag{2-4-23}$$

三、1000kV交流滤波器设计

（一）性能定值计算

1000kV交流滤波器性能和定值计算的基本流程与常规直流工程基本一致，如图2－4－7所示。

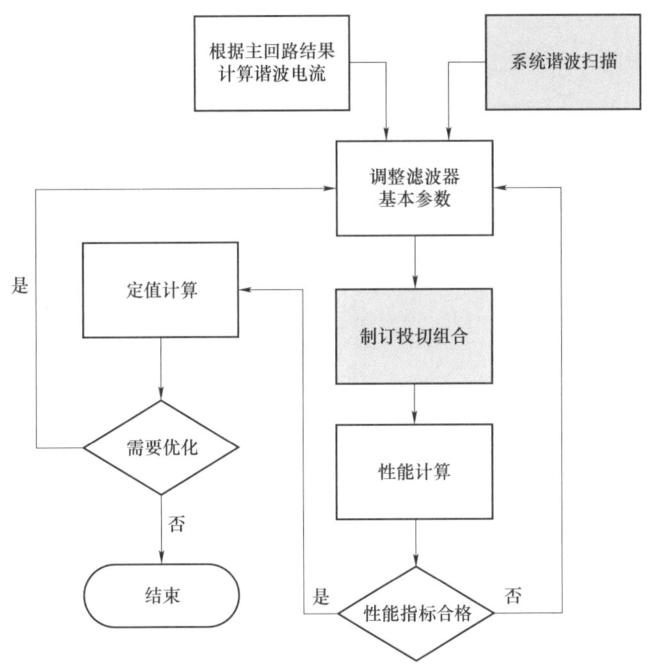

图 2-4-7　滤波器设计基本流程

影响交流滤波器设计的主要因素包括主回路参数、交流系统等值谐波阻抗、交流滤波器型式、交流滤波器投切组合等。对于分层接入工程而言，交流滤波器计算过程交流系统阻抗扫描时，应考虑交流滤波器投切对阻抗的影响。

稳态额定值计算的谐波模型如图 2-4-8 所示，计算过程中交流系统谐波阻抗的选择，是使其和交流滤波器阻抗在各背景谐波电压频率下发生持续或近似持续谐振，使流过交流滤波器的电流达到最大值。

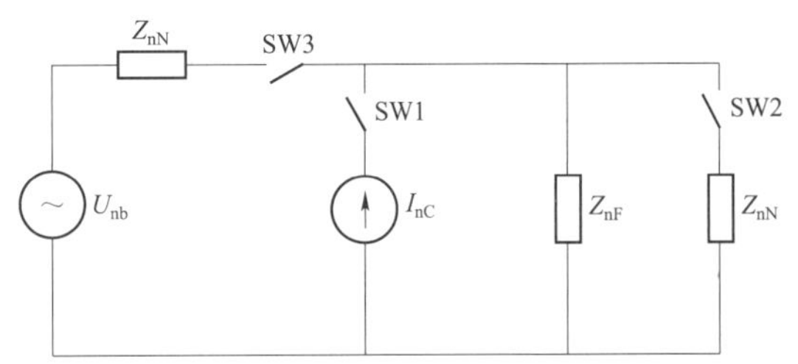

图 2-4-8　稳态额定值计算的谐波模型

I_{nC}—换流器注入的谐波电流；Z_{nF}—滤波器阻抗；Z_{nN}—交流系统阻抗；U_{nb}—背景谐波电压；SW1、SW2、SW3—计算开关

在进行某一层系统的阻抗扫描时，另一层交流系统的大容量交流滤波器投退过程与交流网络剩余部分组合呈现不同的系统谐波阻抗特性，进而会影响这一层交流滤波器定值结果。图 2-4-9 给出两种典型的 500kV 侧不同交流滤波器投切组合下，1000kV 侧的交流系统等值谐波阻抗，可以看出另一层交流滤波器投切组合变化会引起本层交流系统谐波阻抗的变化。

（二）暂态定值计算

1000kV 交流滤波器暂态定值计算的基本原则与常规直流输电工程一致：① 用避雷器的最小特性计算放电电流，以得到最大值；② 把计算结果施加到避雷器的最大特性上，以确定保护水平，这种方法偏于严格；③ 在计算得到的保护水平上增加足够的绝缘裕度，得到交流滤波器元件的耐受水平。

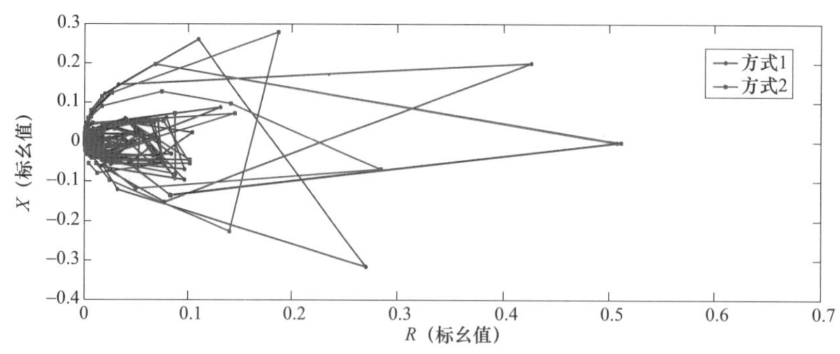

图 2-4-9　1000kV 侧两种典型工况下的交流系统等值谐波阻抗

1000kV 交流滤波器设计的绝缘水平较高。在计算过程中需要将高压（HV）电容器预充电到交流母线避雷器的 *SIPL*。1000kV 交流母线避雷器的 *SIPL* 值为 1460kV，500kV 交流母线避雷器的 *SIPL* 值为 761kV。

在交流滤波器设计中需要验证选择的避雷器参考电压值是否足够高，以免在正常投切交流滤波器时计数器动作。当通过避雷器的电流足够大时会导致计数器动作。交流滤波器小组断路器一般考虑加装选相合闸装置，选用的选相合闸装置误差范围为±15°，即能将合闸电压控制在 0.26 倍相电压峰值内。当交流滤波器在 550kV/1100kV 交流电压下投切时，避雷器中的浪涌电流在 PSCAD/EMTDC 中模拟的结果如图 2-4-10 和图 2-4-11 所示，仿真结果表明，正常投切时计数器不会动作。

如果选相合闸装置存在超过±15° 的较大分散性，交流滤波器投切仍可能带来避雷器的计数器动作，为满足该情况下计数器不动作而进一步提高避雷器参考电压，将导致避雷器保护水平提高和设备因绝缘水平提高造成的造价显著增加，且绝缘水平进一步提高时 1000kV 交流滤波器电容器的设计难度也将进一步加大。为满足交流滤波器高压电容器等设备工程实施的可行性和交流滤波器设计整体经济性，1000kV 交流滤波器避雷器的参考电压选取不宜仅因减少动作而选择过高，如选相合闸装置失效，避雷器在相电压峰值合闸时动作电流不超过 300A，如图 2-4-12 所示，可考虑提高计数器动作电流至 300A 左右减少动作计数。

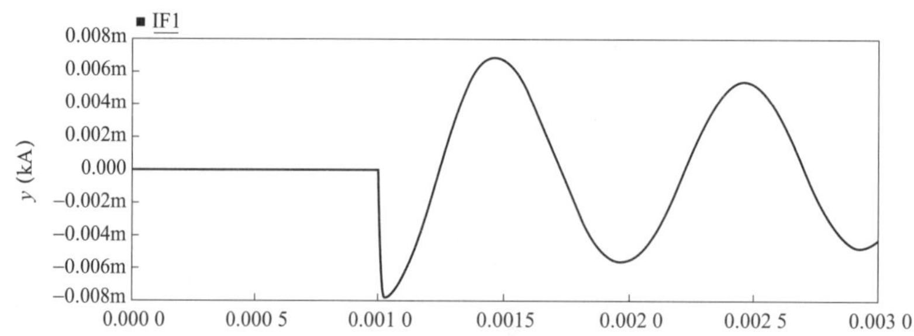

图 2-4-10　500kV 交流滤波器在使用带选相合闸的交流断路器投切时避雷器 F1 的 PSCAD/EMTDC 仿真模拟

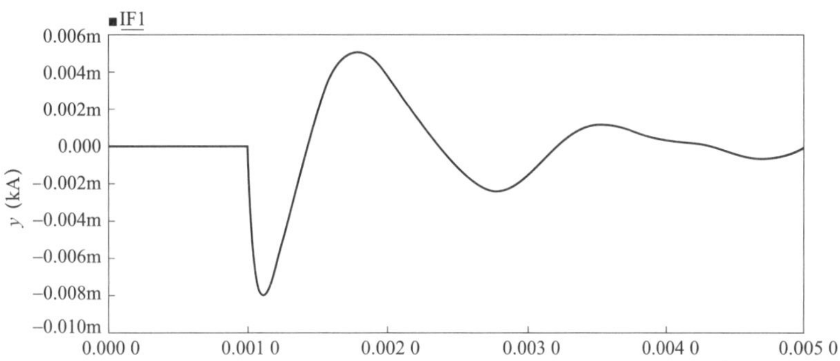

图 2-4-11 1000kV 交流滤波器在使用带选相合闸的交流断路器投切时避雷器 F1 的 PSCAD/EMTDC 仿真模拟

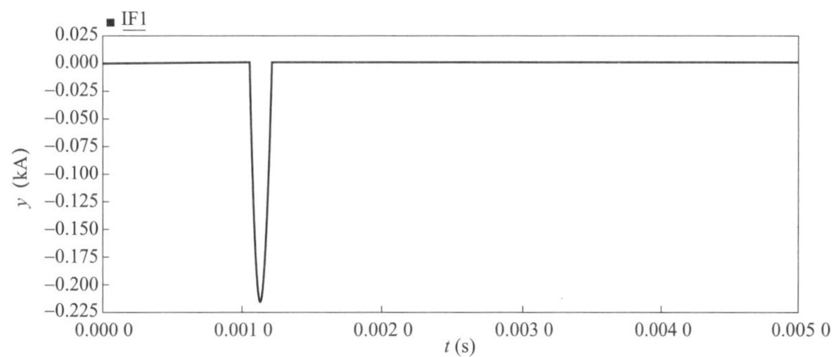

图 2-4-12 1000kV 滤波器在相电压峰值（899kV）投切时避雷器 F1 的 PSCAD/EMTDC 仿真模拟

交流滤波器内部绝缘水平主要取决于近区交流系统故障。如果将从交流系统入侵的操作冲击水平限制在交流母线避雷器的 *SIPL* 值，波头时间取 250s，高压（HV）避雷器的配合电流可采取下面介绍的方法进行近似计算：$I=C\mathrm{d}u/\mathrm{d}t=CSIPL/250$。采用最大配合电流计算避雷器的最大保护水平，再加上足够的绝缘裕度，得到交流滤波器元件的最低绝缘水平。在某些情况下，元件的最低绝缘水平根据最大计算电压值来确定。雷电冲击绝缘水平最小裕度取 20%，操作冲击绝缘水平最小裕度取 15%。1000kV 交流滤波器典型绝缘设计方案如表 2-4-1 所示。

表 2-4-1 **1000kV 交流滤波器典型绝缘设计方案**

滤波器	元件	位置	*LIWL*（kV，峰值）	*SIWL*（kV，峰值）
HP12/24	C1	HV 端子	2250	1800
		跨接	2823.6	2346
		LV 端子	879.6	667

续表

滤波器	元件	位置	*LIWL*（kV，峰值）	*SIWL*（kV，峰值）
HP12/24	L1	HV 端子	879.6	667
		跨接	1329.6	1046.5
		LV 端子	450	379.5
	C2	HV 端子	450	379.5
		跨接	450	379.5
		LV 端子	125	125
	L2	HV 端子	450	379.5
		跨接	450	379.5
		LV 端子	125	125
	R1	HV 端子	879.6	667
		跨接	879.6	667
		LV 端子	125	125
HP3	C1	HV 端子	2250	1800
		跨接	2823.6	2346
		LV 端子	879.6	667
	L1	HV 端子	879.6	667
		跨接	1005.6	770.5
		LV 端子	400	335
	C2	HV 端子	400	335
		跨接	400	335
		LV 端子	125	125
	R1	HV 端子	879.6	667
		跨接	879.6	667
		LV 端子	125	125
SC	C1	HV 端子	2250	1800
		跨接	2823.6	2346
		LV 端子	879.6	667
	L1	HV 端子	879.6	667
		跨接	879.6	667
		LV 端子	125	125

四、小结

交流滤波器设计是直流系统成套设计的重要内容，系统研究的关键技术所在，决定了滤波器的配置、数量和滤波器场设备的选型，满足直流系统无功补偿和谐波滤除的需要。

特高压大容量直流输电工程大容量、分层接入的新特点，给滤波器设计提出了新的要求，针对高、低端换流器谐波通过电气支路相互影响和 1000kV 交流滤波器稳态暂态定值设计这两个新问题，在以往常规工程的交流滤波器设计方法的基础上，进行了大量的研究，主要研究内容如下：

（1）针对高、低端换流器谐波通过联络变压器或其他电气支路相互作用的问题，研究分析了不同层换流器相互作用的机理，并提出了谐波电流交互因子表述分层内某一层换流器谐波对另一层换流器的交互强弱程度。分析了交互因子的大小与分层阻抗比以及联络变压器支路的关系，据此对工程中联络变压器的布置提出建议。为了在工程中应用，简化了交互因子的表述方式，并提出了交互因子的设计要求。

（2）针对 1000kV 交流滤波器的设计问题：① 稳态定值方面，在分层接入条件下，系统阻抗扫描需考虑另一层换流器所连的交流系统内滤波器的投切变化；② 暂态定值方面，在 1000kV 交流滤波器整体绝缘水平较高的前提下，讨论如何经济合理的设计滤波器暂态定值和避雷器配置，为确保在正常滤波器投切时避雷器不会动作，采用使用选项合闸装置或提高避雷器计数器动作电流的方法进行优化设计。

在大容量特高压直流工程的成套设计阶段，应充分考虑上述分层接入带来的新问题，在滤波器设计中进行大量的详细研究，保证滤波器设备选型的经济性和可靠性，为直流的安全运行提供保障。

第三章　工程设计

直流输电工程设计按照设计内容可以划分为直流输电系统研究及成套设计、换流站站设计（含接地极设计）、直流输电线路设计。其中，换流站站设计（含接地极设计）和直流输电线路设计通常称为工程设计。本章主要介绍工程设计中的换流站设计、直流输电线路设计、接地极及线路设计等内容。

第一节　换 流 站 设 计

一、概述

新一代大容量直流输电工程送、受端换流站采用了满足容量提升的设计方案，特别是受端换流站，为了减少直流输电系统故障对受端交流系统的冲击，采用高、低端换流器分层接入两个交流系统的全新技术。

容量提升至 10GW 的直流工程换流站有两个显著的技术特点，即“容量提升”和“分层接入”，换流站的工程设计工作也需要围绕这两个技术特点开展，重点解决由此带来的一系列技术问题，如分层接入主接线、设备选型、总平面布置等。

二、分层接入的主接线

换流站主接线包含了换流单元、直流侧、交流侧及交流滤波器等部分，而分层接入的换流站主接线主要的特点在换流单元部分。

（一）换流单元接线

±800kV 分层接入特高压直流输电换流站换流单元部分接线基本型式与以往特高压直流输电换流站一致，主要区别在于换流变压器网侧接入交流系统的方式。

与以往特高压直流输电换流站相同，±800kV 分层接入特高压直流输电换流站也按双极 4 个换流器配置，每极采用 2 个 12 脉动换流器串联带旁路开关接线，换流器电压按（400+400）kV 分配。对于每个 12 脉动换流器，换流变压器网侧套管在网侧接成 Y0 接线与交流系统直接相连，阀侧套管在阀侧按顺序完成 Y、D 连接后与 12 脉动换流器相连。换流变压器三相接线组别采用 YNy0 接线及 YNd11 接线。

有别于以往特高压直流输电换流站网侧全部接入同一交流系统，分层接入特高压直流输电换流站网侧分别接入两个交流系统，如某工程换流单元网侧分别接入 500kV 和 1000kV 两个不同的电压等级交流系统。为了降低设备的制造难度及技术风险，将高端换流变压器网侧接入 500kV 系统，而将低端换流变压器网侧接入 1000kV 系统。

（二）直流侧接线

±800kV 分层接入特高压直流输电换流站直流侧接线型式与以往特高压直流输电换流站基本一致，即直流侧采用双极对称接线，并按极配置平波电抗器、直流滤波器、直流开关、测量设备和直流避雷器等设备。

分层接入主接线示意图（500kV/1000kV）

（三）交流侧及交流滤波器接线

800kV 分层接入特高压直流输电换流站交流侧分别接入两个交流系统，每个交流系统母线均配置有交流滤波器，可以独立运行。交流侧接线均采用 3/2 断路器接线，交流滤波器通常采用单母线接线，交流滤波器大组作为一个元件接入配电装置串中。

三、设备选型

换流站主要设备包括换流阀、换流变压器、直流场设备、交流场及交流滤波器场设备。±800kV、10GW、分层接入特高压直流输电换流站主要设备与常规特高压换流站设备的主要区别在于容量提升带来的绝缘、质量、尺寸的变化。

（一）换流阀

与以往±800kV、8GW 特高压直流换流站相比，±800kV、10GW、分层接入特高压直流换流站换流阀的基本结构型式变化不大，仍采用空气绝缘、纯水冷却、悬吊式二重阀结构，其主要区别在于对换流阀通流能力的要求更高，即额定电流从 5000A 提升至 6250A，由此对换流阀的设计产生影响。

上述变化最终导致换流阀外形尺寸和电气参数与以往±800kV、8GW 特高压直流输电换流站有所区别。

典型技术路线换流阀外形如图 3－1－1 和图 3－1－2 所示。

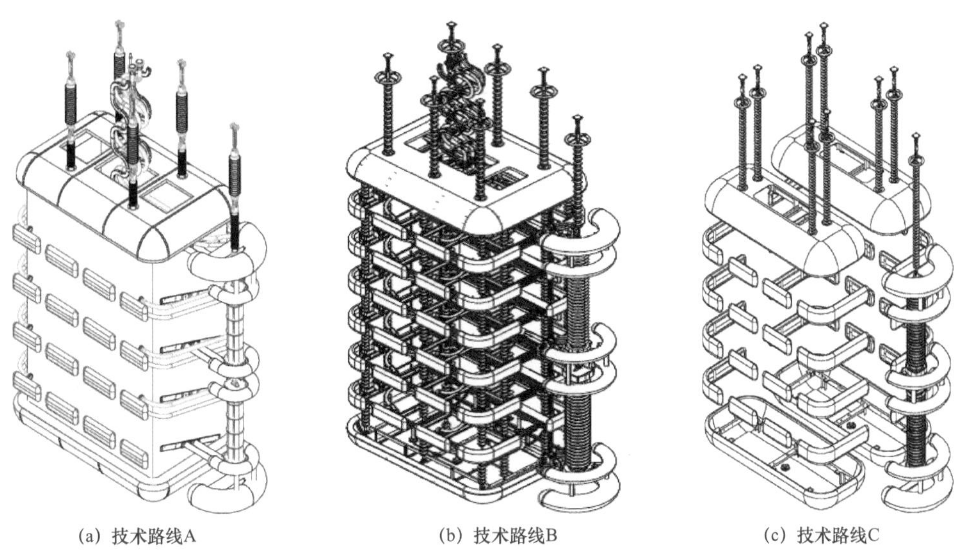

(a) 技术路线A　　(b) 技术路线B　　(c) 技术路线C

图 3－1－1　典型技术路线低端换流阀阀塔外形示意图

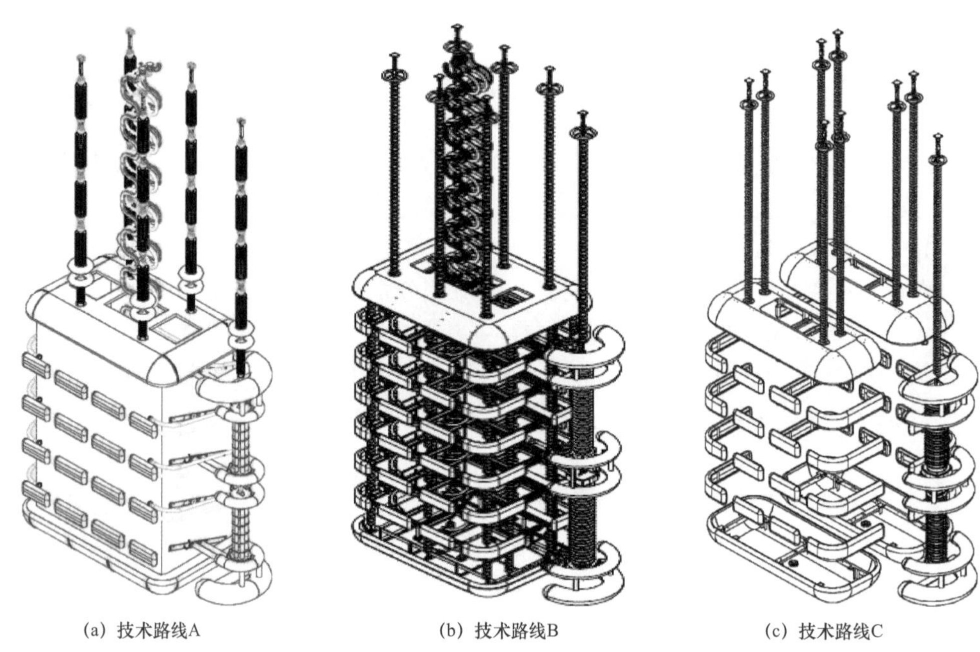

图 3-1-2 典型技术路线高端换流阀阀塔外形示意图

±800kV、8GW/10GW 直流工程换流阀外形尺寸详见表 3-1-1。

表 3-1-1 ±800kV、8GW/10GW 直流工程换流阀外形尺寸

技术路线	工程容量（GW）	高端换流阀尺寸（mm，宽度含阀避雷器，高度含绝缘子）	低端换流阀尺寸（mm，宽度含阀避雷器，高度含绝缘子）
技术路线 A	8	6450×3150×14 021	6450×3150×9716
	10	6650×3178×16 568	6650×3178×12 263
技术路线 B	8	6500×3500×15 977	6500×3500×11 177
	10	6500×3500×16 247	6500×3500×11 952
技术路线 C	8	6355×4104×13 326	6355×4104×10 023
	10	6355×4104×13 942	6355×4104×10 023

容量提升后单阀晶闸管数量增加，换流阀尺寸主要是高度方向上有所增加。容量提升后±800kV/10GW 直流工程换流阀主要参数详见表 3-1-2。

表 3-1-2 ±800kV/10GW 直流工程换流阀主要参数表

技术参数	参数值	
	±800kV、8GW	±800kV、10GW
阀片直径（in）	6	6
反向不重复阻断电压（kV）	7～8	7～8
额定电流（A）	5000	6250
阀短路电流（峰值）（kA）	51	63
单阀元件串联数（只）	66～78	66～78
冗余元件数	3%（不小于 3 个）	3%（不小于 3 个）
总元件数（个）	3160～3750	3160～3750

从表 3–1–1 和表 3–1–2 可以看出，不同换流阀厂的设计方案有所差异，针对同一个工程条件设计出的阀塔外形尺寸和参数不尽相同。上述表中数据仅用于示意 8GW 和 10GW 阀塔外形和参数差异，不用于指导工程设计，实际工程选型以成套设计研究结论及厂家设计方案为准。

由于换流阀的通流能力提升，在 10GW 换流站的工程设计中，需要注意以下几个方面：

（1）提高单阀片的通流能力，需降低阀片的工作电压，增加了阀片的串联数，导致阀塔的尺寸、质量有所变化，从而影响了阀厅的尺寸和结构。

（2）阀片的通流能力提升，损耗随之加大，从而对阀冷系统设计提出更高的要求。

（3）阀片参数的改变导致均压和绝缘设计上的变化。

（二）换流变压器

与以往±800kV、8GW 特高压直流输电换流站相比，±800kV、10GW、分层接入特高压直流输电换流站换流变压器的单台容量更高（额定容量从约 400MVA 提升至接近 500MVA），从而导致变压器体积、质量和损耗均增加，进而影响变压器的运输、绝缘、降噪和冷却设计。

下面基于某直流工程，给出不同输送容量下换流变压器外形尺寸的差异，如图 3–1–3、表 3–1–3 和表 3–1–4 所示。

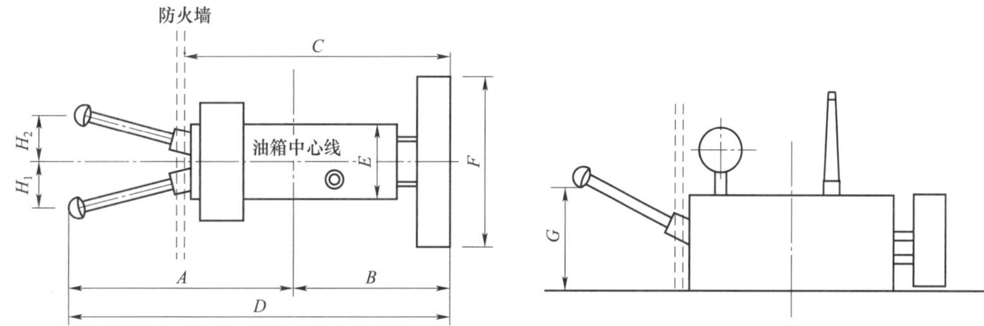

图 3–1–3　换流变压器外形示意图

表 3–1–3　　800kV 换流变压器外形参考尺寸

直流输送容量（GW）	交流电压等级（kV）	质量（t）	尺寸（m）							
			A	B	C	D	E	F	G	H_1/H_2
8	500	约 534	15.95	9.45	16.1	25.4	3.7	7.8	6.55	2.37/2.78
10	500	约 540	15.95	9.45	16.1	25.4	3.7	8	6.55	2.37/2.78

表 3–1–4　　400kV 换流变压器外形参考尺寸

直流输送容量（GW）	交流电压等级（kV）	质量（t）	尺寸（m）							
			A	B	C	D	E	F	G	H_1/H_2
8	500	约 400	12.5	8.05	14.2	20.55	3.6	7.8	4.46	1.83/1.83
10	1000	约 550	12.67	8.05	14.3	20.72	3.6	7.8	4.54	1.97/1.97

从表 3－1－3 和表 3－1－4 可以看出，不同厂的设计方案有所差异，针对同一个工程条件设计出的换流变压器外形尺寸不尽相同。上述表中所给尺寸仅用于示意 8GW 和 10GW 换流变压器外形的差异，不用于指导工程设计，实际工程选型以厂设计方案为准。

由于换流变压器容量增加且需要接入不同的交流系统，在 10GW 换流站的工程设计中，需要注意以下几个方面：

（1）由于容量增加，换流变压器运输尺寸和质量显著增加，对变压器的运输方案设计造成一定的影响。例如，设备运输宽度和高度变大可能会超出铁路运输车辆限界、超出公路运输限高要求等，导致无法采用铁路运输方案或改变公路运输方案；设备运输质量变大会对桥梁承载力要求变高，从而增加桥梁改造措施费用等。

（2）由于换流变压器本体尺寸增加，导致防火墙间距及换流变压器组装区域尺寸增大，进而造成阀厅尺寸以及整个换流变压器区域尺寸增加。尤其需要注意因为换流变压器汇流母线跨距增加而导致的导线拉力、弧垂增大等对构架结构设计和换流变压器区域带电距离校验带来的不利因素。

（3）由于低端换流变压器网侧接入 1000kV 电压等级系统，网侧设备、连接导线均按 1000kV 电压等级进行设计，需要注意带电距离校验、防电晕设计、抗震等关键设计问题。

（三）直流场设备

直流输送容量从 8GW 提升至 10GW，对直流场设备来说，主要影响通流回路的设备，如平波电抗器、直流开关、隔离开关、穿墙套管等，对于其他设备来说选型方案、外形尺寸及主要参数均无明显变化。

（1）平波电抗器。对于平波电抗器而言，工程中一般采用干式空心电抗器。当额定电流从 5000A 提升至 6250A，导致线圈体积和质量明显增加。由于平波电抗器通常采用公路+铁路运输，单台电抗器的容量受运输尺寸限制。目前 10GW 工程中平波电抗器单台电感值一般为 50mH，而以往 8GW 工程中平波电抗器单台电感值最大可以做到 75mH。

下面基于某直流工程，给出不同输送容量下平波电抗器运输尺寸和质量的差异，如表 3－1－5 所示。

表 3－1－5　平波电抗器参考尺寸和质量

直流输送容量（GW）	电感值（mH）	运输尺寸（m）	运输高度（m）	质量（t）
8	50	5.3×5.3	4.5	70
10	50	5.6×5.6	4.5	90

（2）直流开关。对于直流开关而言，工程中一般采用机械式开关，并按需求配置用于产生振荡的谐振回路和吸收振荡能量的并联非线性电阻（避雷器）。额定电流的提升，将对开关灭弧室的灭弧能力提出更高的要求，同时也为振荡回路的参数设计带来一定的困难。

（3）隔离开关和穿墙套管。对于隔离开关和穿墙套管而言，额定电流的提升，主要影响设备内部通流导体和接头的选型设计，目前的生产厂能通过合理的选型设计，满足实际工程需求。

（四）交流及交流滤波器设备

由于低端换流变压器网侧接入 1000kV 交流电压等级系统，因此相关交流场及交流滤波器场均采用 1000kV 电压等级设备。对于滤波器小组交流断路器和滤波电容器等设备来说，这是相关设备在 1000kV 电压等级系统下的首次应用。

1. 1000kV 交流瓷柱式断路器

1000kV 交流滤波器断路器主要用于开断 1000kV 交流滤波器组及电容器组，其主要技术难点如下：

首先，1000kV 交流滤波器组及电容器组主要元件为大容量框架式电容器及电抗器，其整体负载特性呈容性，需要断路器具备开断较大容性电流的能力。

其次，由于电容器的储能效应，断路器开合过程中所承受的恢复电压较大，为避免断口重复击穿所带来的过电压，断路器断口绝缘介质应具备良好的绝缘恢复能力。

最后，由于换流站及交流系统运行工况的变化，滤波器断路器的投切频率较常规断路器更高，因此，滤波器断路器还需要具备多次投切能力。

由于设备电压等级提高，外形尺寸和质量相较于 500kV 设备均明显增加，因此对于设计而言，其基础抗震设计、设备导体连接型式均需要进行特殊考虑。

2. 1000kV 滤波器电容器

对于交流滤波器电容器而言，电压等级提高主要影响高压电容器塔的高度，然而随着电容器塔高度增加，其噪声治理、抗震设计等问题逐渐显著。因此 1000kV 高压电容器塔通常采用双塔结构以降低高度。同时，需要注意结构抗震及降噪措施的设计。

（五）导体及金具

1. 导体选择

（1）交流部分导体选择。对于交流部分导体选型而言，与以往±800kV、8GW 特高压直流输电换流站相比，±800kV、10GW、分层接入特高压直流输电换流站引入了 1000kV 电压等级，其导体选择主要受电晕控制而非载流量。

（2）直流部分导体选择。对于直流导体而言，输电容量从 8GW 提升至 10GW 所带来的影响主要体现在直流通流回路导体的载流量上（额定电流从 5000A 提高至 6250A）。

直流各电压等级主要回路导体选型结果如表 3－1－6 所示。

表 3－1－6　　直流回路导体选择结果表

回路名称		最大工作电流（A）	选用导体		控制条件
			导线根数×型号	载流量（A）	
极线通流回路	8GW 工程	5335	6×LGKK－600	5996	由电晕控制
			6063G－Φ450/430	10 422	由机械力控制
	10GW 工程	6690	6×LGJK－1000	7800	由电晕控制
			6063G－Φ450/430	10 422	由机械力控制
400kV 及中性线通流回路	8GW 工程	5335	4×JL－1120	5429	由载流量控制
			6063G－Φ250/230	6223	由载流量控制
400kV 及中性线通流回路	10GW 工程	6690	6×JL－900	7067	由载流量控制
			6063G－Φ300/280	7304	由载流量控制

注　表中载流量按海拔 1000m 计算，实际工程超过海拔 1000m 需考虑修正。

2. 金具选择

与直流导体类似，输送容量的提升（从 8GW 提高至 10GW）主要影响通流回路金具上流过的电流（从 5000A 提高至 6250A）。由于电流的增加，金具与端子接触部分的发热更加严重，因此需要进一步降低接触面电流密度从而限制接头部分温升。

为解决直流通流回路金具接头发热问题，科研单位进行了大量的理论分析和试验研究工作。根据相关单位研究成果，给出了±800kV 特高压直流换流站直流通流金具接触面电流密度控制要求如表 3－1－7 和表 3－1－8 所示。

表 3－1－7　　±800kV 直流通流金具电流密度控制值（板形）

输送容量（GW）	最大电流（A）	材质	电流密度控制值（A/mm^2）
8	5350	铝板	0.093 6
		铜板/铜板镀银	0.12
		铜铝过渡	0.1
10	6700	铝板	0.074 88
		铜板/铜板镀银	0.093 6
		铜铝过渡	0.08

表 3－1－8　　±800kV 直流通流金具电流密度控制值（棒形）

输送容量（GW）	最大电流（A）	材质	电流密度控制值（A/mm^2）
8	5350	铜棒镀银	0.12
10	6700	铜棒镀银	0.093 6

四、总平面的布置

目前±800kV、10GW、分层接入特高压直流换流站工程中电气总平面布置方案根据阀厅布置特点主要有一字形和面对面两种。

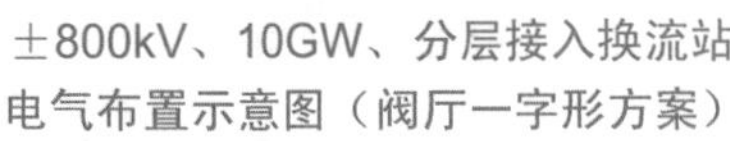

±800kV、10GW、分层接入换流站
电气布置示意图（阀厅一字形方案）

±800kV、10GW、分层接入换流站
电气布置示意图（阀厅面对面方案）

下面分区域论述±800kV、10GW、分层接入特高压直流换流站电气布置的特点。

（一）阀厅及换流变压器区域布置

阀厅及换流变压器区域是换流站的核心区域，其布置位置也是局域换流站中心，其他各区域均围绕该区域布置。

1. 阀厅及换流变压器区域一字形布置方案

阀厅及换流变压器一字形布置方案示意图如图 3－1－4 所示，每极的高、低端阀厅并排布置。全站 8 组（24 台）换流变压器一字排开布置与阀厅同一侧。其布置特点如下：

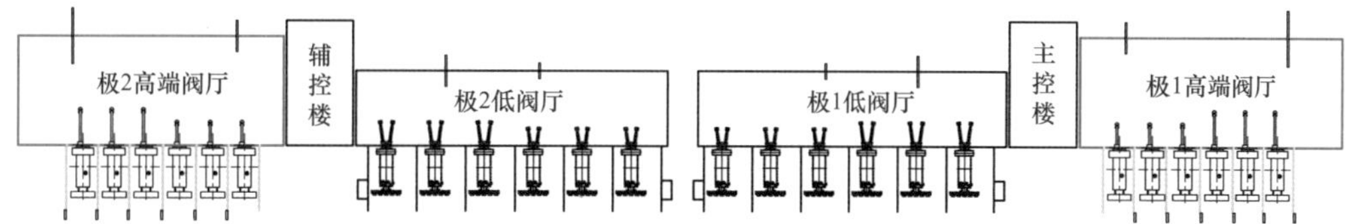

图 3－1－4 阀厅及换流变压器一字形布置方案示意图

（1）一字形布置的阀厅对换流变压器噪声有明显的阻挡作用，直流场方向基本不受换流变压器的影响。但 24 台换流变压器一字排开面向交流场，其噪声向交流场及其两侧传播，噪声覆盖范围广，影响相对大些。

（2）增大了直流场和阀厅横向尺寸。

（3）换流变压器进线构架正对阀厅，换流变压器引线容易。

（4）辅助设备按极分区布置，单元体系清晰。

（5）直流穿墙套管从阀厅长轴方向出线，与已有的±500kV 直流工程类似，接线相对简单。

（6）每个阀厅对应 2 个换流变压器进线架，全站共 8 个。由于换流区域仅考虑一台换流变压器安装空间及后部过车空间，换流变压器进线跨距小。

（7）极 1、极 2 组装场地相通，备用变压器更换时运输距离较短，并且高、低端备用换流变压器的布置方向均与工作变压器同向，在更换时可做到不旋转，快速便利。

2. 阀厅及换流变压器区域面对面布置方案

阀厅及换流变压器“面对面”布置方案示意图如图 3－1－5 所示，每极的高、低端阀厅面对面布置，高端阀厅布置在外侧，两极的低端阀厅“面对面”布置在内侧。全站 8 组（24 台）换流变压器，每个阀厅对应的 2 组（6 台）换流变压器紧靠阀厅一字排开布置。其布置特点如下：

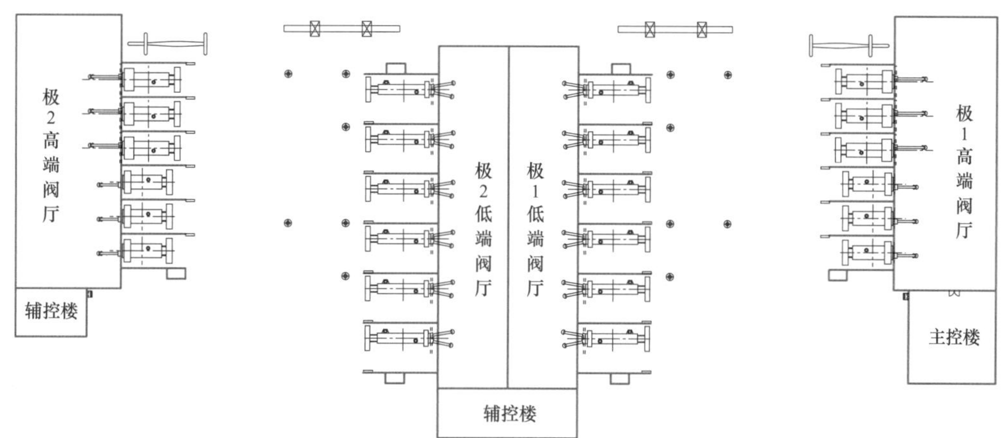

图 3－1－5 阀厅及换流变压器“面对面”布置方案示意图

（1）面对面布置的高、低端阀厅对换流变压器噪声的传播有很好的阻挡和吸收作用，有利于换流站围墙位置的噪声控制。但换流变压器噪声向直流场和交流场两侧传播，使直流场运行环境变差。

（2）减小了阀厅、换流变压器区域和直流场的横向尺寸。

（3）辅助设备按阀厅分区布置，单元体系清晰，功能分区明确。

（4）直流穿墙套管从阀厅短轴方向出线，与已有的±800kV 特高压直流换流站类似，布置较为成熟。

（5）换流变压器组装场地可以考虑同一极的高、低端换流变压器同时面对面安装检修，运行检修比较灵活。

（6）换流变压器汇流母线跨距较大，汇流母线构架钢材消耗量较大。

（7）备用换流变压器按极分散布置，不同极的备用变压器更换时运输距离较长，存在多次转向的可能。

（8）当低端换流变压器接入 1000kV 电压等级时，换流变压器的汇流需要通过在换流变压器防火墙上空架设 1000kV 跨线完成。由于 1000kV 跨线相间距较大，换流变压器的引接比较困难。需要在换流变压器广场上装设支柱绝缘子实现引接。

（二）高低端阀厅的布置

特高压直流输电工程输送容量由 8GW 提升至 10GW 后，换流变压器和换流阀等设备外形尺寸受容量影响产生了一定变化。此外，交流侧接入 1000kV 后，换流变压器防火墙间距控制因素也会由换流变压器风扇尺寸改为交流 1000kV 相相空气净距。同时，阀厅内各典型位置的绝缘水平也会有所提高。因此，直流工程容量提升后会给阀厅电气布置及阀厅尺寸带来较大影响。

1. 一字形高、低端阀厅电气布置

一字形高端阀厅电气布置如图 3-1-6 所示，阀厅轴线尺寸为长 83m×宽 35m×高 28.5m。

一字形低端阀厅电气布置如图 3-1-7 所示，阀厅轴线尺寸为长 89m×宽 24m×高 18.7m。

2. 背靠背型式高、低端阀厅电气布置

背靠背型式高端阀厅电气布置如图 3-1-8 所示，阀厅轴线尺寸为长 89.2m×宽 35m×高 28.5m。

背靠背型式低端阀厅电气布置如图 3-1-9 所示，阀厅轴线尺寸为长 99m×宽 23.1m×高 18.7m。

（三）1000kV 交流滤波器场布置

1000kV 交流滤波器为国内外电压等级最高的交流滤波器，布置上还是参照国内 500、750kV 电压等级的交流滤波器组的布置型式。1000kV 交流滤波器是换流站占地最大的区域之一，合理优化交流滤波器的布置，对节约整个换流站占地有很大作用。

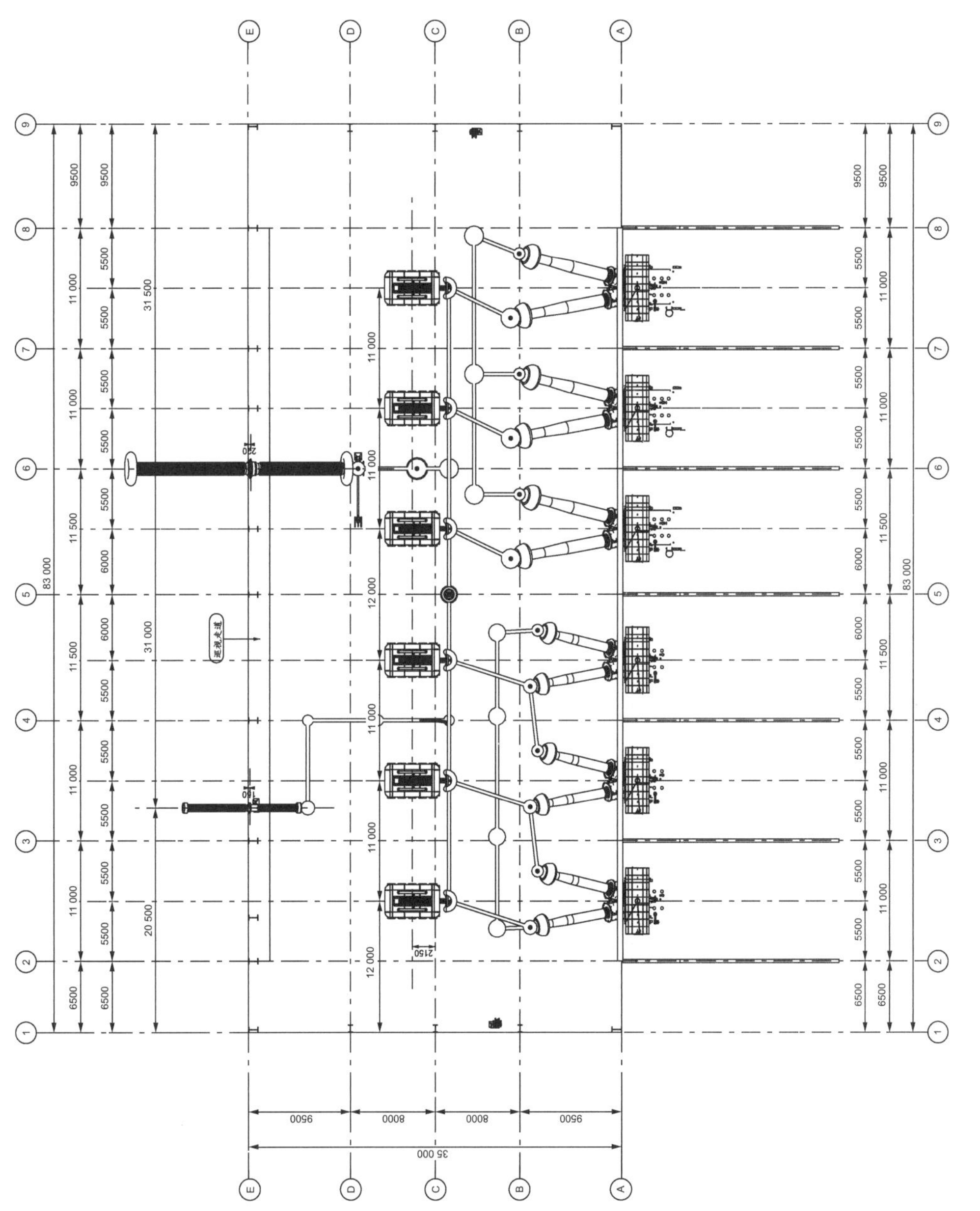

图 3－1－6　一字形高端阀厅电气布置图

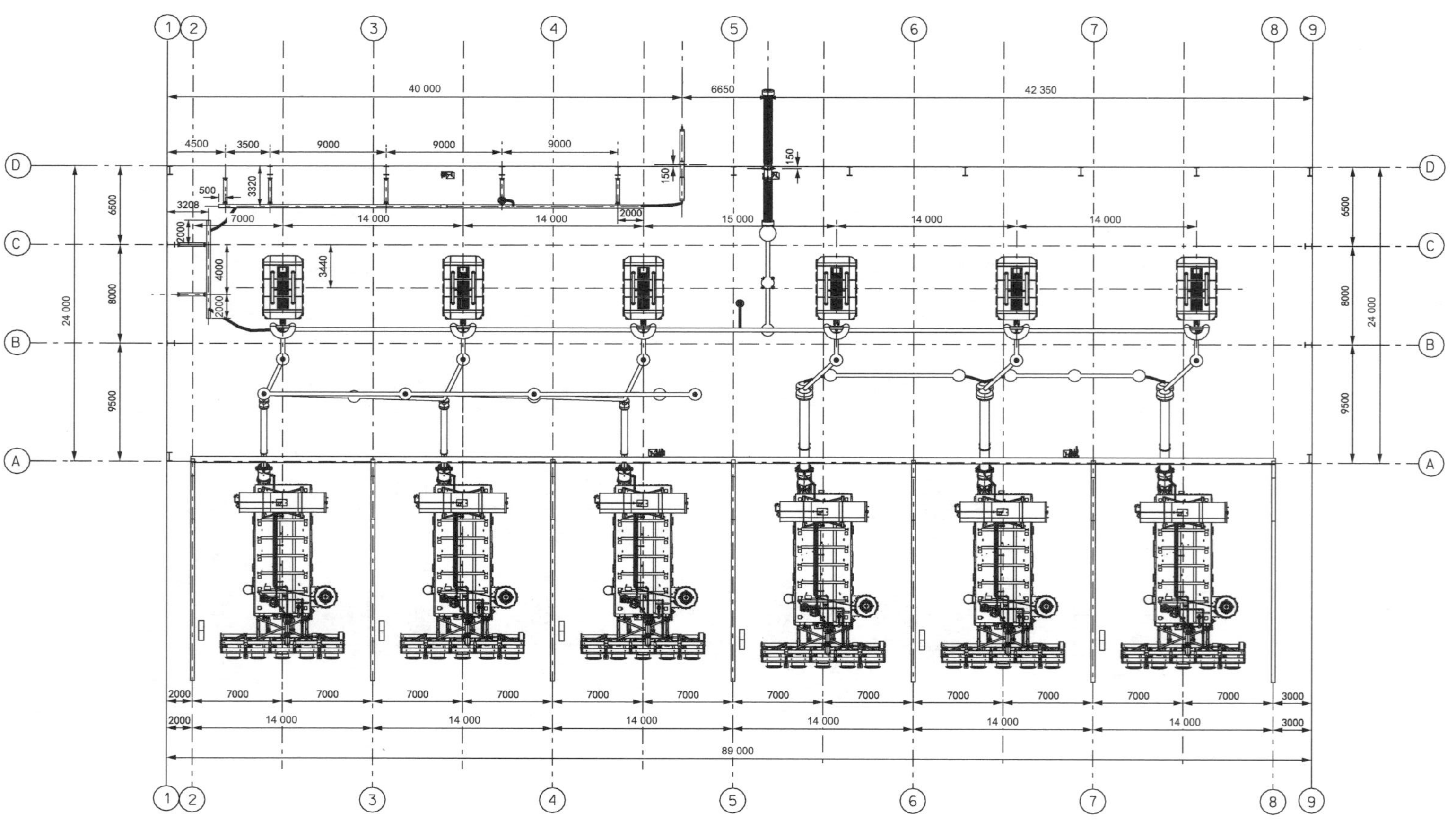

图 3-1-7　一字形低端阀厅电气布置图

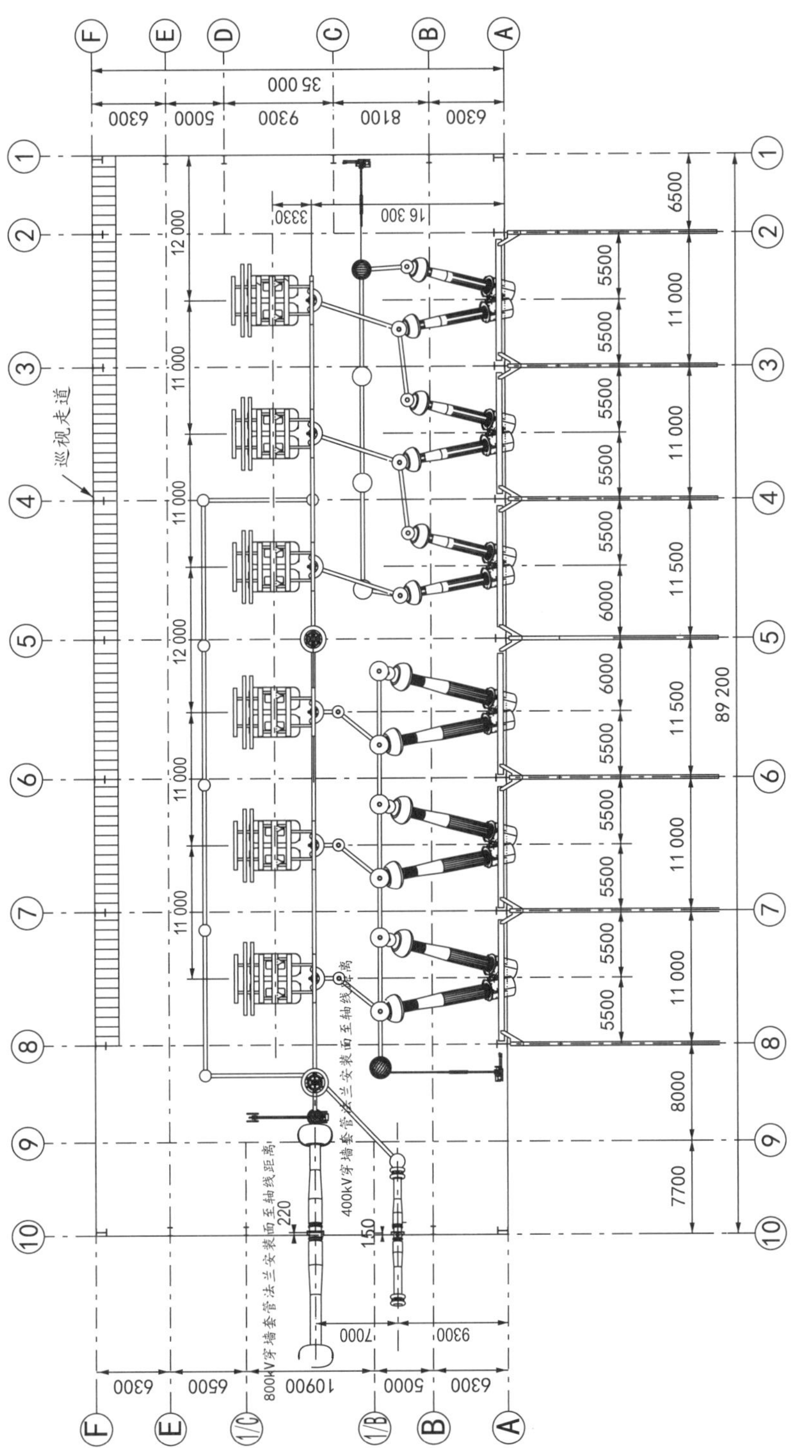

图3-1-8　背靠背型式高端阀厅电气布置图

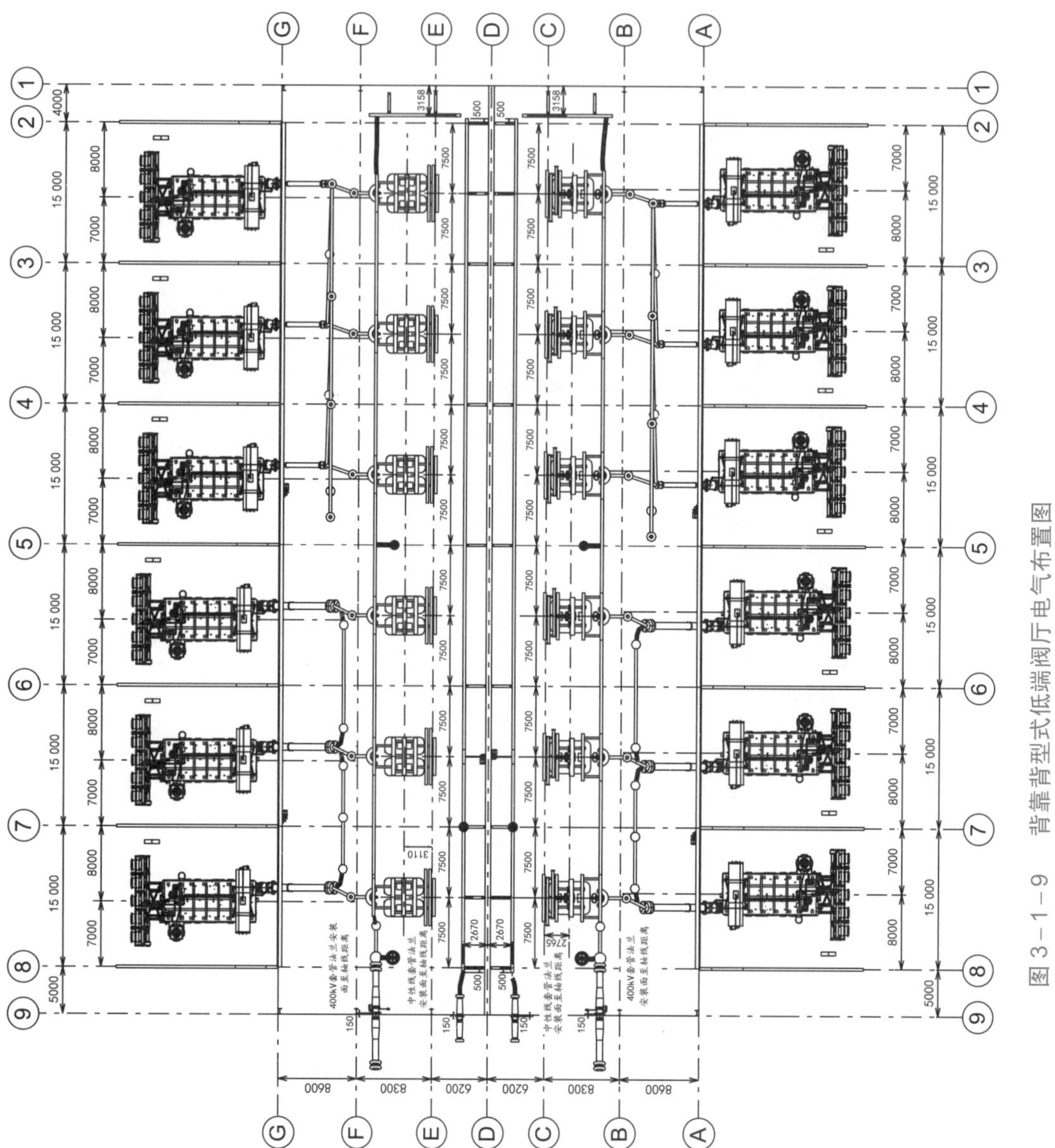

图3－1－9　背靠背型式低端阀厅电气布置图

1. 交流滤波器小组围栏尺寸

1000kV 交流滤波器围栅横向尺寸主要受高压电容器塔外形尺寸、高压电容器塔相间距离及电场强度的控制三个因素控制，高压电容器后的低压设备基本不对围栏尺寸起决定作用。

对于高压电容器塔外形尺寸而言，500kV 交流滤波器高压电容器塔的外形尺寸一般在12m×4.2m×8.5m 内，1000kV 交流滤波器长度方向较 500kV 增加 4m，可按 16m×4.2m×11.6m 考虑。另外 1000kV 电压等级空气净距及电场强度较 500kV 电压等级均有明显增加，因此 1000kV 交流滤波器小组围栏尺寸较 500kV 滤波器小组明显增大。下面基于某工程条件，给出不同电压等级交流滤波器小组围栏尺寸对比，如表 3－1－9 所示。

表 3－1－9　　交流滤波器小组围栏尺寸对比表

电压等级（kV）	围栏尺寸（长×宽，m×m）		
	HP12/24	HP3	SC
500	36×28	45×28	24×28
1000	45×50	50×50	28×50

2. 交流滤波器大组布置

交流滤波器配置方案一般根据成套设计研究结论，如某换流站工程 1000kV 交流滤波器总的无功补偿容量为 3360Mvar，分为 2 个大组、10 个小组，具体配置如下：第一大组：HP12/24（350Mvar）×3+SC（315Mvar）×2；第二大组：HP12/24（350Mvar）×3+SC（315Mvar）×2。

1000kV 交流滤波器组的布置采用改进一字形布置方案。改进一字形布置方案是一字形布置方案的一种变化，滤波器小组全部布置于母线一侧，该方案最大特点是采用了双层母线，将隔离开关和断路器完全布置于母线正下方，布置上充分利用母线下部的空间。改进一字形布置的交流滤波器平断面图分别见图 3－1－10 和图 3－1－11。

改进一字形布置的主要特点是大组中的各个滤波器小组均布置在母线的同一侧，采用双层构架。该方案的优点为接线清晰，维护便利，GIL 进线管线较短，可采用成熟的水平旋转式隔离开关，有利于抗震；缺点是采用两层构架，构架相对复杂。

1000kV 交流滤波器的构架与敞开式 1000kV 交流变电站联合构架类似，两个方向高低挂线架联合布置，跨度大于 50m，高低挂线架高度分别大于 60m 和 40m。在现有常规变电站 1000kV 联合布置构架的研究成果上，深入研究 1000kV 交流滤波器场构架后得出结论，采用与常规 1000kV 构架相同的结构型式是合理经济的，即构架柱采用钢管格构式柱，柱上设爬梯及休息平台；构架横梁采用四边形断面钢管格构式钢梁，梁上设人行步道，梁柱铰接，梁柱拼接接头采用刚性法兰。根据计算，构架柱根开采用 3.0m×7.0m 和梁断面采用 3.0m×3.0m 是满足构架受力要求的。

（四）直流场的布置

1. 适应阀厅一字形布置方案的直流场布置

针对阀厅一字形布置方案，阀厅及换流变压器区域的横向尺寸较宽，为了充分利用直流场的横向尺寸，需要尽可能压缩直流场的纵向尺寸，并对直流场设备布置方案进行优化调整。具体布置方案如下：

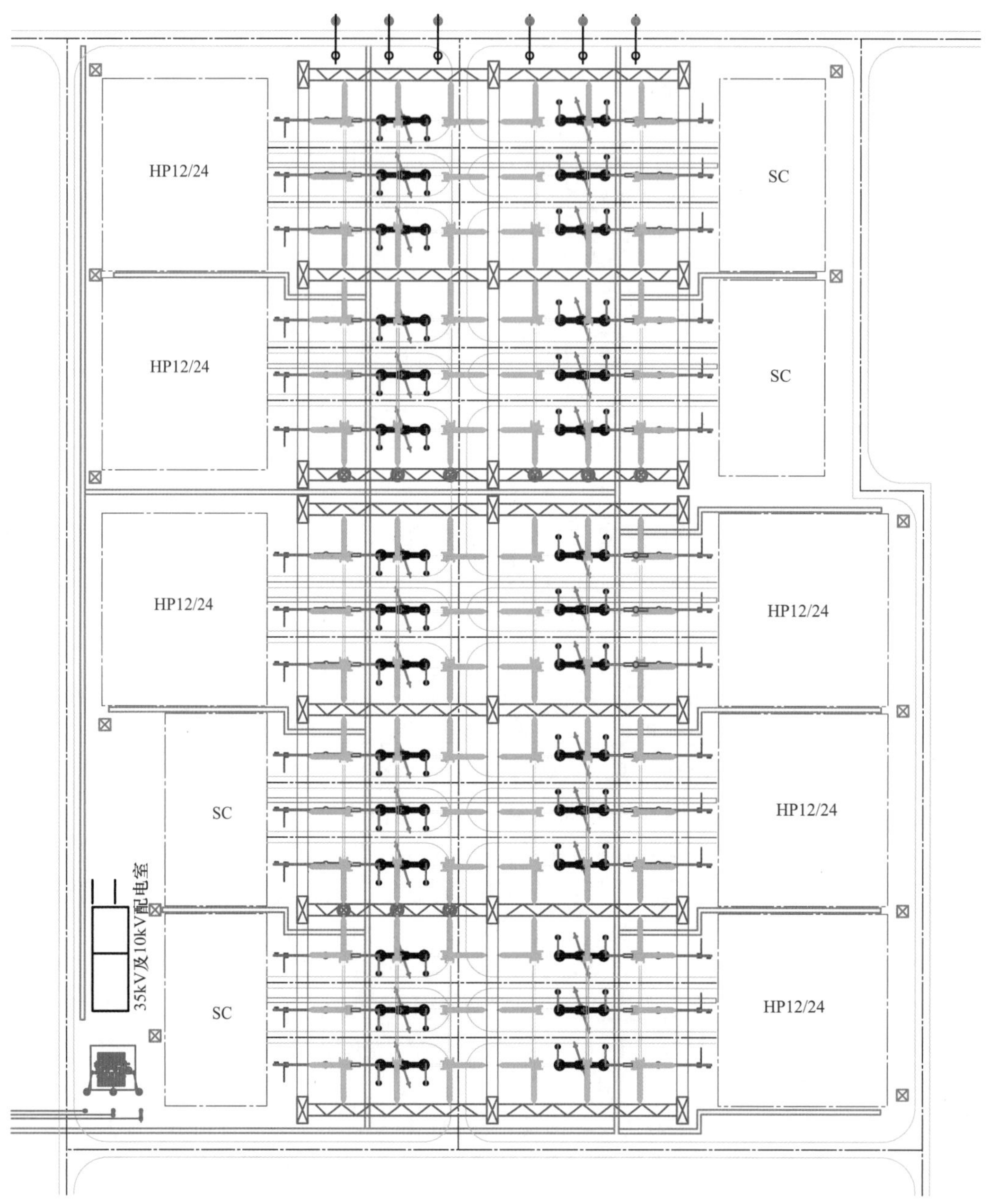

图 3－1－10　1000kV 交流滤波器改进一字形布置平面图

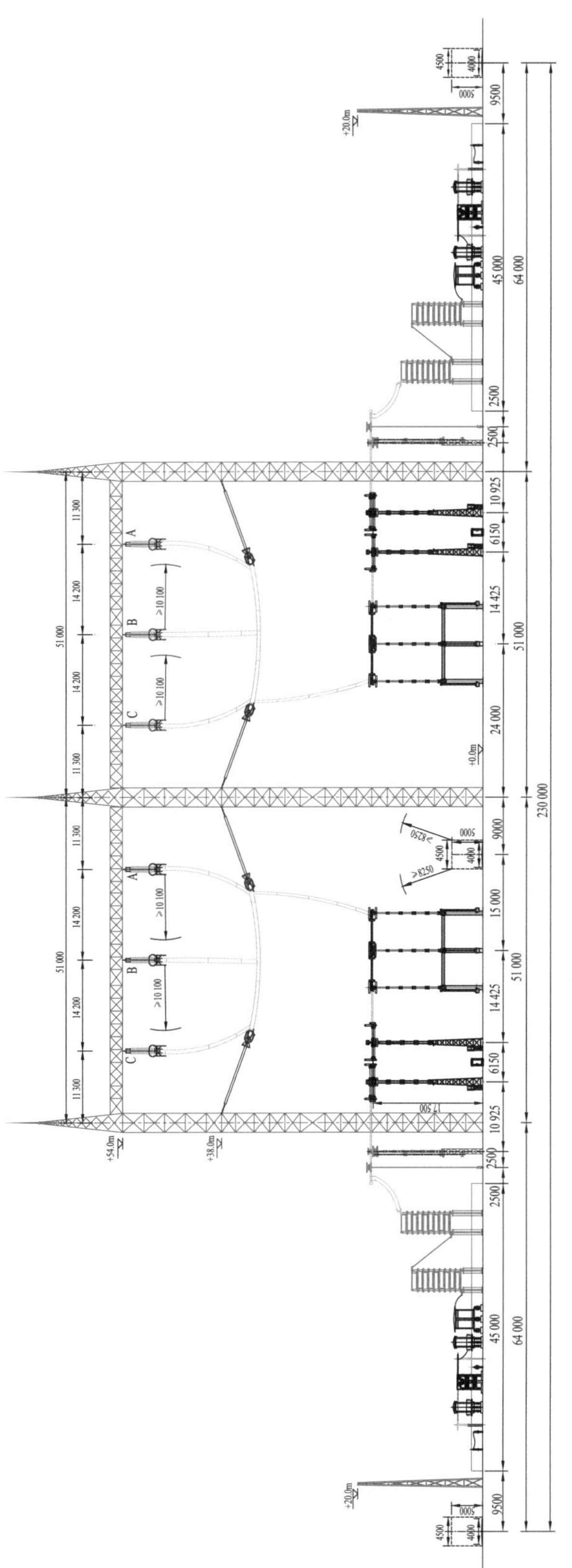

图 3－1－11　1000kV 交流滤波器改进一字形布置断面图

将极线平波电抗器、直流滤波器、中性线平波电抗器一字排开横向布置。其中 3 台极线平波电抗器采用品字形布置方案，布置在直流场最外侧；极线设备和直流出线塔布置在极线平波电抗器与直流滤波器之间的场地；直流滤波器围栏长度方向面对阀厅布置；中性线平波电抗器采用一字形布置方案，紧靠阀厅方向运输道路布置；中性线设备和接地极出线设备布置在接地极出线侧；旁路回路紧邻高低端阀厅布置。

该布置方案直流场纵向尺寸约 91.5m，总尺寸为 400m×91.5m（长×宽）。直流场平面布置如图 3－1－12 所示。

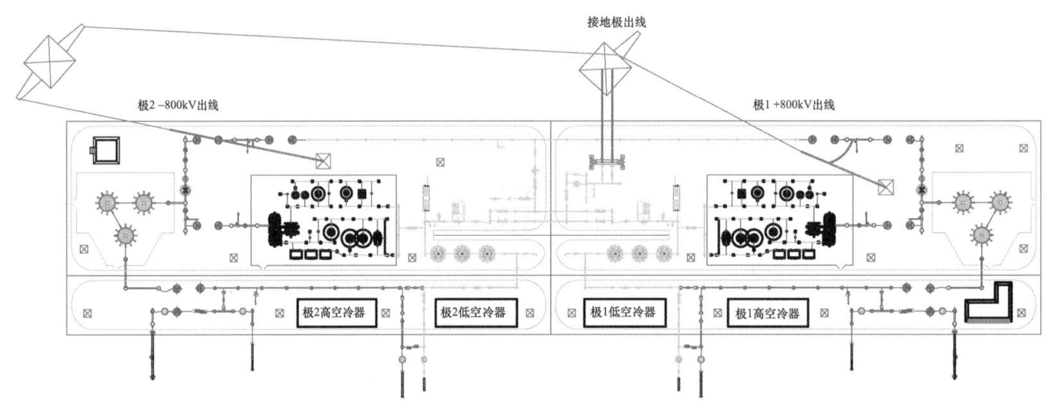

图 3－1－12　直流场平面布置图

2. 适应阀厅面对面布置方案的直流场布置

针对阀厅面对面布置方案，由于阀厅及换流变压器区域的横向尺较窄，因此在布置时需要更多的占用其纵向尺寸。具体布置方案为：将极线平波电抗器、直流滤波器、中性线平波电抗器一字排开横向布置。其中 3 台极线平波电抗器采用品字形布置方案，布置在直流场最外侧；部分极线设备和直流出线塔布置在极线平波电抗器旁边靠近直流出线侧；直流滤波器围栏宽度方向面对阀厅布置；中性线平波电抗器采用品字形布置方案，布置在直流场中间；中性线设备和接地极出线设备布置在接地极出线侧；旁路回路紧邻高低端阀厅布置。

该布置方案直流场纵向尺寸约 115m，横向尺寸约 310m，总尺寸为 310m×115m（长×宽）。平面布置如图 3－1－13 所示。

五、换流站其他系统设计

（一）控制楼及继电器室设置

1. 控制楼的设置

主、辅控制楼主要服务于阀厅及换流变压器区域设备，其布置需要依据阀厅的布局而定。

（1）一字形布置方案的主、辅控制楼。针对阀厅一字形布置方案，由于四个阀厅一字形排开，横向尺寸较长。如果再将控制楼置于两幢阀厅之间，将进一步加大横向尺寸，不利于与其他区域布置相协调。同时考虑到高端阀厅与低端阀厅的横向跨度尺寸不一样，低

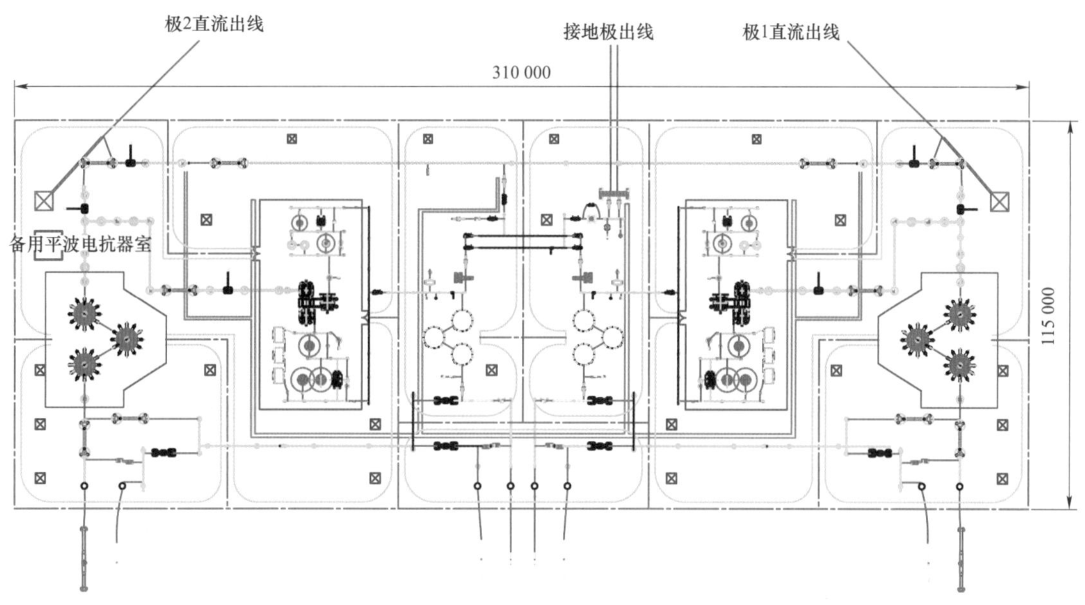

图 3-1-13 直流场平面布置图

端阀厅靠直流场侧存在大量的空间得不到有效利用。为了有效利用这一空闲场地，达到进一步压缩换流区域占地面积的目的，可以将控制楼按阀厅拆分，并分散毗邻各自阀厅布置于该区域，如图 3-1-14 所示。高、低端辅控楼均采用三层布置，一层布置有阀冷设备间、阀冷控制设备间、阀组交流配电室；二层布置有阀厅空调设备间；三层布置有阀组控制保护设备间、蓄电池室。

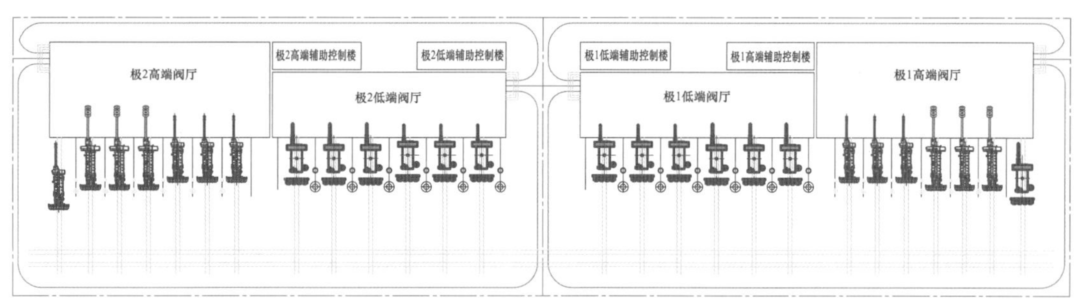

图 3-1-14 控制楼布置示意图（适应阀厅一字形布置）

此外，可以将站公用控制保护及主控制室、运行办公等功能用房集中布置在 1 幢建筑物中，组成 1 幢主控楼，放置于配电装置空余场地内。主控楼为三层建筑，一层布置有门厅、运维工具间、巡视电瓶车车库、二次备品库（兼检修工具间）、安全工具间、交流配电室、蓄电池室等；二层布置有站及双极辅助设备室（含通信设施屏柜）、培训室、资料室、大会议室等；三层布置有主控室、交接班室、运维办公室、班长室、小会议室、值班休息室（两间）等。

（2）面对面布置方案的主、辅控制楼。针对阀厅面对面布置方案，由于阀厅布置较为分散，控制楼最好也毗邻相应阀厅布置，可以参照以往±800kV、8GW 特高压直流换流站所采用的“一主两辅”的控制楼布置方案，如图 3-1-15 所示。

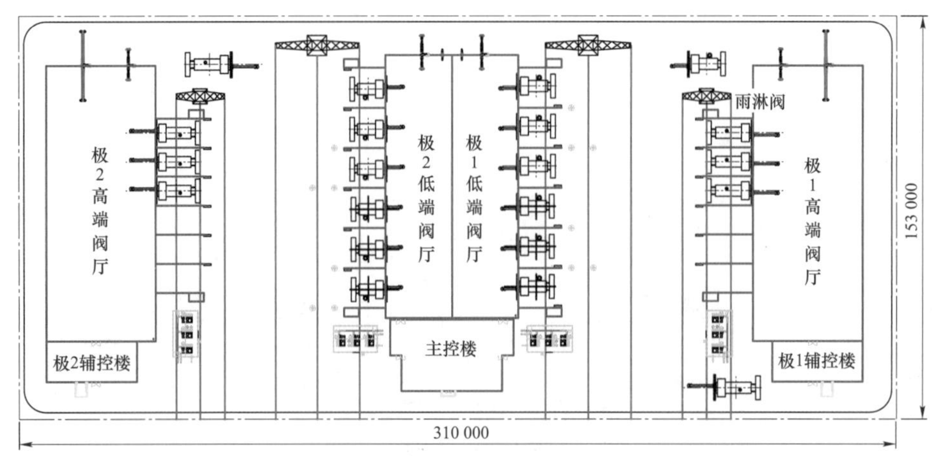

图 3－1－15　控制楼布置示意图（适应阀厅面对面布置）

2. 继电器室布置

对于±800kV、10GW、分层接入特高压直流输电换流站而言，其直流配电装置、阀厅及换流变压器区域设备控制保护装置均置于阀厅区域的控制楼内。交流配电装置和交流滤波器场内的继电器室则下放至各自区域内布置。

由于分层接入特高压换流站内存在两个独立的交流系统，因此继电保护装置也按电压等级相对独立配置。

（二）计算机监控系统的配置

对于±800kV、10GW、分层接入特高压直流输电换流站，通常有两种建设模式：一种是采用与已建或在建的变电站合建，形成两种电压等级；另一种是在换流站建设过程中一次建成两种交流电压等级的模式。

当采用第一种模式时，由于换流站与变电站的工程进度不一致，变电站一般已建成一套计算机监控系统，换流站建设时仍需要再配置一套计算机监控系统，这样造成了合建站有两套计算机监控系统。因此，对于合建的换流站，需对两套计算机监控系统进行整合，有利于运行人员对全站进行监视、控制与操作。

换流站的监控系统在系统结构、系统配置、系统功能等方面均较变电站更为复杂。对于交直流合建的工程，由于变电站和换流站的计算机监控系统的技术路线、系统结构及设备配置均不一样，不能简单地对各自的监控系统进行合并。

为了满足运行人员在同一个主控室内对交流站和直流站进行全面监控，可在换流站的主控室新增交流站的站控层工作站，通过光纤接入原变电站站控层网络。同时，变电站和换流站的监控系统服务器通过采用 IEC 104 规约以太网型式交换相关的状态和测量信息，用以完善合建部分的交流场监控画面。此方案变电站和换流站的测控装置之间不需要通信接口，仅将有关联的一次设备信号通过硬接点和模拟量开入分别接入变电站和换流站的测控装置完成各站的连锁。该方案的系统结构如图 3－1－16 所示。

本方案中，变电站和换流站的监控系统均不需要进行太多调整，实现了变电站和换流站信息交互，方便了运维管理。

如某换流站工程为交直流合建站，1000kV 变电站先期建设，之后换流站在变电站基础上扩建而来，换流站采用分层接入方案，低端换流变压器接入变电站 1000kV 配电装置。

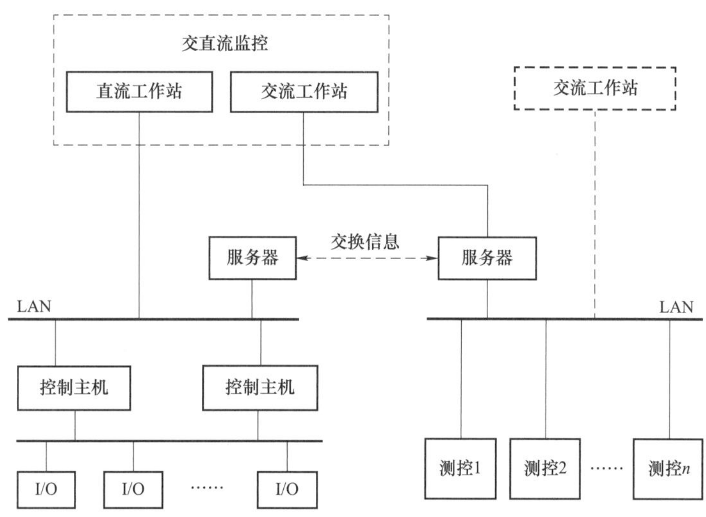

图 3－1－16　交直流合建监控系统方案

变电站的计算机监控系统负责运维 1000kV GIS 第 1、2、3、4、5 串，以及变电站内其他设备；换流站的计算机监控系统负责运维 1000kV GIS 第 6、7、8 串、整个直流场等换流站其他区域。实现交直流监控系统合建的具体措施如下：

（1）将变电站 1000kV 母线接地开关位置信号和母线电压接入换流站的交流站控系统，用于 1000kV 第 6、7、8 串的边断路器的连锁逻辑和电压同期判据；将换流站 1000kV 第 6、7、8 串的边断路器和隔离开关位置信号接入变电站 1000kV 母线接地开关的测控单元，用于 1000kV 母线接地开关的连锁逻辑判据。

（2）变电站增加远动通信装置，通过 IEC104 规约将变电站信息（包含断路器、隔离开关和接地开关的控分允许位、控合允许位等）上传至换流站监控系统，并接收换流站监控系统发送的遥控命令；换流站监控系统增加网关机，用于处理所接收的变电站设备的信息，如图 3－1－17 所示。

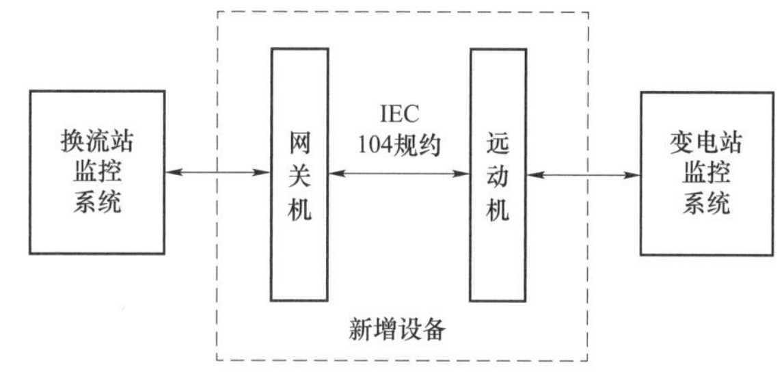

图 3－1－17　交直流合建监控系统实现原理图

（3）变电站和换流站部分的联闭锁逻辑由各自监控系统完成。由于变电站测控信息接入换流站监控系统，需对原换流站监控系统的相关软件进行升级。

（三）分层接入站址的合建

±800kV、10GW、分层接入特高压直流输电换流站为节省投资、优化占地，可以采用与交流变电站（已建或在建，也有可能是规划建设）合建的方案。

某换流站与变电站合建（已建）总平面布置方案

合建的站区考虑建设一条进站道路，采用同一设计标高，统一设置站前区；两站共用一幢综合楼、一幢主控楼，按照同时满足交直流站各自的需求进行功能分区设计。统一设置一幢综合水泵房，交直流站共用水源、生活水箱、消防水池和工业水池，两站雨水排水系统可分开设置。

例如，某±800kV、10GW 换流站工程与 1000kV 变电站合建，换流站采用分层接入方案。建设时序为先交后直，即变电站先建设、换流站后建设。合建采用的主要技术原则如下：

（1）换流站不单独设置站前区，与变电站共用站前区。

（2）统一站区防洪方案和站址标高。变电站及换流站站区围墙均设置高于百年一遇洪水位的防洪墙、站内场地设计标高按（填土）高于历史最高内涝水位。

（3）整合站内大件运输路径。合建后，利用交流站4.5m宽的1000kV高压电抗器运输道路拓宽至6m作为换流变压器运输通道。

又如某±800kV、10GW换流站工程与1000kV变电站合建换流站采用分层接入方案，建设时序为先直后交，即换流站先建设、变电站后建设。合建采用的主要技术原则如下：

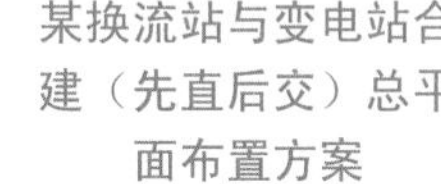

某换流站与变电站合建（先直后交）总平面布置方案

（1）变电站不单独设置站前区，与换流站共用站前区。换流站设计时考虑变电站的需求，共用综合楼及控制楼。

（2）采用整体平坡式竖向设计方案，统一站区竖向设计标高。场平阶段按合建站址土石方综合平衡原则计算场平标高。

（3）整合大件运输、站外给排水路径资源，共用一条进站道路，共用站外给排水管道。

（四）换流站的噪声控制

1. 噪声控制标准

换流站噪声控制应使站界、周围敏感点和各类工作场所噪声，满足中华人民共和国环境保护部和地方环境保护厅有关文件要求。其中站界噪声符合GB 12348《工业企业厂界环境噪声排放标准》的规定，周围敏感点噪声符合GB 3096《声环境质量标准》的规定，各类工作场所噪声符合GB/T 50087《工业企业噪声控制设计规范》的规定。

2. 设备噪声源及声学特性

换流站主要设备噪声源有换流变压器、平波电抗器、交直流滤波器场电抗器和电容器、交流变压器、高压并联电抗器、闭式蒸发式阀冷却塔、空气冷却器等。与常规特高压换流站工程相比，采用分层接入1000kV方案的换流站还需充分考虑1000kV交流滤波器场设备噪声的影响。如与1000kV变电站合建，还需要综合考虑变电站主要设备噪声源，如主变压器、高压并联电抗器等。

当没有实测的设备噪声源声学特性参数时，主要设备噪声源的声源类型和A计权声功率级可按表3－1－10采用，主要设备噪声源倍频程中心频率的A计权声功率级可按表3－1－11采用。

表3－1－10　主要设备噪声源的声源类型和A计权声功率级　[dB（A）]

噪声源	声源类型	A计权声功率级
换流变压器（±800kV换流站）	面声源	120
换流变压器冷却风扇	面声源	98
1000kV交流滤波器电容器	线声源	88
1000kV交流滤波器电抗器	点声源	88

续表

噪声源	声源类型	A计权声功率级
500kV 交流滤波器电容器	线声源	85
500kV 交流滤波器电抗器	点声源	85
直流滤波器高压电容器	线声源	80
直流滤波器电抗器	点声源	80
空气冷却器（空冷）	面声源	100
闭式蒸发式阀冷却塔（水冷）	面声源	95
极性母线平波电抗器（干式空心）	点声源	92
1000kV 主变压器	面声源	102
750kV 联络变压器	面声源	100
500kV 联络变压器	面声源	98
500kV 站用变压器	面声源	93
320Mvar 高压电抗器（1000kV）	面声源	104
280Mvar 高压电抗器（1000kV）	面声源	102
240Mvar 高压电抗器（1000kV）	面声源	101
200Mvar 高压电抗器（1000kV）	面声源	98

表 3-1-11　　主要设备噪声源倍频程中心频率的 A 计权声功率　　[dB（A）]

设备名称	倍频程中心频率的A计权声功率级								总的A计权声功率级
	63	125	250	500	1000	2000	4000	8000	
换流变压器（±800kV 换流站）	81	101	105	120	102	99	94	84	120
1000kV 交流滤波器电容器	53	63	61	88	74	66	57	44	88
1000kV 交流滤波器电抗器	67	74	82	84	81	79	55	47	88
500kV 交流滤波器电容器	50	60	58	85	71	63	54	41	85
500kV 交流滤波器电抗器	64	71	79	81	78	76	52	44	85
直流滤波器高压电容器	29	40	40	77	75	71	65	55	80
直流滤波器电抗器	60	75	67	76	73	70	45	40	80
换流变压器冷却风扇	77	80	86	90	93	93	88	800	98
空气冷却器（空冷）	66	74	83	92	95	94	93	87	100
闭式蒸发式阀冷却塔（水冷）	90	89	90	84	76	73	70	67	95
干式空心平波电抗器	58	68	72	92	77	75	65	52	92
1000kV 主变压器	71	102	79	92	79	73	70	63	102

续表

设备名称	倍频程中心频率的A计权声功率级								总的A计权声功率级
	63	125	250	500	1000	2000	4000	8000	
750kV联络变压器	69	100	78	90	77	71	68	61	100
500kV联络变压器	67	98	76	88	75	69	66	59	98
500kV站用变压器	61	92	76	82	76	63	60	54	93
320Mvar高压电抗器	80	101	95	98	94	90	82	67	104
280Mvar高压电抗器	78	99	93	96	92	88	80	65	102
240Mvar高压电抗器	77	98	92	95	91	87	79	64	101
200Mvar高压电抗器	74	95	89	92	88	84	76	61	98

3. 噪声预测

换流站噪声预测的基本思路就是在确定的设备声源源强基础上，计算出声波传播途径中的各种衰减和对各种影响因素的修正后，预测出到达预测点上的声波强度，这是建立噪声预测基本模式的基础。

换流站噪声预测按以下工作内容分别进行预测，给出相应的预测结果。首先预测站界噪声贡献值，给出站界噪声贡献值的最大值及位置；其次预测敏感目标预测值，敏感目标所受噪声的影响程度，确定噪声影响的范围，说明噪声超标的范围和程度，必要时可采用表格表示厂界贡献值和敏感目标预测值；最后根据厂界和敏感目标受影响的状况，明确影响厂界和敏感目标的主要噪声源，分析厂界和敏感目标的超标原因。

4. 噪声控制措施

换流站噪声控制设计时要遵循的主要原则如下：① 新建和改、扩建换流站的噪声控制设计应与工程设计同步进行；② 噪声控制应从设备噪声源、噪声传播途径、噪声接收者的防护等方面采取控制措施；③ 噪声控制设计，应对站址周围环境、设备噪声源、降噪效果及其经济性进行综合分析，在满足工艺要求的前提下，积极慎重地采用新技术、新设备和新材料。

控制噪声源是降低环境噪声的最根本和最有效的方法，它是通过研制和选择低噪声的设备（如采取改进设备构造、提高加工工艺和加工精度等方法生产的低噪声设备），使发声体的噪声功率降低。

由于声能量随着离开声源距离的增加而衰减，在噪声源确定的情况下，主要考虑尽量加大噪声源与噪声敏感点之间的距离，或在噪声源与噪声敏感点之间增设吸隔声降噪设施。

对于采取相应噪声控制措施后，其等效声级仍不能达到噪声控制设计限值的工作和生活场所，应采取适宜的个人防护措施，以减少换流站噪声对运行人员健康的损害。

与常规特高压换流站工程相比较，分层接入方案换流站噪声控制措施设计主要有以下几种区别：

（1）换流站与变电站合建，既需要保证一期工程站界噪声达标，又需要充分考虑在远期换流站与变电站同时运行时，噪声设备叠加对站界的不利影响因素，使全站噪声控制措施在一期建设时，能够保证远期的噪声控制要求，或预留远期站区可能采取的噪声控制方案接口，具备两者同时运行的条件。

（2）对于 1000kV 交流滤波器场的电容器和电抗器等电气设备，比 500kV 交流场设备噪声更加难以治理。因此，在前期噪声计算过程中，更加需要对设备厂调研，并在具备条件时，能取得该设备在模拟工况下的实验室实测声压级值，换算得到设备声功率级，以及设备安装后的布置情况和离地高度，从而更为准确地模拟运行后的站区噪声，使噪声控制措施效果达到最优。

5．噪声预测实例

下面以某换流站与变电站合建（先交后直）为例，说明噪声预测步骤如下。

根据换流站总平面布置图，可知主要设备噪声源有换流变压器、干式平波电抗器、调相机变压器、交流滤波器场里的电抗器和电容器、直流滤波器场里的电抗器和电容器、冷却风扇、冷却塔等。根据环境影响报告书批复，该换流站厂界（征地红线外 1m，离地 1.2m）噪声排放执行 GB 12348—2008《工业企业厂界环境噪声排放标准》2 类标准。

根据换流站和变电站工程投运先后顺序，通过模拟不同阶段电气设备的运行状况，调整围墙和设置声屏障高度，进行逐步验算。先得到换流站工程站外声环境满足标准要求时所需采取的降噪措施，再考虑变电站扩建、远期规模所需要采取的降噪方案，使换流站（变电站）厂界始终能满足环评标准的要求，如图 3－1－18～图 3－1－20 所示，最终所采取的降噪措施示意图如图 3－1－21 所示。

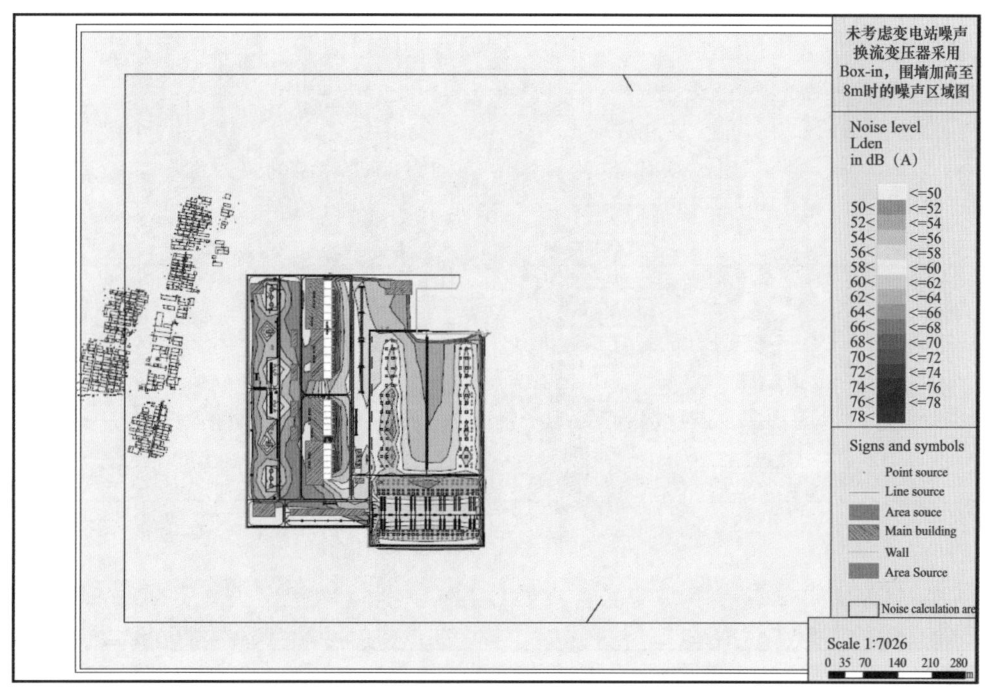

图 3－1－18　仅考虑换流站工程噪声区域图

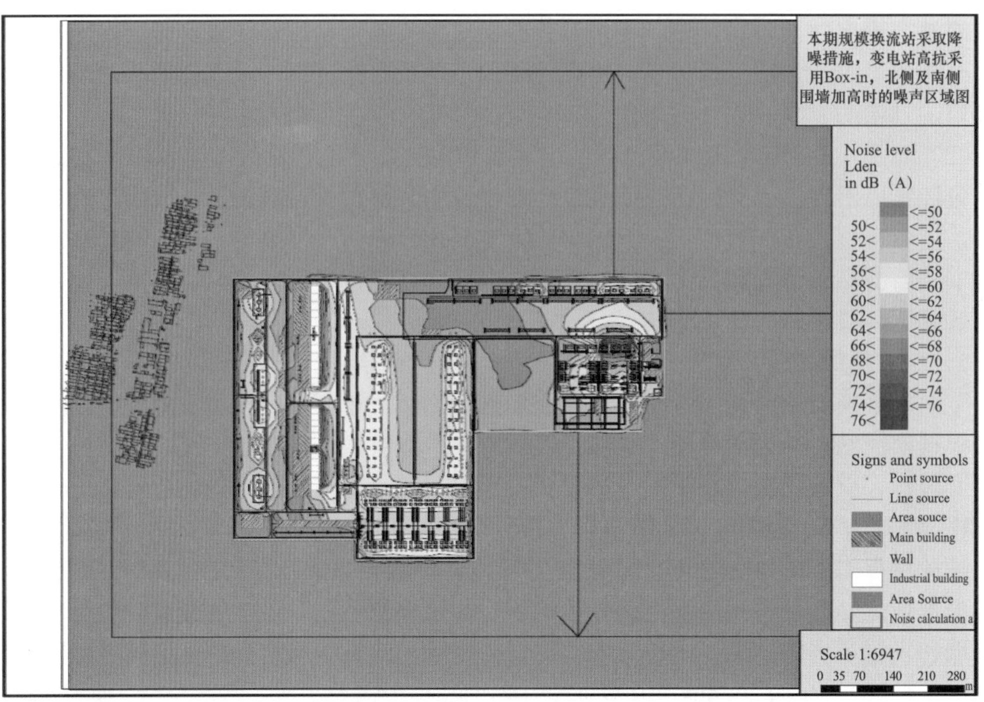

图 3－1－19　考虑变电站二期扩建工程时噪声区域图

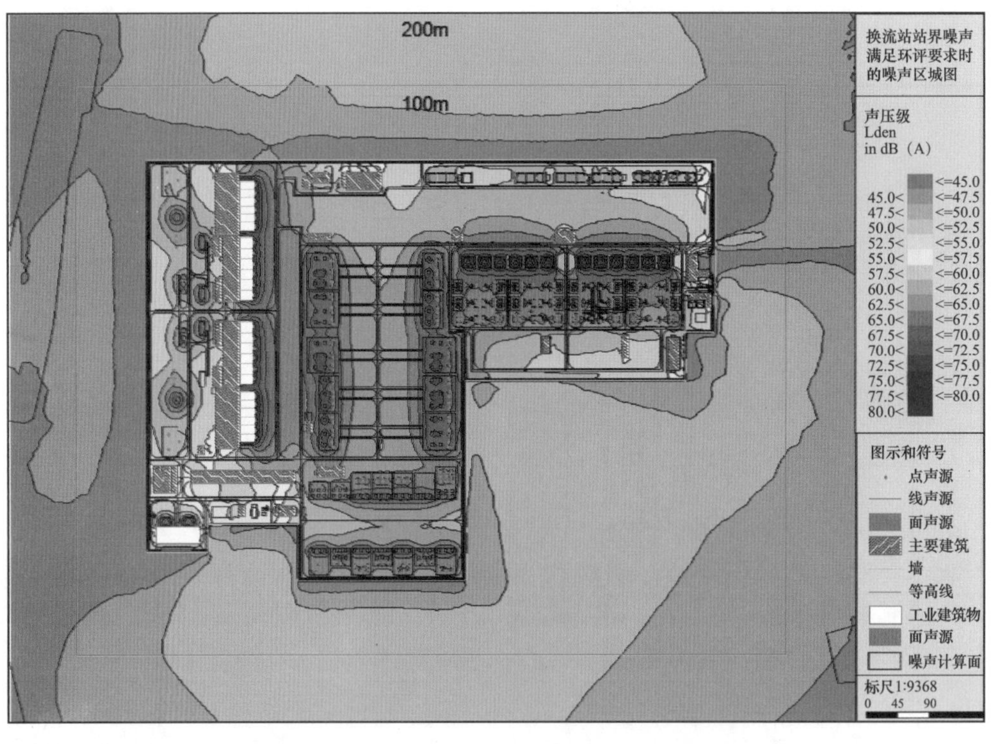

图 3－1－20　考虑变电站远期规模工程时噪声区域图

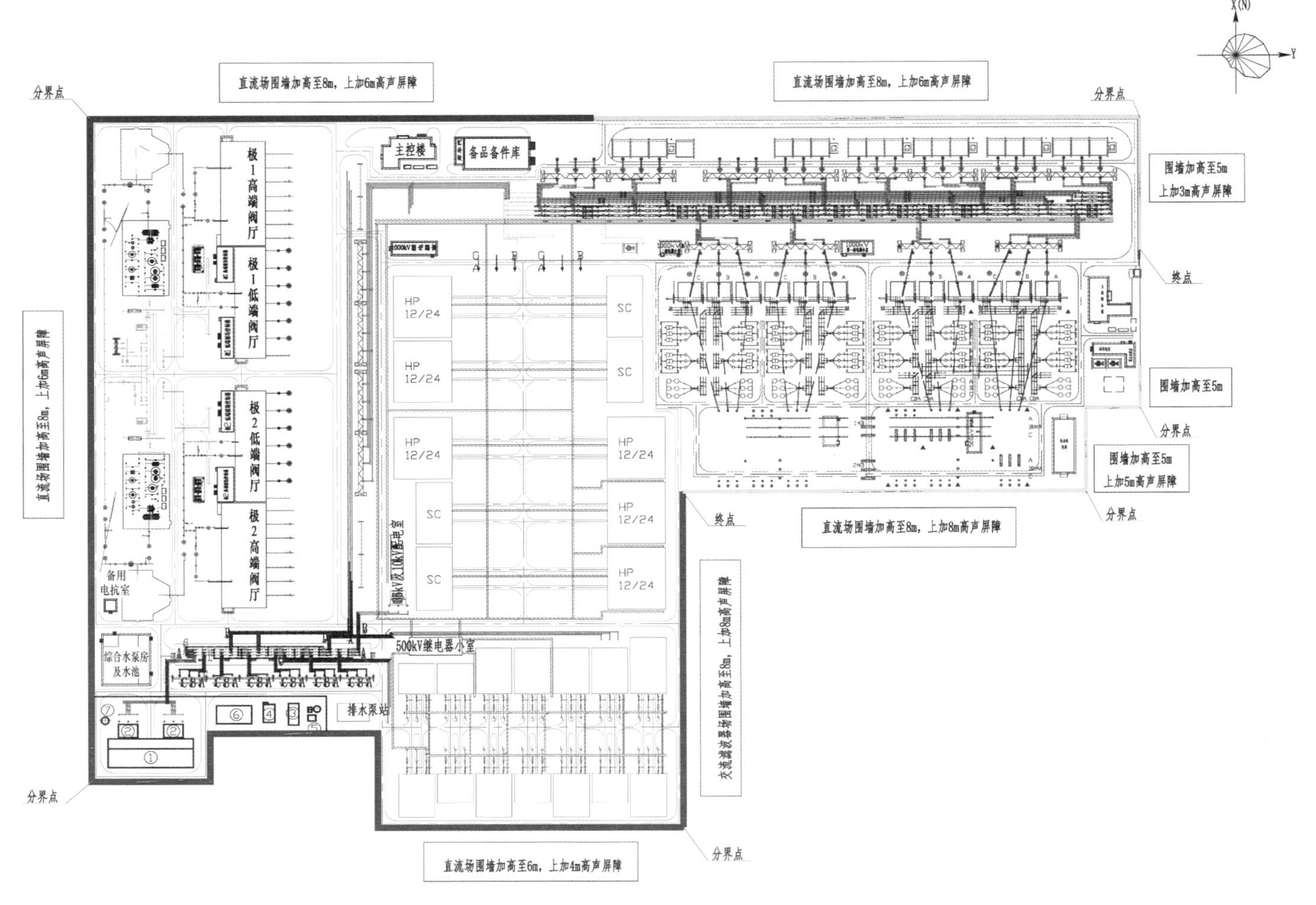

图3－1－21 噪声控制措施示意图

（五）大件运输

采用±800kV、10GW、分层接入特高压直流输电换流站，与以往常规特高压换流站相同，其工程运输的最大件仍为换流变压器。以某工程为例，不同换流变压器生产厂的设备参数见表 3－1－12。

表 3－1－12　某换流站工程换流变压器运输参数表

序号	名称	数量	参数（m×m×m）	质量（t）	生产厂
1	高端换流变压器	14	12.5×4.2×5.1	355	设备生产商 A
2	低端换流变压器	14	12.4×4.4×5.1	350	设备生产商 B

对比常规特高压换流站，运输参数通常为 13.0m×3.474m×4.812m，运输质量为343t。

（1）铁路运输限界。根据我国铁路运输限界及现有运输车型，换流变压器尺寸均已超出了目前国内运输变压器最大的铁路车辆（DK36 型落下孔车）运输限界，即变压器最大运输质量不超过 360t，最大运输长度不超过 13m，本体宽度不超过 3.5m，高度不超过 4.85m。换流变压器铁路运输限界见图 3－1－22。

（2）公路运输限界。严格说明，只要道路条件许可，变压器可以根据需要生产。如果采用长距离公路运输，建议变压器运输外形参数控制在 13.5m×5.0m×5.0m，运输质量小于500t。变压器公路运输还需满足交通部的《超限运输车辆行驶公路管理规定》对于车辆轴荷的要求，即对于采用普通平板车运输，车辆单轴的平均轴荷超过 10 000kg 或者最大轴荷超过 13 000kg 的；采用多轴多轮液压平板车运输，车辆每轴线（一线两轴 8 轮胎）的平均轴荷超过 18 000kg 或者最大轴荷超过 20 000kg 的货物，否则公路管理机构可依法做出不予行政许可的决定。

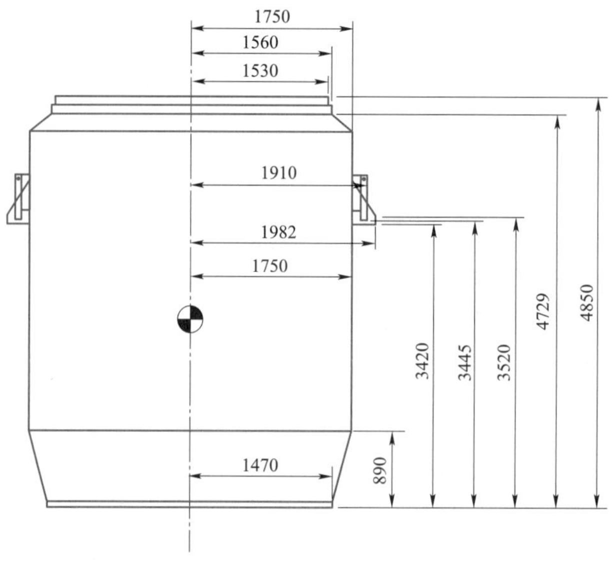

图 3－1－22　换流变压器铁路运输限界

（3）水运限界。水路运输主要受水深及水路空障（如桥梁等）影响，对变压器运输重量及运输高度有一定限制，需根据具体情况进行确定。

从以上技术条件和运输限界可以看出，常规特高压换流站换流变压器运输参数，不论采用何种运输手段都能满足要求。而±800kV、10GW、采用分层接入技术的特高压直流换流站换流变压器最大运输宽度达到 4.4m，最大长度达到 5.1m，铁路运输的最大运输限界（本体宽度不超过 3.5m，高度不超过 4.85m）已不能满足要求，具体可根据现场交通的实际情况，采用水路+公路的运输方式等。

六、小结

相比于常规特高压直流输电换流站工程，±800kV、10GW 换流站的“分层接入”和“容量提升”是其主要特点。在换流站工程的设计中需要考虑主接线的变化，设备参数、绝缘及外形、质量的变化以及总平面布置的要求，同时还要考虑控制楼及继电器室的设置、监控系统的配置、交直流站址合建、站区噪声的控制、大件运输方案等因素。

第二节　直流线路设计

一、概述

特高压直流线路设计主要包括线路路径、气象条件、导地线选型、绝缘子和金具串、绝缘配合、防雷和接地、杆塔设计、基础设计、环水保专项设计、“三跨”设计等方面。大容量特高压直流输电技术输送容量的提升，在特高压直流线路设计中主要体现在导线输送总截面的增大，即导线单根截面的增大或导线分裂数的增加。随着导线截面或分裂数的增加，金具串的型式也有相应的变化。

导线作为输电线路最主要的部件之一，对线路的输送容量、传输性能、电磁环境等关键参数有直接影响，进而决定了线路走廊宽度及房屋拆迁范围，因此对输电线路的各项技术经济指标都有显著的影响，最终关系到了整个线路工程的建设费用及运行成本。下面主要介绍大容量特高压直流输电线路的导线选型。

二、导线选择的主要控制参数

输电线路的导线截面和分裂型式，宜根据系统需要按照经济电流密度选择，也可根据系统输送容量，结合不同导线的材料结构进行电气和机械特性等比选，并应满足可听噪声和无线电干扰等技术条件的要求，最终通过年费用最小法进行综合技术经济比较后确定。重冰区导线选择时需满足系统输送容量、电晕、电磁环境、机械强度的要求，并综合考虑施工、运行维护等因素进行综合技术经济比较后确定。

导线分裂结构主要由导线的电晕特性和其对导线本身机械特性（包括振动、舞动、覆冰）、金具及杆塔的影响来确定。

（一）导线最高允许温度

导线最高允许温度是控制导线载流量的主要依据，导线允许最高温度主要由导线经过长期运行后的强度损失和连接金具的发热而定。工作温度越高，运行时间越长，则导线的强度损失越大。国外一些研究数据表明，从导线耐热的角度考虑，钢芯铝绞线可采用 150℃，但考虑到导线接头的氧化和连接金具的发热等情况，钢芯铝绞线和钢芯铝合金绞线的允许温度可采用+70℃（大跨越不得超过 90℃），钢芯铝包钢绞线（包括铝包钢绞线）的允许温度可采用+80℃（大跨越不得超过 100℃）；钢绞线的允许温度可采用 125℃。

（二）合成场强和离子流密度

直流线路下晴天时地面合成场强和离子流密度限制值如表 3－2－1 所示。

表 3－2－1　　合成场强和离子流密度限制值

场　所	合成场强（kV/m）	离子流密度（nA/m^2）
居民区	25	80
一般非居民区（如跨越农田）	30	100

（三）地面磁场强度

对于直流磁场，国际非电离辐射防护委员会（ICNIRP）导则给出一般公众的磁场暴露参考水平（1Hz 以下）为 40mT。实际情况下直流磁场对人的影响比交流磁场小得多，而且实际计算结果远远小于此参考值，故不必考虑磁场干扰影响问题。

（四）无线电干扰

海拔 1000m 以下区域，距直流架空输电线路正极性导线对地投影外 20m 处，80%时间，80%置信度，频率 0.5MHz 的无线电干扰限值不超过 58dB；一般情况对于海拔超过 1000m 的线路，以 1000m 为基准，海拔每增加 300m，无线电干扰限制增加 1dB。

（五）可听噪声限值

在海拔 1000m 及以下地区，距直流线路正极性导线对地面投影外 20m 处，晴天时由电晕产生的可听噪声 50%值（L50）不应大于 45dB（A）；海拔大于 1000m 且经过非居民区时，控制在 50dB（A）以下。

（六）机械强度

在弧垂最低点的设计安全系数不低于 2.5，悬挂点的设计安全系数不小于 2.25，平均运行张力不大于拉断力的 25%。验算覆冰气象条件时，弧垂最低点的最大张力不超过拉断力的 60%，悬挂点的最大张力不超过拉断力的 66%。

三、国内特高压直流线路导线应用概况

根据特高压直流线路工程的建设时间、生产制造水平、所处地域的能源分布、经济发展状况的不同，我国±800kV 特高压直流输电线路工程导线的应用情况各有不同。±800kV 云广线输送容量 5GW，采用 $6×630mm^2$ 截面导线；±800kV 向上线输送容量 6.4GW，采用 $6×720mm^2$ 导线；锦苏线输送容量 7.2GW，溪浙线输送容量 8GW，导线截面增大到了 $6×900mm^2$；±800kV 哈郑线输送容量达到 8GW，导线选用 $6×1000mm^2$ 截面；酒湖线、灵绍线采用了 $6×1250mm^2$ 截面导线。国内主要特高压直流输电线路的导线应用情况见表 3－2－2。

表 3-2-2　　国内主要±800kV 特高压直流输电线路的导线应用情况

<table>
<tr><th>工程名称</th><th>额定输送容量（GW）</th><th>极导线额定电流（A）</th><th>子导线截面积（mm²）</th><th>分裂数</th><th>分裂间距（mm）</th></tr>
<tr><td>云南—广东</td><td>5</td><td>3125</td><td>630</td><td>6</td><td>450</td></tr>
<tr><td>糯扎渡—广东</td><td>5</td><td>3125</td><td>630</td><td>6</td><td>450</td></tr>
<tr><td>向家坝—上海</td><td>6.4</td><td>4000</td><td>720</td><td>6</td><td>450</td></tr>
<tr><td>锦屏—苏南</td><td>7.2</td><td>4500</td><td>900</td><td>6</td><td>450</td></tr>
<tr><td>溪洛渡左岸—浙西</td><td>8</td><td>5000</td><td>900</td><td>6</td><td>450</td></tr>
<tr><td>哈密—郑州</td><td>8</td><td>5000</td><td>1000</td><td>6</td><td>500</td></tr>
<tr><td>酒泉—湖南</td><td>8</td><td>5000</td><td rowspan="2">1250</td><td>6</td><td>500</td></tr>
<tr><td>灵州—绍兴</td><td>8</td><td>5000</td><td>6</td><td>500</td></tr>
</table>

导线选型受线路所处覆冰区域的影响较大，下面就按照轻、重覆冰条件下对导线选型展开讨论。

四、轻冰区导线选型

（一）导线截面选择

在正常运行方式下的最大输送容量应符合经济电流密度的要求，世界上各国的经济电流密度各不相同，我国现行规定的经济电流密度见表 3-2-3。

表 3-2-3　　我国现行规定的经济电流密度　　（A/mm²）

<table>
<tr><th rowspan="2">导线材料</th><th colspan="3">最大负荷利用小时数</th></tr>
<tr><th>3000h 以下</th><th>3000～5000h</th><th>5000h 以上</th></tr>
<tr><td>铝线</td><td>1.65</td><td>1.15</td><td>0.9</td></tr>
<tr><td>铜线</td><td>3.0</td><td>2.25</td><td>1.75</td></tr>
</table>

我国已建成的特高压直流线路的电流密度取值一般都在 0.8～1 之间。随着能源价格的上涨，降低线路损耗显得尤为重要，特别是对于负荷较大的电能送出线路。

按照输送功率为 10GW，从经济性考虑，为减少输电损耗，提高经济效益，选取 6×1250mm²、6×1000mm²、8×1250mm²、8×1000mm²、8×900mm² 五种截面方案进行了电气性能、机械特性、经济性等方面的计算，其参数见表 3-2-4。

表 3-2-4　　导 线 参 数

<table>
<tr><th colspan="2">导线型号</th><th>6×JL1/G2A－1250/100</th><th>8×JL1/G2A－1250/100</th><th>6×JL/G2A－1000/80</th><th>8×JL/G2A－1000/80</th><th>8×JL/G2A－900/75</th></tr>
<tr><td rowspan="3">导线结构计算截面积（mm²）</td><td>铝（铝合金）</td><td>84×4.35</td><td>84×4.35</td><td>84×3.89</td><td>84×3.89</td><td>84×3.69</td></tr>
<tr><td>钢</td><td>19×2.61</td><td>19×2.61</td><td>19×2.34</td><td>19×2.34</td><td>7×3.69</td></tr>
<tr><td>铝（铝合金）</td><td>1248.38</td><td>1248.38</td><td>998.32</td><td>998.32</td><td>898.30</td></tr>
</table>

续表

导线型号		6×JL1/G2A－1250/100	8×JL1/G2A－1250/100	6×JL/G2A－1000/80	8×JL/G2A－1000/80	8×JL/G2A－900/75
导线结构计算截面积（mm^2）	钢	101.65	101.65	81.71	81.71	74.86
	总	1350.03	1350.03	1080.0	1080.0	973.16
导线外径（mm）		47.85	47.85	42.79	42.79	40.6
计算拉断力（kN）		329.85	329.85	255.33	255.33	235.80
计算质量（kg/km）		4252.3	4252.3	3411	3411	3104.7
20℃直流电阻（Ω/km）		0.023	0.023	0.028 76	0.028 76	0.032
弹性模量 EGPA		65.2	65.2	65.2	65.2	65.8
热膨胀系数$\alpha\times10^{-6}$		20.5	20.5	20.5	20.5	20.5
最大使用应力（MPa）		92.84	92.84	89.84	89.84	92.08
安全系数		2.5	2.5	2.5	2.5	2.5
平均运行应力（MPa）		58.03	58.03	56.15	56.15	57.55
拉力质量比		7.91	7.91	7.63	7.63	7.74
铝钢比		12.28	12.28	12.22	12.22	13.00

（二）导线分裂间距

导线分裂间距的选取要考虑分裂导线的次档距振荡和电气特性两个方面。分裂导线间保持足够的距离就可以避免出现次档距振荡现象。根据国内外研究：当分裂间距与子导线直径之比 $S/d\geqslant13.8$ 时，就可以避免出现次档距振荡；$S/d\leqslant10.0$ 时，则不宜采用；$10.0\leqslant S/d\leqslant13.8$ 时必须安装阻尼间隔棒予以解决。

从电气特性方面看，有一个最佳分裂间距，在此分裂间距时，导线的表面电场强度最小，但经计算，此最佳分裂间距小于避免次档距振荡要求的最小分裂间距，即限制次档距振荡要求的分裂间距是控制条件。特高压线路由于分裂根数的增加，在采用大截面导线时，很难保证 $S/d>13.8\sim18.0$。根据国内外线路设计和运行的情况分析，S/d 的比值在 10～18 之间也能满足线路的安全运行，次档距振荡可通过采用适当增加间隔棒安装数量的方法加以限制。导线分裂间距可按表 3－2－5 取值。

表 3－2－5　导线分裂间距及 S/d 值一览表

分裂数	分裂间距 S（mm）	分裂导线圆直径 D（mm）	S/d
6	500	1000	10.39
8	550	1307	10.45～11.07

注　d 为子导线直径，mm。

（三）电气特性比较

导线电气性能的计算主要包括导线电流密度、过负荷温度、传输功率及功率损耗等。

1. 电流密度计算

按双极输送容量 10GW，各种导线组合的电流密度计算结果见表 3-2-6，可知所选 5 种导线的电流密度在 0.63～1.04 之间，电流密度均小于 1.15。

表 3-2-6　　各种导线的总铝截面及电流密度

序号	导线型号	分裂根数	导线铝截面积（mm^2）	极导线总铝截面积（mm^2）	额定电流密度（A/mm^2）	20℃时单根导线电阻（Ω/km）	长期运行时子导线电阻（Ω/km）
1	JL1/G2A-1250/100	6	1248.38	7490.28	0.834 4	0.023	0.025 2
2	JL1/G2A-1250/100	8	1248.38	9987.04	0.625 8	0.023	0.024 7
3	JL/G2A-1000/80	6	998.32	5989.92	1.043 42	0.028 76	0.031 9
4	JL/G2A-1000/80	8	998.32	7986.56	0.782 6	0.028 76	0.031 1
5	JL/G2A-900/75	8	898.3	7186.4	0.869 7	0.032	0.034 8

2. 过负荷温度计算

导线选择应考虑保证线路过负荷运行的安全，系统长期过载容量可按 1.1 倍额定电流考虑。在过负荷情况下，导线的温度应满足导线允许温度的要求。输送容量按照 10GW，每极额定电流分别为 6250A，每极过负荷电流为额定电流的 1.1 倍，即 6875A，由此计算出 5 种导线每极导线在 70℃下的最大允许电流和导线过负荷温度见表 3-2-7。

表 3-2-7　　导线过负荷温度计算结果

序号	分裂数	导线型号	过负荷温度（℃）
			6875A
1	6	JL1/G2A-1250/100	64.6
2	8	JL1/G2A-1250/100	58.9
3	6	JL/G2A-1000/80	68.6
4	8	JL/G2A-1000/80	60.8
5	8	JL/G2A-900/75	62.1

注　环境气温采用最高气温月的最高平均气温，在此取环境温度为 40℃。风速应采用 0.5m/s，太阳辐射功率密度应用 $1000W/m^2$。

从表 3-2-7 中可以看出，所选 5 种导线在温度 70℃时均能满足系统输送功率 10GW 允许载流量的要求。过负荷时，所有参选导线均满足过负荷温度不超过 70℃的要求。

3. 电阻功率损失计算

电阻电能损耗为

$$Q = I^2 R\tau \times 10^{-7} \tag{3-2-1}$$

最大电阻功率损耗为

$$W = I^2 R \times 10^{-6} \tag{3-2-2}$$

式中 W——最大功率损耗，MW；

Q——电阻损耗能量，万 kWh；

I——最大负荷电流，A；

τ——最大负荷损失小时数，h。

$$R = \frac{2}{N} rL \tag{3-2-3}$$

式中 R——线路总电阻，Ω；

N——极导线分裂根数；

r——导线 20℃时的直流电阻，Ω/km；

L——线路总长度，km。

按 U=±800kV，τ=2000～5000h，S=10 000MW。各种导线的电流密度、电阻功率损耗及年电能损耗计算结果列于表 3-2-8 中。从表 3-2-8 可以看出：极导线直流电阻越大，造成电阻电能损耗较大；随着损耗时间的增大，电阻电能损耗随之增大。增加导线铝截面，对于降低线路损耗，提高能源利用率十分有利。

表 3-2-8　　电阻功率损耗、电能损耗

序号	导线型号	分裂根数	子导线长期运行的直流电阻（Ω/km）	电阻功率损耗（kW/km）	全年电能损耗（MWh/km）			
					τ=2000h	τ=3000h	τ=4000h	τ=5000h
1	JL1/G2A－1250/100	6	0.025 2	328.1	656.3	984.4	1312.5	1640.6
2	JL1/G2A－1250/100	8	0.024 7	241.2	482.4	723.6	964.8	1206.1
3	JL/G2A－1000/80	6	0.031 9	415.4	830.7	1246.1	1661.5	2076.8
4	JL/G2A－1000/80	8	0.031 1	305.7	611.3	917.0	1222.7	1528.3
5	JL/G2A－900/75	8	0.034 8	339.8	679.7	1019.5	1359.4	1699.2

4. 电晕功率损失计算

影响导线电晕损失的可变因素很多，电晕损耗的估算方法也很多，主要有对比法、苏联的半经验公式、安乃堡公式、巴布科夫公式、DL/T 436—2021《高压直流架空送电线路技术导则》中的修正皮克公式等计算方法。这些计算方法的计算结果差异较大，参照±800kV 向上线、锦苏线、哈郑线、宁绍线等工程的建设经验，对电晕损耗进行计算。单极好天气的电晕损失计算公式如下

$$P = UK_c nr \times 2^{0.25(g-g_0)} \times 10^{-3} \tag{3-2-4}$$

式中 P——单极直流线路的电晕损失，kW/km；

U——导线对地电压，kV；

K_c——导线表面系数，0.15（光滑导线）～0.35（有缺陷导线）；

n——子导线数；

r——导线半径；

g——运行电压下，导线表面的最大电场强度，kV/cm；

g_0——导线起晕电场强度为 22δ，kV/cm；

δ——相对空气密度。

双极好天气下的电晕损失计算公式如下

$$P=\left[2U(K+1)K_c nr\times 2^{0.25(g-g_0)}\right]\times 10^{-3} \tag{3-2-5}$$

$$K=\frac{2}{\pi}\arctan\left(\frac{2H}{s}\right) \tag{3-2-6}$$

式中　s——极间距；

H——对地高度。

各种导线组合方案的电晕损失计算结果见表 3-2-9。从表 3-2-9 可以看出，相同的分裂型式下，随着子导线直径的增加，电晕损耗随之减小；海拔越高，电晕损失也越大；经测算，电晕损失一般为电阻损失的 10%，对导线经济性能有一定影响。

表 3-2-9　　导线电晕损耗计算结果

序号	导线型号	子导线直径（mm）	电晕损耗（kW/km）	
			500m	1000m
1	6×JL1/G2A-1250/100	47.85	6.80	8.66
2	8×JL1/G2A-1250/100	47.85	5.22	7.04
3	6×JL/G2A-1000/80	42.79	8.58	10.12
4	8×JL/G2A-1000/80	42.79	5.89	7.46
5	8×JL/G2A-900/75	40.6	6.29	8.03

5. 小结

（1）各种导线在过负荷情况下，导线表面温度均未超过 70℃。

（2）电阻功率损耗 6×JL/G2A-1000/80 最大，8×JL1/G2A-1250/100 最小。

（3）电晕功率损耗均非常小，约占电阻功率损耗的 4%～6%，但考虑到电晕损耗小时多，电晕电能损失约占总能耗的 8%左右，经济性方面大截面导线更有利。

（四）电磁环境比较

直流输电线路的电磁环境问题主要考虑表面电场强度、无线电干扰、可听噪声及地面合成场强、地面离子流密度等，其中合成电场和离子流密度是高压直流输电的特有现象。

1. 导线表面电场强度计算

导线表面电场强度是导线选择计算中的最基本条件，导线表面电场强度过高将会引起导线全面电晕，不但电晕损耗急剧增加，而且环境影响问题也更严重，所以在特高压线路设计中必须选择合理的导线表面电场强度。

（1）导线起始电晕电场强度。导线的起始电晕电场强度与极性的关系较小，一般认为直流线路导线起始电晕电场强度和交流线路起始电晕电场强度的峰值相同，可将皮克（peek）公式转换为直流形式

$$E_0 = 30m\delta\left(1+\frac{0.301}{\sqrt{\delta r}}\right) \tag{3-2-7}$$

式中 m——导线表面粗糙系数，目前晴天和雨天条件下的导线表面粗糙系数 m 值分别为 0.49 和 0.38；

δ——相对空气密度；

r——导线半径，cm。

各导线的起始电晕电场强度见表 3－2－10 和表 3－2－11。

表 3－2－10 晴天导线起始电晕电场强度 E_0 计算结果 （kV/cm）

序号	导线型号	直径（mm）	起始电晕电场强度 E_0（kV/cm）				
			1000m	1500m	2000m	3000m	3500m
1	6×JL1/G2A－1250/100	47.85	16.072	15.37	14.686	13.28	12.638
2	8×JL1/G2A－1250/100	47.85	16.095	15.393	14.708	13.301	12.659
3	6×JL/G2A－1000/80	42.79	16.002	15.301	14.626	13.251	12.576
4	8×JL/G2A－1000/80	42.79	16.025	15.324	14.648	13.272	12.597
5	8×JL/G2A－900/75	40.6	16.007	15.306	14.631	13.256	12.581

表 3－2－11 雨天导线起始电晕电场强度 E_0 计算结果 （kV/cm）

序号	导线型号	直径（mm）	起始电晕电场强度 E_0（kV/cm）				
			1000m	1500m	2000m	3000m	3500m
1	6×JL1/G2A－1250/100	47.85	12.087	11.555	11.034	9.786	9.296
2	8×JL1/G2A－1250/100	47.85	12.111	11.577	11.055	9.805	9.315
3	6×JL/G2A－1000/80	42.79	12.487	11.316	10.811	9.599	9.082
4	8×JL/G2A－1000/80	42.79	12.04	11.508	10.997	9.778	9.255
5	8×JL/G2A－900/75	40.6	12.022	11.491	10.979	9.762	9.239

（2）导线表面最大电场强度。导线表面电场强度决定于运行电压、子导线直径、子导线分裂数、子导线分裂间距、极导线高度以及相间距离等因素。采用以下经典公式进行计算，计算精度满足工程要求

$$G = \frac{1+(N-1)r/R}{Nr\ln\left[\dfrac{2H}{(NrR^{N-1})^{1/N}\sqrt{1+(2H/S)^2}}\right]} \tag{3-2-8}$$

$$g_{\max} = GU$$

式中 N——导线分裂数；

S——极间距离，cm；

H——极导线对地距离，cm；

r——子导线半径，cm；

R——子导线圆的半径，cm；

G——导线表面电场强度，kV/cm；

U——极导线对地电压，kV；

g_{max}——导线表面平均最大电场强，kV/cm。

各种导线组合方案的表面最大电场强度见表3－2－12。从表3－2－12可以看出，所有极导线方案的表面最大电场强度均大于起始电晕电场强度E_0，即在大部分时间内，导线均处于电晕状态。

表3－2－12 导线表面最大电场强度

序号	导线型号	分裂间距（cm）	导线直径（mm）	导线表面最大电场强（kV/cm）	
				导线高度18m	导线高度23m
1	6×JL1/G2A－1250/100	50	47.85	18.31	18.22
2	8×JL1/G2A－1250/100	55	47.85	15.35	15.14
3	6×JL/G2A－1000/80	50	42.79	20.21	19.94
4	8×JL/G2A－1000/80	55	42.79	16.91	16.57
5	8×JL/G2A－900/75	55	40.6	17.66	17.39

注 极间距取20m。

2. 地面合成场强和离子流密度计算

合成场强和离子流密度的计算采用以模拟试验结果为基础的EPRI EL－2257法，该方法具有较高可信度。在导线最小对地距离取23m（一般非居民地区），极间距20m条件下，地面合成场强和离子流密度的计算结果见表3－2－13和表3－2－14。由表3－2－13和表3－2－14可以看出，在海拔2000m以内，晴天和雨天条件下，参比导线均满足合成电场强度小于30kV/m，离子流密度小于100nA/m^{2}的限值。

表3－2－13 晴天地面标称场强、合成场强和离子流密度计算结果（海拔2000m）

序号	导线型号	地面最大合成场强（kV/m）		地面最大离子流密度（nA/m^2）	
		正极性	负极性	正极性	负极性
1	6×JL1/G2A－1250/100	15.01	－15.01	16.55	－26.78
2	8×JL1/G2A－1250/100	10.58	－10.58	4.98	－7.35
3	6×JL/G2A－1000/80	17.91	－17.91	18.32	－27.99
4	8×JL/G2A－1000/80	12.46	－12.46	5.77	－9.89
5	8×JL/G2A－900/75	16.94	－16.94	17.58	－27.11

表 3-2-14　雨天地面标称场强、合成场强和离子流密度计算结果（海拔 2000m）

序号	导线型号	地面最大合成场强（kV/m）		地面最大离子流密度（nA/m²）	
		正极性	负极性	正极性	负极性
1	6×JL1/G2A－1250/100	22.21	－22.21	31.36	－48.26
2	8×JL1/G2A－1250/100	17.75	－17.75	19.73	－28.79
3	6×JL/G2A－1000/80	25.13	－25.13	33.09	－49.39
4	8×JL/G2A－1000/80	19.66	－19.66	20.58	－31.37
5	8×JL/G2A－900/75	24.11	－24.11	32.39	－48.59

3. 无线电干扰

无线电干扰计算采用 CISPR 计算方法具有较高的准确度，CISPR 公式如下

$$E = 38 + 1.6(g_{\max} - 24) + 46\lg r + 5\lg n + \Delta E_{\mathrm{f}} + 33\lg\frac{20}{D} + \Delta E_{\mathrm{W}} \qquad (3-2-9)$$

式中　E ——无线电干扰水平电平，dB ；

$g_{\max}$ ——导线表面最大电位梯度，kV/cm；

r ——子导线的半径，cm；

D ——距正极性导线的距离（适用于＜100m），m；

n ——分裂导线根数；

ΔE_{f} ——气象修正项；

ΔE_{W} ——干扰频率修正项。

公式计算值用于海拔 0～500m，其后海拔每升高 300m，无线电干扰按照增加 1dB 计算。公式计算值为好天气，50%概率无线电干扰电平，换算至无线电干扰双 80%值还应增加 3dB。通过 CISPR 计算方法所得距离边相导线 20m、双 80%、0.5MHz 的无线电干扰值见表 3-2-15。从表 3-2-15 可以看出，各种导线中在海拔不超过 3500m 时无线电干扰水平均小于限值 58dB。

表 3-2-15　无线电干扰计算结果　［dB（μV/m）］

序号	导线型号	导线表面最大场强（kV/cm）	无线电干扰（dB）				
			海拔 1000m	海拔 1500m	海拔 2000m	海拔 3000m	海拔 3500m
1	6×JL1/G2A–1250/100	18.22	50.06	51.73	53.39	56.73	58.39
2	8×JL1/G2A–1250/100	15.14	45.83	47.5	49.16	52.5	54.16
3	6×JL/G2A–1000/80	19.94	50.53	52.2	53.86	57.2	58.86
4	8×JL/G2A–1000/80	16.57	45.98	47.65	49.31	52.65	54.31
5	8×JL/G2A–900/75	17.39	46.11	47.78	49.44	52.78	54.44

注　导线平均高度 23m，极间距 20m。

4. 电晕可听噪声

电晕可听噪声计算公式采用 EPRI 公式，如下式所示

$$P_{dB}=56.9+124\lg\frac{E}{25}+25\lg\frac{d}{4.45}+18\lg\frac{n}{2}-10\lg R_p-0.02R_p+K_n \tag{3-2-10}$$

式中 P_{dB} ——输电线路的可听噪声，dB（A）；

E ——导线表面最大场强，kV/cm；

n ——次导线分裂根数；

d ——子导线直径；

R_p ——距正极性导线的距离，m；

K_n ——与分裂根数有关，当 $n\geqslant3$ 时，$K_n=0$，当 $n=2$ 时，$K_n=2.6$，当 $n=1$ 时，$K_n=7.5$。

限制条件：$E=15\sim30$kV/cm，$d=2\sim5$cm，$n=1\sim6$。

EPRI 公式计算值用于海拔 0～500m，500m 以上地区海拔每升高 300m，噪声增加 1dB（A）。计算所得各种极导线组合方案和不同海拔下的可听噪声值见表 3－2－16。

表 3－2－16 可听噪声计算结果

序号	导线型号	导线表面最大场强（kV/cm）	电晕可听噪声 dB（A）				
			海拔 1000m	海拔 1500m	海拔 2000m	海拔 3000m	海拔 3500m
1	6×JL1/G2A–1250/100	18.22	38.61	40.28	41.94	45.28	46.94
2	8×JL1/G2A–1250/100	15.14	31.65	33.31	34.98	38.31	39.98
3	6×JL/G2A–1000/80	19.94	39.87	41.54	43.20	46.54	48.20
4	8×JL/G2A–1000/80	16.57	34.29	35.96	37.62	40.96	42.62
5	8×JL/G2A–900/75	17.39	36.85	38.52	40.18	43.51	45.18

注 导线平均高度 23m，极间距 20m。

从表 3－2－16 可以看出，按 EPRI 海拔修正方法所选参比导线中，海拔在 2000m 之内可听噪声均小于 45dB（A）。

（五）机械特性比较

1. 导线对杆塔高度的影响

不同导线的弛度不同，则同样高度的杆塔的使用档距将不同，其结果将导致线路中杆塔基数的差异，而最终影响线路造价。在进行导线弛度计算时，安全系数取 2.5，平均运行张力为导线破坏张力的 25%；导线过载能力按 60%的导线破坏张力进行验算，验算气温－5℃，验算风速 10m/s。各种导线组合主要机械性能、过载能力及最大弧垂列于表 3－2－17 中。从表 3－2－17 可以看出，5 种导线组合的覆冰过载能力均满足 10mm 冰区抗过载要求。其中，JL1X/G2A－1250/100 导线的过载能力最强，且弧垂特性最好；弧垂特性越好，杆塔的高度就越低，能有效降低杆塔耗钢量，节约成本。

表 3-2-17　　导线弧垂、过载能力一览表（10mm 冰区）

导线型号		6×JL1/G2A-1250/100	8×JL1/G2A-1250/100	6×JL/G2A-1000/80	8×JL/G2A-1000/80	8×JL/G2A-900/75
		钢芯铝绞线				
高温弧垂（m）	L_p=300	6.99	6.99	7.20	7.20	7.11
	L_p=400	11.79	11.79	12.15	12.15	12.00
	L_p=500	17.86	17.86	18.44	18.44	18.20
	L_p=600	25.24	25.24	26.07	26.07	25.73
	L_p=700	33.92	33.92	35.07	35.07	34.60
覆冰过载（mm）	L_p=300	41.5	41.5	36.2	36.2	35.0
	L_p=400	37.0	37.0	32.5	32.5	31.3
	L_p=500	34.6	34.6	30.5	30.5	29.4
	L_p=600	33.2	33.2	29.4	29.4	28.2
	L_p=700	32.3	32.3	28.6	28.6	27.5

2. 导线对杆塔荷载的影响

对于不同导线方案，每相的导线线条荷载如表 3-2-18 所示。从表 3-2-18 中可以看出，6×JL/G2A-1000/80 导线组合风荷载最小，纵向张力最小，综合考虑各种荷载组合，其铁塔直线塔和耐张塔重最小；8×JL1/G2A-1250/100 导线组合风荷载最大，纵向张力也较大。综合考虑各种荷载组合，其铁塔直线塔和耐张塔重最大。耐张绝缘子串配置：上述极导线方案 6×JL1/G2A-1250/100、6×JL/G2A-1000/80、8×JL/G2A-900/75 可配置 4×550kN 耐张绝缘子串；其余组合需配置 6×550kN 耐张绝缘子串。

表 3-2-18　　导线荷载一览表

导线型号			6×JL1/G2A-1250/100	8×JL1/G2A-1250/100	6×JL/G2A-1000/80	8×JL/G2A-1000/80	8×JL/G2A-900/75
铁塔荷载	垂直荷重	无冰（单极，kN/km）	250.2	333.61	200.7	267.60	243.57
		百分比（%）	75	100.0	60.16	80.22	73.01
		有冰（单极，kN/km）	346.46	461.93	288.53	384.70	355.82
		百分比（%）	75.0	100.0	62.46	83.28	77.03
	大风时线条风荷重（单极，kN/km）		188.04	250.72	168.16	224.21	212.73
	百分比（%）		75.0	100.0	67.07	89.43	84.85
	纵向最大张力（单极，kN）			1003			
	百分比（%）		75	100.0	58.06	77.41	71.49
耐张绝缘串配置			4×550kN	6×550kN	4×550kN	6×550kN	4×550kN

注　水平档距 L_h=500m，垂直档距 L_v= 700m。

（六）经济性比较

年费用最小法是经济性比较常用的方法，它能反映工程投资的合理性、经济性。年费用比较法将参加比较的诸多方案在计算期内的全部支出费用折算成等额年费用比较，年费用低的方案在经济上最优。年费用包含初投资年费用、年运行维护费用、电能损耗费用及资金的时间价值。为了进一步分析各种导线的经济性，现采用最小年费用法对各种导线组合的年费用进行计算。

（1）年费用最小法。最小年费用法的计算公式为

$$NF = Z\left[\frac{r_0(1+r_0)^n}{(1+r_0)^n-1}\right]+u \tag{3-2-11}$$

$$Z=\sum_{t=1}^{m} Z_t(1+r_0)^{m+1-t} \tag{3-2-12}$$

$$u=\frac{r_0(1+r_0)^n}{(1+r_0)^n-1}\left[\sum_{t=t'}^{t=m} u_t(1+r_0)^{m+1-t}\sum_{t=m+1}^{t=m+n}\frac{1}{(1+r_0)t-m-1}\right] \tag{3-2-13}$$

以上式中　NF——年费用（平均分布在 n 年内）；

Z——折算到第 m 年的总投资；

u——折算年运行费用；

m——施工年数；

n——经济使用年数；

t——从工程开工这一年起的年份；

r_0——电力工程投资的回收率。

（2）年运行费用计算。设定工程建设周期为 2 年，第一年分配比例 60%，第二年分配比例 40%，工程全寿命按 40 年计，折现率按 8%、10%考虑，设备运行维护费率 1.4%，最大损耗小时数分别为 3000、4000h 和 5000h，电价分别为 0.3、0.4、0.5、0.6 元/kWh（上网电价）计算。各导线型号本体投资估算如表 3－2－19 所示。

表 3－2－19　　各导线型号本体投资估算表

导线型号	6×JL1/G2A－1250/100	8×JL1/G2A－1250/100	6×JL/G2A－1000/80	8×JL/G2A－1000/80	8×JL/G2A－900/75
本体投资（万元）	432.1	484.7	409.9	455.2	432
本体投资差（万元/km）	－52.6	0	－74.8	－29.5	－52.7

注　以上投资为估算值。

按照表 3－2－19 列出的本体投资，各导线组合的年费用计算结果如表 3－2－20～表 3－2－22 所示。由表 3－2－20～表 3－2－22 可知，8×JL1/G2A－1250/100 导线的工程本体投资最大，损耗小，当投资回报率较低，损耗小时数越多时，该导线方案越优。

表 3-2-20　　损耗小时数 5000h 年费用计算结果

导线型号		年费用（万元/km）				
		6×JL1/G2A-1250/100	8×JL1/G2A-1250/100	6×JL/G2A-1000/80	8×JL/G2A-1000/80	8×JL/G2A-900/75
回收率8%	0.3 元/kWh	92.2	86.0	97.5	91.3	93.6
	0.4 元/kWh	107.2	97.1	115.1	105.1	109.1
	0.5 元/kWh	122.2	108.1	132.7	119.0	124.7
	0.6 元/kWh	137.3	119.2	150.3	132.9	140.2
回收率10%	0.3 元/kWh	102.7	97.8	107.4	102.3	104.1
	0.4 元/kWh	117.7	108.9	125.0	116.2	119.6
	0.5 元/kWh	132.7	119.9	142.6	130.1	135.2
	0.6 元/kWh	147.8	131.0	160.3	144.0	150.7

表 3-2-21　　损耗小时数 4000h 年费用计算结果

导线型号		年费用（万元/km）				
		6×JL1/G2A-1250/100	8×JL1/G2A-1250/100	6×JL/G2A-1000/80	8×JL/G2A-1000/80	8×JL/G2A-900/75
回收率8%	0.3 元/kWh	83.5	79.6	87.4	83.2	84.6
	0.4 元/kWh	95.6	88.6	101.6	94.4	97.2
	0.5 元/kWh	107.8	97.5	115.8	105.7	109.7
	0.6 元/kWh	119.9	106.5	130.1	116.9	122.2
回收率10%	0.3 元/kWh	94.0	91.4	97.3	94.3	95.1
	0.4 元/kWh	106.2	100.4	111.6	105.5	107.7
	0.5 元/kWh	118.3	109.3	125.8	116.7	120.2
	0.6 元/kWh	130.5	118.3	140.0	127.9	132.7

表 3-2-22　　损耗小时数 3000h 年费用计算结果

导线型号		年费用（万元/km）				
		6×JL1/G2A-1250/100	8×JL1/G2A-1250/100	6×JL/G2A-1000/80	8×JL/G2A-1000/80	8×JL/G2A-900/75
回收率8%	0.3 元/kWh	74.8	73.3	77.2	75.2	75.7
	0.4 元/kWh	84.1	80.1	88.1	83.7	85.2
	0.5 元/kWh	93.4	86.9	99.0	92.3	94.7
	0.6 元/kWh	102.6	93.7	109.8	100.8	104.3
回收率10%	0.3 元/kWh	85.3	85.1	87.2	86.3	86.2
	0.4 元/kWh	94.6	91.9	98.1	94.8	95.7
	0.5 元/kWh	103.9	98.7	108.9	103.4	105.2
	0.6 元/kWh	113.1	105.5	119.8	111.9	114.8

五、20mm 重冰区导线选型

重冰区线路导线的选择应主要考虑机械特性，一般应满足以下原则：

（1）不能制约整条线路的传输能力。

（2）要有较高的机械强度和过载能力。

（3）铝股在冰荷载下的安全系数要高，以防止重冰区线路过载时断股。

（4）弧垂特性要好，以降低杆塔高度。

（5）满足电磁环境参数要求。

重冰区线路导线的选择主要考虑机械特性，确保线路安全，兼顾经济性。其中 20mm 重冰区占重冰区的绝大多数，下面以 20mm 重冰区导线为例，介绍大容量特高压直流线路的重冰区导线选择。

轻冰区山区导线选型推荐采用 8×JL/G2A－1250/100 钢芯铝绞线，因此 20mm 冰区导线选型时，仅选择电气性能接近的 6 分裂及 8 分裂 JL/G2A－1000/80、JL/G2A－1120/90、JL/G2A－1250/100 钢芯铝绞线、JLHA3－1350 中强度铝合金绞线、JL1/LB20A－1250/100 铝包钢芯铝绞线比较。

对于每一种导线型号，在不同的工程条件下本体投资均有所不同，在假定边界条件下对各导线型号初期本体投资进行估算，重点比较导线投资差额。

参与比选的各导线机械特性参数见表 3－2－23。

表 3－2－23　　导线机械特性参数一览表

序号	导线型号	铝、钢股数	总截面积（mm^2）	直径（mm）	线重（kg/m）	拉断力（N）	弹性模量（MPa）	热膨胀系数×$10^{-6℃}$	20℃时直流电阻（Ω/km）
1	JL/G2A－1000/80	84×3.89/19×2.34	1080	42.79	3411	255 330	65 200	20.5	0.028 76
2	JL/G2A－1120/90	84×4.12/19×2.47	1211	45.3	3811.5	295 940	65 200	20.5	0.025 8
3	JL/G2A－1250/100	84×4.35/19×2.61	1350.03	47.85	4252.3	329 850	65 200	20.5	0.023
4	JLHA3－1350	91×4.35	1352.41	47.85	3744.4	295 500	55 000	23	0.022 32
5	JL1/LB20A－1250/100	84×4.35/19×2.61	1350.03	47.85	4130.4	343 070	63 100	21	0.022 38

（一）电气特性

20mm 冰区参选导线的电气特性计算值见表 3－2－24。计算结果表明，上述导线均满足电磁环境要求，且由于重冰区直线塔极间距更大，电磁环境条件更好。

表 3－2－24　　导线电气特性一览表

序号	导线型号	过负荷导线温度（℃）	压降（kV）	传输效率（%）	导线表面最大电场强度（kV/cm）	地面合成场强（kV/m）	地面离子流（nA/m^2）	电阻功率损耗（kW/km）	电晕损耗（kW/km）	无线电干扰（dB）	可听噪声（dB）
1	6×JL/G2A－1250/100	67.9	47.84	94.0	18.13	33.72	175.9	299.48	9.50	57.41	47.98

续表

序号	导线型号	过负荷导线温度（℃）	压降（kV）	传输效率（%）	导线表面最大电场强度（kV/cm）	地面合成场强（kV/m）	地面离子流（nA/m²）	电阻功率损耗（kW/km）	电晕损耗（kW/km）	无线电干扰（dB）	可听噪声（dB）
2	6×JL/G2A－1120/90	69.6	53.94	93.3	18.90	34.95	187.9	335.94	10.03	58.73	49.68
3	6×JL/G2A－1000/80	71.6	60.49	92.4	19.76	35.98	201.4	374.48	10.68	59.97	50.34
4	6×JL1/LB20A－1250/100	67.6	46.38	94.2	18.13	33.72	175.9	291.41	9.50	57.41	47.98
5	8×JL/G2A－1250/100	62.8	35.33	95.6	15.05	28.21	108.0	224.61	7.59	53.12	44.24
6	8×JL/G2A－1120/90	63.6	39.72	95.0	15.70	29.91	126.8	251.95	7.85	53.70	44.85
7	8×JL/G2A－1000/80	64.5	44.40	94.5	16.40	31.51	145.2	280.86	8.16	54.10	45.51
8	8×JL1/LB20A－1250/100	62.1	34.35	95.7	15.05	28.21	108.0	218.55	7.59	53.12	44.24
9	6×JLHA3－1350	67.6	46.38	94.2	18.13	33.72	175.9	299.48	9.50	57.41	47.98
10	8×JLHA3－1350	62.6	34.26	95.7	15.05	28.21	108.0	335.94	10.03	53.12	44.24

注　表中各性能中合成场强、地面离子流特性的计算导线高度取 18m，其余各特性导线对地高取平均高 23m，极间距离取耐张塔 20m，海拔为 3500m，晴天。

（二）机械性能比较

各种导线方案的机械性能如表 3－2－25 和表 3－2－26 所示。

表 3－2－25　　　　导线弧垂、过载性能一览表（**20mm** 覆冰）

项目	导线型号	6×JL/G2A－1250/100	6×JL/G2A－1120/90	6×JL/G2A－1000/80	6×JL1/GLB20－1250/100	8×JL/G2A－1250/100	8×JL/G2A－1120/90	8×JL/G2A－1000/80	8×JL1/GLB20－1250/100	6×JLHA3－1350	8×JLHA3－1350
过载能力（mm）	L_o=200	47.580	45.700	42.960	49.920	47.580	45.700	42.960	49.920	45.800	45.800
	L_o=400	37.860	36.810	35.500	38.380	37.860	36.810	35.500	38.380	36.750	36.750
	L_o=600	35.560	34.740	33.810	35.730	35.560	34.740	33.810	35.730	34.630	34.630
高温弧垂（m）	L_o=200	3.616	3.697	3.958	3.444	3.616	3.697	3.958	3.444	3.808	3.808
	L_o=400	13.569	13.998	15.051	12.817	13.569	13.998	15.051	12.817	14.265	14.265
	L_o=600	30.010	31.046	33.440	28.402	30.010	31.046	33.440	28.402	31.545	31.545

注　L_o 为档距。

表 3-2-26　　导线荷载一览表（30m/s 风、20mm 覆冰）

项目 \ 导线型号		6×JL/G2A-1250/100	6×JL/G2A-1120/90	6×JL/G2A-1000/80	6×JL1/LB20A-1250/100	8×JL/G2A-1250/100	8×JL/G2A-1120/90	8×JL/G2A-1000/80	8×JL1/LB20A-1250/100	6×JLHA3-1350	8×JLHA3-1350
相导线最大张力（kN/相）		752.06	674.74	582.15	782.20	1002.74	899.66	776.20	1042.93	673.74	898.32
		100.00%	89.72%	77.41%	104.01%	133.33%	119.63%	103.21%	138.68%	89.59%	119.45%
相导线垂直荷重 L_o=600（kN/相）	均温	150.12	134.56	120.42	145.82	200.16	179.41	160.56	194.43	132.19	176.26
		100.00%	89.63%	80.22%	97.13%	133.33%	119.51%	106.95%	129.51%	88.06%	117.41%
	覆冰	296.17	275.67	256.67	292.02	394.90	367.56	342.23	389.37	278.92	371.90
		100.00%	93.08%	86.66%	98.60%	133.33%	124.11%	115.55%	131.47%	94.18%	125.57%
相导线风荷重 L_h=500（kN/相）	大风	90.82	85.98	81.22	90.82	121.10	114.64	108.29	121.10	90.82	121.10
		100.00%	94.67%	89.43%	100.00%	133.33%	126.23%	119.23%	133.33%	100.00%	133.33%
	覆冰	65.42	63.52	61.65	65.42	87.23	84.70	82.20	87.23	65.42	87.23
		100.00%	97.10%	94.24%	100.00%	133.33%	129.46%	125.65%	133.33%	100.00%	133.33%
覆冰纵向最大张力（kN/相）		752	675	582	782	1003	900	776	1043	674	898
		100.00%	89.72%	77.41%	104.01%	133.33%	119.63%	103.21%	138.68%	89.59%	119.45%
耐张绝缘串配置		4×550kN	4×550kN	4×550kN	6×550kN	6×550kN	6×550kN	6×550kN	6×550kN	4×550kN	6×550kN

从表 3-2-25 和表 3-2-26 看出，过载能力和弧垂特性方面，性能最优的是 JL1/LB20A-1250/100，其次是 JL1/G2A-1250/100，最差的是 JL/G2A-1000/80，但所有导线方案的过载冰均达到了 30mm 以上，满足过载要求；垂直荷载和纵向张力方面，8×JL1/LB20A-1250/100 和 8×JL1/G2A-1250/100 最大，6×JL/G2A-1000/80 最小；风荷载 8×JL1/LB20A-1250/100、8×JL1/G2A-1250/100、8×JLHA3-1350 最大，6×JL/ G2A-1000/80 最小；耐张绝缘子串配置方面，上述极导线型号 6×JL1/G2A-1250/100、6×JL/G2A-1120/90、6×JL/G2A-1000/80 和 6×JLHA3-1350 可配置 4×550kN 耐张绝缘子串；其余组合需配置 6×550kN 耐张绝缘子串。

JLHA3-1350 中强度铝合金绞线目前尚无成型产品，无运行经验。对于某些山区工程，考虑到山区具有高差大、档距大，存在微气象区等特点，运行条件比平地更加恶劣，因此对导线的机械性能要求更高。综合考虑，不推荐采用 JLHA3-1350 中强度铝合金绞线。在满足工程对导线机械性能要求基础上，还需通过经济比较进一步分析确定重冰区导线方案。

（三）本体投资测算

各导线方案的初期投资差额比较如表 3-2-27 所示。

表 3-2-27　　本体投资及投资差额比较

序号	导线型号	30m/s 风（20mm 冰）	
		估算本体投资（万元/km）	本体投资差（万元/km）
1	6×JL/G2A-1250/100	805.87	0
2	6×JL/G2A-1120/90	754.85	-51.02
3	6×JL/G2A-1000/80	703.48	-102.39
4	6×JL1/LB20A-1250/100	809.26	3.39
5	8×JL/G2A-1250/100	1005.7	199.83
6	8×JL/G2A-1120/90	931.97	126.1
7	8×JL/G2A-1000/80	868.71	62.84
8	8×JL1/LB20A-1250/100	1014.22	208.35

（四）年费用比较

各类型导线年费用比较情况见表 3-2-28。从表 3-2-28 数据可以看出，由于 6×JL/G2A-1000/80 导线初期投资小，在损耗小时数较小时，年费用较低；随着损耗小时数的增加，6 分裂大截面导线的优势逐渐体现。当电价 0.4 元/kWh、损耗小时达到 3500h 及以上时，6×JL/G2A-1250/100 导线的年费用优于 6×JL/G2A-1000/80。

相比 6×JL/G2A-1250/100 钢芯铝绞线，6×JL1/LB20A-1250/100 铝包钢芯铝绞线单位长度质量减轻，导线损耗减小，载流量提高，其年费用优于 6×JL/G2A-1250/100 钢芯铝绞线。随着损耗小时数和电费的提高，6×JL1/LB20A-1250/100 的经济优势更加明显。

表 3-2-28　　30m/s 风，20mm 冰区导线年费用比较表

比较项目			导线型号							
			6×JL/G2A-1250/100	6×JL/G2A-1120/90	6×JL/G2A-1000/80	6×JL1/GLB20-1250/100	8×JL/G2A-1250/100	8×JL/G2A-1120/90	8×JL/G2A-1000/80	8×JL1/GLB20-1250/100
年损耗小时数（h）			3000							
导线年费用（万元/km）	回收率8%	0.3 元/kWh	121.00	118.95	117.09	120.64	135.16	129.79	125.70	135.53
		0.4 元/kWh	130.81	129.91	129.26	130.21	142.56	138.04	134.84	142.75
		0.45 元/kWh	135.72	135.39	135.35	135.00	146.26	142.16	139.41	146.36
		0.5 元/kWh	140.63	140.87	141.43	139.78	149.96	146.28	143.98	149.97
	回收率10%	0.3 元/kWh	137.54	134.51	131.66	137.24	155.57	148.78	143.46	156.10
		0.4 元/kWh	147.36	145.47	143.83	146.82	162.97	157.02	152.60	163.32
		0.45 元/kWh	152.27	150.95	149.91	151.61	166.67	161.15	157.17	166.93
		0.5 元/kWh	157.18	156.43	156.00	156.39	170.38	165.27	161.74	170.55

续表

比较项目			导线型号							
			6×JL/G2A−1250/100	6×JL/G2A−1120/90	6×JL/G2A−1000/80	6×JL1/GLB20−1250/100	8×JL/G2A−1250/100	8×JL/G2A−1120/90	8×JL/G2A−1000/80	8×JL1/GLB20−1250/100
年损耗小时数			3500							
导线年费用（万元/km）	回收率8%	0.3 元/kWh	125.49	123.99	122.71	125.01	138.53	133.57	129.91	138.80
		0.4 元/kWh	136.80	136.63	136.75	136.04	147.05	143.08	140.46	147.12
		0.45 元/kWh	142.46	142.95	143.77	141.55	151.32	147.83	145.73	151.28
		0.5 元/kWh	148.12	149.27	150.80	147.07	155.58	152.58	151.00	155.43
	回收率10%	0.3 元/kWh	142.03	139.55	137.27	141.62	158.94	152.56	147.67	159.38
		0.4 元/kWh	153.35	152.19	151.32	152.65	167.46	162.06	158.22	167.69
		0.45 元/kWh	159.01	158.51	158.34	158.16	171.73	166.81	163.49	171.85
		0.5 元/kWh	164.66	164.82	165.36	163.68	175.99	171.57	168.76	176.01
年损耗小时数（h）			4000							
导线年费用（万元/km）	回收率8%	0.3 元/kWh	129.98	129.03	128.33	129.38	141.90	137.35	134.13	142.08
		0.4 元/kWh	142.79	143.35	144.24	141.87	151.55	148.12	146.07	151.49
		0.45 元/kWh	149.20	150.51	152.20	148.11	156.37	153.50	152.05	156.19
		0.5 元/kWh	155.61	157.67	160.16	154.35	161.19	158.88	158.02	160.90
	回收率10%	0.3 元/kWh	146.53	144.59	142.89	145.99	162.31	156.34	151.89	162.66
		0.4 元/kWh	159.34	158.91	158.80	158.48	171.96	167.10	163.83	172.07
		0.45 元/kWh	165.74	166.06	166.76	164.72	176.78	172.48	169.81	176.77
		0.5 元/kWh	172.15	173.22	174.72	170.96	181.61	177.87	175.78	181.47

六、配套金具串形的研制

针对具体工程导线型式，研发了适用于 8×1250mm^2 截面导线的串形及其配套金具，采用了 6 联 550kN 组合耐张串，在山区大荷载条件下采用了 3 联 550kN 级 V 形悬垂串，轻、中冰区采用 8 分裂橡胶阻尼整体间隔棒。通过对配套串形的研制，设计了导线悬垂串 13 种、导线耐张串 5 种，跳线串 4 种。

七、导线对地距离

导线对地距离可按下述原则考虑：对于居民区，合成场强限定在雨天 30kV/m，晴天 25kV/m，离子流密度限定在雨天 100nA/m^2，晴天 80nA/m^2；对于一般非居民地区（如跨越农田），合成场强限定在雨天 36kV/m，晴天 30kV/m，离子流密度限定在雨天 150nA/m^2，晴天 100nA/m^2；对于人烟稀少的非农业耕作地区，合成场强限定在雨天 42kV/m，晴天 35kV/m，离子流密度限定在雨天 180nA/m²，晴天 150nA/m²。

新一代大容量直流输电线路采用 8×1250mm² 导线，电磁环境较 6×1250mm² 导线有所改善，因此在北方非居民区（农业耕作区）导线最大弧垂时对地距离可由 20m 减小至 19m。导线对地面的最小距离见表 3－2－29。

表 3－2－29　　导线对地面的最小距离

序号	线路经过地区	最小距离（m）	计算条件
1	居民区	21.0	导线最大弧垂时
2	非居民区（农业耕作区）	北方 19.0 南方 18.0	导线最大弧垂时
3	非居民区（人烟稀少的非农业耕作区）	16.0	导线最大弧垂时
4	交通困难地区	15.5	导线最大弧垂时
5	步行能到达的山坡	13.0	导线最大风偏时
6	步行不能到达的山坡、峭壁、岩石的净空距离	11.0	导线最大风偏时
7	与建筑物之间垂直距离	16.0	导线最大弧垂时
8	与建筑物之间净空距离	15.5	导线最大风偏时

八、小结

（1）10、15mm 轻、中冰区。通过对各种导线方案进行合成场强、无线电干扰和可听噪声的估算，参选各导线方案在各方面均满足电磁环境限值要求。

各种导线组合的机械性能均能满足 10mm 冰区过载能力的要求，8×JL1/G2A－1250/100 型导线组合荷载最大，相应的铁塔最重，耐张绝缘子联数最多，本体投资也最大。

根据上述结论，考虑到特高压直流线路长、经过地区多，且部分线路经过山地、高山大岭，要使线路能安全可靠地运行，导线要有足够的机械强度和耐疲劳振动能力。大容量特高压直流线路 10mm 冰区段在山地、高山大岭可采用 8×JL/G2A－1250/100 型钢芯铝绞线，在平丘地形可采用与 8×JL/G2A－1250/100 型导线铝截面相同、拉断力更小的 8×JL/G3A－1250/70 型钢芯铝绞线，从而降低工程本体投资，减少工程年费用。

（2）20mm 重冰区。参选的导线方案电气、机械性能均能满足要求。按 3500h 的年损耗小时数进行计算，年费用最低导线型号为 6×JL1/LB20A－1250/100 铝包钢芯铝绞线。

考虑 JL1/LB20A－1250/100 型铝包钢芯铝绞线尚未在特高压直流线路中使用，而 6×JL/G2A－1250/100 型钢芯铝绞线机械特性好，与 10mm 冰区导线型号相同，可便于厂家统一生产供货，并方便施工架线。综合考虑安全性与经济性，20mm 冰区采用机械特性较好，经济性较优的 6×JL/G2A－1250/100 型钢芯铝绞线。6×JL1/LB20A－1250/100 型铝包钢芯铝绞线建议在交通便利，地势平缓区段试用，积累使用经验。

新一代大容量直流输电线路采用 8×1250mm² 导线，输送容量 10 000MW。虽然工程初投资有所增加，但在全寿命周期内采用 8×1250mm² 截面导线费用更低，更适合应用于大负荷、长距离的特高压直流输电，符合全寿命周期设计理念。新一代大容量输电线路地面场强、无线电干扰和可听噪声水平较以往特高压直流线路有所改善，使线路走廊宽度减小了 0.5～2.5m，房屋拆迁减少了约 10%，具有较好的社会经济效益。同时研发了适用于 $8\times1250mm^2$ 截面导线的串形及其配套金具，完善了特高压直流线路标准化设计。

第三节 接地极及其线路设计

一、概述

为了实现直流输电系统单极大地回线的运行方式，在节省投资的情况下，通常在整流站和逆变站各设置一套接地装置(简称接地极)。接地极可以看成是换流站的一个组成部分，通过接地极线路，将其与换流站连接起来，构成直流输电大地回线运行系统。本节将介绍 10GW 特高压直流输电工程接地极及其线路的设计方案及特点。

二、接地极设计

10GW 特高压直流输电工程接地极设计应满足 DL/T 5224—2014《高压直流输电大地返回运行系统设计技术规程》相关规定，包含连续运行时间、最大温升要求、地面最大允许跨步电势差、极环半径及埋深、馈电材料选取、焦炭截面尺寸等主要技术参数，对周边电力系统影响校验及治理措施等。

相对已投运±800kV 特高压直流输电工程而言，10GW 特高压直流输电工程接地极设计的主要区别在于：接地极入地电流提升至 6250A，其对导流系统设计、导流电缆选型、馈电元件尺寸均提出了更高要求。

（一）极环尺寸

单极大地运行接地极入地电流提升至 6250A 后，10GW 特高压直流输电工程接地极极环尺寸相对常规接地极设计明显增大。若极址土壤条件良好，则极环尺寸可相应减小，优化调整的边界条件为：极环处地面最大允许跨步电势差不超过（$7.42+0.031\,8\rho_s$）V/m（ρ_s 为表面的土壤电阻率）。

（二）导流系统布置

常规接地极导流系统设计均用等分布置，即电极内环、外环导流系统均等分为四段。从电极内、外环溢流特性而言，电极外环溢流明显多于电极内环；同时由于导流系统内、外环分段数相同，则内环导流系统通流能力未充分应用，且通流更多的外环导流系统在故障态校验时更易达到通流能力上限。当工程容量不断提升时，导流系统等分设计的缺陷日益明显。

针对某 10GW 工程实际特点，特高压直流输电工程接地极导流系统可采用“外六内三”方案，即将溢流更多的外环导流系统等分为 6 段，将溢流较少的内环导流系统等分为 3 段，如图 3-3-1 所示。同时通过合理设置电极内、外环半径，将内、外环电极总的溢流安培数调整为 1:2，则可实现内、外环导流系统的均衡通流。相对常规等分布置方案而言，导流系统“外六内三”方案，在降低外环导流系统通流压力的同时提高了内环导流系统利用率，进而提高接地极整体设计技术经济性。

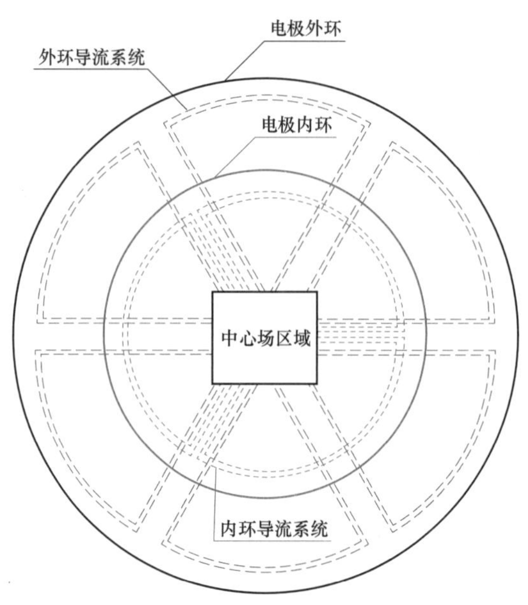

图 3－3－1　接地极导流系统“外六内三”方案示意图

（三）导流电缆选型

常规接地极设计导流电缆选型多为 YJY43－6－1×300。10GW 特高压直流输电工程接地极设计可采用“外六内三”方案导流系统。当采用“外六内三”方案时，相比常规方案，导流电缆截面可优化为 240mm²，节省设备投资 10%～15%。

从运行稳定性角度考虑，接地极导流系统应能通过断线故障校验。DL/T 5224—2014 规定：发生一根导流电缆退运或一段极环退运时，整个接地极系统应能保证持续运行。根据运维部门经验，除上述两种 $N-1$ 故障外，实际可能发生的接地极运行故障还包括：两根导流电缆退运；一段极环及一根导流电缆退运；一段极环及两根导流电缆退运这三种 $N-2$ 故障。考虑上述 5 种故障，当采用“外六内三”分段并选用 240mm² 截面导流电缆后，其与常规接地极设计“外四内四”分段并选用 300mm² 截面导流电缆，安全裕量校验结果对比分析如表 3－3－1 所示。

表 3－3－1　　导流电缆安全裕量校验结果对比表

故障类型	外四内四，300mm² 截面		外六内三，240mm² 截面	
	电流幅值（A）	占比（%）	电流幅值（A）	占比（%）
故障 1（1 根导流线停运）	395.89	81	282.61	71
故障 2（1 段极环停运）	307.97	63	197.05	50
故障 3（2 根导流线停运）	500.57	111	340.48	86
故障 4（1 段极环及 1 根导流电缆同时停运）	474.03	105	319.09	80
故障 5（1 段极环及 2 根导流电缆同时停运）	599.87	133	384.36	97

针对 DL/T 5224—2014 要求的两种 $N-1$ 故障，“外六内三”的导流电缆方案下，安全裕量较常规接地极设计明显提高。针对 DL/T 5224—2014 并未要求但实际运行可能出现的三种 $N-2$ 故障，常规方案无法实现故障穿越，但“外六内三” 的导流电缆方案能够保证故障下的接地极持续运行。

（四）馈电元件尺寸

接地极馈电元件（一般选用高硅铬铁馈电棒）尺寸与极环半径及入地电流大小密切相关，常规接地极设计多选用直径 50mm 的高硅铬铁馈电棒。10GW 特高压直流输电工程接地极入地电流已提升至 6250A，故需严格按照 DL/T 5224—2014 中式（6.0.6－2）校验接地极馈电棒尺寸。当极址土壤条件较好，电极内、外环尺寸明显小于 400m 及 300m 典型值时，馈电棒直径很可能超过 50mm 的常规选型，而应选用直径 75mm 及 100mm 更高规格的馈电棒。

（五）接地极监测及保护

1. 接地极监测

为了实现对接地极重要设备的运行和安全状态进行全面实时监测，可以设置一套接地极监测系统。接地极监测系统主要由极址现场监测设备和布置于换流站内的后台设备两部分组成。接地极极址现场监测设备主要包含各种传感器、采集设备及通信接口设备等；布置于换流站内的后台设备包括与接地极极址现场监测设备通信的通信接口设备和数据服务器等。

接地极的监测工作主要包括：

（1）接地极极址设备红外测温。在接地极极址配置红外测温系统，用于监测极址中心构架、隔离开关、接地极阻断滤波器及导流电缆等关键设备的运行状态和运行温度。在极址中心区域内的对角位置，设置 2 套带云台控制的红外测温设备，同时利用红外测温系统中的可见光摄像机对极址区域进行图像监视。

（2）图像监视和安全防护。图像监视范围包括极址区域、极址围墙、就地设备和极址的预制仓内。极址处户外的图像监视可单独配置 2 台一体化球形摄像机，也可以考虑使用极址红外测温系统的可见光摄像机兼做极址户外图像监视。当极址建设在 3m 及以下平台上时，沿极址围墙配置 1 套安全防护的电子围栏。

（3）导流电缆的入地电流监测。导流电缆入地电流监测系统用于监测接地引线电流，以监测接地极土壤的干燥情况和接地极的电腐蚀情况。导流电缆入地电流监测系统由霍尔电流传感器和采集单元组成。每根入地电缆宜配置 1 套霍尔电流互感器，传感器输出 4～20mA 模拟量至相应采集单元。

2. 接地极保护

接地极保护是为接地极线路配置光纤电流差动保护，保护范围为整条接地极线路。其目的是为了保护接地极线路，检测接地极线路断线和接地故障。单极运行时，保护的动作出口为延时移相，移相重启不成功延时闭锁换流器；双极运行时，保护的动作出口为延时请求双极平衡运行。

在接地极线路的极址侧装设两台电子式直流电流测量装置，测点电流 I_{dEE1} 和 I_{dEE2}，与站内的接地线侧 I_{dEL1} 和 I_{dEL2} 测点一起完成接地极线路差动保护。图 3－3－2 为接地极线路保护配置图。

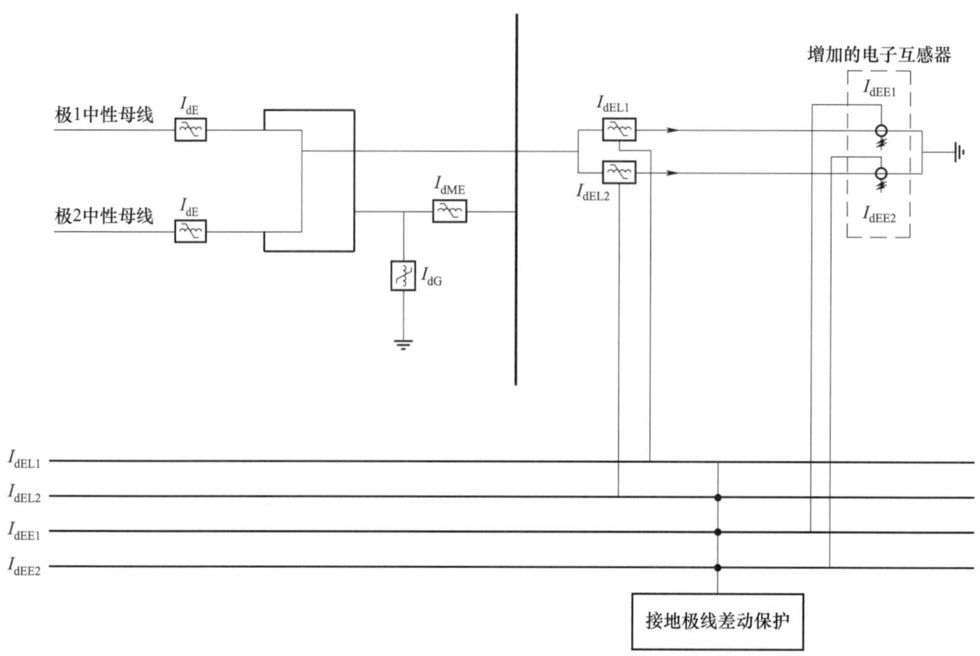

图 3－3－2　接地极线路保护配置图

接地极线路的极址侧采用电子式直流电流测量装置时，与换流站内的接地极线路电流 1（I_{dEL1}）和接地极线路电流 2（I_{dEL2}）的测量装置类型不一致，可以通过延时来躲过电流特性不一致的情况，不会导致保护误动。

3. 通信系统

为满足接地极极址与换流站之间的监测信息和保护测量信息的传输要求，可根据线路的长度考虑采用不同的通信方案。目前国内应用较多的通信方案是采用光缆通信的方式传输信息，即随接地极架空地线线路架设 1 条 24 芯光纤复合架空地线（OPGW 光缆），形成换流站—接地极极址的光缆电路，同时在极址处和换流站内各配置相应的通信模块。接地极在线监测系统通信配置方案如图 3－3－3 所示。

4. 电源系统

由于接地极配置有测量装置、监测设备及光通信设备，其对供电可靠性的要求较高，且负荷总容量不大，可采用 10kV 线路至接地极址的直供电源模式。

站用电源配置一套 10kV/0.4kV 干式变压器、10kV 以及 400V 开关柜，10kV 和 400V 系统接线均采用单母线接线型式。400V 站用电源给极址内所有用电负荷供电。

考虑到极址处控制保护设备的重要性，在极址处配置一套直流电源系统。直流电源系统采用 110V，2 组蓄电池 3 套充电装置接线型式，直流电源系统设备均组屏安装。蓄电池容量需能满足接地极监测和保护设备用电需求，其蓄电池的容量按维护人员在接到失电告警后的到达时间来确定。

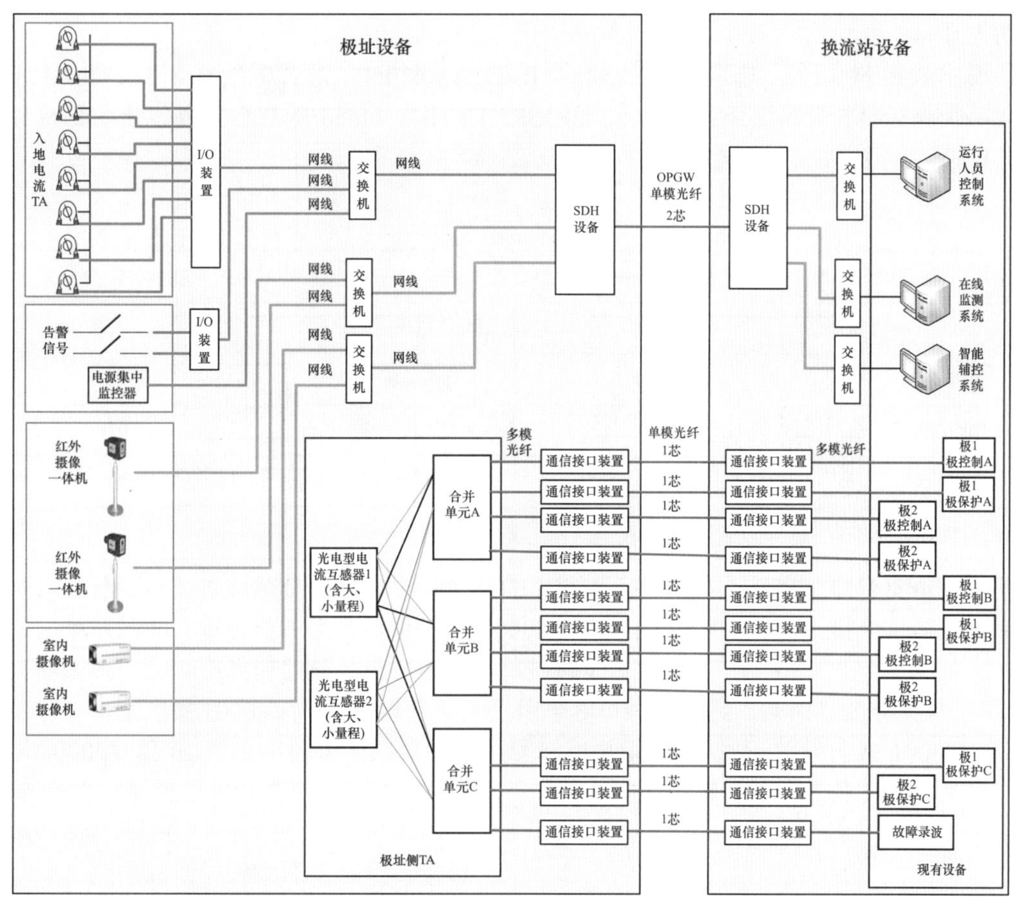

图 3-3-3　接地极在线监测系统通信配置方案

三、接地极线路设计

接地极线路具有运行电压低（其线路电压只是入地电流在导线电阻及接地电阻上引起的压降）、单极运行时间短（接地极线路只是在系统投入初期单极运行，或者双极投运后某极发生故障或检修时才投入运行）的特点，其设计主要包括线路路径、气象条件、导地线选型、绝缘子和金具串、绝缘配合、防雷和接地、杆塔设计、基础设计、环水保专项设计、“三跨”设计等方面。随着系统输送容量的增大，接地极线路的变化主要表现在通过其导线的电流增大，即导线截面的增大。

接地极线路导线的截面选择可不按常用的经济电流密度来考虑，不必校验电晕条件，也不必将电能损耗作为选择导线的控制条件，只需按线路最严重的运行方式来校验热稳定条件。既节约了工程投资，又能满足系统运行稳定要求。

（一）导线电气性能

按照导线长期允许载流量条件选择导线截面，普通钢芯铝绞线最高允许温度为 80℃，钢芯耐热铝合金绞线最高允许温度为 150℃，碳纤维复合芯导线最高允许温度推荐为 180℃；环境温度为 40℃，风速为 0.5m/s，日照强度为 1000W/m^2，辐射散热系数和吸热系数均为 0.9。

根据载流量大小，选取常用的 2×4×JL/G1A－630/45 钢芯铝绞线、2×2×JNRLH60/G1A－630/45 钢芯耐热铝合金绞线、2×2×JLRX1/F1B－500/55 碳纤维复合芯导线 3 种导线进行比较，3 种导线主要参数如表 3－3－2～表 3－3－4 所示。

表 3－3－2　钢芯铝绞线主要参数

型　号	JL/G1A－630/45	型　号	JL/G1A－630/45
外径（mm）	33.8	拐点后膨胀系数（1/℃）	—
铝截面（mm^2）	630	计算拉断力（kN）	150.45
钢截面/芯截面（mm^2）	43.6	单位长度质量（kg/m）	2.079 2
综合截面积（mm^2）	674	直流电阻（20℃，Ω/km）	0.046 3
综合弹性系数（MPa）	63 000	安全系数	2.5
拐点后弹性系数（MPa）	—	平均运行张力（%）	25
综合线膨胀系数（1/℃）	20.9×10^{-6}		

表 3－3－3　钢芯耐热合金铝绞线主要参数

型　号	JNRLH60/G1A－630/45	型　号	JNRLH60/G1A－630/45
外径（mm）	33.8	拐点后膨胀系数（1/℃）	—
铝截面（mm^2）	629.4	计算拉断力（kN）	150.19
钢截面/芯截面（mm^2）	43.1	单位长度质量（kg/m）	2.078
综合截面积（mm^2）	672.5	直流电阻（20℃，Ω/km）	0.047 1
综合弹性系数（MPa）	63 700	安全系数	2.5
拐点后弹性系数（MPa）	—	平均运行张力（%）	25
综合线膨胀系数（1/℃）	20.8×10^{-6}		

表 3－3－4　碳纤维复合芯导线主要参数

型　号	JLRX1/F1B－500/55	型　号	JLRX1/F1B－500/55
外径（mm）	27.5	拐点后膨胀系数（1/℃）	2×10^{-6}
铝截面（mm^2）	500	计算拉断力（kN）	148.0
钢截面/芯截面（mm^2）	56.7	单位长度质量（kg/m）	1.488 6
综合截面积（mm^2）	556.7	直流电阻（20℃，Ω/km）	0.056 1
综合弹性系数（MPa）	62 000	安全系数	3.0
拐点后弹性系数（MPa）	122 000	平均运行张力（%）	25
综合线膨胀系数（1/℃）	17.6×10^{-6}		

各种导线组合的长期允许载流量计算结果如表 3－3－5 所示。从表 3－3－5 可知，3 种导线长期允许工作电流均大于 6250A，满足载流量的要求。

表 3－3－5 导线长期允许载流量计算结果

导线方案	导线温度（℃）	载流量（A/根）	长期允许的工作电流（A/极）
2×4×JL/G1A－630/45 钢芯铝绞线	70	878.3	7026
2×2×JNRLH60/G1A－630/45 钢芯耐热铝合金绞线	120	1572.5	6291
2×2×JLRX1/F1B－500/55 碳纤维复合芯导线	150	1623.5	6494

（二）导线机械特性比较

1. 导线的弧垂特性

导线的弧垂特性计算如表 3－3－6 所示。从表 3－3－6 中可以看出，JL/G1A－630/45 弧垂特性在小代表档距情况下最好，大代表档距时 JLRX1/F1B－500/55 碳纤维复合芯导线弧垂最小，JNRLH60G1A－630/45 钢芯耐热铝合金绞线弧垂最大。

表 3－3－6 导线的弧垂特性

产品型号规格	4×JL/G1A－630/45 钢芯铝绞线		2×JNRLH60G1A－630/45 钢芯耐热铝合金导线		2×JLRX1/F1B－500/55 碳纤维复合芯导线	
外径 （mm）	4×33.8		2×33.8		2×27.6	
单位长度质量（kg/km）	4×2079		2×2078		2×1489	
额定抗拉力（kN）	4×150.45		2×142.68		2×140.6	
设计安全系数	2.5		2.5		3.0	
最大使用应力 （MPa）	57.1		57.1		46.9	
平均运行应力（25%σ_b，MPa）	35.7		35.7		35.2	
导线温度（℃）	70		120		150	
代表档距	弧垂（m）	百分比（%）	弧垂（m）	百分比（%）	弧垂（m）	百分比（%）
L_r=300m	8.1	100.00	10.2	125.93	9.1	112.35
L_r=350m	10.6	100.00	12.9	121.70	11.2	105.66
L_r=400m	13.6	100.00	15.8	116.18	13.5	99.26
L_r=450m	16.9	100.00	19	112.43	16.1	95.27
L_r=500m	20.7	100.00	22.6	109.18	18.9	91.30

2. 导线的荷载情况

导线的机械荷载计算如表 3－3－7 所示。从表 3－3－7 中可以看出，钢芯铝绞线方案为 4 分裂导线，所以导线的荷载张力远大于其他 2 种导线，JLRX1/F1B－500/55 碳纤维复合芯导线水平荷载与垂直荷载以及张力均小于JNRLH60G1A－630/45钢芯耐热铝合金绞线。

表3－3－7　　导线的机械荷载

导线型号	水平荷载（N/m）		垂直荷载（N/m）		最大张力（N）	
	大风	比值（%）	有冰	比值（%）	张力	比值（%）
4×JL/G1A－630/45	65.52	100	129.08	100	201 884	100
2×JNRLH60G1A－630/45	32.76	50	65.04	50	114 142	57
2×JLRX1/F1B－500/55	26.76	41	50.12	39	93 734	46

（三）导线经济性比较

接地极线路不考虑线路损耗，对影响接地极线路投资的导线、铁塔、基础等主要方面进行技术经济性比较。综合铁塔、基础、导线费用，其经济比较如表3－3－8所示。从表3－3－8中不同导线方案的主要投资情况可以看出，JL/G1A－630/45型钢芯铝绞线方案的造价远高于其他2种导线，而JLRX1/F1B－500/55型碳纤维复合芯导线方案的造价要比JNRLH60G1A－630/45型钢芯耐热铝合金绞线导线方案减少约6.3万元/km。虽然碳纤维复合芯导线导线价格较高，但其荷载张力以及弧垂特性均优于钢芯耐热铝合金绞线，从铁塔基础方面均可节省投资，综合比较而言较钢芯耐热铝合金绞线方案更为经济。

表3－3－8　　各导线方案主要投资

导线型号	铁塔造价（万元/km）	基础造价（万元/km）	导线费用（万元/km）	合计（万元）
4×JL/G1A－630/45	35.6	49.6	31.1	116.3
2×JNRLH60G1A－630/45	23.1	35.2	15.2	73.5
2×JLRX1/F1B－500/55	19.8	26.9	20.5	67.2

根据上述比较，各种导线都能满足载流量的要求。JLRX1/F1B－500/55碳纤维复合芯导线的弧垂特性以及对杆塔荷载较优，而JNRLH60G1A－630/45钢芯耐热铝合金绞线导线的弧垂较大。JLRX1/F1B－500/55碳纤维复合芯导线经济性最优，推荐大容量特高压直流输电线路采用JLRX1/F1B－500/55导线。

四、小结

10GW特高压直流输电工程的接地极入地电流提升至6250A，其导流系统可以采用设计“外六内三”或“外四内四”方案，导流电缆选型、馈电元件尺寸均可根据极址实际情况进行选择。

接地极线路的导线推荐采用JLRX1/F1B－500/55型导线。在部分易舞动区段和“三跨”区段，为进一步提高线路的安全性，可采用运行经验更成熟的JNRLH60G1A－630/45型钢芯耐热铝合金绞线。

第四章　主设备研制关键技术

特高压直流工程容量提升对电力设备性能提出了更高要求。主设备制造面临着高电压、大电流和有限空间等多重因素的限制，其中因容量提升带来的大电流引起的发热问题是各类设备研制过程中需重点研究解决的问题，特别是换流变压器、套管、换流阀、开关和导线等主设备。此外，特高压直流分层接入交流系统需要更高电压等级的交流滤波器系统，包括 1000kV 交流滤波器和 1100kV 交流断路器。本章主要介绍了大容量特高压直流输电技术配套主设备的研制关键技术，提出了许多新的技术措施和解决方案。

第一节　换 流 变 压 器

一、概述

大容量及分层接入技术的换流变压器是主设备研发的关键设备之一，换流变压器容量增加近 25%。由于铁路运输限制，换流变压器的外形尺寸却不能增加，且首次采用分层接入技术，导致换流变压器温升及绝缘设计难度大幅增加。本节分析了换流变压器的技术特点，从铁路运输及网侧接入 1000kV 两方面阐述了换流变压器的关键技术及创新特色。

二、技术特点及要求

大容量及分层接入换流变压器见图 4－1－1 及图 4－1－2，其技术特点如下。

图 4－1－1　送端换流变压器

图 4－1－2　受端换流变压器

（一）短路阻抗大

换流变压器的短路阻抗通常高于交流变压器，这不仅是为了根据换流阀承受短路的能力限制短路电流，也是为了限制换相期间阀电流的上升率。但短路阻抗太大会增加无功损耗和无功补偿设备，并导致换相压降过大。短路阻抗一般为 15%～18%，随着直流输电电压的提高，单台换流变压器容量进一步增大。由于制造的原因以及大件运输的限制，短路阻抗会进一步上升，送端及受端换流变压器均达到 20%。此外，各相换流变压器短路阻抗之间的差异必须保持最小（一般要求不大于 2%），否则将引起换流变压器电流中的非特征谐波分量的增大。

（二）额定容量大

±800kV 特高压直流工程直流输送容量达到 10GW，换流变压器的容量也随之增大，送端换流变压器额定容量达到 509.3MVA，受端换流变压器额定容量达到 493.1MVA。

（三）短路电流耐受能力高

由于故障电流中存在直流分量，换流变压器承受的最大不对称短路电流衰减时间较长，会保持在比较高的水平直到保护动作。短路电动力与短路电流幅值的平方成正比，短路电动力施加在绕组和引线支撑结构上，换流变压器应能承受较大的短路应力。而换流阀的换相失败也会使换流变压器遭受更多的电动力冲击。

（四）有载调压范围大

换流变压器有载调压范围大，以保证电压变化及触发角运行在适当范围内。尤其是直流降压运行时，正分接挡数最高达 20 挡以上。送端换流变压器调压范围为（+24，−4）×1.25%，受端换流变压器调压范围为（+21，−9）×0.65%或（+25，−5）×1.25%。

三、关键技术

（一）铁路运输大容量换流变压器关键技术

1. 器身结构

送端单相 4 柱式换流变压器器身见图 4－1－3，线圈上下端部的绝缘压板中设有磁分路，为分瓣结构，每柱上下各 4 块，其接地引线与夹件相连。上下端部绝缘压板磁分路位置设有异形的静电屏蔽管，与夹件相连接，改善局部电场分布。器身绝缘结构复杂，采用大量的成型绝缘件，以保证电气强度。器身下部支撑采用导油垫块结构，网、阀绕组独立进油，散热效果好、强度好且装配简便。器身端部绝缘采用端圈、角环、密封圈配合结构，油路结构合理，保证油量分配均匀。器身压紧靠压块来完成，避免压钉结构对端部出线的影响，使结构紧凑，性能可靠。器身上所有零部件均倒圆角，以减小局部放电的发生概率。两柱间的阀线圈采用“手拉手”连接，屏蔽筒外包绝缘纸。屏蔽筒内有等电位连接线。阀侧绕组“手拉手”连接和出线均从绕组侧面出线，网侧绕组在同一侧的上端出线，空间布局较为紧凑。泰州换流站换流变压器引线选用大直径金属管屏蔽，屏蔽管一端伸入绕组器身中，另一端直接伸入套管尾部的均压球内，屏蔽结构合理可靠。屏蔽管外有纸包绝缘，满足交直流绝缘耐压要求。

受端单相 4 柱式换流变压器器身见图 4－1－4。该换流变压器器身绝缘结构复杂，采用大量的成型绝缘件，以保证电气强度。器身下部支撑采用导油垫块结构，网、阀绕组独立进油，散热效果好、强度好且装配简便。器身端部绝缘采用端圈、角环、密封圈配合结构，油路结构合理，保证油量分配均匀。器身压紧靠压块来完成，避免压钉结构对端部出线的影响，使结构紧凑，性能可靠。器身上所有零部件均倒圆角，以减小局部放电的发生概率。

图 4－1－3 送端单相 4 柱式换流变压器器身

图 4－1－4 受端单相 4 柱式换流变压器器身

2. 特殊弧形油箱结构

铁路运输大容量换流变压器采用特殊弧形油箱结构，保证了绕组绝缘距离、磁密（1.78T）、电密（调压 $2.86A/mm^2$，网 $3.6A/mm^2$，阀 $3.53A/mm^2$）等控制指标与常规换流变压器相比不增加，且总损耗（1183kW）在相同水平。油箱结构优化如图 4－1－5 所示。

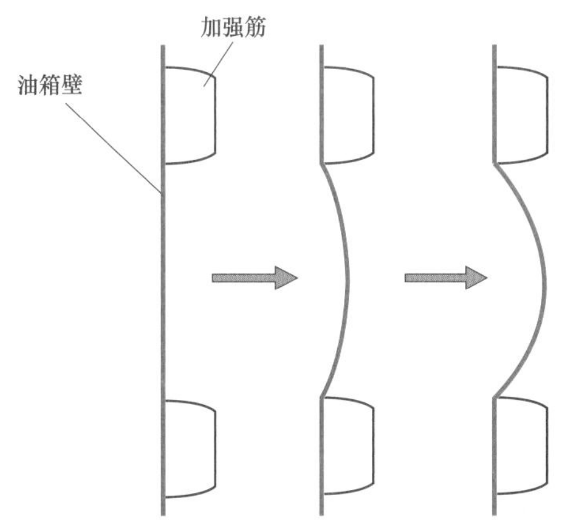

图 4－1－5 油箱结构优化

送端换流变压器油箱用槽形加强铁加强，油箱箱壁、箱底、箱盖及加强铁的材料均为高强度结构钢，其中箱底采用整块钢板，每块整钢板在焊接前均用超声波进行探伤以保证钢板质量，油箱的拼接焊缝及重要加强筋焊缝也用超声波检验。油箱焊接采用优质焊条，用埋弧焊机、气体保护焊机等先进设备，确保焊接的质量。密封件采用成型橡胶材料。油箱内壁焊铜屏蔽。箱沿法兰长形定位槽与箱盖配装定位，密封面平整，为焊死结构，以保证密封性能。

受端换流变压器油箱用槽形加强铁加强，油箱箱壁、箱底、箱盖及加强铁的材料均为高强度结构钢，其中箱底采用整块钢板，油箱的拼接焊缝采用着色探伤工艺进行检验。油箱壁内侧装配有 10mm 厚胶皮和 15mm 厚铝板，形成电屏蔽。箱沿法兰长形定位槽与箱盖配装定位，密封面平整，以保证密封性能。

3. 强油导向冷却方式

大容量换流变压器采用强油导向冷却方式见图 4－1－6，冷油主要经过管道直接进入绕组，部分通过旁通管或开孔进入油箱，而强油非导向冷却方式是经冷却器冷却的油主要经过管道直接进入油箱，油的流动主要靠油的温差引起，如图 4－1－7 所示。强油导向冷却方式通过合理控制油流流向，加强局部热点的散热能力，可以更好地控制温升。

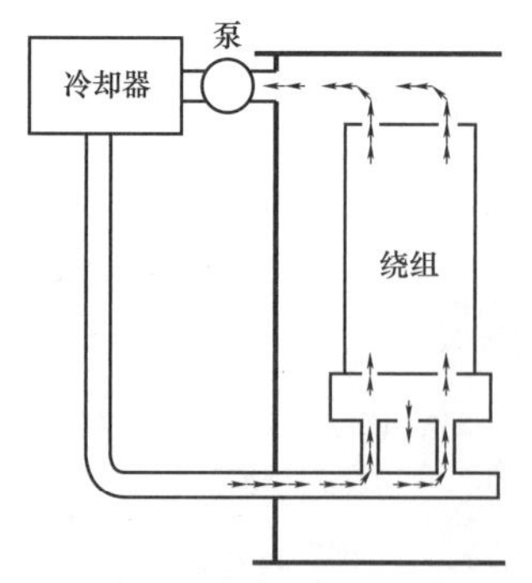

图 4－1－6 大容量换流变压器采用强油导向冷却方式

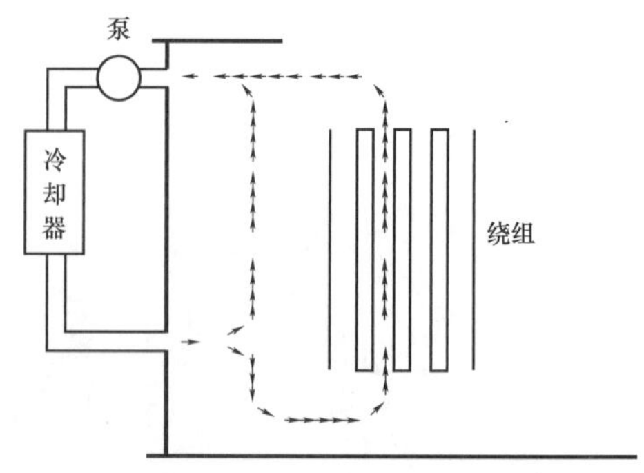

图 4－1－7 强油非导向冷却方式

温升试验采用了更为严格的温度稳定标准，由 1h 内温升不超过 1K，提高到 3h 内温升不超过 1K，整体温升过程超过 30h。

在容量增大 25%的不利条件下，换流变压器绕组实测温升值均在保证值（平均温升 55K，热点温升 68K）以内，并实现了更优的水平，试验结果示例如图 4－1－8 所示。

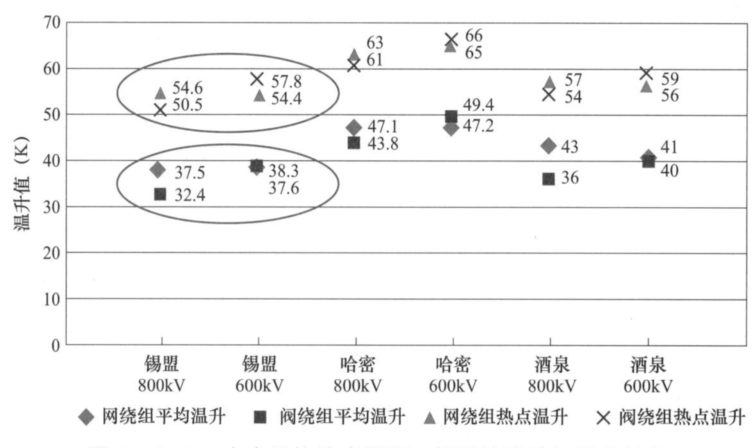

图 4－1－8 大容量换流变压器（锡盟换流站）温升结果

（二）网侧接入 1000kV 换流变压器关键技术

网侧接入 1000kV 换流变压器面临绝缘设计与漏磁控制的“双难”，且网侧绕组采用结构简洁、无须分裂绕组的端部出线结构，进一步增加了绝缘设计难度。

1. 绕组结构

网侧接入 1000kV 换流变压器绕组结构排序为铁芯—阀侧—网侧—调压。调压绕组采用单层圆筒式结构，网侧绕组采用纠结连续式结构，阀侧绕组上下端部采用内屏连续式结构，通过改变绕组端部线饼内屏蔽的匝数来调节纵向电容，以获得良好的雷电冲击电压波形分布。这种结构便于网侧 1000kV 端部出线，可较好地控制短路阻抗尺寸偏差。

2. 出线结构

为了适应网侧接入 1000kV 的分层接入特点，同时综合考虑绝缘距离和机械强度，研发了如图 4－1－9 的网侧出线结构及如图 4－1－10 的绕组开孔压板设计，解决了绝缘和机械对开孔要求的冲突。单柱压板需要承受 243t 的实际绕组压力，结构坚固。

图 4－1－9　1000kV 端部出线结构

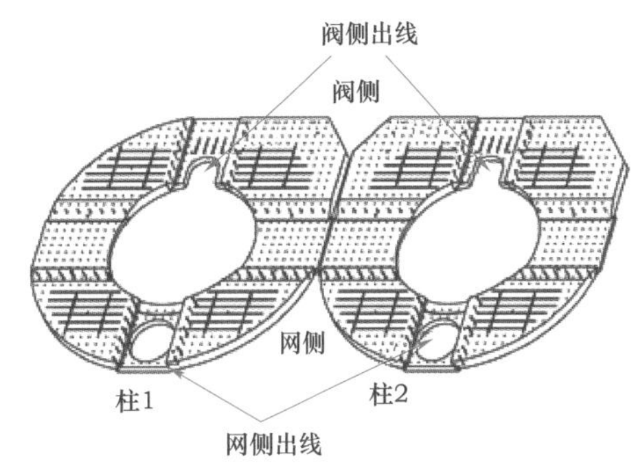

图 4－1－10　开孔压板结构

为严格考核 1000kV 网侧出线结构的绝缘性能，带有局部放电测量的感应电压试验时，施加 1100kV 电压 5min（不进行频率修正）进行激发，厂家试验结果如图 4－1－11 所示，实现了无局部放电的设计目标。

（三）屏蔽结构

由于换流变压器网侧电压达到 1000kV，其漏磁及温升控制成为必须解决的问题。为此，采用大体积复合屏蔽新结构，解决了大电流下的漏磁屏蔽难题，如图 4－1－12 所示。油箱两侧内壁铺设铝屏蔽，油箱上下内壁（即箱顶和箱底）铺设磁屏蔽。此外，网侧接入 1000kV 换流变压器网侧绕组采用组合自粘扁导线，通过合理的设计有效地控制了绕组损耗，损耗计算结果见表 4－1－1，总负载损耗计算结果均小于保证值 1150kW。

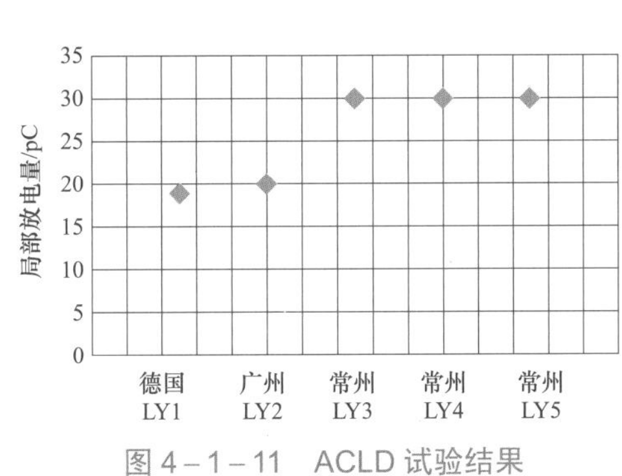

图 4－1－11　ACLD 试验结果

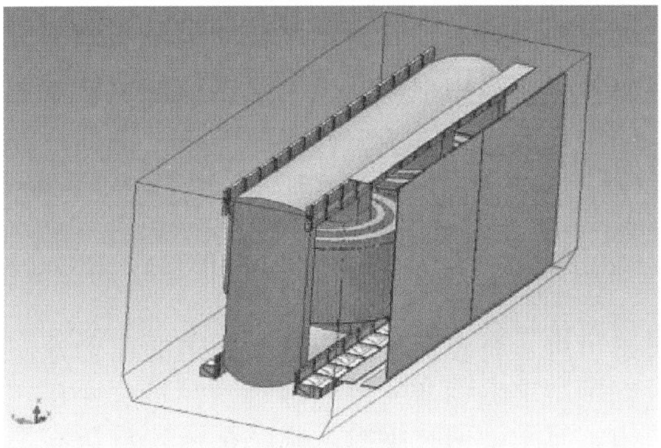

图 4－1－12　油箱屏蔽结构

表 4－1－1　　负载损耗计算　　（kW）

绕组	基本电阻损耗	涡流损耗	杂散损耗	总负载损耗	谐波损耗
Y 网侧绕组	786	130	222	1138（1150）	289
D 网侧绕组	785	131	221	1137（1150）	290

综上，网侧接入1000kV换流变压器温升校核结果见表4–1–2，可见其温升裕度充足（较要求值约低15K）。

表4–1–2　　临沂站换流变压器温升校核结果　　（K）

绕组	绕组平均温升		绕组热点温升		油顶层温升		油平均温升
	计算值	保证值	计算值	保证值	计算值	保证值	计算值
网侧绕组	45	55	57	68	29	50	26
阀侧Y绕组	53	55	67	68			
阀侧D绕组	53	55	67	68			

四、小结

本节介绍了大容量及分层接入技术的换流变压器的技术特点，并阐述了铁路运输及网侧接入1000kV的换流变压器关键技术。铁路运输大容量换流变压器的主要创新体现于拱形油箱的设计及强油导向冷却方式，解决了温升控制难题；网侧接入1000kV换流变压器的主要创新体现在网侧出线装置新结构及大体积复合屏蔽新结构，解决了绝缘结构及温升控制难题。

第二节　阀侧套管和穿墙套管

一、概述

套管既有内绝缘也有外绝缘，电场复杂，结构和尺寸要求严格。在实际设计中，需要解决发热、受力、介质损耗、热击穿和密封等问题。在特高压系统中，由于电场高、容量大，其尺寸和工艺的要求更苛刻，往往成为设备制造的一个制约环节。

二、技术要求

（一）技术特点

在10GW特高压直流工程中，换流变压器阀侧套管主绝缘为油浸纸或胶浸纸电容芯体，电容芯体与套管外套间充SF_6气体，穿墙套管在不同的技术路线下，一类与阀侧套管类似，另一类则采用纯SF_6气体绝缘的型式，无论是阀侧套管还是穿墙套管都采用复合绝缘外套结构。但无论何种绝缘型式，都需要解决和平衡套管绝缘性能、温升性能和机械性能所带来的问题。特高压工程中换流变压器的阀侧套管和直流穿墙套管通常都采用水平小角度布置，由于尺寸较大，对其耐弯曲负荷提出的要求很高；负荷电流大再加上换流站区域的热岛效应，使套管的热点温升问题凸显出来；为了兼顾冲击、工频、直流、极性反转等电压的耐受能力，必然对绝缘设计提出挑战。

容量提升后，换流变压器阀侧套管和直流穿墙套管的设计主要面临设备散热能力问题，因此在确保绝缘和机械性能前提下，满足热点温升要求是其核心技术要求，同时尺寸和质量的进一步增加对机械强度提出更高要求。尽管提高绝缘性能的问题不再突出，但由于三种性能相互影响，需在温升提高和尺寸改变的情况下保证其绝缘性能。

套管额定电流通常选择为直流系统额定电流乘以一定倍数，但该电流要考虑系统谐波的影响。对阀侧套管建议采用电容芯体内部布点的温度测量方法进行套管的热点温度试验，根据不同的套管类型打孔布置或预埋测温元件，并对法兰上下测量点的布置密集度加以区别。试验箱体包括充油箱体和充空气箱体，试验时套管空气侧绝缘外套应布置在充空气箱体中，套管变压器油中侧应布置在充油箱体中。由于容量提升后换流变压器油温和阀厅温度更加严苛，因此需要对变压器油温和阀厅温度进行明确限定。热点温度试验过程中充空气箱体内的温度保持在（50±2）℃，充油箱体中的油温保持在（90±2）℃。在施加试验电流下，直至连续 2h 内每 1h 内所有测量点的温度变化不超过±1K，视为套管热点温度达到稳定。另外在直流耐受电压试验期间，建议采用紫外成像仪对绝缘子外套进行放电情况监测。载流导电杆上带过渡连接结构的套管，在套管出厂试验前后应测量套管导电杆电阻。

（二）参数比较

1. 阀侧套管

换流变压器阀侧套管额定电流与直流系统额定电流直接相关。表 4－2－1 和表 4－2－2 分别给出了 10GW 和 8GW 工程阀侧套管电流的参数。对比表 4－2－1 和表 4－2－2 中阀侧套管电流的参数可知，10GW 工程的换流变压器阀侧套管额定电流和温升试验电流与直流容量提升的倍数相近，考虑谐波和一定裕度，其倍数有所提高。

表 4－2－1　　10GW 工程阀侧套管电流参数　　（A）

参数名称	阀侧套管			
	Y1	Δ1	Y2	Δ2
额定电流	5766	3329	5766	3329
温升试验电流	6500	3900	6500	3900

表 4－2－2　　8GW 工程阀侧套管电流参数　　（A）

参数名称	阀侧套管			
	Y1	Δ1	Y2	Δ2
额定电流	4596	2653	4596	2653
温升试验电流	5390	3120	5390	3120

换流变压器阀侧套管绝缘水平比换流变压器绕组绝缘水平均会提高不等的系数，阀侧套管例行试验电压按此绝缘水平的要求进行。表 4－2－3 和表 4－2－4 分别给出了 10GW 和 8GW 工程阀侧绕组的绝缘水平和试验电压参数。从表 4－2－3 和表 4－2－4 可以看出，尽管 10GW 工程的额定电压不变，但由于容量提升后电流增大，使换流变压器的绝缘水平有了一定程度的增加，也使套管的绝缘水平随之增加，不过对同一电压等级网侧绕组绝缘水平和阀侧套管最小爬电比距等方面的规定并无变化。

表 4-2-3　　10GW 工程阀侧绕组的绝缘水平和试验电压

参数名称		网侧绕组（kV）	阀侧绕组（kV 或 kV，DC）			
			Y1	Δ1	Y2	Δ2
雷电全波冲击 *LI*	端 1	1550	1870	1600	1300	1175
	端 2	185	1870	1600	1300	1175
雷电截波冲击 *LIC*（型式试验）	端 1	1705	2060	1760	1430	1293
	端 2	—	2060	1760	1430	1293
操作冲击 *SI*	端 1	1175	—	—	—	—
	端 2	—	—	—	—	—
	端 1＋端 2	—	1675	1360	1175	1050
交流短时外施（中性点）	端 1＋端 2	95	—	—	—	—
交流短时感应	端 1	680	—	—	—	—
交流长时感应＋局部放电	端 1（U_1）	550	178	307	178	307
	端 1（U_2）	476	154	265	154	265
交流长时外施＋局部放电	端 1＋端 2	—	941	724	481	264
直流长时外施＋局部放电	端 1＋端 2	—	1298	992	648	342
直流极性反转＋局部放电	端 1＋端 2	—	1004	749	462	207

注　U_1 为该试验的激发电压，U_2 为长时施加电压。

表 4-2-4　　8GW 工程阀侧绕组的绝缘水平和试验电压

参数名称		网侧绕组（kV）	阀侧绕组（kV 或 kV，DC）			
			Y1	Δ1	Y2	Δ2
雷电全波冲击 *LI*	端 1	1550	1800	1550	1300	1175
	端 2	185	1800	1550	1300	1175
雷电截波冲击 *LIC*（型式试验）	端 1	1705	1980	1705	1430	1293
	端 2	—	1980	1705	1430	1293
操作冲击 *SI*	端 1	1175	—	—	—	—
	端 2	—	—	—	—	—
	端 1＋端 2	—	1620	1315	1175	1050
交流短时外施（中性点）	端 1＋端 2	95	—	—	—	—
交流短时感应	端 1	680	—	—	—	—
交流长时感应＋局部放电	端 1（U_1）	—	180	312	180	312
	端 1（U_2）	—	156	270	156	270
交流长时外施＋局部放电	端 1＋端 2	—	914	697	481	265
直流长时外施＋局部放电	端 1＋端 2	—	1260	954	648	342
直流极性反转＋局部放电	端 1＋端 2	—	972	717	462	207

2. 穿墙套管

在最大环境温度下，10GW 工程直流系统长期过负荷能力为 1.0（标幺值），2h 过负荷能力为 1.05（标幺值），3s 过负荷能力 1.20（标幺值）。穿墙套管的过负荷能力，要具备系统投入备用冷却情况下的长期过负荷能力（10 500MW），电流接近 6600A，各电压等级穿墙套管均需按此要求进行设计。表 4－2－5 和表 4－2－6 分别给出了 10GW 和 8GW 工程所采用的 800kV 和 400kV 穿墙套管主要参数。从表 4－2－5 和表 4－2－6 的数据对比可以看出，提升容量前后，套管额定电压及相关试验电压不变，额定电流及过负荷电流有所增大，短时耐受电流不变。提高输送容量后套管的设计在很大程度上与 8GW 工程的设计相类似。

表 4－2－5 **800kV 穿墙套管主要参数对比**

参数名称	10GW 工程	8GW 工程
额定直流电流 （A）	6328	5046
2h 过负荷直流电流（A）	6693	5335
额定直流电压，对地 U_{dN}（kV）	800	800
最高连续直流电压对地 U_{dmax}（kV）	816	816
设备的最高电压 U_m 相对地（kVrms）	577	577
雷电冲击试验电压（kV，峰值）	1870	1800
操作冲击试验电压（kV，峰值）	1675	1620
工频 1min 试验电压（kV，有效值）	865	865
直流极性反转试验（kV）＋局部放电（90/90/45min）	－1020/＋1020/－1020	－1020/＋1020/－1020
直流湿态耐受电压（kV）	1020	1020

表 4－2－6 **400kV 穿墙套管主要参数对比**

参数名称	10GW 工程	8GW 工程
额定直流电流（A）	6328	5046
2h 过负荷直流电流（A）	6693	5335
额定直流电压，对地 U_{dN}（kV）	400	400
最高连续直流电压，对地 U_{dmax}（kV）	408	408
设备的最高电压 U_m 相对地（kV，有效值）	289	289
雷电冲击试验电压（kV，峰值）	980	903
操作冲击试验电压（kV，峰值）	880	825
工频 1min 试验电压（kV，有效值）	500	500
直流极性反转试验（kV）＋局部放电（90/90/45min）	－510/＋510/－510	－510/＋510/－510
直流湿态耐受电压（kV）	510	510

此外，10GW 工程对大电流所带来的发热问题需要更加重视。同以往工程相比，在设计上对设备端子板的电流密度规定更加细致。对于穿墙套管，规定端子矩形导体接头的搭接长度不应小于导体的宽度，且按照表 4－2－7 对电流密度进行了明确规定。

表 4－2－7　　无镀层接头的电流密度　　（A/mm²）

额定电流（A）	铜接头密度 J_{cu}	铝接头密度 J_{Al}
＜200	0.258	$0.78J_{Cu}$
200～2000	0.258－0.875（I－200）×10^{-4}	
＞2000	0.1	

三、关键技术

输送容量的提升对阀侧套管和穿墙套管技术要求的改变主要体现在额定电流、过负荷电流或温升试验电流值有所增加。通流能力的增强必然对温升控制提出更高要求，在设备结构尺寸随之变化的同时也须保证其机械特性，而绝缘水平稍有提高或保持不变。本节对不同绝缘类型套管的关键技术分别进行了介绍。

（一）油浸纸气体绝缘阀侧套管

油浸纸气体绝缘阀侧套管采用油浸纸电容芯体，空气侧外绝缘采用硅橡胶复合绝缘外套，外套内的电容芯体装有玻璃钢内绝缘套，内绝缘套与外绝缘套间充 SF_6 气体，油中电容芯无外绝缘套直接浸入变压器油中。采用这种设计时电容芯散热性能较好，且通过内绝缘套和绝缘子外套将换流变压器油与阀厅实现双重隔离。

图 4－2－1　热管技术示意图

无论何种类型的套管，其散热过程主要依靠自身材料的导热，是一种被动散热过程。针对电流增加对阀侧套管带来的温升问题，通常可以采用的措施包括降低导电棒损耗、增加冷却效果、均匀热量分布等方法。热管是一种利用相变原理和毛细力作用的被动传热元件，其超导热性与等温性使其成为较好的控温工具，热传递效率比同样材质的纯铜高出很多。图 4－2－1 给出了热管技术示意图。

采用热管技术，改变载流导电杆结构，能够显著提高热量带出效率。尽管无须改变套管内外结构设计，但载流和热管结构复杂，密封要求高。另一种方式是通过增大导电杆直径，提高载流面积来控制套管发热量，此方法结构简单，但需重新设计套管内外绝缘。

10GW 工程中，采用油浸纸电容芯体的 800kV 和 600kV 阀侧套管与 8GW 工程中采用相同技术路线的套管外形对比如图 4－2－2 所示。从图 4－2－2 中可以看出，800kV 阀侧套管的干弧距离在容量提升后加长近 300mm，这也是整个套管所加长的距离。为提高通流能力，800kV 阀侧套管导电杆直径从 8GW 工程的 125mm 增加 250mm，提高了一倍。绝缘外套直径 1180mm，同 1100kV 阀侧套管样机的外套相同，比 8GW 工程增大了约 300mm。径向内绝缘厚度增加约 70mm。阀侧套管的油中部分与 8GW 工程相比未做改变。10GW 工程所采用的 600kV 阀侧套管是以往 8GW 工程所用 800kV 阀侧套管的缩短版，其绝缘外套直径相同，其干弧距离和油中部分相比 8GW 工程都有所增加，导电棒直径则从之前的 110mm 增加到 125mm。上述改进中，导电杆直径的增大使总发热量减小 22%，绝缘外套直径增大进一步改善了散热能力，有效解决了温升难题，同时使内部径向、纵向与外部有充足绝缘裕度。

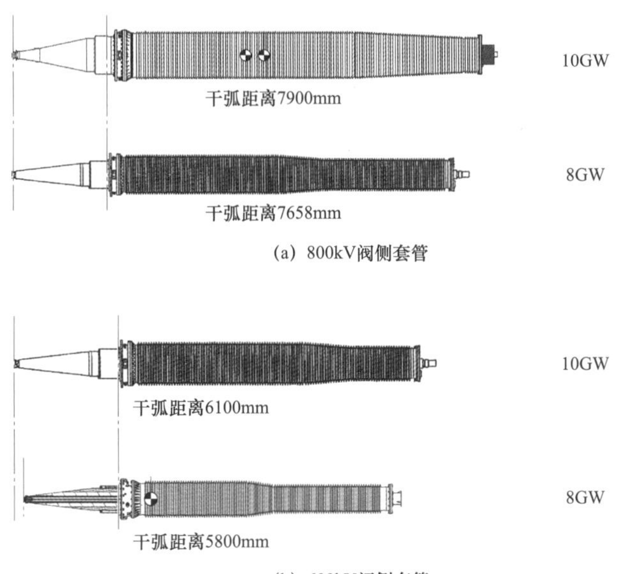

图 4-2-2　油浸纸气体绝缘阀侧套管外形对比

图 4-2-3 所示为复合绝缘外套设计改进示意图。从图 4-2-3 可以看出，对于套管的复合绝缘外套，除了沿用更高电压等级的套管外形，也将伞裙尖的半径从 3mm 增加到 8.5mm，以减小端部电晕放电风险。此外，对绝缘外套的变径区域也有所加长。考虑到初设时所留的设计裕度较大，试验也进一步证明 10GW 工程阀侧套管也可满足一定范围内高海拔应用对外绝缘水平提出的要求。

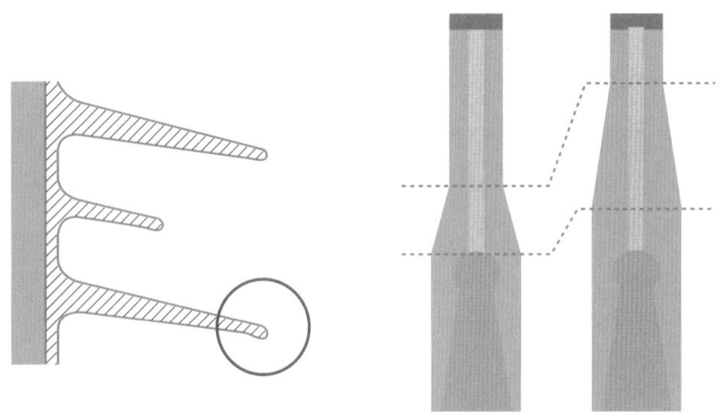

图 4-2-3　复合绝缘外套设计改进示意图

图 4-2-4 所示为 800kV 阀侧套管温升试验结果。从图 4-2-4 中可以看出，温升试验按照设备的极限能力进行严格的裕度考核。用于换流变压器阀侧套管的试验箱体包括充油箱体和充空气箱体，试验时套管空气侧绝缘外套布置在充空气箱体中，套管变压器油中侧布置在充油箱体中。热点温度试验过程中充空气箱体内的温度保持在（50±2）℃，充油箱体中的油温保持在（90±2）℃。当温升试验电流为 6500A 时，其最热点温度为 93.0℃，

较 8GW 工程阀侧套管最热点温升低 6.4K；当温升试验电流升至 7600A 时，其最热点温度为 99.4℃，该结果显示套管的温升特性有较大裕度。

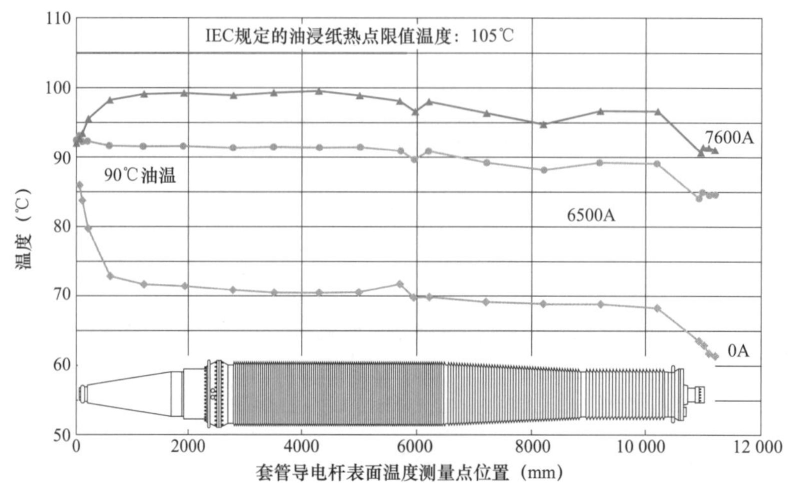

图 4－2－4　800kV 阀侧套管温升试验结果

（二）胶浸纸气体绝缘阀侧套管

10GW 工程低端换流变压器的阀侧套管采用胶浸纸加气体绝缘的型式，其主绝缘采用环氧树脂胶浸纸电容芯体，外套采用硅橡胶空心复合绝缘子外套，在电容芯体和外套间充以 SF_6 气体。其散热性能比油浸纸套管差，但无油设计爆炸燃烧风险较低。下面以±400kV/6250A 阀侧直流套管为例进行介绍。

在绝缘结构设计方面，400kV 阀侧套管沿用成熟的主绝缘设计方案，即采用环氧树脂浸纸电容芯子，同时使用 SF_6 气体作为辅助绝缘。电容芯子用绝缘纸和铝箔缠绕组成同心圆柱形电容器，经过真空干燥浸渍环氧树脂固化而成，产品内部结构见图 4－2－5。

图 4－2－6 给出了±400kV/6250A 阀侧直流套管的外形尺寸。从图 4－2－6 可以看出，在结构设计方面，与 8GW 工程 400kV 阀侧套管相比，10GW 工程所用套管在导电杆直径、绝缘外套直径和均压环外径方面都有所增加，如导电杆直径从 180mm 增至 300mm，绝缘外套直径从 660mm 增至 820mm。

胶浸纸气体绝缘阀侧套管采用电容式均压，通过合理的布置铝箔和内置均压方式，可以精确控制轴向和径向电场，达到均匀电场的目的。为提高套管机械强度，外绝缘护套采用的玻璃钢筒壁厚达到 17mm。图 4－2－7 给出了阀侧套管进行模拟安装角度的悬臂负荷试验现场图。

鉴于套管的容量提升，胶浸纸气体绝缘套管从如下方面对产品的温升进行控制：对导流杆使用无压接或焊接的整根铜棒进行载流，并采用铜镀银圆柱式接线方式，其接触面积为 94 248mm²，按设备额定电流进行校核其电流密度为 0.066 3A/mm²，可较好地满足设备温升控制要求。但对载流导电杆中部不建议带弹簧触指过渡连接方式，防止载流导管过渡接头异常发热，同时建议胶浸纸阀侧套管采用不带绕制管的电容芯体的结构，优化套管芯体的散热条件。

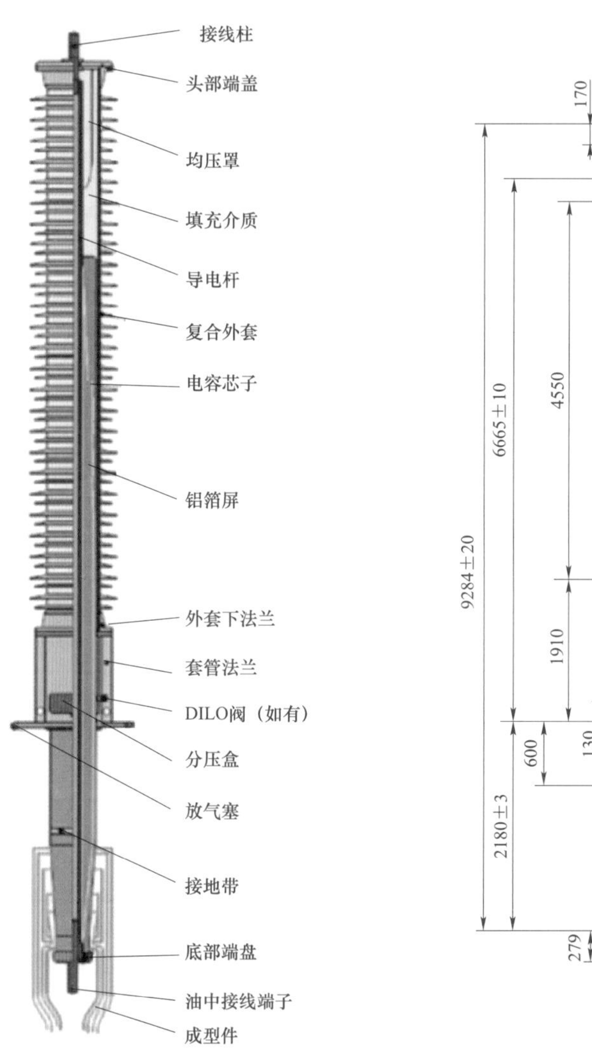

图 4－2－5　±400kV/6250A 阀侧直流套管内部结构

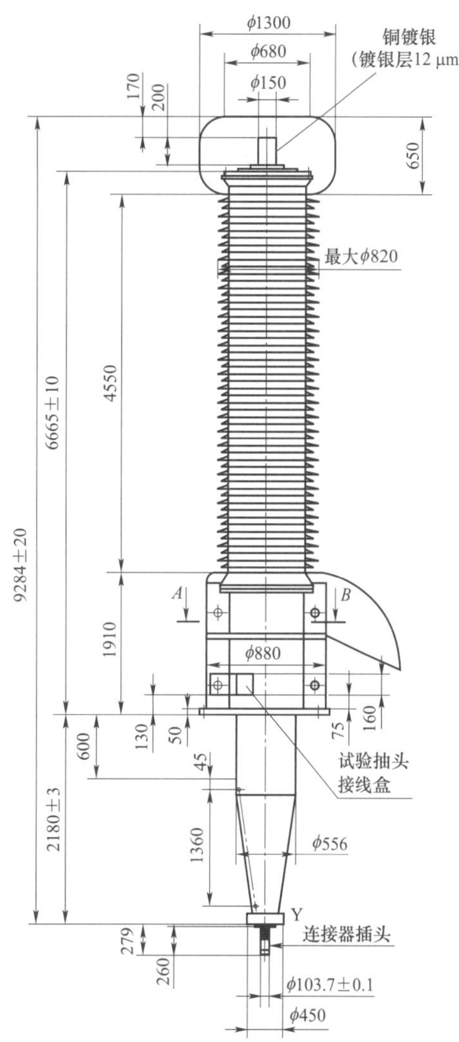

图 4－2－6　±400kV/6250A 阀侧直流套管外形尺寸

图 4－2－7　模拟安装角度的悬臂负荷试验现场图

（三）纯气体绝缘穿墙套管

该类型直流穿墙套管采用了纯气体绝缘的型式，空气侧采用硅橡胶复合绝缘子外套，完全摒弃了电容芯体。这种设计无油无爆炸燃烧风险、散热性能好，但若设计考虑不周容易出现轴径向电场集中的问题。

同 8GW 工程相比，其导电杆载流截面增大 80%，套管总长度增加 1.39m，达 10.3m。绝缘外套直径从 940mm 增加至 1148mm，从而使套管的散热能力大幅改善，散热量更小。

图 4－2－8 给出了 800kV 直流穿墙套管温升试验结果。从图 4－2－8 可以看出，与阀侧套管类似，对纯气体绝缘的 800kV 直流穿墙套管温升试验也同样按照设备的极限能力进行了严格裕度考核，热点温度试验过程中周围环境温度为（50±2）℃。当温升试验电流为 6700A 时，其最热点温度为 88.8℃，较 8GW 工程直流穿墙套管最热点温升低 17.4K；当温升试验电流升至 8000A 时，其最热点温度为 106.5℃，无论同 IEC 规定限值还是技术要求规定限值相比，都有一定裕度。

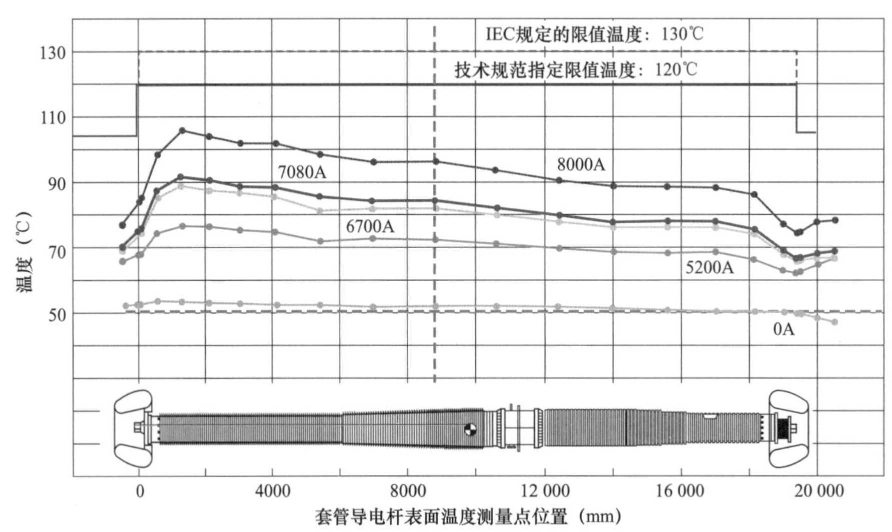

图 4－2－8 800kV 直流穿墙套管温升试验

（四）胶浸纸气体绝缘穿墙套管

胶浸纸气体绝缘直流穿墙套管仍采用环氧树脂浸纸电容芯做为主绝缘，同时使用 SF_6 气体作为辅助绝缘，其局部放电水平较低，但芯体中部机械应力较大，满负荷运行时内部温度较高。电容芯子与阀侧套管制作工艺相似，为整根一体式结构，中间无对接，其结构见图 4－2－9。

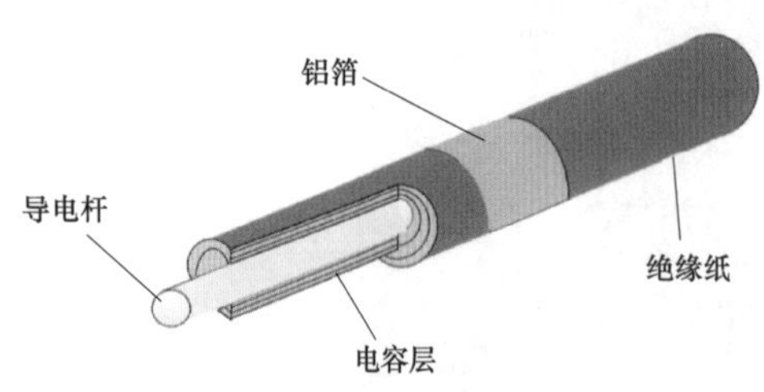

图 4－2－9 胶浸纸电容芯子结构

图 4－2－10 给出了直流穿墙套管的外形尺寸。从图 4－2－10 可以看出，在结构设计方面，与 8GW 工程直流穿墙套管相比，10GW 工程用穿墙套管在导电杆直径增加了 80mm，绝缘护套外径增加约 400mm，护套在户内和户外部分的长度分别为 8070mm 和 10 700mm，端部均压环外径达 3100mm，管径 800mm；采用的整根电容芯子长度达到 14m。

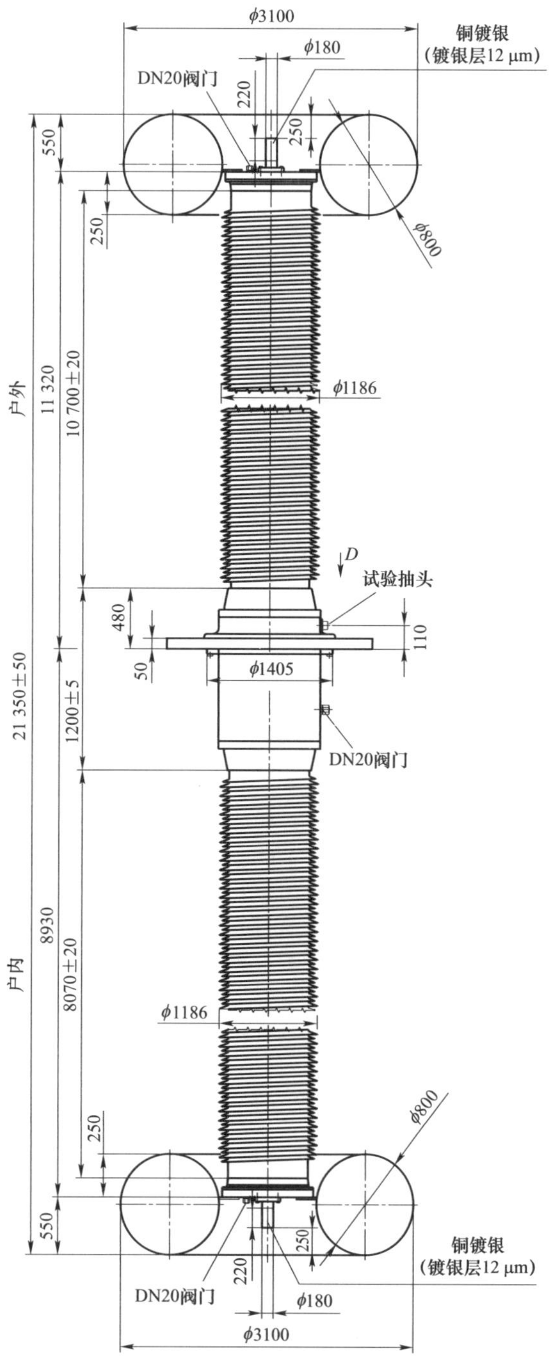

图 4－2－10　直流穿墙套管外形尺寸

由于采用了相似的结构设计，直流穿墙套管在电场均匀分布、增强机械强度和温升控制方面所使用的方法与胶浸纸气体绝缘阀侧套管也是相似的。直流穿墙套管端部场强极高，在设计上需针对此进行抑制，其仿真计算电场分布如图 4－2－11 所示。直流穿墙套管复合绝缘外套所使用的玻璃钢筒壁厚达到 20mm。导流杆所采用的整根铜棒载流直径达 180mm，接线方式与阀侧套管相同，接触面积为 124 407mm^2。按照 6700A 校核，电流密度为 0.053 85A/mm^2，可以更好地满足设备温升控制的要求。图 4-2-12 给出了直流穿墙套管悬臂负荷试验的现场图。

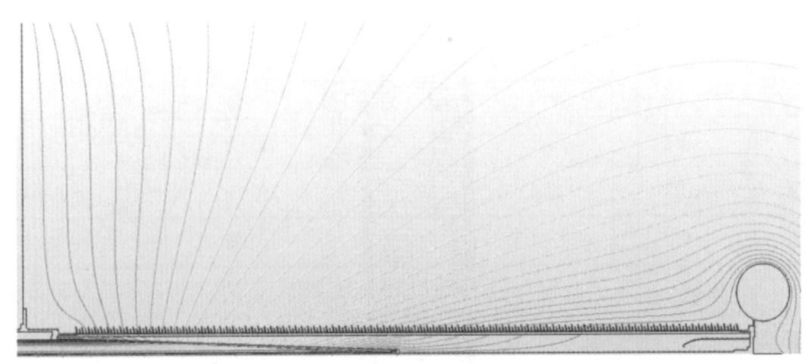

图 4-2-11　直流穿墙套管仿真计算电场分布

图 4-2-12　直流穿墙套管悬臂负荷试验

对于复合绝缘外套的伞形设计，直流穿墙套管采用大小伞结构，伞间距 95mm，其值已超过 IEC 标准规定，防污秽、耐污闪性能较为优异，伞形结构如图 4-2-13 所示。

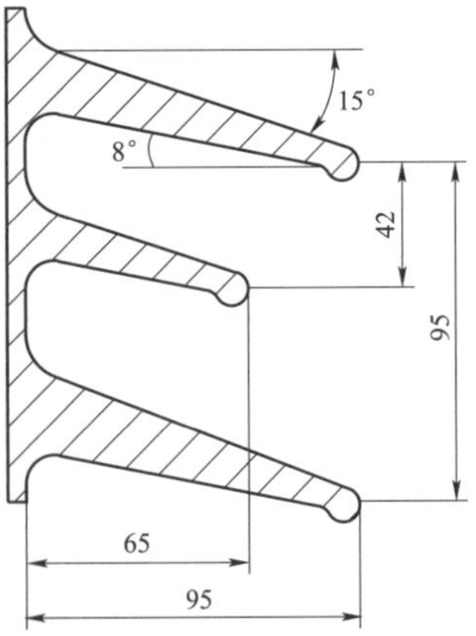

胶浸纸气体绝缘穿墙套管尤其是 800kV 穿墙套管的制造难点在于超大体积电容芯子的浇注，对温升控制方面出现的问题，可以考虑在导电杆上开孔以加强 SF_6 对流，同时按照更加严苛的环境条件进行温升试验考核。

图 4-2-13　直流穿墙套管伞形结构

四、小结

套管的设计制造往往是特高压直流系统诸多设备中的关键一环，但无论阀侧套管和穿墙套管采用何种绝缘型式，10GW 工程仍然是在成熟设计的基础上对通流能力提出了更高要求，从而影响设备的绝缘和机械性能使整体设计方案有所变化。同时对 10GW 工程套管也采用了一些基于工程经验积累的新技术改进。

第三节　6250A 换 流 阀

一、概述

10GW 特高压直流输电工程首次将±800kV 电压等级特高压直流输电工程输电电流提升至6250A，表4-3-1给出了5000A与6250A换流阀的主要技术差异。综合比较表4-3-1中±800kV/6250A 和±800kV/5000A 换流阀的规范参数可知，两类工程的差异主要体现在额定电流、过负荷、短路电流耐受等方面。与5000A换流阀相比，6250A换流阀最显著的改变是通流水平的提高。输电电流的提升增加了核心设备换流阀的电气应力和热应力，给换流阀的设计和运行带来新的挑战，需要在以往 8GW 工程基础上，对晶闸管、换流阀组件通流、短路电流耐受能力、冷却设备开展研究攻关。本章主要介绍6250A超大功率直流输电用晶闸管换流阀的研制工作及相应成果。

表4-3-1　　5000A换流阀与6250A主要技术差异

参数名称	±800kV/5000A换流阀规范	±800kV/6250A换流阀规范	备注
电流值			
额定直流电流（A）	5000	6250	重点解决问题
2h过负荷电流（A）	5335	6675	
电压值			
额定空载直流电压（kV）	231.5	234.84	
最大空载直流电压（kV）	240	243	
暂时过电压甩负荷系数（标幺值）	1.3	1.3	
大角度运行			
额定电流降压运行触发角（°）	30.3	15	整流站
额定电流降压运行息弧角（°）.	45.1	20.4/34.1	逆变站
电感压降	9.75	11	
短路电流			
单个短路电流峰值，带后续闭锁（kA）	48.3	57.1	重点解决问题
3周波短路电流峰值，不带后续闭锁（kA）	50.9	60.1	重点解决问题
带后续闭锁电压峰值（kV）	302	305	
绝缘水平			
操作冲击电压耐受水平 *SIWL*（kV，峰值）	451	465	增大
雷电冲击电压耐受水平 *LIWL*（kV，峰值）	445	438	
陡波前冲击电压耐受水平 *FWWL*（kV，峰值）	481	488	

二、大电流晶闸管研制

晶闸管作为换流阀的核心开关器件，其性能提升对换流阀输送容量的提升至关重要。在6250A直流工程设计研究中，通过综合比较换流变压器阻抗大小对短路电流的抑制能力、换流阀制造难度、换流变压器制造难度和整体设备研发的技术经济性，要求换流阀及晶闸管的额定通流能力达到6250A，同时耐受短路电流能力由原5000A工程的53kA级提升到63kA级，这对晶闸管的性能水平提出了更高的挑战。

8.5kV/5000A大容量6in晶闸管在±800kV、8GW特高压直流输电工程中已广泛使用，在此基础上，可对6in晶闸管进行性能优化，实现特高压换流阀用晶闸管通流能力的跨越式提升。

（一）主要参数变化

晶闸管通流能力与耐压能力互为矛盾，此消彼长。在单晶直径、本底浓度均匀性确定后，晶闸管通流能力要实现跨越式的提高，必然要将其作为首要参数来进行保证，而后兼顾耐压能力等其他参数。以5000A/8.5kV 6in晶闸管为基础开发6250A直流输电换流阀用晶闸管，势必需要降低晶闸管额定耐压水平以保证其额定通流能力。综合晶闸管自身特性和主要电气指标需求，最终提出的6250A晶闸管主要参数如表4－3－2所示。

表4－3－2　5000A与6250A 6in晶闸管技术参数对比

序号	参数名称	符号	单位	5000A晶闸管参数	6250A晶闸管参数
1	断态重复峰值电压	V_{DRM}	kV	8.5	7.5
2	断态电压临界上升率	dv/dt	V/μs	≥4000	≥4000
3	导通状态浪涌（不重复）电流	I_{TSM}	kA	53	63.5
4	关断时间	t_q	μs	≤550	550（整流）/≤450（逆变）
5	反向恢复电荷	Q_r	μC	5600～6000	5100～5700（整流）/4600～5000（逆变）
6	持续导通状态电压（直流）	V_T	V	≤1.87	1.64（整流）/≤1.68（逆变）
7	通态电流临界上升率（非重复）	di/dt	A/μs	3500	3500

（二）提升措施与工艺

为实现晶闸管主要目标参数的性能提升，开展了以下理论分析和工艺优化工作。

1. 晶闸管建模研究

模型研究目的是分析通流达到6250A的前提下每只元件可获取的最高耐压水平。通过设计计算和制造工艺水平优化，重复阻断电压可达到7200V以上，这不仅充分发挥了元件的制造水平，而且简化了系统的设计和制造成本。为了更好地兼顾关断时间、恢复电荷、di/dt、dv/dt等重要参数，提出了转折电压与长短基区两个电压片厚比的定义，作为衡量晶闸管特性优劣的尺度。提出了减薄长短基区结构设计与工艺技术，基于两个电压片比极大化理念来设计7.2kV/6250A晶闸管主要特性参数，该技术属于国际首创。

2. 门极区P型径向变掺杂工艺优化

图4－3－1给出了P型径向变掺杂原理的示意图。在前期P型径向变掺杂（只限于终

端区图 4－3－1（a）减薄短基区优化 dv/dt 的基础上，新研发的门极区 P 型径向变掺杂［见图 4－3－1（b）］增加了提高 di/dt 的功能，使特大电流晶闸管的安全性显著提高。

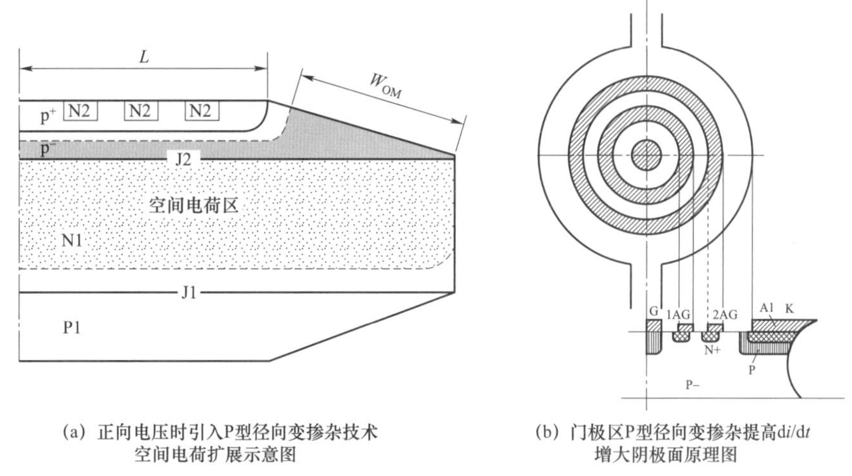

(a) 正向电压时引入P型径向变掺杂技术空间电荷扩展示意图

(b) 门极区P型径向变掺杂提高di/dt增大阴极面原理图

图 4－3－1　P 型径向变掺杂原理示意图

目前国内 6in 晶闸管在器件可靠性、稳定性、运行温度、高精度折中协调和控制综合特性参数方面取得了突破性进展，已能满足 6250A/±800kV 特高压直流换流阀的使用。

3. 弥漫式软着陆气体携带杂质源扩散工艺优化

特大面积分立半导体器件特性优劣、制造成品率高低取决于扩散工艺的掺杂浓度分布及寿命分布的均匀性，其中阴极磷扩散工艺控制是关键。传统磷扩散中诸多因素，如气体流向及流动方式、舟与硅片的接触状况、硅片间距等，对大面积硅片掺杂及少子寿命均匀性都有影响，这种影响的不利程度随硅片面积增大而增大。弥漫式软着陆气体携带杂质源扩散工艺技术，是将携带杂质源的气体单向流动改为靠气压浓度扩散弥漫，将运载硅舟方式改造为软着陆、排除舟铲消除炉管内温度梯度，该技术可较好满足 6250A 晶闸管的工艺要求。弥漫式发射区掺杂工艺与传统工艺对比见图 4－3－2。

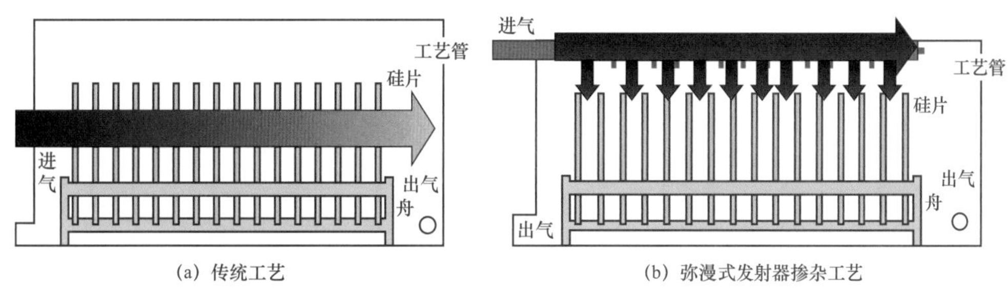

(a) 传统工艺

(b) 弥漫式发射器掺杂工艺

图 4－3－2　弥漫式发射区掺杂工艺与传统工艺对比

三、组部件通流能力研究

±800kV/6250A 换流阀的研制重点在于如何提高换流阀的通流能力，因此，在完成换流阀的电气结构设计之后，有必要进一步对主要通流器件的通流能力进行校核，换流阀主要通流器件包括晶闸管、饱和电抗器和通流母排。

（一）晶闸管

根据规范参数，从阀的角度和晶闸管的角度确定了 6250A 晶闸管的技术方案和技术参数。如何将晶闸管产生的损耗及时带走，将晶闸管的结温控制在合理的范围内（≤90℃）是换流阀设计的重点。散热器作为晶闸管的散热器件，在满足耐受晶闸管级压紧力和压力差要求的前提下，应具有较低的热阻。热阻和通过散热器的流量具有关联性，因此热阻的选择涉及散热器设计、水系统流量的确定及水管的选择，为实现晶闸管高效冷却，可按如下方法校核热阻。

热阻必须满足下式要求

$$T_{mean} + P_{tmax} R_{thja} \leqslant 90\ ℃ \tag{4-3-1}$$

式中 T_{mean} ——平均水温（含进阀水温）；

P_{tmax} ——组件中晶闸管最大损耗；

R_{thja} ——总热阻。

根据晶闸管损耗计算结果、水系统流量、进水温度和散热器结构，可以得出散热器和晶闸管热场解析图，如图 4-3-3 所示。由图 4-3-3 可知，所采用的散热设计可以保证在最大损耗条件下晶闸管结温小于 90℃，并且冷却裕度充足。

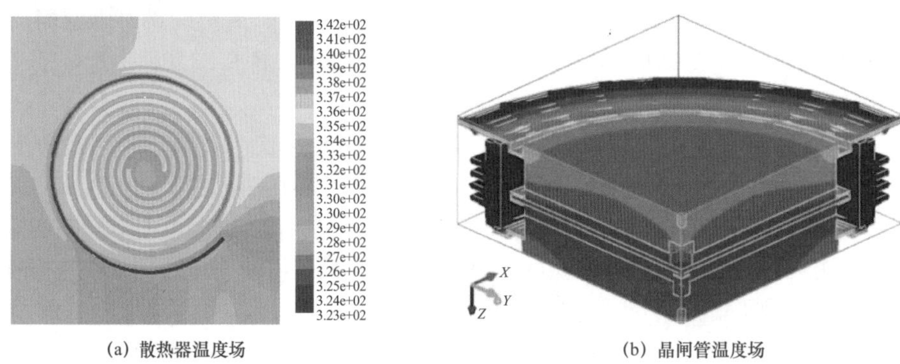

(a) 散热器温度场　　(b) 晶闸管温度场

图 4-3-3　散热器和晶闸管热场解析图

（二）饱和电抗器

饱和电抗器主要通过如下设计以提高其通流能力：

（1）增加线圈的导电截面积降低铝电阻损耗。

（2）采用超薄、低损耗的取向硅钢片，进一步降低铁芯的发热。

（3）降低电抗器的高度，增加电抗器的内径、外径尺寸以利于散热，解决电抗器发热集中，达到降低电抗器最高温度点的目的。

（4）增加电抗器进出线连接母排的厚度即增加有效截面降低接触电阻损耗。

在最不利的冷却条件下，饱和电抗器温度分布图如图 4-3-4 所示。由图 4-3-4 可知，饱和电抗器铁芯最高温度为 101℃，同时外壳最高温度为 80℃，优于 5000A 换流阀用饱和电抗器。

（三）通流母排

通流母排的发热取决于母排电阻，母排电阻包括体积电阻和接触电阻两部分，为了降低通流母排电阻，须从减小体积电阻和接触电阻两方面进行。

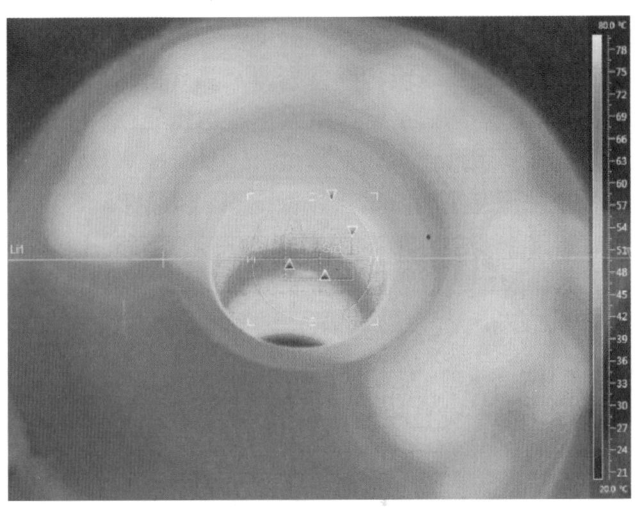

图 4-3-4　饱和电抗器温度分布图

1. 减小体积电阻

体积电阻 $R=\rho l/S$,（式中 ρ 为电阻率，l 为主回路导体长度，S 为截面积），在材料选定的情况下 ρ 可认为是不变的，在实际产品设计中，体积电阻取决于导体的截面积和回路的长度。体积电阻越小越好，也就是回路的截面积越大越好，但考虑到经济电流密度的问题及换流阀紧凑化，模块化设计的目标，回路系统的截面积不能无限大。以最小的截面满足最大的通流要求，减小耗材，降低成本，同时减小运动导电部分的质量，无论从经济性还是技术性，都是产品设计的基本思路。目前额定电流 5000A 换流阀主通流回路的铝排的通流截面积为 $140\times15mm^2\times2$ 面，额定电流 6250A 换流阀主通流回路铝排的通流截面积为 $180\times15mm^2\times2$ 面，电流提升 1.25 倍，通流截面积提升 1.28 倍。

2. 减小接触电阻

母排接头的接触电阻（包含晶闸管与散热器接触电阻等）主要由接触表面的收缩电阻和接触表面膜电阻两部分组成，其中表面膜电阻占接触电阻的主要部分。表面状况、接触压力、材料硬度及电阻率等因素都影响着接触电阻的大小。如果表面薄膜比较致密（如铝导体的氧化薄膜），而接头的接触压力又不足以破坏它时，导电会通过“隧道效应”进行，此时膜电阻很大，通流发热加剧。针对换流阀额定电流从 5000A 提升到 6250A，主要通过以下几方面减小接触电阻：

（1）增加接触面积，提高载流密度。目前 5000A 换流阀主通流回路的铝排的接触面积为 $150\times80mm^2\times3$ 面，载流密度为 $0.08A/mm^2$，6250A 主通流铝排的接触面积为 $160\times100mm^2\times3$ 面，载流密度为 $0.075A/mm^2$。载流密度均满足 DL/T 5222—2005《导体和电器选择设计技术规范》要求的载流密度不大于 $0.093\,6A/mm^2$。

（2）增加接触表面平面度。目前 5000A 换流阀主通流铝排的接触面平面度不超过 0.4mm，而 6250A 换流阀主通流铝排的接触面平面度不超过 0.2mm，接触表面可单独通过精加工获得。

（3）特殊加工处理。搭接面涂抹导电膏、铝排铣加工与铜排镀锡，最终可确保铜—铜搭接面接触电阻小于 2μΩ；铜—铝搭接面接触电阻小于 3μΩ。

为了更加直观地了解电流提升后端子内部温度分布，借助有限元分析软件，对换流阀内部几种典型的连接接头方式进行建模、网格划分及热分析运算。对接头的接触型式进行合理的等效模拟，并与现有工程5000A运行数据进行对比分析，仿真表明，通过更改设计，母排可以满足 6250A 大电流运行的温度要求。5000A 换流阀主通流铝排接触面积为 $150\times80mm^2\times3$ 面，6250A 换流阀主通流铝排接触面积 $160\times100mm^2\times3$ 面，设计环境温度为25℃，热分布云图分别如图4–3–5和图4–3–6所示。通过图4–3–5和图4–3–6温度分布云图可以看出，主通流铝排的最高温度主要分布在接头接触面区域，5000A 电流下最大温升为31K，6250A 电流下最大温升为37K，满足换流阀正常运行要求。

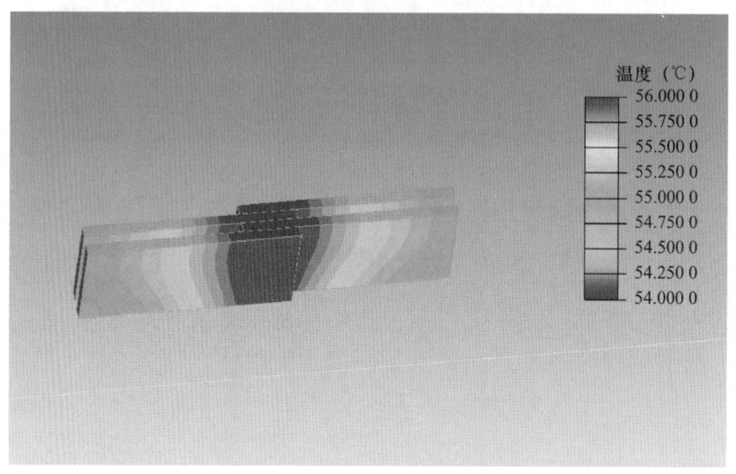

图4–3–5　5000A 电流下主通流铝排温度分布云图

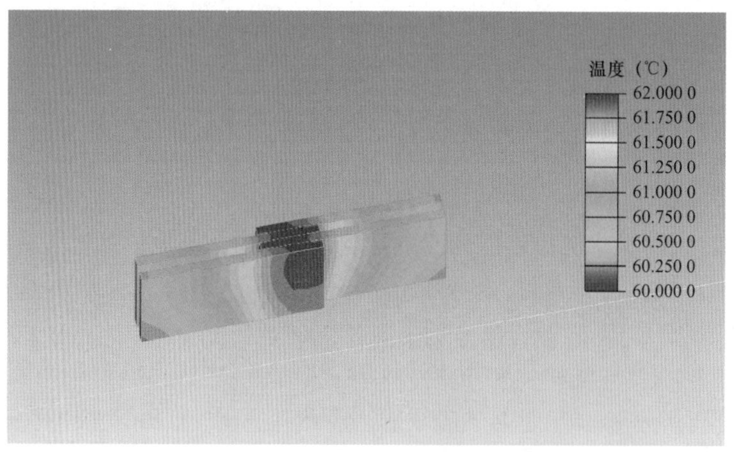

图4–3–6　6250A 电流下主通流铝排温度分布云图

5000A 换流阀组件铝排接触面积为 $140\times80mm^2\times2$ 面，6250A 换流阀主通流铝排接触面积 $160\times100mm^2\times2$ 面，设计环境温度为25℃，阀组件铝排一端和水冷散热相连，设定相连区域温度分别为45℃和49℃，热分布云图分别如图 4–3–7 和图 4–3–8 所示。通过图 4–3–7 和图 4–3–8 温度分布云图可以看出，阀组件铝排的最高温度主要分布在接头接触面区域，5000A 电流下最大温升为28K，6250A 电流下最大温升为33K，满足换流阀正常运行要求。

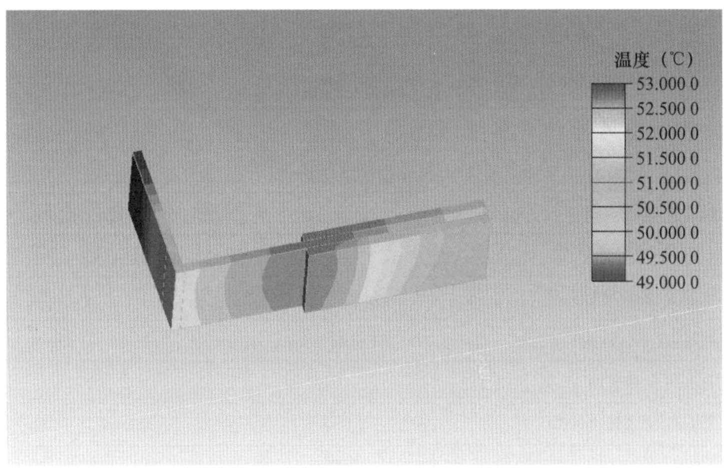

图 4－3－7　5000A 电流下阀组件铝排温度分布云图

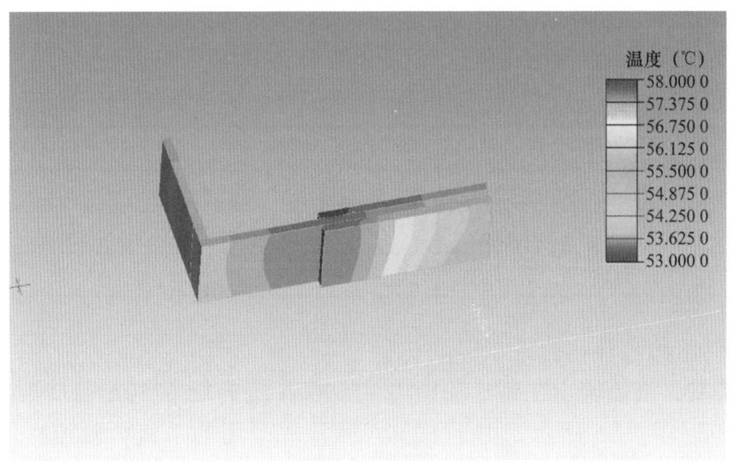

图 4－3－8　6250A 电流下阀组件铝排温度分布云图

四、6250A 换流阀技术方案

（一）换流阀总体设计方案

±800kV/6250A 换流阀的设计是在±500kV 直流工程基础上，以±800kV/5000A 哈密—郑州和溪洛渡—浙西特高压直流工程为参考，通过对比换流阀参数，明确±800kV/6250A 换流阀的差异，最终通过技术攻关实现换流阀输送容量的提升，以满足±800kV/6250A 特高压直流工程的应用要求。

表 4－3－3 给出了 5000A 与 6250A 换流阀的主要技术差异。综合比较表 4－3－3 中±800kV/6250A 和±800kV/5000A 换流阀的规范参数可知，两类工程的差异主要体现在额定电流、过负荷、短路电流耐受等方面。与 5000A 换流阀相比，6250A 换流阀最显著的改变是通流水平的提高。在明确以上差异的基础上，换流阀厂开展了更高通流能力换流阀的设计。

表 4-3-3　　5000A 换流阀与 6250A 主要技术差异

参数名称	±800kV/5000A 换流阀规范	±800kV/6250A 换流阀规范	备注
电流值			
额定直流电流（A）	5000	6250	重点解决问题
2h 过负荷电流（A）	5335	6675	
电压值			
额定空载直流电压（kV）	231.5	234.84	
最大空载直流电压（kV）	240	243	
暂时过电压甩负荷系数（标幺值）	1.3	1.3	
大角度运行			
额定电流降压运行触发角（°）	30.3	15	整流站
额定电流降压运行息弧角（°）	45.1	20.4/34.1	逆变站
电感压降	9.75	11	
短路电流			
单个短路电流峰值，带后续闭锁（kA）	48.3	57.1	重点解决问题
3 周波短路电流峰值，不带后续闭锁（kA）	50.9	60.1	重点解决问题
带后续闭锁电压峰值（kV）	302	305	
绝缘水平			
SIWL（kV，峰值）	451	465	增大
LIWL（kV，峰值）	445	438	
FWWL（kV，峰值）	481	488	

（二）换流阀结构设计

±800kV 特高压直流输电工程通流能力从 5000A 提升至 6250A 后，换流阀设备主参数如表 4-3-4 和表 4-3-5 所示。由于 6250A 换流阀采用的 7.2kV/6250A 晶闸管，单阀晶闸管串联数大于 5000A 换流阀晶闸管串联数。

表 4-3-4　　整流侧换流阀结构及其参数

参数名称	5000A 直流工程	6250A 直流工程
SIWL（kV）	465	465
阀基类型（悬吊式或支撑式）	悬吊式	悬吊式
多重阀型式（二重阀或四重阀）	二重阀	二重阀
晶闸管类型	8.5kV/5000A	7.2kV/6250A
单阀晶闸管串联数（个）	58+3	68+3
单阀阀模块数量（个）	4	4
阻尼参数		
阻尼电容（μF）	2.0	2.0
阻尼电阻（Ω）	30	30

续表

参数名称	5000A 直流工程	6250A 直流工程
直流均压电阻（kΩ）	102	72
FOP 保护水平（kV）	8.1	6.8

表 4-3-5　　逆变侧换流阀参数

参数名称	5000A 直流工程	6250A 直流工程
SIWL（kV）	435	435
晶闸管类型	8.5kV/5000A	7.2kV/6250A
单阀晶闸管串联数（个）	54+3	64+3
阻尼电容（μF）	2.0	2.0
阻尼电阻（Ω）	30	30
直流均压电阻（kΩ）	102	72
FOP 保护水平（kV）	8.1	6.8

换流阀均采用空气绝缘、去离子水冷却、户内安装的悬吊式双重阀结构，共 4 层；每个单阀包括 4 个阀模块，每个二重阀共 8 个阀模块，如图 4-3-9 和图 4-3-10 所示。换流阀主要由悬吊部分、阀架、母线、晶闸管组件、PVDF 水管、层屏蔽、光缆槽、层装配、阀避雷器等组成。

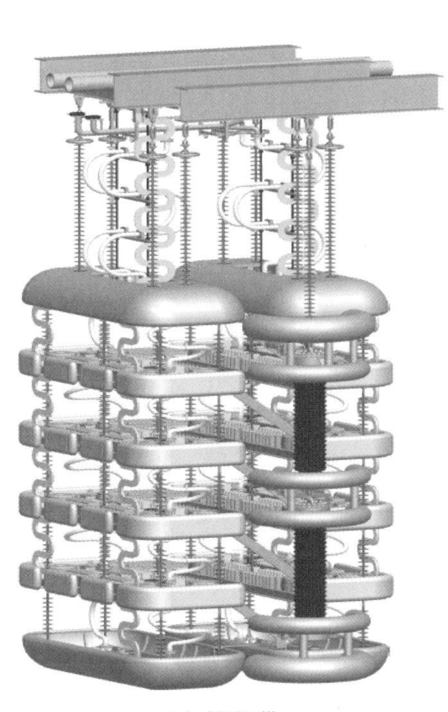

(a) 低压阀塔

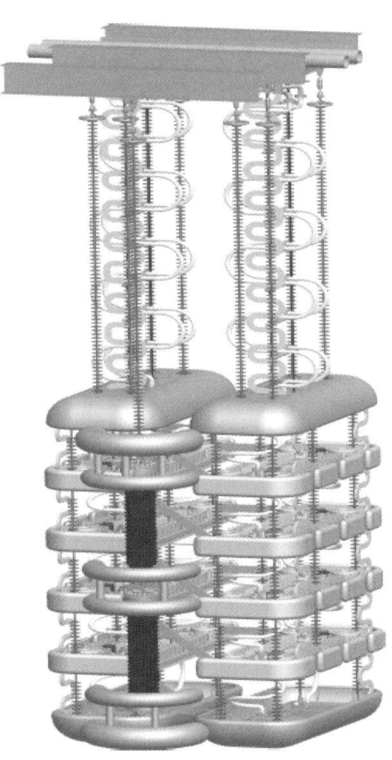

(b) 高压阀塔

图 4-3-9　二重阀塔外形示意图

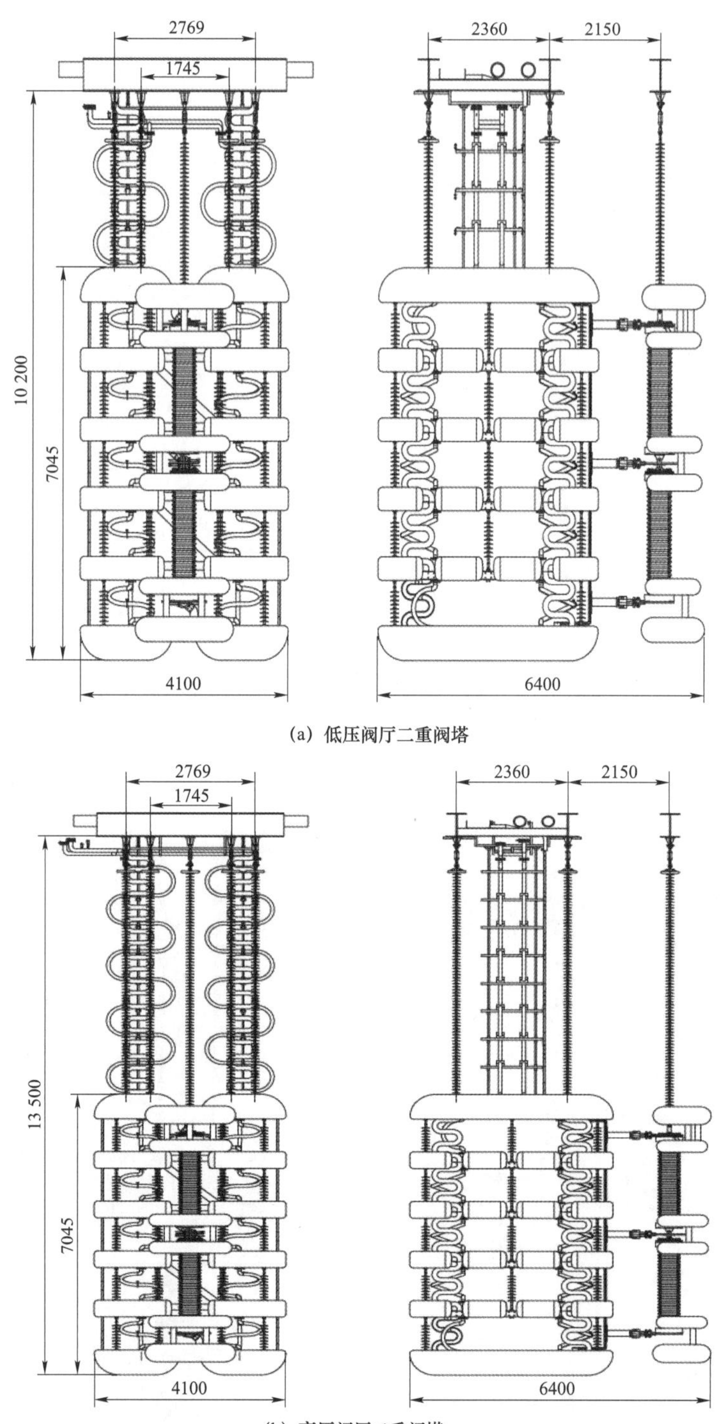

图 4-3-10　二重阀塔结构尺寸图

为了满足不同工程的不同技术要求，换流阀采用标准化设计。工程运行表明，模块化设计具有良好的可用率、高的可靠性及最经济的工程造价，是实现标准化的最好途径。±800kV/6250A 换流阀沿用了传统的换流阀模块化设计，每个单阀由 4～5 个模块组成，每个模块包含 2 个组件，每个组件由 7～9 个 6in 晶闸管级、1～2 个饱和电抗器等组成，如图 4－3－11 所示。

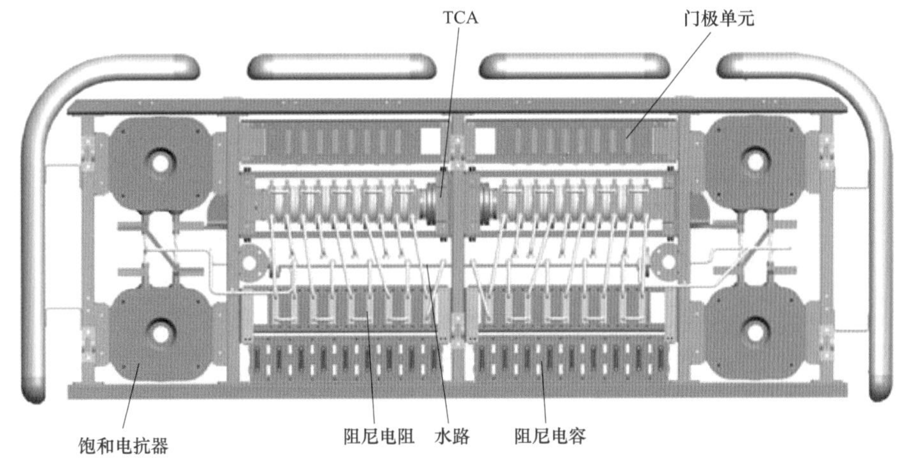

图 4－3－11　6250A 换流阀组件

±800kV/6250A 换流阀较以往换流阀更加紧凑、便于维修，且关键元器件和材料在防火性能上也取得了突破。主要具有以下技术优点：

（1）采用标准化的组件设计；

（2）去离子水冷却晶闸管及新研发的饱和电抗器；

（3）采用非自然冷却式阻尼电阻，功率大、散热能力强；

（4）冷却回路采用合理的布局并使用经验证的防火材料；

（5）减少了辅助零部件的数量，使故障率降低，维修简便；

（6）采用大功率 6in 晶闸管，使传输电流的能力得到显著提高；

（7）整个阀塔采用柔性结构设计，增加换流阀的抗震能力。

（三）换流阀电气设计

换流阀电气设计应考虑各种情况下可能引起的电压应力、电流应力，包括在稳态和暂态下换流阀在各种系统工况下的不同应力。电气设计主要包括以下方面：

（1）单阀晶闸管串联数确定；

（2）阻尼、均压回路设计；

（3）阀电抗器设计；

（4）换流阀电压应力设计；

（5）换流阀电流应力设计；

（6）换流阀绝缘配合设计。

±800kV/6250A 换流阀电气结构示意图见图 4－3－12。

根据±800kV/6250A 特高压直流输电系统参数要求，确定的±800kV/6250A 换流阀主要电气参数如表 4－3－6 所示。

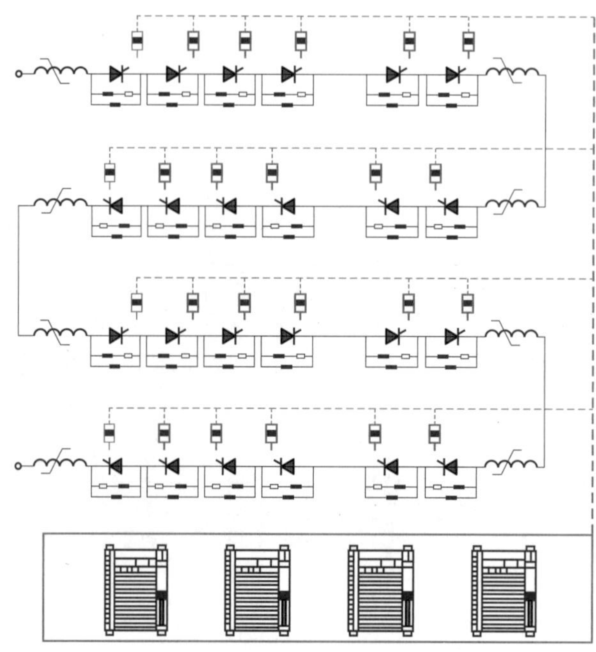

图 4-3-12　换流阀电气结构示意图

表 4-3-6　±800kV/6250A 单阀主要设计参数

名　　称	送端站	受端站
晶闸管类型	6in FF	6in FF
单阀晶闸管串联数 n_t	71	67
单阀冗余数 n_{red}	3	3
单阀组件数 n_{mod}	8	8
阻尼电容 C_{sn}（μF）	2	2
阻尼电阻 R_{sn}（Ω）	30	30
阀段冲击均压电容（nF）	—	—
饱和电抗器数 n_{rea}	16	16
触发方式	电触发	电触发
阀塔结构	双重阀塔悬吊式结构	双重阀塔悬吊式结构

五、换流阀冷却能力提升措施

（一）阀冷却总体设计方案

6250A 换流阀冷却容量可保证在冷却系统非故障运行工况下，内冷系统留有至少 10%的冗余。外冷系统方面，若采用闭式冷却塔方式，则为“2+1”模式，在考虑闭式冷却塔换热盘管外壁结垢降低冷却能力条件下，闭式冷却塔仍然有 50%的冗余；若采用空气冷却器方式，则每组空气冷却器换热管束设置至少 30%的冗余，在不考虑冗余的情况下，空气冷却器的总换热面积的计算满足换流阀在 2h 过负荷运行（包括最高室外环温）条件下所需最大换热量的要求，并留有 30%的安全裕度；若采用空气冷却器+闭式冷却塔方式，则不仅空冷器满足上述要求，与空冷器串联的闭式冷却塔，冗余能力应满足当失去一个冷却塔时（出现混水且在丢失冷却塔后运行人员无法立即紧急关闭故障冷却塔阀门），仍能在最高环温下保证额定负荷的运行需要。

（二）内冷系统较 5000A 工程提升措施

1. 设计裕量

为保证阀冷系统满足换流阀各种工况下的冷却要求，6250A 换流阀内冷系统在冷却能力的设计方面采取以下提升措施。

（1）在已知换流阀进阀温度报警值的前提下，取比换流阀进阀温度报警值低 2℃作为换流阀的额定进水温度。

（2）内冷系统流量计算满足换流阀在 2h 过负荷运行（包括最高室外环温）条件下所需最大换热量的要求，并且按照阀冷流量保护定值要求留有大于 10%的冗余。

通过以上两方面的综合作用，可以确保内冷系统的设计满足各种工况条件下的换流阀冷却要求，以上设计裕量指标与当前 5000A 换流阀保持一致。

2. 管路优化

换流阀配水管采用以下设计方法和技术措施保证了并串联支路流量均匀，进而每个发热元件得到充分的冷却。

（1）模块配水管采用对角进出水方式，提高了模块各支路水量分布的均匀性。

（2）对饱和电抗器、水电阻和晶闸管散热器等元件压力—流量进行匹配组合设计，尽量保持各支路流阻一致。

（3）对于无法满足流阻一致的支路，采用增加管长或阻力管的方式满足流阻基本一致的要求。

（4）通过流体仿真软件计算，实现各支路流量均衡。

（5）通过阀模块整体流量压力试验和各支路超声波流量测试验证了配水流量设计的合理性。

（6）每个阀组件支路水管耐水压能力均不小于 1.6MPa。

晶闸管散热器、阻尼电阻和饱和电抗器之间通过较小口径的 PVDF 管连接起来。PVDF 管的接头上配有采用三元乙丙橡胶材料（Ethylene－Propylene－Diene Monomer，EPDM）O 形密封圈，管接头与散热器、阻尼电阻和饱和电抗器间采用快速螺纹接头连接。其中与塑料材质元件（阻尼电阻）的连接采用 PVDF 螺母，与金属材质元件（散热器、饱和电抗器）的连接采用金属螺母，此种设计可使螺母与被冷却元件的热膨胀系数一致，不易出现因温度变化导致的松动漏水，提高了连接的可靠性，降低了漏水概率。

3. 电极防腐蚀等提升措施

冷却水要流过不同位置和不同电位的金属件，而不同电位金属件之间的水路中会产生微小的泄漏电流，因此，这些金属件可能受到电解腐蚀。水管中压差产生的漏电流密度控制在每平方厘米微安数量级，然而即使是如此低的电流密度，如果不采取保护措施，仍可能发生铝制散热器和饱和电抗器的电解腐蚀。为了解决这一问题，采取了以下几种方法：

（1）通过氮气稳压方式或脱氧装置将冷却系统中的冷却液电导率控制在 0.3μS/cm 以内、含氧量在 200ppb 以内，从而将泄漏电流控制在较低水平，延缓了管路的腐蚀速率。

（2）与冷却介质接触的金属选用耐腐蚀材料（如 316L、铝合金）。

（3）所有的不锈钢设备、管道焊接采用对焊缝背面保护气体吹扫，管道内部经过严格酸洗、脱脂、清洗、漂洗等清理措施，保持管道内部的洁净。

（4）阀模块层间采用螺旋形水管，水路电阻高，大大降低了主水管中的杂散电流，减少了电腐蚀量。

（5）阀模块内主水管配置的固定电位电极采用等电位电极与水管密封元件的一体化设计、迎向电流和水流的轴向方向布置的锥形等电位电极设计、不锈钢材料和纳米涂层相结合的工艺方法，有效避免了金属元器件本体及 O 形密封圈的氯电流腐蚀，提高了水路的密封可靠性。

（6）每个散热器、阻尼电阻和饱和电抗器进出口安装了防腐蚀电极，可避免铝散热器、阻尼电阻和饱和电抗器本体与冷却剂接触表面的电解腐蚀。经过法拉第电解定理计算并结合工程实际经验，防电腐蚀电极设计可满足至少 40 年使用寿命技术要求。经防腐试验证明，采用以上方法后换流阀及其组部件即使长期工作在高温度冷却介质中，并且漏电流超出正常工作值，仍具有极高的抗腐蚀能力。

4. 主泵可靠性

（1）主循环泵底座设置减振装置。主循环泵选型时选用防锈蚀的型号或进行防锈蚀处理。

（2）额定流量时主循环泵处于高效区运行。主循环泵在工作点的流量、扬程、效率不产生负偏差，正偏差时不超过 3%。主循环泵组的最大振幅极限处在国家标准规定的范围内，主循环泵组的运行振动限幅≤0.05mm。主循环泵组由于突然停电引起泵反转时，其反转转速不大于主循环泵额定转速的 120%，并且不会对设备造成任何损害。主循环泵可连续运行 25 000h 以上，机械密封可连续运行 8000h，主循环水泵设计寿命大于 131 000h。

（3）主循环泵冗余配置，定期自动切换，切换周期不长于一周（可设定）；在切换不成功时能自动切回。主循环泵切换时不影响软启动器正常运行。主循环泵切换具有手动切换功能。

（4）主循环泵采用交流电源，水泵在电源波动±10%范围内能正常工作，在交流系统故障使在换流站交流母线所测量到的三相平均整流电压值大于正常电压的 30%，但小于极端最低连续运行电压并持续长达 1s 的时段内，阀冷系统能连续稳定运行，可以耐受相电压有效值过电压的水平不小于 1.5（标幺值），耐受时间 300ms；耐受线电压有效值过电压的水平不小于 1.3（标幺值），耐受时间 300ms。

（5）主循环泵切换不成功判据延时与回切时间的总延时小于流量低保护动作时间。流量低保护动作时间不小于 10s。

（6）主循环泵在停运瞬间，考虑到流量惯性流动的原理，并且结合换流阀的要求，冷却水流量超低跳闸保护动作延时一般设置 15s，动作延时整定时间长于 400V 备自投整定延时。考虑阀冷系统主循环泵失电重启建压和流量建立的时间，主循环泵最大允许失电时间不大于 6s，主循环泵切换不成功判据总延时为 5s。换流阀冷却系统各级流量报警及跳闸保护定值能满足包含主循环泵切换及配电装置备自投在内的各种运行要求。

六、小结

本章针对输电容量提升给换流阀的设计和运行带来新的挑战，提出了换流阀的优化设计方案。通过采用晶闸管半导体优化建模、门极区 P 型径向变掺杂工艺优化、对弥漫式软着陆气体携带杂质源扩散工艺优化提升了核心开关器件的通流能力；通过减小通态电阻和提高冷却效率的方式提高换流阀主要通流器件（包括晶闸管、饱和电抗器和通流母排）的通流能力；形成了完整的换流阀电气设计和结构设计方案，并且通过换流阀冷却管路优化、电极防腐蚀等提升措施、主泵可靠性提升等措施提升了换流阀冷却系统的冷却效率和可靠性。

第四节　平 波 电 抗 器

一、概述

特高压直流输电工程容量由 8GW 提升到 10GW，额定直流电流由 5000A 提升至 6250A 后，平波电抗器在结构设计、电流分布、温升控制、引出端子板设计、降噪、抗震、安装等方面都面临巨大的挑战。在±800kV/6250A 平波电抗器设备研制过程中针对以上问题组织科研、设计、厂家进行了技术攻关，依据±800kV/6250A 的工程经验设计了两种方案的平波电抗器设备，如图 4－4－1 和图 4－4－2 所示。

图 4－4－1　平波电抗器设备方案一

图 4－4－2　平波电抗器设备方案二

二、±800kV/6250A 工程平波电抗器特点

（一）直流电流和谐波电流分布

平波电抗器直流电流在各包封层按电导分布，谐波电流按电抗分布，10GW 工程额定直流电流相比以往 8GW 工程提高了 25%，由 5000A 提升至 6250A，各包封层的直流电流和谐波电流分布变得更加复杂。在直流电流分布方面：8GW 工程直流电流在平波电抗器各包封层由内向外呈现逐步上升趋势；10GW 工程直流电流在平波电抗器各包封层由内向外总

体呈现逐步上升趋势，但有个别包封层会呈现下降趋势。在谐波电流分布方面：8GW 工程谐波电流在平波电抗器前几层和后几层包封层分布较多，在中间包封层分布较少，且较为均匀；10GW 工程谐波电流在平波电抗器前几层、中间几层和后几层包封层分布较多，其余包封层分布较少，且较为均。为此，设备厂研发出了适用于 6250A/50mH 平波电抗器电流分布计算程序，可以准确计算出平波电抗器各包封层直流电流和谐波电流分布。经过型式试验验证，6250A/50mH 平抗样机平均温升 47.6K，热点温升为 67.9K，各层温差 14.6K，满足技术规范书中平均温升≤80K、热点温升≤105K、各层温差≤20K 的要求。

10GW 平波电抗器导线与以往工程基本相同。采用矩形绝缘铝绞线，如图 4－4－3 和图 4－4－4 所示。

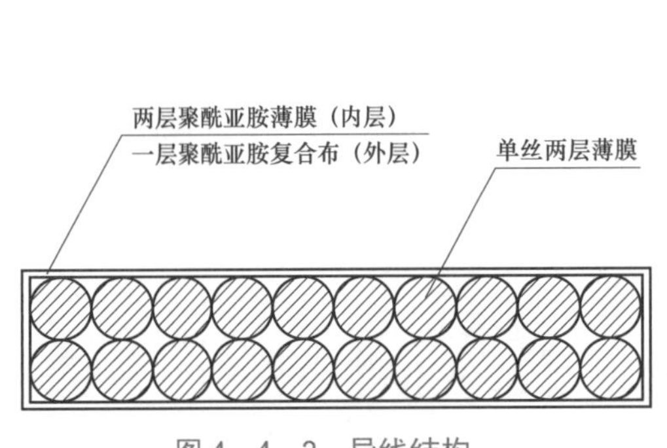

图 4－4－3　导线结构

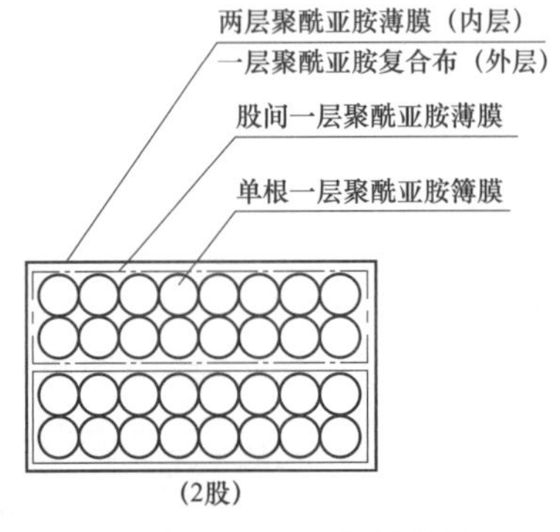

图 4－4－4　导线结构

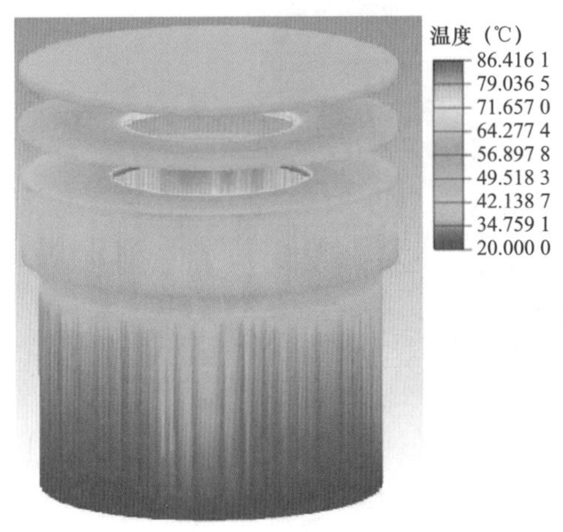

图 4－4－5　10GW 平波电抗器热力场仿真结果

（二）温升分布

平波电抗器额定直流电流由 5000A 提高至 6250A，各层温升分布计算变得更加复杂，各个包封层的热对流、热传导及热辐射均与目前 5000A/50mH 电抗器不一致。通过仿真软件对平波电抗器在额定直流加谐波的工况下进行仿真，图 4－4－5 给出了 10GW 平波电抗器热力场仿真结果。从图 4－4－5 可知各包封层的温升分布情况，将仿真结果与设计方案进行对比和调整可最终确定方案。其中方案一的平波电抗器温升由 8GW 直流工程平波电抗器的 60K 优化至 47.6K，热点温升由 76.8K 优化至 67.9K。方案二的平波电抗器温升由 8GW 直流工程平波电抗器的 48.2K 优化至 46.6K，热点温升由 82.6K 优化至 68.6K。

（三）降噪措施

为了降低大电流下平波电抗器的噪声，需要考虑通过避开设备固有振动频率、优化降噪装置结构，选择合理的导线绝缘结构，采用严格的导线浸渍工艺和绕制工艺等方面进行优化。一方面在线圈绕制过程中，每根导线绕制时均通过环氧胶槽，使环氧胶最大限度地填充了导线之间、导线和包封纱之间的空隙，使线圈形成一个整体，减小导线振动所产生的噪声，从平波电抗器线圈本体即声源上降低噪声；另一方面加装降噪装置，从噪声的传播途径上吸收平波电抗器发出的噪声。

降噪装置能降低平波电抗器本体的噪声，但是对平波电抗器本体的散热也有一定影响，需要主体的通风面积满足空气流动散热的要求，因此设备厂在保证降低噪声的同时，对降噪装置的结构进行优化。优化后的降噪装置相比于5000A平波电抗器的降噪装置，散热比由1.11提高到1.16，空气流动散热效果更好。

（四）抗震研究

由平波电抗器设备厂研制的BKK－80000/110高抗震并联电抗器在专业研究机构通过了水平设计加速度分别为0.4*g*、0.5*g*抗震原型试验，该抗震试验是国内迄今为止地震烈度最强、电抗器质量达到最大的1:1原型抗震试验，为平波电抗器在抗震方面积累了丰富的设计经验。

基于对BKK－80000/110真型抗震试验时对支撑结构各部件的力学性能参数的实测数据，平波电抗器设备厂委托专业研究机构对6250A/50mH平波电抗器的支撑方案进行了建模和仿真，图4－4－6给出了相应的抗震仿真云图。为确保0.4*g*水平加速度下平抗支撑体系符合抗震要求，平波电抗器设备厂对支撑体系进行了研究分析，并确定了最终的设计方案，使质量加重后的平波电抗器能够满足稳定运行的要求。

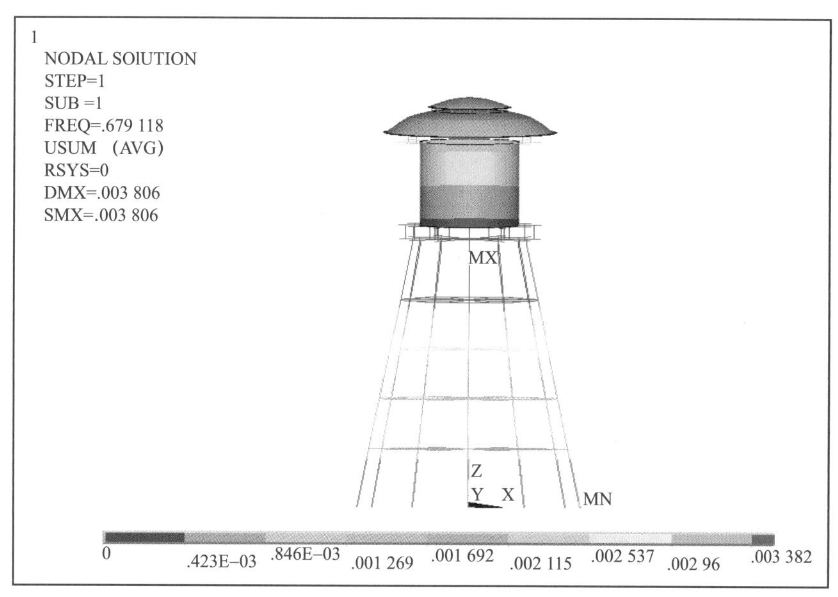

图4－4－6　平波电抗器抗震云图

（五）接线端子板发热控制

当额定直流电流提升至6250A时，8GW工程的接线端子板结构型式已不能满足10GW工程要求，应从提高加工、焊接、安装等方面的工艺水平着手优化，同时将接线端子板与管母金具由单面连接改为双面连接，使6250A工程的接线端子板接触电流密度比5000A工程大幅降低，避免出现端子板异常过热现象发生。图4－4－7给出了10GW、6250A平波电抗器接线端子板双面连接三维示意图。

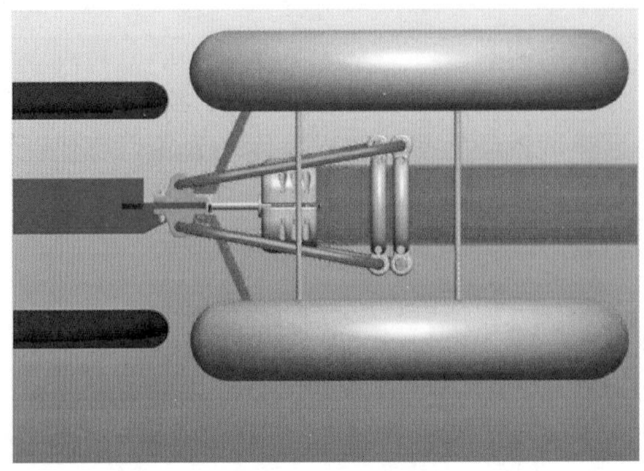

图 4-4-7　10GW、6250A 平波电抗器接线端子板双面连接三维示意图

图4-4-8和图4-4-9分部给出了8、10GW工程的接线端子板外形尺寸。从图4-4-8和图 4-4-9 可以看出，8GW 直流工程平波电抗器接线端子板尺寸为 260mm×300mm，10GW 直流工程平波电抗器接线端子板尺寸增大至 320mm×310mm，接线端子板接触电流密度（A/mm^2）由 0.049A/mm^2 优化至 0.034 5A/mm^2，大幅降低了端子板异常过热的现象发生。

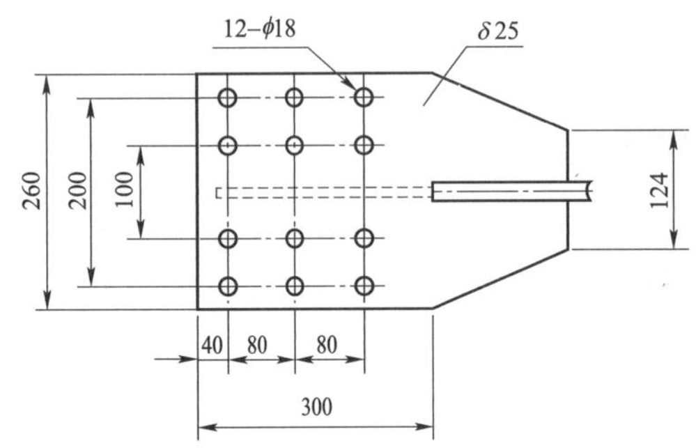

图 4-4-8　8GW 工程接线端子板外形尺寸

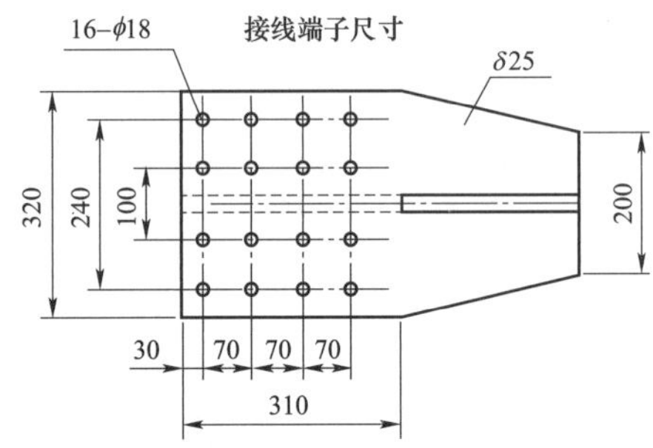

图 4-4-9　10GW 工程接线端子板外形尺寸

（六）通流吊臂设计

平波电抗器额定直流电流提高至 6250A，以往工程的吊臂规格已无法满足通流电密的限值要求。为此，设备厂研制了新型拉挤铝型材结构，新规格吊臂的通流电密比 5000A 平波电抗器吊臂通流电密大幅降低。经过温升试验验证，吊臂的实测温升仅由 38.8K 优化至 22.9K。

（七）结构对比

表 4-4-1 和表 4-4-2 分别给出了平波电抗器的两种设计方案。从表 4-4-1 和表 4-4-2 对比可以看出，800kV/6250A 平波电抗器比以往 800kV/5000A 电抗器在绕包内径、绕包外径、绕包高度、单台包封层数上均有不同程度增大，随之带来的就是整体尺寸、质量的增重，单台包封层数更是首次达到 25 层，这对设计、生产、吊装、运输等方面无疑是一个巨大的挑战。

表 4－4－1　　平波电抗器结构设计方案一

方案一	5000A/50mH 平波电抗器	6250A/50mH 平波电抗器
绕包内径（mm）	1880	2030
绕包外径（mm）	4890（不含隔音罩）	5330（不含隔音罩）
绕包高度（mm）	3240	3850
单台包封数	22	25

表 4－4－2　　平波电抗器结构设计方案二

方案二	5000A/50mH 平波电抗器	6250A/50mH 平波电抗器
绕包内径（mm）	2150	2400
绕包外径（mm）	4890（不含隔音罩）	5400（不含隔音罩）
绕包高度（mm）	3100	3550
单台包封数	24	25

三、设计技术方案

（一）总体结构

平波电抗器方案一的整体安装结构见图 4－4－10，与以往工程基本相同。线圈共 25 个包封，其支撑部分采用 12 柱实心复合绝缘子倾斜 10° 支撑，每柱由 5 节高低不尽相同的绝缘子组成，并在各绝缘子之间使用金属拉筋将各柱绝缘子固定。在电抗器本体的上方、中部、下方以及内部，设计有降噪装置，将电抗器完全包裹在其内部，可以起到降低噪声和防止雨淋的作用。线圈上、下两端配备有安装避雷器的托架用以安装避雷器。另由于平波电抗器运行在特高压直流线路，因此在平波电抗器的各高场强位置均装配有屏蔽装置，以防其产生电晕。

平波电抗器方案二的整体安装结构见图 4－4－11，与以往工程基本相同。采用多层圆筒式并联的绕组结构，绕组安装在 12 柱±800kV 支柱绝缘子上，斜撑型式。总体结构包括：绕组、防雨隔音装置、均压环、不锈钢升高座、支撑平台、支柱绝缘子等，包封数量为 25 个。

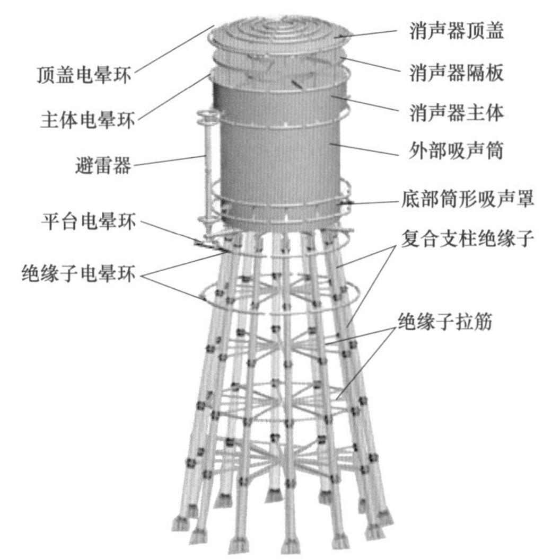

图 4－4－10　平波电抗器方案一的整体安装结构

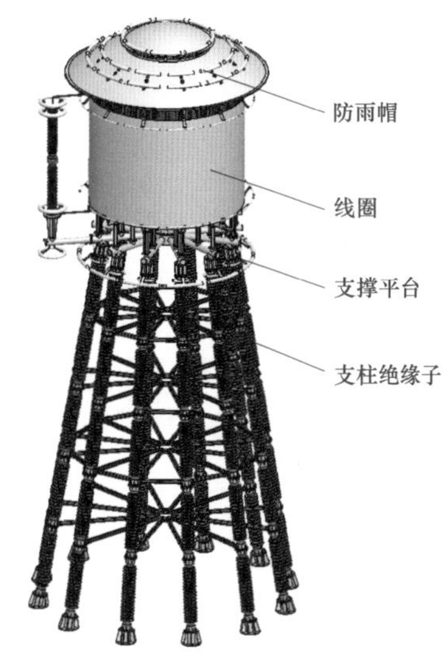

图 4－4－11　平波电抗器方案二的整体安装结构

（二）降噪装置结构

在平波电抗器运行时，工作电流由若干谐波电流和直流电流组成，它们产生多种频率的振动磁场力和稳定不变的静态磁场力。前者产生电磁噪声，后者对噪声没有贡献。当电抗器绕组通过电流时，流经绕组的电流会在电抗器内部、外部产生磁场，磁场反过来作用于载流的绕组，于是对绕组产生磁场力。当通过的电流随时间交变时，磁场的大小和方向随之变化，于是绕组导线所受的磁场力在大小上发生变化，引起绕组的振动，多个不同频率的电流相互作用的结果是产生多个不同频率的振动。

为减小噪声，方案一的平波电抗器设置了降噪装置，与以往工程基本相同。降噪装置由上部消声器、外部筒形吸声罩、内部吸声筒、底部筒形吸声罩和底部栅式消声器五部分组成。内部吸声筒在出厂前已经被安装到电抗器内部，外部筒形吸声罩是数十片中部声腔相互拼接而成的圆筒，需要现场安装在电抗器本体外围起到降低声音向外界空间辐射的作用。为防止雨水进入声腔，在电抗器的顶部装配有上部消声器，为电抗器本体遮挡雨水。上部消声器主要由消声器顶盖、消声器隔板和消声器主体三部分组成，消声器主体和电抗器本体、消声器主体与消声器顶盖之间均通过内外 2 圈金属杆进行支撑，具体见图 4－4－12。

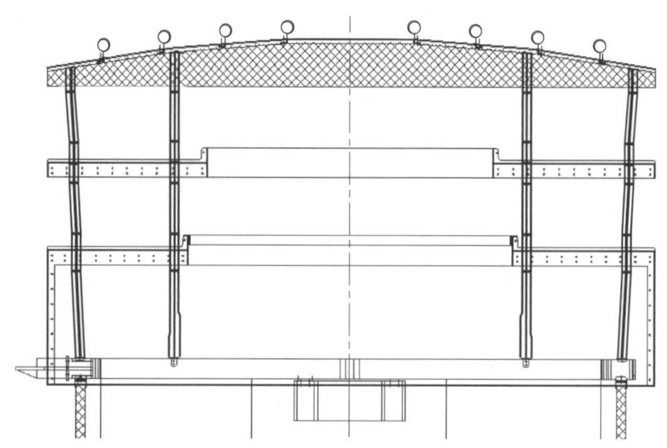

图 4－4－12　上部消声器结构

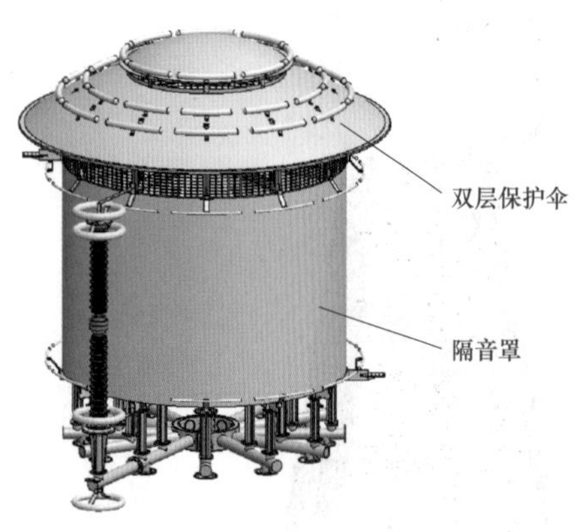

图 4－4－13　隔音罩结构

方案二的平波电抗器降噪装置总体结构与以往工程基本相同。由双层保护伞外部的隔音罩两部分组成（见图 4－4－13），达到“穿衣戴帽”防雨效果，同时起到抑制和阻隔绕组噪声的作用。降噪装置上部为双层保护伞：罩伞和顶伞，罩伞中心开孔利于空气流通，防止热量积聚在电抗器上部造成局部温升过高，顶伞阻止雨水从罩伞中心孔浇到电抗器上端或内包封。中部隔音罩采用浸胶玻璃丝绕制而成，罩体无拼缝，不仅不会有硬碰硬形成的噪声，而且消除了部分电气运行的安全隐患。隔音罩采取整体制作，没有拼接、拼缝，不存在电气隐患；整个装置结构具备简单有效、易安装的特点。结构中没有采用传统的矿物纤维类吸声材料，避免了消声材料可能造成的“二次污染”现象，同时消除矿物纤维类材料的电气运行安全隐患，性能安全可靠。

（三）防鸟栅结构

方案一的电抗器防鸟栅结构与以往工程基本相同。由于消声器主体中心和平波电抗器主体下端部中心有一些缝隙和空档，鸟可通过这些缝隙进入消声器主体内在电抗器主体上筑巢，当筑巢位置在包封上部端圈时对会电抗器运行产生一定影响。锡盟、临沂、青州 10GW 换流站平波电抗器设置了防鸟栅，结构示意图如图 4－4－14 和图 4－4－15 所示。该防鸟栅材料耐热等级高，并有一定的硬度、韧性，满足安装使用的要求，底部防鸟网在平波电抗器出厂时已装入电抗器内部，上部防鸟网在消声器主体拼装完成后，现场按说明书示意的安装位置固定。

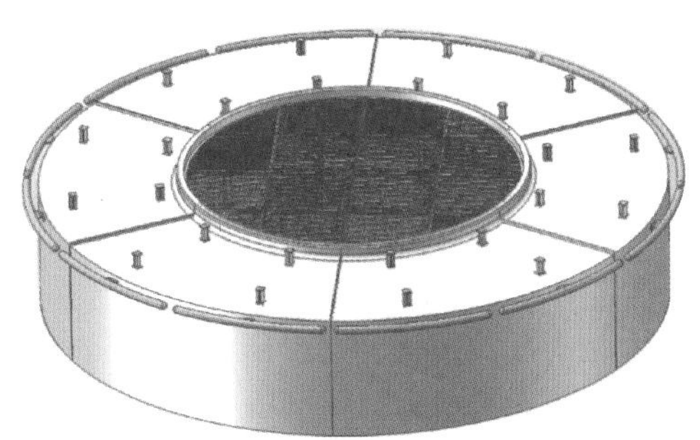

图 4－4－14　上部防鸟网

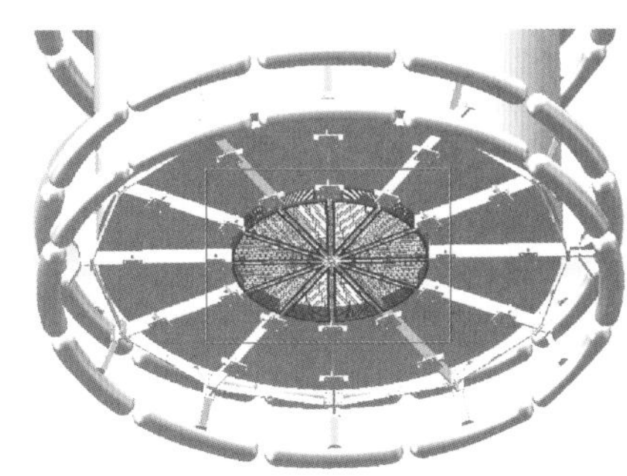

图 4－4－15　底部防鸟网

方案二的平波电抗器防鸟栅结构与以往工程基本相同。带隔音罩伞的电抗器，由于两伞之间、伞与罩子之间、下端部中心有一些缝隙和空档，鸟可通过这些缝隙进入罩内在电抗器主体上筑巢。当筑巢位置在包封上部端圈时对会电抗器运行产生一定影响，因此，设计采用厚度约 1.5mm、网格孔 7mm×10mm 的树脂浸渍玻璃纤维网格板遮挡缝隙，阻断鸟进入电抗器绕组的通道，防鸟栅结构见图 4－4－16。防鸟栅既不影响电抗器的通风散热，又防范了鸟类通过缝隙进入绕组内部危害产品，起到防护作用。防鸟栅材料耐热等级高，并有一定的硬度、韧性，可很好满足安装使用的要求。

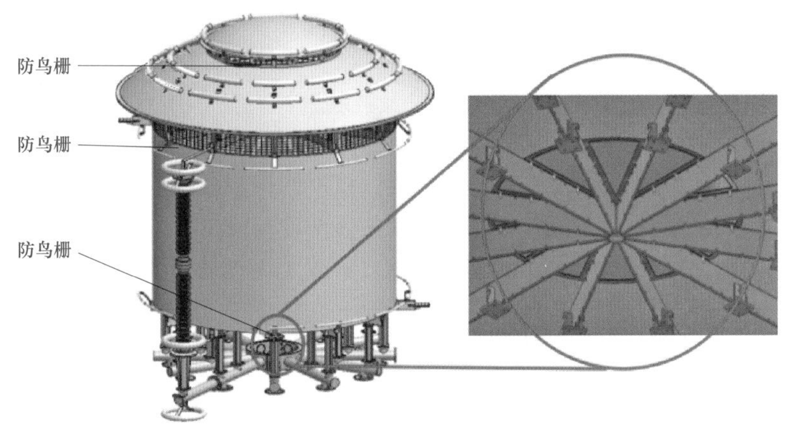

图 4－4－16　防鸟栅结构

四、小结

本节介绍了大容量及分层接入技术中平波电抗器的技术特点，针对输送容量提升到10GW后带来的温升、噪声、抗震等一系列技术难题，提出了全面系统的解决方案。通过包封层温升控制、引出端子板及通流吊臂设计优化方法，解决了容量提升后的温升超标问题；通过采用消声器、隔音罩等方法，大幅降低了平波电抗器运行噪声，有效提高换流站整体噪声抑制水平；通过优化抗震设计、防鸟栅设计，进一步提高了平波电抗器的运行可靠性，确保设备长期稳定运行。

第五节　直 流 回 路 设 备

一、概述

换流站是直流输电系统的核心组成部分，承担着交直流转换的关键任务。其中，直流回路设备发挥了重要作用。直流回路设备包括直流开关设备和直流金具。直流开关设备是特高压直流输电系统通流回路的关键设备。直流金具用于实现换流站中阀厅内及直流场内各设备之间的相互连接，设备虽小却是特高压直流输电中的必要设备。特高压直流输电容量的进一步提升，特别是将系统电流从5000A提高到6250A，对直流回路设备的技术性能提出了更高的要求。本节对直流回路设备的参数设计进行了介绍，并从设备研制角度讲述了直流回路设备在通流能力提升方面的研发难度和解决方案。

特高压换流站内直流回路设备包括直流隔离开关及接地开关、直流转换开关、直流旁路开关、阀厅金具和直流场金具。

直流回路设备研制的技术难点主要在于电流提高之后带来的导体发热、外绝缘、设备机械稳定性和设计结构调整等问题。大容量直流回路设备的型式继承了±800kV、8000MW工程直流回路设备的设计，针对电流提高后产品发热等问题进行了改进或重新设计。本节重点阐述了直流回路设备的技术要求，特别是对于额定电流和过负荷电流的要求，以及直流回路设备的研制成果。

二、6250A直流回路设备技术特点

在以往的超/特高压直流输电工程中，均出现过直流开关本体和端子接头发热的问题。虽然开关设备都经过了温升试验的考验，但是在直流工程中设备长期处于满负荷运行工况，而在交流工程中设备一般都未达到满功率，所以直流回路设备运行工况较为严苛，温升容易超限。加之开关、金具安装工艺不到位，设备内部或与外部金具的连接处往往成为发热的薄弱点，如以往工程夏季满负荷运行时发现设备端子连接处过热，后经过安装工艺改进和通流面积增大等技术改造解决了此类问题。

（一）直流回路设备防止发热要求

直流开关主通流回路为确保满足通流要求并留有裕度，通常采取增大通流导体与汇流板的接触面积、适当提高螺栓压紧力、适量涂抹导电膏等措施。直流开关均应配有双面接连的平板式主接线端子板，矩形导体接头的搭接长度不应小于导体的宽度；直流金具应具

有良好的电气性能，满足通流要求，通过金具的连续额定载流量，应在允许的温升条件下，不小于回路的额定电流值。应保证直流回路设备有效接触面积的载流密度不应高于DL/T 5222—2005《导体和电器选择技术规定》中的要求，再考虑一定安全裕度。

在核算与设备端子连接处电流密度时，电流应按照系统的额定电流选取，接触面积需采用实际搭接面积。针对±800kV、8GW 工程，铝—铝接触面电流密度控制在 0.093 6A/mm^2 以内，铜—铜以及铜镀银—铝镀锡接触面电流密度建议控制在 0.12A/mm^2 以内，铜铝过渡接触面电流密度控制在 0.1A/mm^2 以内。针对±800kV、10GW 工程，铝—铝接触面电流密度控制在 0.0748 8A/mm^2 以内，铜—铜以及铜镀银—铝镀锡接触面电流密度控制在 0.093 6A/mm^2 以内，铜铝过渡接触面电流密度控制在 0.08A/mm^2 以内。

（二）直流隔离开关和接地开关技术参数

在系统电流为 6250A 的情况下，直流隔离开关的额定电流设置为 6600A，温升试验电流为 8000A，可以满足±800kV/10GW 级特高压直流工程的需求，具体的设计参数如表 4－5－1 所示。

表 4－5－1　　直流隔离开关和接地开关参数

序号	名　称	标准参数值
1	结构型式或型号	双柱水平伸缩式/三柱水平旋转式
2	接地开关	双接地/单接地/不接地
3	额定电流（A，直流）	6600
4	温升试验电流（A，直流）	8000
5	额定峰值耐受电流（kA）	45
6	机械稳定性（次）	≥1000

直流隔离开关的设计一般是基于同类型的交流隔离开关。目前交流隔离开关最大的额定电流为 6300A，但还未有通流能力达到额定电流 6600A/温升电流 8000A 的交流隔离开关产品。而且直流开关不同的结构设计对散热也有着不同的影响，因此需对现有直流开关进行优化设计，研发出满足 10GW 工程的直流隔离开关。

（三）直流转换开关和旁路开关的技术参数

直流转换开关和旁路开关是换流站直流场的重要设备，主要用于进行直流输电系统各种运行方式的转换、接地系统转换等。直流转换开关（MRTB、GRTS、NBGS、NBS）均安装在中性线上，完成的是直流电流的转换工作，本身承受的直流电压并不高，但直流电流提升后的转换电流会比以往特高压直流工程更大，需重新设计转换回路。直流旁路开关分为极线旁路开关和中点旁路开关，主要是用于隔离换流阀，对通流要求不高。

为方便比对，表 4－5－2 给出了直流系统电流为 6250A 时直流转换开关的主要技术参数，表 4－5－3 给出了以往 7.2GW 工程的直流转换开关要求。

由表 4－5－2 和表 4－5－3 可以看出，输送容量提高以后，MRTB、GRTS 和 NBS 的转换电流都有较大的增加，转换过程中辅助回路的避雷器所要吸收的能量增大，所以需重新研发直流断路器的辅助回路。

表 4－5－2　直流转换开关主要技术参数

序号	参　数	MRTB	GRTS	NBS	NBGS
1	额定电流（A，直流）	6600	6600	6600	—
2	峰值耐受电流（kA）	45	45	45	45
	短时耐受电流，2s（kA）	18	18	18	18
3	最大转换电流（A，直流）	5900	2500	6400	6400

表 4－5－3　7.2GW 工程直流转换开关主要技术参数

序号	参　数	MRTB	GRTS	NBS	NBGS
1	额定电流（A，直流）	5017	5017	5017	—
2	峰值耐受电流（kA）	30	30	30	30
	短时耐受电流，2s（kA）	12	12	12	12
3	最大转换电流（A，直流）	4463	972	5017	—

因此，以往特高压直流工程中的直流断路器并不能在 10GW 工程中直接使用。需在原有基础上深入研究，重新设计辅助回路，以满足较大转换电流的要求。

10GW 直流工程旁路开关和以往 7.2GW 工程旁路开关的主要技术参数如表 4－5－4 所示。由表 4－5－4 可以看出，旁路开关主要差别在于转移电流和动热稳定电流，因此只需要重新进行试验校核，若试验通过则可直接应用原有成熟产品。

表 4－5－4　直流旁路开关主要技术参数

序号	参　数	10GW 工程旁路开关	7.2GW 工程旁路开关
1	最大转换电流（A，直流）	6400	5017
2	峰值耐受电流（kA）	45	30
	短时耐受电流，2s（kA）	18	12

（四）直流金具技术参数

电流提升后直流金具设计输入条件中对金具通流能力的要求有相应调整，具体对比见表 4－5－5 和表 4－5－6。

表 4－5－5　±800kV、5000A 工程直流母线电流额定值　（A，直流）

理想条件下输送额定功率时的直流电流 I_{dN}	5000
最大连续直流电流 I_{mcc}	5046
2h 过负荷电流 I	5343

表 4－5－6　±800kV、6250A 工程直流母线电流额定值　（A，直流）

理想条件下输送额定功率时的直流电流 I_{dN}	6250
最大连续直流电流 I_{mcc}	6328
2h 过负荷电流 I	6693

在系统电流为6250A的情况下，直流金具的额定电流设置为6250A，在设计过程中考虑一定的设计裕度，温升试验电流为7850A，可以满足±800kV/10GW级特高压直流工程的需求。

6250A直流金具的设计一般是基于以往同类型的直流金具。目前直流金具最大的额定电流为5000A，但还未有通流能力达到额定电流6250A/温升电流7850A的直流金具产品。而且直流金具不同的结构设计对散热也有着不同的影响，在相同外屏蔽尺寸下，大电流的直流金具结构更加紧凑，同样需要考虑实际安装中可能出现的问题。因此需要对现有直流金具进行优化设计，研发出满足10GW工程的直流金具。

三、6250A直流回路设备技术方案

（一）直流隔离开关技术方案

直流隔离开关是直流场最主要的通流类设备之一，也是以往直流输电工程中发热问题最严重的设备之一。±500kV超高压直流输电工程的额定运行电流为3000A，±800kV特高压直流输电工程的额定运行电流有4000、4500、5000A。在以往工程中，直流隔离开关的通流能力设计裕度较大，电流小幅提升对直流隔离开关的影响有限。但是将电流进一步提升到6250A时，发热量相对5000A工程增加56%，原有的隔离开关性能已难以满足大电流的要求。

因此，额定电流6600A特高压直流隔离开关研制工作的关键技术难点在于通流能力提升后开关的尺寸变大，直流隔离开关平衡弹簧设计、机械稳定性分析、隔离开关直流外电场研究及屏蔽结构设计等均需进行优化。研制工作内容包括结构形式研究、长期额定通流研究、绝缘水平、无线电干扰水平研究等。另外，系统电流的增大也使谐波电流变大，直流滤波器隔离开关还需要具备在线投退直流滤波器的能力，因此还需开展开合谐波电流装置设计工作及相关试验研究等。

针对直流隔离开关电流提升的关键技术难点（即发热和机械稳定问题），设备在原有设计上进行了有针对性的提升：

（1）对于发热问题，裕度较小的触指、触头部分通过增加触头通流截面减小本体发热，同时采取增加触指对数、降低接触面的通流密度等措施（如图4－5－1）所示；对于导电带则通过增加导电带的的片数（如图4－5－2所示）、增大其与本体的通流截面等方式来提高产品的通流能力。以上措施可以保证直流隔离开关在额定或过负荷工况下运行。

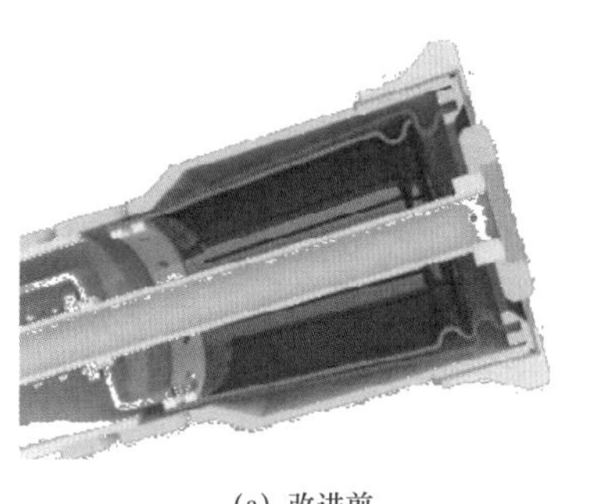

(a) 改进前

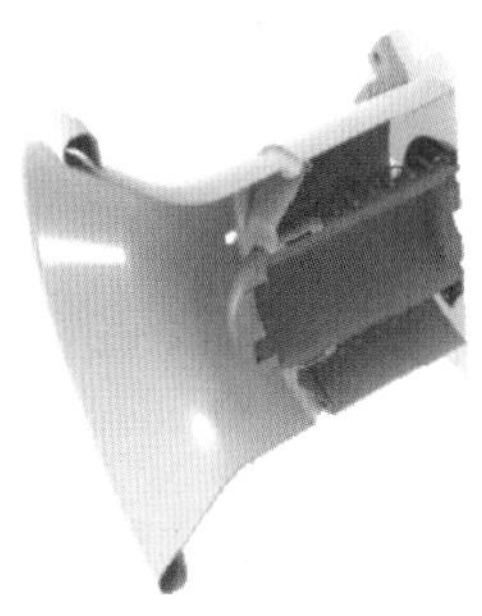

(b) 改进后

图4－5－1　触头触指改进前后示意图

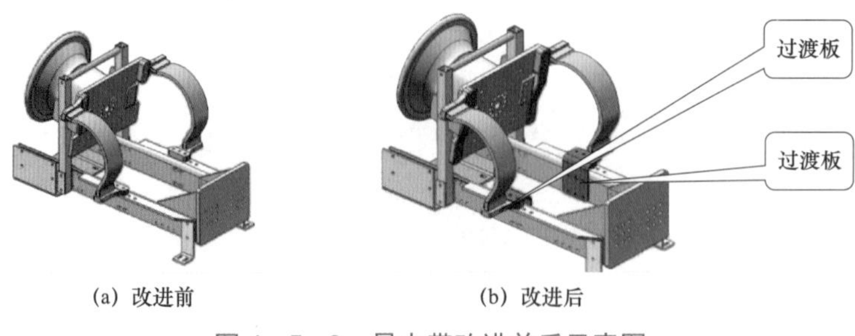

(a) 改进前　　(b) 改进后

图 4-5-2　导电带改进前后示意图

（2）对于机械稳定性问题，通过对直流隔离开关机械特性的研究，采取以下改进措施：① 对产品操作稳定性研究及机械寿命进行 2000 次考核；② 传动系统防尘密封结构设计。③ 通过特殊结构，解决高压直流隔离开关操作冲击的问题。基于计算平台，完成特高压直流隔离开关机械特性的计算，完成平衡弹簧的最优设计，实现特高压直流隔离开关运动平稳、操作灵活的目标。

（二）接地开关技术方案

直流电流的提升对接地开关并无影响，但是目前我国西部地区的污秽问题严重，直流爬电比距要远大于以往工程，导致直流隔离开关的支柱绝缘子对地距离大幅增加，接地开关的接地刀杆长度需进行匹配优化，具体措施如下：

（1）利用计算工具，通过改变拉杆旋转中心相对位置，以及上下导电管的长度等，优化接地开关动触头轨迹，使其在合闸结束位置接近于直线。

（2）利用扭矩传感器、示波器等试验设备，测出接地开关操作曲线，对隔离开关的运动特性进行改进与优化等。

（3）通过对机械特性和强度分析等方面的研究，进行接地开关机械特性的分析，确定接地开关在分、合闸时的运动速度及接地开关行程曲线特性，从而可以指导产品总体及零部件结构设计，以确保机械性能的安全可靠。

常规直流输电工程隔离开关与直流接地开关采用一体结构设计，而特高压直流接地开关采用独立安装。

（三）直流转换开关技术方案

直流转换开关的电流转换过程复杂，涉及振荡回路参数配合，非线性电阻器的能量吸收，电弧的自激振荡。容量提升后直流转换开关的研制具有相当高的难度。根据现有设备通流及电流转换能力，研制额定电流 6600A 的直流转换开关，需在以下方面开展研究工作。

（1）通流能力。传统的交流断续器最大通流能力有效值为 5000A，为满足 6600A 直流的通流要求，需设计新型的交流断续器或采用断续器并联结构。研发新型的交流断续器周期长，技术难度大，且新的断续器其电弧特性不确定，对直流转换开关的设计造成很大的挑战。而采用 5000A 断续器并联的结构既可以满足通流要求，又不改变断续器的电弧特性，可以适应工程的建设需求。

（2）直流转换开关的电流转换能力。在 7200MW 工程中的直流转换开关已具备 5000A 的转换电流能力，但是不能满足新工程 6400A 转换电流的要求。需进一步提升直流转换开关转移电流能力，并通过转移电流试验验证设备满足工程需求。

（3）转换回路的参数配置。无源型转换开关主要利用电弧的负阻特性，但电流越大则自激振荡越不利，转换越难。因此，需要转换回路与开断装置的参数有较好配合。通过试验及仿真计算，提炼电弧仿真模型，对直流转换开关的开断过程进行仿真计算，研究不同参数配置下转换回路与开断装置的配合情况。

（4）直流转换开关吸能装置及绝缘平台设计。线路和大地存在较大电感，储存巨大能量，电流转换后这部分能量需要由直流转换开关的非线性电阻器吸收，其中 MRTB 承受的工况最为严苛。而且，额定运行电流由 5000A 提升至 6250A 后直流转换开关非线性电阻器吸收能量增大为以前的 1.56 倍。吸收能量的增加，导致非线性电阻器数量增多，绝缘平台负荷增加，需要对绝缘平台的结构强度进行优化设计。

（四）直流旁路开关技术方案

特高压直流输电工程中每个 12 脉动换流器都有并联的旁路开关，旁路开关的主要功能是旁路退出运行的换流阀，使系统能以不完整方式运行，从而减少功率损失和对两侧交流系统的冲击，提高系统可用率。在正常运行情况下，旁路开关只是短时参与到通流回路中去，提升电流对旁路开关的影响不明显。

（五）阀厅金具技术方案

阀厅是高压直流输电的中枢环节，阀厅内交、直流场混合，设备众多且相对昂贵，各种设备通过阀厅金具实现连接。目前，已经投运的±800kV 换流站阀厅均采用了管形母线和软导线混合联结的方式，阀厅内设备连接总体上采用管形母线，管形母线与设备的连接在局部上则采用软导线，这使得阀厅的整体布置显得非常清晰简洁，但阀厅内连接的金具则需根据实际工况进行特殊定制。阀厅金具在结构设计中应主要考虑连接位置的载流量要求、防电晕特性要求、机械强度的可靠性要求、耐热性要求、外形尺寸以及金具连接型式的要求等。

以往 5000A 工程中，直流金具的通流能力设计裕度较大，电流小幅提升对直流金具的影响有限。但是将电流进一步提升到 6250A 时，原有的金具性能已很难满足大电流的要求。

因此，额定电流 6250A 特高压直流阀厅金具研制工作的关键技术难点在于通流能力提升后阀厅金具的通流部分尺寸增大，软导线连接导线根数的增加，在整体外形尺寸不改变的情况下，内部结构更加紧凑，安装空间更加狭小。阀厅金具对外针对设备、管形母线、导线的接口设计，对内针对载流部分、支撑部分及屏蔽部分的结构设计等均需进行优化。研制工作内容包括结构形式研究、长期额定通流研究、安装、无线电干扰水平研究等。

针对阀厅金具电流提升的关键技术难点（通流及发热），金具在原有设计上进行了有针对性的提升：

（1）对于发热问题，裕度较小的导线线夹连接部分通过增加导线搭接面积减小本体发热，同时采取增加小夹块数量降低接触面的通流密度等措施（如图 4－5－3 所示）；对于裕度较大的管形母线连接部分，核算其实际通流密度，对于通流密度不达标的部位进行优化改进。

（2）对所有设备接口部分实行有效接触面积全覆盖的原则。

（3）对于内部软导线连接则通过增加软导线的根数（如图 4－5－4 所示）等方式来提高产品的通流能力。

以上措施可以保证阀厅金具在额定或过负荷工况下运行。

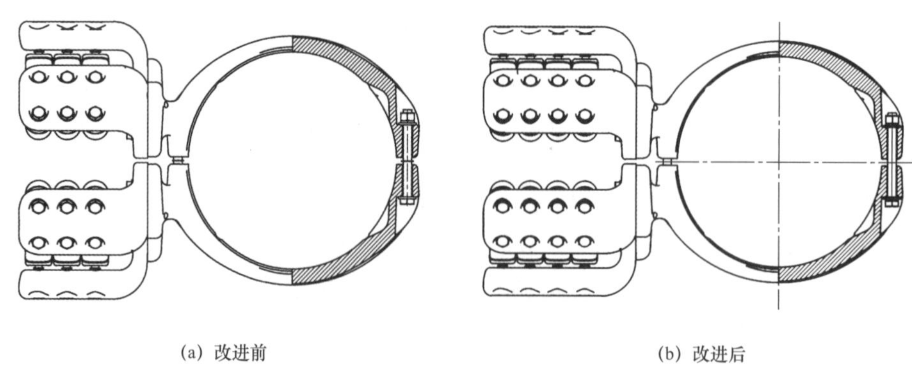

(a) 改进前　　(b) 改进后

图 4-5-3　导线线夹改进前后示意图

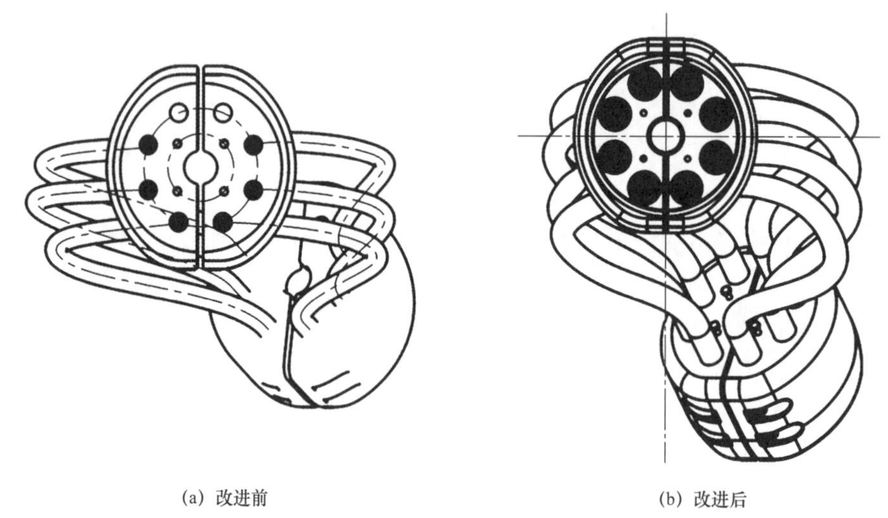

(a) 改进前　　(b) 改进后

图 4-5-4　软导线改进前后示意图

在研制过程中发现，增加软导线根数后如果软导线的内部连接仍采用原 JL-1120 铝绞线，会造成金具整体刚度过大，复杂角度的软导线焊装难以实现生产制造，实际安装过程中也存在不好进行安装调整的问题，极大地增加了现场安装的难度。亟须研制出一种既能满足通流要求、刚度适中又能调节的导线。经过与导线厂家反复沟通研究，前后共研制出 3 种导线，再通过对比软导线焊接金具的成品，实际安装工况下的调节能力，导线自身的状态（是否能够改变一定的形状，调节一定角度，且导线本身不出现散股、胀包的情况），最终确定 JLR-1000 导线为大电流工程的专用导线。

（六）直流场金具技术方案

直流场金具相较于阀厅金具而言，结构简单、体积较小，其设计难点主要在于与之连接的设备众多，金具布置相对繁杂。对于常规换流站而言，直流场金具的整体种类数量是阀厅金具种类数量的 6～7 倍。

直流场金具安装在户外，受空间位置约束较小，运行电流的提升对直流场金具的设计影响相对较弱。设计过程中除了要考虑工程直流额定电流外，还要满足招标文件的相关要求，如直流场通流 6250A 软导线采用六分裂导线，±800kV 极母线为 6×LGJK-1000（包络圆心直径 450mm）导线；±400kV 及以下为 6×JL-900（包络圆心直径 220mm）导线。

同时要综合考虑不同区域不同母线直径、不同设备端子及现场布置方式，最终设计出合理的直流场金具结构方案。

相比较于原5000A直流场金具而言，6250A直流场金具其结构形式没有过大改动，主要体现在结构细节上的调整：① 修改螺接导线线夹尺寸，满足连接导线的要求；② 修改螺接导线小夹块数量，满足通流能力的要求；③ 修改端子板接口尺寸，满足通流能力及端子表面全覆盖的要求；④ 修改软连接金具中软导线的规格及数量，满足通流能力的要求；⑤ 根据现场布置调整节点金具结构设计，满足现场使用需求。

四、6250A直流回路设备温升试验

（一）直流开关设备温升试验

通过优化设计，我国的直流隔离开关设计通流能力均在6600A以上，且相应产品均通过了温升试验，关键部位的温升结果见表4－5－7，试验结果表明6250A直流隔离开关的通流能力满足技术规范要求。

表4－5－7　　关键部位温升值

产品	厂家	温升试验电流（A）	2h试验电流（A）	接线端子温升（K）	触头（K）	温升限值（K）
816隔离开关	A	8000	8800	50	52.3	65
816隔离开关	B	8000	9000	40.4	44.1	65
816隔离开关	C	8000	8800	49.8	48.9	65
408隔离开关	D	6930	8631	59.8	39.7	65
408隔离开关	B	8000	9000	39.4	46.5	65
408隔离开关	C	8000	8800	50.3	61.3	65
150隔离开关	B	8000	9000	52.1	55.9	65
150隔离开关	C	8000	8800	59.5	53.1	65
40隔离开关	D	8000	8800	60	64.7	65

10GW直流输电工程系统电流为6250A，在原5000A直流隔离开关的基础上进行了技术攻关，并提出了相应的解决方案。设备的载流能力通过温升试验校核，产品性能满足工程的实际需求。

（1）直流隔离开关的系统要求电流为6328A（长期）/6693A（2h），技术规范要求值为6600A（额定）/8000A（2h），直流隔离开关温升试验电流均大于技术规范要求值，在设计上留有一定裕度。

（2）816、408、150（40）kV隔离开关的温升试验表明，我国的直流隔离开关产品均满足要求。其中408隔离开关和150（40）隔离开关的部分关键部位的温升在60K左右，816隔离开关的关键部位的温升约50K，裕度较大。

（二）直流金具温升试验

通过优化设计，我国的直流金具设计通流能力均满足6250A工程使用要求，且相应产品均通过了温升试验，主要部位的温升结果见表4－5－8，试验结果表明6250A直流金具的通流能力满足技术规范要求。

表 4-5-8　　主要部位温升值

测量部位	温升试验电流（A）	2h 试验电流（A）	材质及镀层	实测值（K）	温升限值（K）
接线板与卡爪接触面	6250	7850	铝	38.8	65
卡爪	6250	7850	铝	41	65
抱夹与铝棒接触面	6250	7850	铝	42.1	65
铝棒	6250	7850	铝	44.2	65
导电带与抱夹接触面	6250	7850	铝	39.6	65
抱夹与管形母线接触面	6250	7850	铝	32.2	65
管形母线	6250	7850	铝	34.1	65
端子板	6250	7850	铝	37.4	65

10GW 直流输电工程系统电流为 6250A，在原 5000A 直流金具的基础上进行了技术攻关，并提出了相应的解决方案。产品的载流能力通过温升试验校核，产品性能满足工程的实际需求。

直流输电系统要求的电流为 6250A（额定）/6693A（2h），产品设备及温升试验的要求值为 6250A（额定）/7850A（2h），直流金具的设计和温升试验电流均大于技术规范要求值，在设计上留有一定裕度。

五、结论

本节介绍了±800kV/10GW 工程直流回路设备的技术参数研究和试验工作。10GW 直流输电工程系统电流为 6250A，设备的载流能力需重新进行温升试验校核，对不满足要求的设备需进行重新设计研制。设备的导体发热、外绝缘以及机械稳定性是核心技术难题，在以往工程的基础上，本节针对上述问题提出了相应的解决方案。

（1）对于直流极线隔离开关，在原有的±800kV/5000A 的设备基础上进行改进设计。其中中性线的直流隔离开关已可以满足 6600A 的电流要求，极线直流隔离开关在对发热的薄弱点进行优化设计后满足工程要求。

（2）对于直流转换开关，需重新设计开关的各个子设备。其中断续器采用并联结构，振荡回路需调整其谐振参数，非线性电阻器的能量也需重新校核。

（3）对于直流接地开关和直流旁路开关，已有相当成熟的产品和运行经验，系统电流的提升对这两类产品的影响不大，只需重新进行电流动热稳定试验即可。

（4）对于阀厅金具而言，在原有的±800kV/5000A 的设备基础上进行改进设计。主要侧重于金具载流部分的结构调整与优化设计，再结合考虑金具实际节点的运行工况进行支撑部分、屏蔽部分、对外接口部分的设计，最终完成金具的整体设计方案，并通过试验验证其满足工程要求。

（5）对于直流场金具，由于不太受空间大小及位置的影响，系统电流的提升对这类产品的影响不大，只需根据实际运行工况进行重新设计并通过试验验证即可。

综上所述，直流回路设备的主要技术难度集中在电流增大后引起的发热问题。本节内容所提及的解决方案足以克服以上技术难题。

第六节 1000kV无功补偿及交流滤波器设备

一、概述

±800kV、10GW特高压直流输电工程采用分层接入500kV/1000kV交流系统的技术方案，将直流输电工程交流滤波器设备的电压等级提升到1000kV，是目前世界上电压等级最高的交流系统无功补偿及滤波装置。

超高电压等级不仅带来了设备的绝缘耐压问题，也带来了设备高度，抗震设计，噪声控制，保护方式等多方面的问题，为1000kV交流滤波器设备研制带来了全新的挑战。相对于传统直流工程中750kV及以下电压等级的无功补偿及交流滤波装置，1000kV同类设备在设计和制造中存在以下几个方面的特点和难点。

（1）机械强度与抗震问题。1000kV交流滤波器电容器装置的塔架高度和整体质量都比500、750kV交流滤波器装置大很多，因此，抗震问题成为1000kV交流滤波器电容器装置设计的关键问题，整个电容器的塔架结构和机械强度需要重新设计。

（2）元件噪声控制问题。1000kV交流滤波器设备谐波含量相对以往工程1000kV以下同类设备更高，同时由于其电容器塔高度高，其产生的噪声更加难以控制。以往工程仅仅通过增加隔音屏障的方法已经不能完全满足噪声控制的需要，因此必须对各个噪声元器件进行特殊的设计和处理。

（3）高压电容器塔电场分布问题。1000kV电容器塔的绝缘设计本身就比较紧张，其空间尺寸和复杂程度都大大增加，而其电场分布又对结构设计非常敏感，因此需要准确计算整个装置的电场分布情况，重新设计均压防晕装置。

（4）电容器组不平衡保护问题。电容器组额定电压越高，总的元件串联数就越多，保护整定值会越小，可靠性越低；同样元件的过电压倍数，用于保护的不平衡电流值会相对以往工程1000kV以下同类设备小很多，容易引起保护误动，以往仅采用单桥差方式的配置已经很难满足1000kV无功装置的内部保护。

以上问题的解决思路和经验，可应用到1000kV交流无功补偿和滤波装置的设计中，也可以指导非分层接入的特高压直流工程，下面分别进行说明。

二、1000kV无功补偿与滤波器装置与以往同类装置的比较

1000kV滤波器装置高压电容器塔的串联数、高度相对于500kV滤波器装置要高很多，也对设备的生产制造提出了很多新要求。

从谐波与基波的电压和电流比例来说，500kV设备的谐波/基波电压比约在1.2～1.3倍之间，而1000kV滤波器装置普遍达到1.3倍以上；对于谐波/基波电流比，500kV滤波装置在1.4倍左右，而1000kV滤波装置很容易达到1.5倍以上。出现这种情况主要是由两个方面的原因造成的：一方面是由于受端分层接入1000kV/500kV两层交流系统，而且一般这两层交流系统的电气距离较近，在滤波器应力设计时必须考虑换流器产生的谐波通过层间系统阻抗耦合的相互影响；另一方面也是由于分层接入，每一层只有一个大组滤波装置，在设计时必须考虑失去一大组后，仍要有足够的输送能力；每组滤波器相比以往工程需要

承担更多的功率输送能力。关于 1000kV 交流滤波器设计的细节在第二章第四节有详细的描述，本节不再赘述。

下面以几个典型工程的 500kV 和 1000kV 滤波器高压电容器设备为例给出各电压等级下的无功补偿与滤波装置设备应力水平，如表 4-6-1 和表 4-6-2 所示。

表 4-6-1　　500kV 滤波装置高压电容器设备应力与绝缘水平

技术参数	南京 HP12/24	湖南 HP12/24	绍兴 HP12/24	金华 HP12/24	郑州 HP12/24
高压电容值（μF）	3.62	2.99	3.774	3.495	2.99
串/并联数	56/6	48/6	78/4	52/6	52/6
电容器塔高度（m）	9.1	8.95	9.3	8.8	8.8
额定电压（含谐波，kV）	385	399	387	402	426
基波电压（kV）	307	319	319	304	319
额定/基波电压	1.25	1.25	1.21	1.32	1.34
额定电流（含谐波，A）	488	415	493	423	460
基波电流（A）	342	292	329	343	327
额定/基波电流	1.43	1.42	1.49	1.23	1.41
操作耐受电压（kV）	1221	1215	1220	1202	1220

表 4-6-2　　1000kV 滤波装置高压电容器设备应力与绝缘水平

技术参数	临沂 HP12/24	泰州 HP12/24	青州 HP12/24	古泉 HP12/24
高压电容值（μF）	0.789 8	1.005	0.775 4	0.976 2
串/并联数	114/2	138/2	132/2，80/4	88/4
电容器塔高度（m）	15.8	14.2	14.3 15.65	16.4
额定电压（含谐波，kV）	853	824	830	869
基波电压（kV）	638	638	638	638
额定/基波电压	1.34	1.30	1.30	1.36
额定电流（含谐波，A）	251	281	230	307
基波电流（A）	163	196	160	191
额定/基波电流	1.54	1.43	1.43	1.60
操作耐受电压（kV）	2346	2352	2231	2475

从表 4-6-1 和表 4-6-2 中的对比可以看出，1000kV 滤波装置具有塔架结构高，谐波含量大，应力与绝缘水平高等明显特点，需进行有针对性的特殊设计。

三、1000kV 电容器塔的机械强度与抗震设计

1000kV 交流滤波器电容器装置的塔架高度和整体质量都比 500kV 交流滤波器装置大

很多，而抗震性能的要求主要是由换流站站址的地质条件决定的，在 10GW 特高压工程的实际应用中，甚至出现了比以往工程更高的地震烈度条件，比如临沂换流站的设计地震水平加速度要求达到 0.4g，是当时所有直流工程中最高的抗震要求，对设备的机械强度和抗震设计提出了挑战，必须通过严谨的计算论证电容器塔的抗震性能，并根据计算结果给出全新的机械结构设计方案。

（一）抗震计算方法与程序

主要的计算方法一般采用通用的有限元分析软件，如 ANSYS Workbench 等，对特高压直流输电工程临沂换流站 1000kV 交流滤波电容器塔结构进行线弹性计算分析。结构地震响应计算采用振型分解反应谱法，分别考察各个方向地震独立作用时结构的变形及应力响应。

（二）结构设计改进方案

通过详细的建模和计算对结构设计进行优化，在 1000kV 滤波器电容器塔的抗震设计中相对以往 500kV 工程，主要进行了以下方面的改进：

（1）提高单台电容器的容量，尽可能减少电容器数量，达到减少电容器塔的整体质量。

（2）改变接线方式，增加每层结构中布置电容器的数量，同时优化电气距离，降低电容器塔的高度。

（3）采用高强度材料，如采用 Q460 钢代替 Q235 钢，满足强度前提下可以减少材料，减轻电容器塔的质量。

（4）采用更高强度的支撑连接件。支柱绝缘子，如 100kN 以上的高强度、大直径支柱绝缘子，以及如 12.9 级高强度螺栓等，来满足抗震设计要求，如图 4－6－1 所示。

(a) 用于500kV电容器的普通螺栓　　(b) 用于1000kV电容器的加强型螺栓

图 4－6－1　更高强度的支撑和连接件实物图

（5）增加底部支柱绝缘子的根开距离，可以有效降低底部支柱绝缘子的应力，经研究，1000kV 交流滤波器电容器塔的底部根开距离需达到 4m 以上。图 4－6－2 给出了加大根开提升结构强度示意图。

（6）底部支柱绝缘子采用斜支撑型式，可以在不增加支柱绝缘子直径的情况下降低支柱绝缘子的应力。图 4－6－3 给出了采用斜支撑提升结构强度示意图。

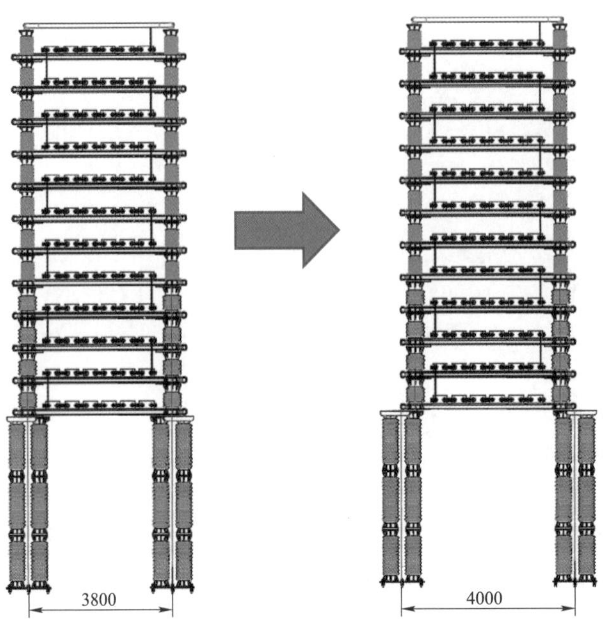

图 4–6–2　加大根开提升结构强度示意图

（7）优化地脚钢板，改善地脚钢板受力情况。优化后的地脚钢板的布置示意图见图 4–6–4。

（8）通过以上针对 1000kV 滤波器电容器塔的改进措施，有效地提高了电容器塔的机械强度，提高了抗震性能。

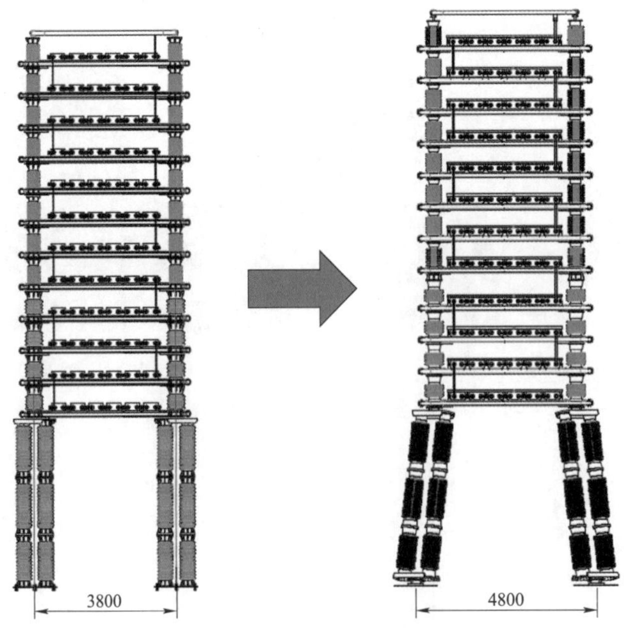

图 4–6–3　采用斜支撑提升结构强度示意图

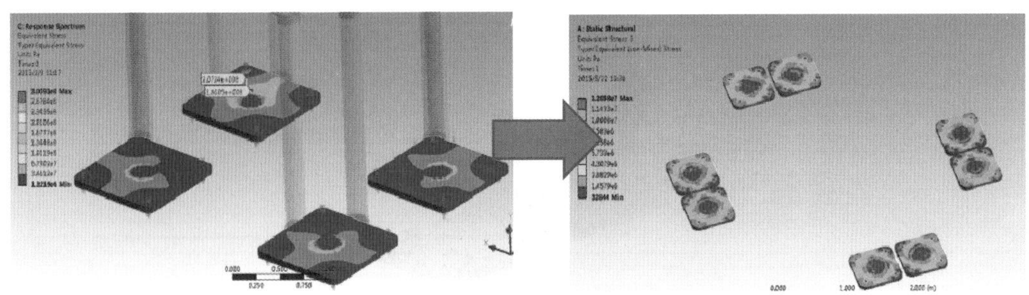

图 4－6－4　优化地脚钢板的布置示意图

四、1000kV 无功补偿与滤波装置元件的噪声控制

1000kV 交流滤波器设备谐波含量相对以往工程比例更高，这在本章第二节已经进行了对比。同时由于其电容器塔高度高，其产生的噪声更加难以控制。以往工程仅仅通过增加隔音屏障的方法已经不能完全满足噪声控制的需要，必须对各个噪声元器件进行特殊的设计和处理。

（一）滤波电容器降噪措施

优化电容器的串并联数量，尽量减少单台电容器的谐波电流。同时，根据工程实际的谐波电流，对单台电容器进行噪声测试，针对不同频率的电容器，采取不同的降噪措施。对于不同的滤波器组，流过的谐波电流不同，对电容器本体产生的噪声的影响也不同，通过大量测试，找出电容器单元对不同频次谐波的造成的噪声影响规律，指导电容器降噪措施的设计。

（1）单元外部加吸/隔音装置。在电容器外部加装吸音罩包裹的壳体内部无带电元件，无发热点，尽量减小底部温升。

图 4－6－5 所示为电容器单元顶部和底部加装隔音装置示意图，从图中可以看出，箱盖上增加电容器外罩，在保证爬电距离的同时进行隔音，在电容器外罩与电容器本体连接处无发热点，均留有足够散热距离。吸音材料需进行耐燃、耐酸、耐水、耐油及污染性等试验。保证材料在使用过程中不存在风险。顶部及底部胶圈采用耐候性好的硅橡胶密封胶圈进行密封，并用螺栓螺母等连接件进行紧固，达到完全密封及紧固等电位等效果。

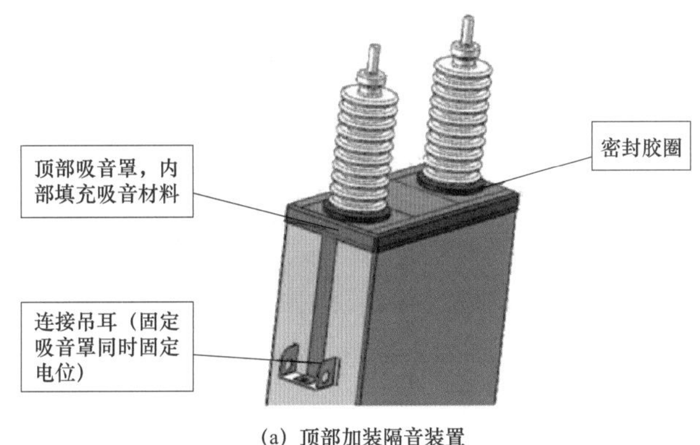

图 4－6－5　电容器单元顶部和底部加装隔音装置示意图（一）

(b) 底部加装隔音装置

图 4－6－5　电容器单元顶部和底部加装隔音装置示意图（二）

（2）单元内部加装降噪元件。具体措施为首先制造一个不锈钢材质的金属空腔元件，如图 4－6－6 所示。金属空腔整体厚度约为十几毫米，根据需要限制噪声的频谱，合理选择所使用的的空腔厚度。

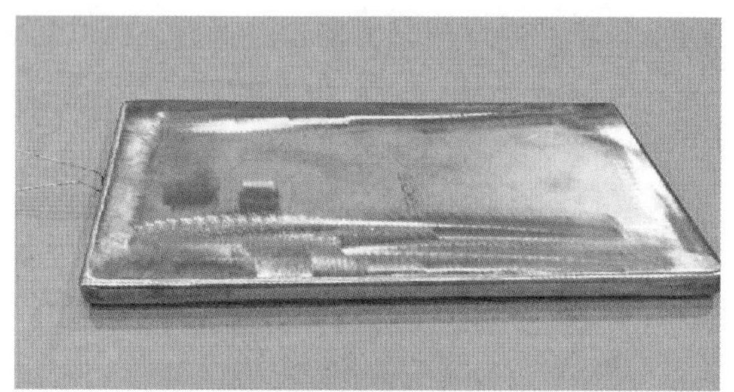

图 4－6－6　金属空腔元件实物图

然后将制造好的金属空腔元件插入电容器内部电容元件的串联段中，并与其他电容元件相连，保证此金属空腔的电压稳定，并与其他电容器元件一起包封，如图 4－6－7 所示。

图 4－6－7　金属空腔元件在电容器中的包封图

也可以利用不锈钢板，先在电容器的底部加焊出一个空腔，再把这个底部与电容器外壳焊接在一起。或者直接在电容器单元的壳体底部增加一层隔音夹层。这些都是空腔法的常用做法。

（3）在电容器和框架之间加装减振垫。减振垫吸收并减少电容器振动能量向框架之间的传递量，从而进一步降低噪声，如图 4－6－8 所示。

图 4－6－8　电容器和框架之间加装的减振垫实物图

目前，在已投运的扎鲁特—青州±800kV 特高压直流输电工程和即将投运的上海庙—临沂±800kV 特高压直流输电工程中都采用了相应的电容器降噪措施，降噪效果能够达到 5dB 以上，很好地满足了工程需要，节约了隔声屏障的造价。

（二）滤波电抗器降噪措施

由于直流输电系统中，交直流变换会激励多频次谐波电流，且数值较大，需要设计滤波装置予以消除。当这些谐波流经滤波器电抗器时，尽管产品本身结构牢固紧密，但由于频率较高也会产生较大的噪声。目前的电抗器降噪措施主要是外部加隔音罩，也是屏蔽隔离的手段；另一方面通过紧固相关连接部位加强稳定性减少振动也是重要的降噪手段；工程中还出现过由于产品固有频率与噪声频率接近导致噪声放大的情况，因此从设计上避免固有频率与噪声频率重合也是研究的重点方向。

（1）外部加装隔音吸声装置。以隔音和吸声相结合的整套隔声降噪措施，具体为：

1）电抗器线圈本体与夹层的隔声空腔内加置吸音板；

2）同时将防雨罩、中间隔声罩和下隔声罩与电抗器本体之间采用吸声材料进行封堵处理，详见图 4－6－9，降噪材料采用多孔吸声装置。在安装隔音罩的过程中需注意严格做好紧固措施。

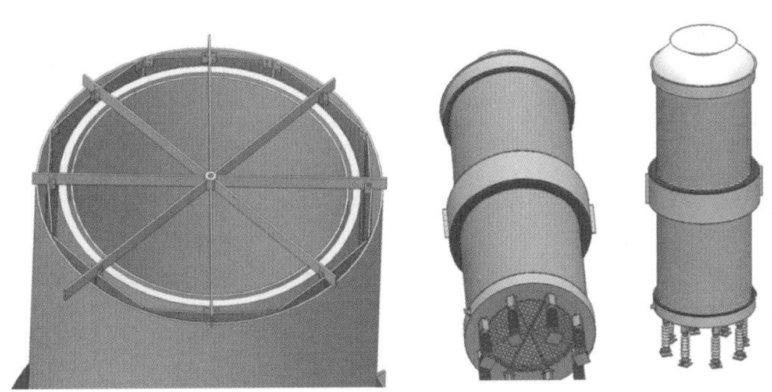

图 4－6－9　封堵、吸声装置安装示意图

（2）特殊的工艺措施。滤波电抗器所运行的环境，在通常情况下都有严格的噪声指标要求，在设计 1000kV 交流滤波电抗器时，为了更好地控制噪声，可将各包封层的内侧与外侧都包绕环氧玻璃纱，并铺设玻璃丝布带，增大了电磁振动阻尼，减小了噪声辐射功率。此外，由于干式空心电抗器与铁芯电抗器结构上的根本区别是没有铁磁回路，所以当电抗器正常运行时，会在绕组上产生强大的交变磁场，身处磁场中的导线会因交变磁场产生振动，从而发出噪声。为了从根本上控制噪声的水平，在线圈绕制过程中，使每根导线都挂特殊绝缘胶，胶可使导线与环氧层黏合更紧密。当线圈完成高温固化后，导线与环氧层会形成一个整体，有效将导线的振动控制在一定的范围内，降低了噪声水平，同时提高了电抗器的整体性。

通过上述措施，有效降低了滤波电抗器噪声水平，降噪能力大约 4dB 以上。电抗器是滤波器场的最主要的噪声源，尤其对于 1000kV 滤波器谐波电流更大，噪声的影响更加明显，该方案在多个分层接入 10GW 工程中得到了应用。

五、1000kV 高压电容器塔电场分布研究

相对于 500kV 和 750kV 系统，1000kV 系统由于电压等级提高，电晕问题相对突出。在 1000kV 系统标称电压等级下，交流滤波电容器装置的绝缘设计比较紧张，电容器装置的空间尺寸和复杂程度都大大增加，而其电场分布又对结构设计很敏感，细小的结构调整会影响整体的电场分布以及表面最大场强的数值，也就改变了其电磁辐射特性，因此需要准确计算整个电容器装置的电场分布情况。

对于采用有限元方法计算电场而言，需要对电容器装置整体进行全尺寸的三维建模，同时需要采用更小的部分单元来提高计算精度，主要难点在于实现精细建模和求解庞大的模型，还需要解决表面最大场强的准确计算、激发函数的选取以及空间电磁场积分等复杂问题。

（一）1000kV 交流滤波电容器塔的电场设计优化

（1）管形母线直径的优化设计。500kV 交流滤波电容器塔的高压管形母线的截面直径一般采用ϕ100～120mm，而 1000kV 电容器塔采用ϕ150～200mm。管径的增加有效的优化了电场分布，降低了表面场强。

（2）管型母线形状的优化设计。500kV 交流滤波器塔一般采用工字形结构，带终端球的设计，这样较为节省材料，而 1000kV 电容器塔全部采用整体环形结构，并采用更大的管径。如图 4－6－10 所示。

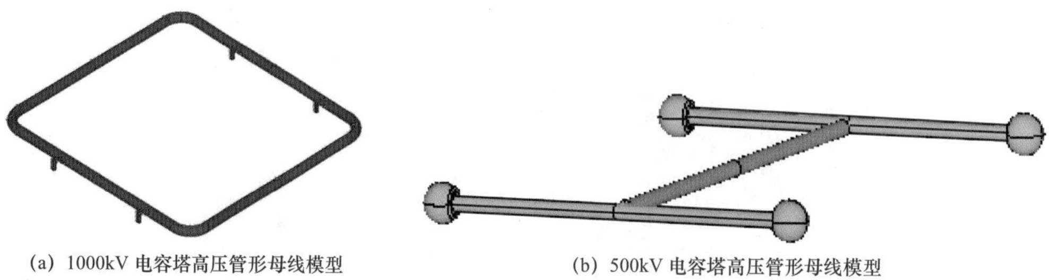

(a) 1000kV 电容塔高压管形母线模型　　(b) 500kV 电容塔高压管形母线模型

图 4－6－10　高压管形母线模型对比

根据滤波器塔的结构建模，计算得到高压电容器装置 XZ 平面的电位分布云图如

图 4－6－11 所示。从图中可以看出，场强分布最严重的位置还是在高压塔的顶端部位。以高压电容器塔模型对整个电容组进行覆盖性电场核算，核算出电容器组的最大电场强度。

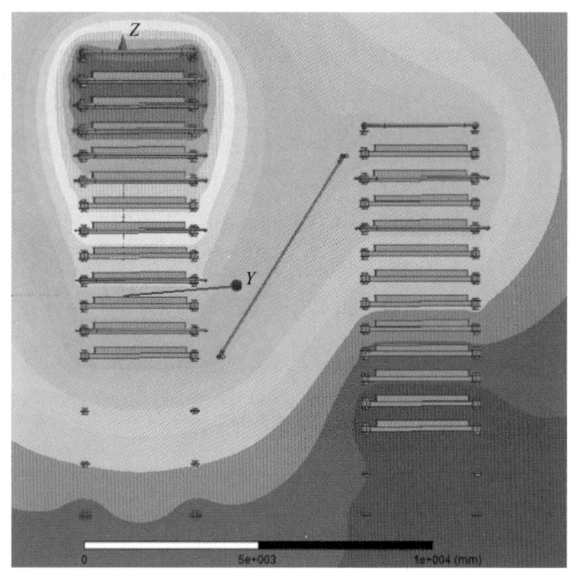

图 4－6－11　高压电容器装置 *XZ* 平面的电位分布云图

（二）优化设计效果

1000kV 交流滤波电容器装置在塔架中设置ϕ70mm 的均压环，以均匀塔的整体电场分布，顶层ϕ150mm 进线管形母线。通过电容器装置的表面场强核算，最大的场强应会出现在管形母线、均压环、高压管形母线固定金具的支座。经过有限元分析计算，以某 1000kV 滤波器场为例，电容器组的最大电场强度有效值约为 9.44kV/cm，见图 4－6－12，小于交流下电场强度最大控制值 15kV/cm（有效值），满足导体表面不起晕的要求。

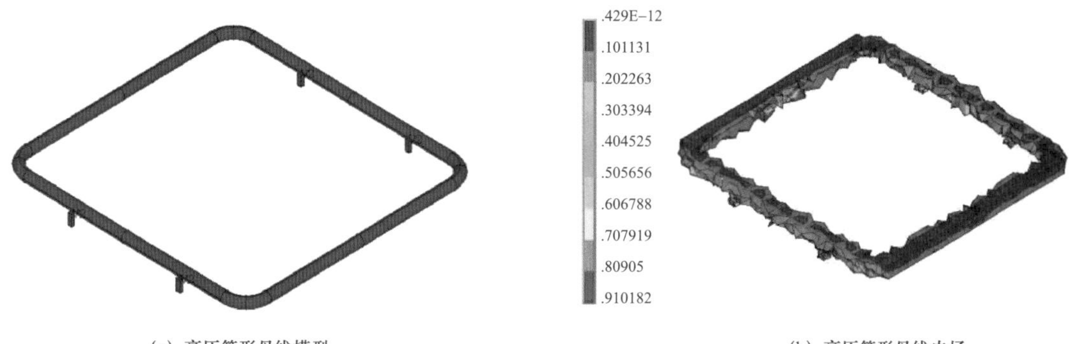

(a) 高压管形母线模型　　(b) 高压管形母线电场

图 4－6－12　某 1000kV 高压管形母线模型及电场仿真结果

六、1000kV 高压电容器塔不平衡保护设计

对于高压并联电容器组，一般需配置不平衡保护。电容器组可以采用 H 形或 Π 形接法，保护用 TA 装设在电容器桥臂之间。当电容器内部出现故障（如多个元件击穿、多个串联

段元件击穿等）将会引起电容器组的相间、段间或臂间电容值的不平衡，产生不平衡电流。电容器组不平衡保护即是基于此原理，当保护输出达到保护整定值时，可以报警或切出故障滤波器，避免发生雪崩效应损坏整组电容器。不平衡保护的定值通常是由厂家根据电容器内元件损坏后，其他元件的过电压倍数来确定的。一般电容器内部元件过电压倍数达到1.3 左右报警，1.7 左右报警并延时 2h 跳闸，达到 1.9 以上立即跳闸。具体的过电压与不平衡电流的关系需根据电容器结构型式和设计计算给出。典型的电容器组 H 形电气接线图如图 4－6－13 所示。

电容器组额定电压越高，总的元件串联数就越多，保护整定初始值会越小，保护的灵敏度越高，越容易发生误动作，可靠性越低。同样的元件过电压倍数，保护整定输出值会相对小，可靠性会较低。电容器元件串联数与可靠性见图 4－6－14。

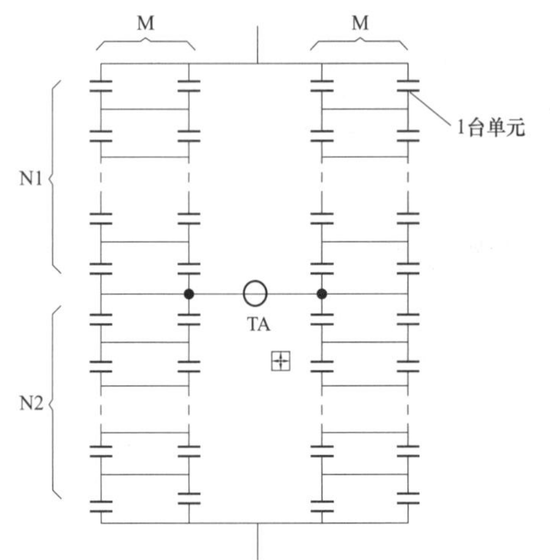

图 4－6－13　常规 H 形不平衡保护电气接线图

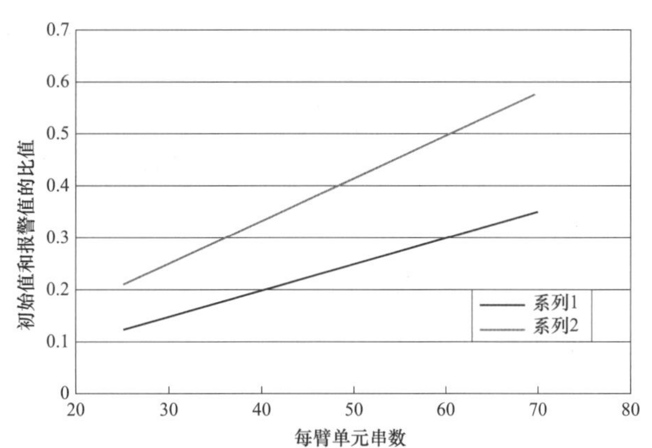

图 4－6－14　元件串联数和可靠性指标趋势图

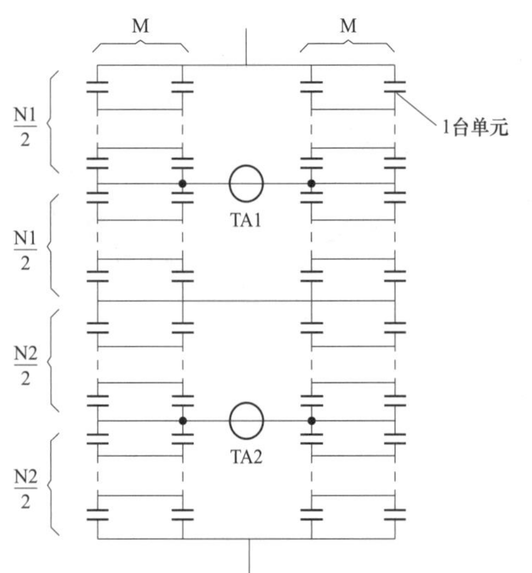

图 4－6－15　双桥差不平衡保护电气接线图

对于 1000kV 交流滤波器电容器塔，由于电压等级极高，如果仍然采用图 4－6－13 的这种单桥差不平衡保护的结构，会导致初始不平衡电流很小，对 TA 的精度、电容器配平和保护的灵敏性都提出了很高的要求，难以满足单相桥臂之间的偏差在 1.000 5 以内，以及使初始不平衡电流值/报警不平衡电流值满足小于 1/4 的技术要求。为了解决此问题，提出对于 1000kV 滤波器电容器塔采用双桥差的不平衡保护方案，如图 4－6－15 所示。

采用串联双桥差保护方式，保护可靠性大大提高了，1000kV 交流滤波电容器串联双桥差与单桥差保护对比分析见表 4－6－3。

在 1000kV 滤波器电容器塔中采用串联双桥差保护，单相桥臂之间的偏差在 1.000 5 以内使初始不平衡电流值/报警不平衡电流值满足小于 1/4

的要求，极大地提高了装置运行的可靠性，防止保护误动作。

表 4-6-3 某换流站 HP12/24-C1 串联双桥差与单桥差保护对比分析

保护段	每相的臂之间最大与最小电容之比 γ	不平衡电流一次（mA）		初始不平衡电流/报警不平衡电流（A）	
		单桥	串联双桥	单桥	串联双桥
初始	1.000 5	18.8	18.8	0.298	0.162
	1.000 7	26.31	26.31	0.418	0.227
报警	—	63	115.8	—	—

七、小结

本节从抗震设计、噪声控制、电场分布、保护方式等几个方面，介绍了±800kV、10GW特高压直流分层接入工程 1000kV 无功补偿及交流滤波器设备的特点和设计难点，并结合实际工程，介绍了解决这些难题所采用的关键技术和措施。

通过加大根开设计，加强结构件和连接件等手段，有效地提高 1000kV 电容器塔的抗震性能；研究谐波电流对噪声的影响，针对电容器和电抗器设备采用隔声和阻尼等手段，取得了明显降噪效果；深入研究 10 000kV 高压电容器塔的电场分布，采用更大的管形母线直径和新的形状，满足导体表面不起晕的要求；采用双桥差的不平衡保护设计设计方案，解决初始不平衡电流小的问题，提高了保护动作的可靠性。

本节介绍的措施和方法，有效地解决了 1000kV 等级的无功补偿和滤波器电压等级高、高度高、保护灵敏等特点引起的一系列特殊问题，满足工程应用的需求。

第七节 1100kV 交流滤波器小组断路器

一、概述

换流站内交流滤波器的投入和切除是由交流滤波器开关（断路器）来操作完成的。在特高压直流输电工程容量提升和分层接入条件下，必须采用更高电压等级 1100kV 交流滤波器断路器设备。

关合电容器组时会产生高频涌流，涌流幅值比正常工作电流大几倍至几十倍，频率可达几千赫兹，背对背电容器组关合时尤为严重，由于电容器组间安装位置较近，其间电感很小，已投入的电容器组会向拟投入电容器组充电，产生幅值和频率都很高的涌流，容易造成触头熔焊和烧损、零件损坏及绝缘损伤等。

容性电流开断时恢复电压高、持续时间长，易发生重击穿，产生过电压，对无功补偿装置和系统绝缘构成严重威胁。

系统滤波器投切频繁，对断路器设备的电气寿命要求高。投切滤波器组用断路器必须具有更好的耐烧蚀性，使其开断时可耐受更高的恢复电压，进而实现更长的电寿命以及极低的重击穿概率。

为了适应国内的地震烈度，滤波器小组断路器需满足 0.4g 加速度甚至更高，对产品结构和关键材料、部件强度要求非常高。对于这么高地震烈度的适应能力应采取真型试验进行验证。

二、整体技术方案

（一）总体结构

常用的交流 GIS 有柱式及落地罐式，1100kV 交流滤波器小组断路器采用柱式结构，相比罐式结构，柱式结构灭弧室中所需要的 SF_6 气体较少，减少了对环境的不利影响，环保性好，同时也节约了成本，经济性更好。

1100kV 滤波器小组断路器由三相构成，其单相断路器主要由两组 T 形结构断路器串联构成整体断路器结构，每组 T 形结构断路器包括灭弧室单元、操动机构、绝缘支柱、绝缘拉线、液压碟形弹簧操动机构及其他附件，三相断路器之间靠电气控制回路实现三相联动操作。产品采用空心复合绝缘子结构。断路器相间距不小于 11.5m，高度为 14.4m，三相断路器占地 25m×12m。单相 1100kV 滤波器小组断路器结构示意图见图 4－7－1。

图 4－7－1　单相 1100kV 滤波器小组断路器结构示意图

（二）元件结构特点

1. 灭弧室单元

灭弧室单元由灭弧室、均压电容器、合闸电阻（选相合闸可不带合闸电阻）、三联箱/五联箱、均压环等部件组成，其中灭弧室采用 550kV 滤波器小组断路器的灭弧室结构；均压电容器使断路器各个开断单元的不均匀系数小于 1.05。采用压气式灭弧原理，其可靠性高于 5000 次。每相的四个灭弧室单元断口间机械上相互独立、同期性由电气连锁保证。

2. 操动机构

1100kV 滤波器组断路器主要采用全弹簧操动机构和液压碟形弹簧机构。

弹簧操动机构具有能量的可利用性、全面的可靠性、良好的低温特性以及维护较简单等方面的优点。优化灭弧室型式后，在较低的能量下就可以实现由一台弹簧操动机构操作两断口断路器。

对于采用大功率液压弹簧操动机构的 1100kV 交流滤波器小组断路器，针对双机构操作型式，特殊设计二次控制回路，分合闸控制采用串联设计，保证两个机构同时动作，使用高可靠性的二次元器件，保证分合闸同期性。该机构性能稳定，机械传动可靠。

三、1100kV 交流滤波器小组断路器开合试验

（一）开断性能

1100kV 切滤波器组断路器在开断容性电流时，恢复电压高达 2900kV 且持续时间长，

易发生重击穿，因此必须要在全部开断区间内稳定开断，采取相关措施避免出现重击穿现象。

灭弧室采用 550kV 切滤波器组断路器的灭弧室结构，该结构成功地通过 1470kV 容性恢复电压试验的考核。研究断路器的运动特性，计算灭弧室动触头运动到各个位置时的电场分布情况，以避免由于断口间的绝缘强度不够而发生重击穿。根据精确计算得到的数据，调整断路器的机械特性，使开关在很短时间内尽量增大断口距离，保证在触头刚分时间很短的情况下耐受较高的恢复电压。同时，通过调整机械特性，减少关合时的预击穿时间，减轻电弧对触头的烧蚀。

（二）C2 级试验

对特高压断路器，实验室可采用直接试验法或合成试验法进行试验，依据 GB/IEC 标准，实验室满足相应条件的单相试验是有效的。试验回路可由电容器、电抗器、电阻等集中元件组成。但实际运行中，特高压断路器的直接试验法，存在工频电压变化率超出标准要求的问题，因此直接试验法不予考虑。

对特高压断路器，当试验室电源及电容器负载不能满足直接试验的要求时，GB/IEC 也推荐了合成试验法。容性电流开合的合成试验回路由电流回路和电压回路两部分组成，尽管可以采用感性或阻性电流回路作为替代，但两个回路都应具有容性的特征。两个回路的电源可以串联也可以并联，可由短路发电机提供，也可以由振荡回路提供。实验室这里采用短路发电机提供两个回路。

采用合成试验回路的优点是向试品断口两端分别施加的极性相反的电压波形与直接试验几乎相同，恢复电压不衰减，电容器工作电压低。但它的无法考核断路器关合涌流工况，因此 GB/IEC 标准允许单独进行一系列的关合试验。

按照 DL/T 402—2016《高压交流断路器》的 6.111.9 背对背电容器组电流开合试验相关要求进行试验。试验方式 1（BC1）包括总计 48 次分闸操作试验。试验方式 2（BC2）包括总计 120 次合分操作试验。试验电压系数为 1.3，对断路器的半级进行考核，不均匀系数取 1.05。

1. 关合涌流试验

（1）带合闸电阻的方案：关合涌流峰值 8kA，涌流频率 3750Hz。不带合闸电阻的方案：关合涌流峰值 20kA，涌流频率 4250Hz。

（2）合闸前，在断路器所在处测得的试验电压 U 应不小于 $1.3\times1100\times\sqrt{2}\times1.05/(2\times\sqrt{3})=612.9$（kV）。

（3）合闸应发生在电压峰值±15° 内。

（4）涌流的阻尼系数大于或等于 0.85。

由于试验回路采用直流关合电压，因此充电电压足够的情况下上述（2）、（3）条自动满足。

在试验过程中，断路器合闸电阻开路。

2. BC 开断试验

试验电流：BC1：40－160A；BC2：400A。

试验电压：$U_r=1.3\times1100\times1.05/(2\times\sqrt{3})=433.5$（kV）。

合成试验回路如图 4－7－2 所示。电压、电流分别由两个回路提供，保证电压稳定，解决直接试验法电源容量小，带来的电压变化问题，准确模拟现场短燃弧工况，符合标准的严格要求。

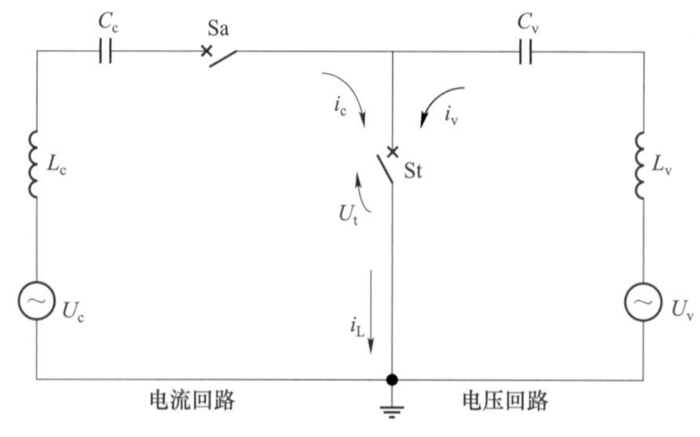

图 4-7-2　合成试验回路

（三）裕度试验

1000kV 滤波器小组断路器要具备频繁动作、长期操作、稳定操作的能力，对于如此高电压等级的断路器，这是十分苛刻的。

基本 C2 试验方式试验次数有限，为了验证断路器电容器组电流开合电寿命，可以进行电寿命补充试验，循环按轮次开展，每轮通过后进行下一轮试验，每轮试验方法如下：

断路器不采取加装合闸电阻和选相控制器等涌流抑制装置时按此试验。按照 DL/T 402—2016 的 6.111.9 背对背电容器组电流开合试验相关要求进行试验，并做如下补充：

（1）60 个 C，分布在一个极性上。

（2）48 个 CO（其中 C 为空载），在一个极性上的最短燃弧时间。

（3）60 个 C，分布在另一个极性上。

（4）48 个 CO（其中 C 为空载），在另一个极性上的最短燃弧时间。

裕度试验以考核断路器极限性能为目标，中途断路器性能失效则试验提前结束。

1100kV 交流滤波器小组断路器顺利通过容性开合 C2 级试验及裕度试验，理论上现场在 5000 次投切过程中具有极低的重击穿概率。

（四）FC2 试验

交流断路器的标准一般是针对系统正常的工况下投切电容器的情况，尚未考虑系统故障工况下切除滤波器组或电容器组。因此还需要进行 FC2 试验。

试验电压：$U_r=1.6\times2\times1100\sqrt{2}/\sqrt{3}=2873$（kV）。试验电压取 2900kV。

试验方法：6 个 O，分布在一个极性上（步长，30°）；6 个 O，分布在另一个极性上（步长，30°）。

试验判据：如果在试验过程中未出现重击穿，则断路器成功通过了试验。如果在整个试验中出现一次重击穿，则试验须在未经检修的同一台断路器上重新进行。如果在该延长的试验系列中没有出现重击穿，则断路器成功通过了试验，试验过程不应发生外部闪络和相对地闪络。

四、复合灭弧室内壁抗烧蚀性能提升

1100kV 交流滤波器小组断路器的灭弧室、并联电容器、合闸电阻和支柱绝缘套管全部采用空心复合绝缘套管。

多年来，SF_6高压开关设备选用的套管均为瓷质充气（SF_6）套管，然而其存在质量重、易碎等问题，特别是高压和超高压等级使用的套管，因整体烧结困难，主要采用粘接工艺，粘结工艺质量也难以控制。与瓷套管相比，复合套管利于减重，降低抗震难度，同时可避免爆破碎片对人员和设备的威胁。因此，在1100kV柱式断路器采用复合套管。

复合套管的最大的缺点是内壁耐受电弧烧蚀性能差，制约了其在柱式SF_6高压开关上的使用。为解决此问题，使用了改进的抗烧蚀工艺。改进方案是采用聚四氟乙烯的整体粘接工艺，对设计好的聚四氟乙烯板材的两端进行减薄处理，减薄处理的目的是为了两端面粘结时不出现明显的台阶，进而使粘结缝粘结完好并不留有空气进入的台阶。在聚四氟乙烯一面进行钠萘处理，减薄处理后的白面一端也使用钠萘处理，便于内衬与内衬粘结良好。随后将处理好的聚四氟乙烯板材卷在芯模上，进行湿法缠绕。具体的工艺控制要点如下：

（1）优化聚四氟乙烯板材的设计尺寸包括板材宽度、斜边宽度加宽。

（2）调整板材胶黏剂的配方，控制胶液黏度和反应活性，降低流动性。

（3）优化聚四氟乙烯板材的制衬工艺，准确控制胶黏剂的涂覆区域以及涂覆面积。

（4）控制搭接面胶黏剂涂覆厚度和均匀度，胶黏剂涂覆后，再用专用工具进行刮胶处理。

（5）降低制衬温度，延长胶黏剂的反应时间，降低工人制衬操作难度。

聚四氟乙烯内衬（薄膜及板材），内衬与管体粘结牢固，不允许出现分离现象［如管体与内衬间气泡、起层（包括划伤引起的起层），管端部剥离等缺陷］，内衬允许有划痕，但不允许出现深度超过0.2mm的划伤，不允许有轴向贯穿的划伤。薄膜内衬重叠区域粘结牢靠，不允许有剥离现象，板材内衬接缝必须过渡圆滑，不能有缺胶现象。搭接缝处不允许出现单个深度超过0.8mm，面积超过30mm^{2}的缺陷，缺陷总数不能超过8个。

改进的工艺顺利通过耐800℃高温、耐烧蚀试验，高温烧蚀后界面完好无损，耐高低温性能、耐漏电起痕、耐HF腐蚀性能良好。

五、1100kV交流滤波器小组断路器抗震性能

（一）提升产品抗震性能

我国处于环太平洋地震带和喜马拉雅—地中海地震带的交汇地区，每年地震数量多，震级高，破坏性大。作为维护电网安全运行的重要电力设施，特高压站内设备需具备一定抗震能力，确保地震来临时的地区用电安全与稳定。1100kV交流滤波器小组断路器重心高，易受地震等灾害影响。为避免成为特高压站抗震的薄弱环节，需对1100kV交流滤波器小组断路器合理优化设计与加固，提升其抗震能力，并且进行地震试验考核。

国内现在针对电力设施抗震的规范主要有GB/T 13540—2009《高压开关设备和控制设备的抗震要求》和GB 50260—2013《电力设施抗震设计规范》和国家电网公司企业标准Q/GDW 11132—2013《特高压瓷绝缘电气设备抗震设计及减震装置安装与维护技术规程》。根据产品具体结构建立仿真模型，在产品参数要求的抗震等级下进行抗震仿真计算，并根据抗震仿真结果找出薄弱环节，优化产品结构，达到提升产品抗震性能的目的。

根据评价标准，套管的总应力不应超过破坏应力的60%，即安全系数应大于1.67。玻璃钢筒的破坏应力为120MPa，其60%为72MPa。为提高产品强度，将支柱复合套管内径增大到ϕ320mm以上，并考虑相关措施提高产品抗震性能，如采用斜拉筋固定断路器，或

者加装减震器。

（二）产品抗震试验方案

1. 试验目的和要求

1100kV 滤波器小组断路器试验状态采用一柱结构，针对给定的试验要求（激励波的输入、台面输出谱与期望谱之间的容差控制、性能评价标准等方面），采用振动台试验，测定 1100kV 滤波器小组断路器结构的动力特性和地震反应，从而达到试验目的：对 1100kV 滤波器断路器结构的抗震能力进行判定（0.4g）。

2. 试验试件结构及思路

（1）试件结构。1100kV 滤波器小组断路器为双柱四断口结构，高度（含支架）18.5m，质量为 4018kg。支柱复合套管共 4 节。4 节支柱复合套管玻璃钢筒的内径全部为ϕ358mm，玻璃钢筒的壁厚全部为 21mm。双柱断路器灭弧室之间通过金具和铝绞线连接。

（2）试验思路。单柱试验样机设置 4 个状态，如图 4－7－3 所示。

状态 1：带拉筋、带减震装置；

状态 2：只带减震装置；

状态 3：不带拉筋、不带减震装置；

状态 4：带拉筋。

抗震试验思路：首先拿状态 1 样机试验，若未通过，则试验失败；若通过，则进行状态 2 样机试验。若状态 2 样机试验未通过，则拿状态 4 样机进行试验；若通过，则进行状态 3 样机试验。根据状态 2/3/4 样机的试验情况，分析 1100kV 交流滤波器小组断路器的抗震性能。

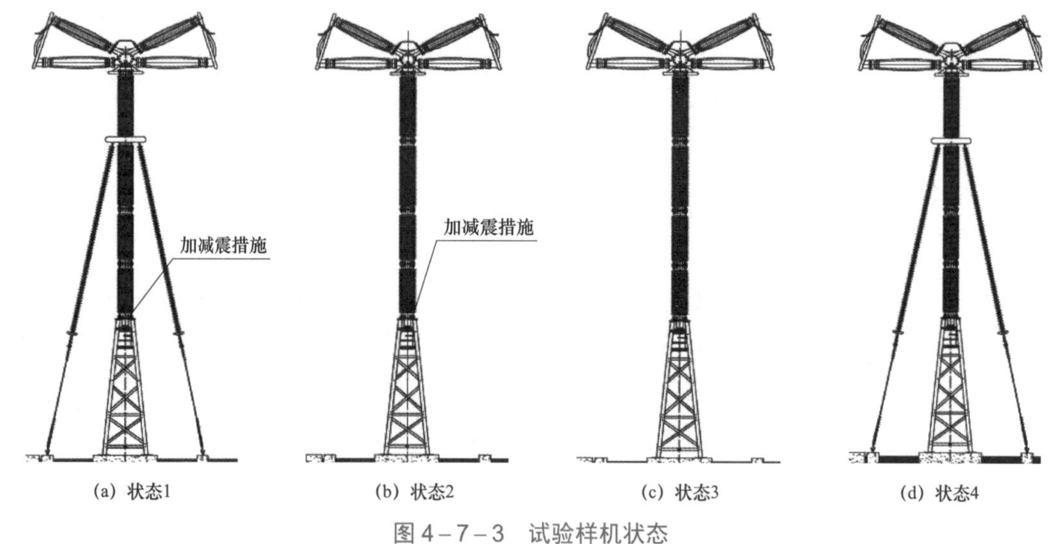

图 4－7－3　试验样机状态

3. 抗震试验要求

（1）抗震试验振动台输入地震波宜采用一条标准时程波，满足特高压抗震标准谱的要求和原则，反应谱是地震拟合波，反应谱为综合考虑强震比、持时、峰值个数、能量分布等因素后，从数百个天然地震时程记录中挑选出来的比较适合进行电气设备抗震试验的地震波，经过调整与重构后，即保留了天然地震波的随机性，又能满足相关反映谱的要求，其与 IEEE693 等规范的规定相类似。

（2）特高压电气设备抗震设计中，产品的抗震设防烈度 8 度对应的加速度峰值 0.40g（50 年超越概率为 2%）。

（3）轴对称电气设备结构，进行一个水平向地震试验；非对称电气设备结构，应同时进行至少两个水平向的地震试验；设备为悬臂构件，试验时应分别进行 X 向（水平向）$+Z$ 向（竖直向）和 Y 向（水平向）$+Z$ 向（竖直向）加速度时程输入，其中竖直向输入加速度峰值为水平向的 80%，水平向与竖直向时程波相干性应小于 0.3。

（4）振动台产生的试验反应谱（TRS）应包络要求的特高压标准反应谱（RRS），两者谱值之差应在 0%～50%之间，若 TRS 有小部分单个点在容差带之外且与试验设备共振频率错开也可接受。

（5）荷载组合中，除去地震作用和设备自重外，还需考虑风荷载以及等效质量。

（6）复合套管安全系数至少为 1.67，试验后应无功能损伤。

（7）其他试验要求，可以参照 GB/T 13540—2009 的相关规定。

（三）产品抗震试验

1. 电气设备抗震试验过程

（1）第一步进行加速度峰值为 0.05～0.08g，白噪声输入持续时间不少于 60s。

（2）第二步根据给定的标准时程波，以加速度峰值多次迭代以满足谱值容差要求。

（3）将选定的唯一试验波进行正式试验的激励输入，考虑到地震台能力情况，台面实际输出加速度值往往会低于加速度目标值，因此试验加速度峰值可根据实际台子性能按照设计加速度峰值的最大 1.1 倍（包络放大系数）确定。抗震试验现场照片见图 4－7－4。

图 4－7－4　抗震试验现场照片

3. 数据处理与分析

在样机上布置测点测试加速度传感器和应变，采用加速度积分计算得到位移。共使用 38 个应变片，24 个加速度传感器。加速度传感器分别布置在台面、钢支架顶部、每节复合套管顶部法兰（4 个）、顶部悬挑构件端部（2 个），共 8 个部位，每个三个方向共 24 个加速度测点；应变分别布置在钢支架底部、每节复合套管根部（4 个）、顶套管顶部、顶部悬挑构件根部（2 个）共 8 个截面，每个截面周边布置 4 应变，另 3 个斜拉筋每根各 2 个应变，共 38 个应变测点。

依据 GB 50260—2013 中 6.3.8 条，取 1.67 为试件应力安全系数最小值，即地震作用和其他荷载作用产生的瓷套管和瓷绝缘子总应力应满足

$$\sigma_{tot} \leqslant \sigma_u / 1.67 \qquad (4-7-1)$$

式中 σ_u ——设备或材料的破坏应力，由厂家提供；

σ_{tot}——地震作用和其他荷载产生的总应力，σ_{tot} 为自重＋地震作用＋额定内压＋常风风载＋0.7×端子静负载这五部分产生的应力之和。

在进行应力安全评判后，还应对设备进行试验后的电气功能检测，依据 GB/T 13540—2009 6.7.2.1 款：试验前后，在额定电源电压和操作压力下应记录或计算（适用时）下述动作特性、状态或整定值：① 合闸时间；② 分闸时间；③ 一极中个单元之间的时间差；④ 气体和/或液体的密封性（适用时）；⑤ 主回路电阻测量；⑥ 额定电压下辅助和控制回路的电气连续性检查；⑦ 制造厂规定的其他重要特性或整定值。

最后结合抗震试验结果与电气功能试验复核结果，给出如下结论和评定意见。

试品在四种形态下均通过 0.4*g* 地震动加速度的考核，试验结果表明，试品样机满足设计基本地震加速度为 0.4*g* 的抗震设防要求，具备较高的抗地震能力。

六、小结

本节介绍了 1100kV 交流滤波器小组断路器设备的技术方案、试验研究及性能提升工作。交流滤波器小组断路器关合涌流幅值大、频率高，恢复电压高、持续时间长，且交流滤波器投切频繁，部分地区要求滤波器小组断路器有较高的抗震性能。

针对以上技术难题，进行了 1100kV 交流滤波器小组断路器开合试验，包括 C2 级及裕度试验，提升复合灭弧室抗烧蚀性能，设计并进行了 1100kV 交流滤波器小组断路器抗震试验。1100kV 交流滤波器小组断路器顺利通过了相关试验，满足大容量特高压直流输电工程的使用要求。

第八节 大截面导线

一、概述

导线作为输电线路最主要的设备之一，首先需满足输送电能的要求，同时能保证安全可靠地运行。特高压输电线路还要求满足环境保护的要求，而且在经济上是合理的，因此，对特高压线路导线在电气性能、机械性能、经济性等方面都提出了严格的要求。根据设计选型的结论，10GW 特高压直流工程推荐采用 1250mm^2 大截面导线，相关科研、设计及制造单位开展了大截面导线及配套金具研制工作，研制出了满足特高压直流工程技术要的 1250mm^2 大截面导线及配套金具。

二、导线研制

（一）导线设计

在导线类型选择、结构设计及技术参数设计时，除导线本身外还需要考虑多种外部条

件，包括工程的技术要求、导线和金具制造的难度、施工设备和机具利用率等。

1. 设计参考依据

钢芯铝绞线设计的相关参考标准有：

（1）GB/T 1179—2017《圆线同心绞架空导线》（IEC 61089）。

（2）ANSI/ASTM B 232 Standard Specification for Concentric-Lay-Stranded Aluminum Conductors，Coated-Steel Reinforced （ACSR）。

（3）Q/GDW 10632—2016《钢芯高导电率铝绞线》。

2. 导线结构设计

按照单线直径合理、绞合可行的原则，1250mm² 级钢芯铝绞线结构可设计为 72/19（72/7）、76/19（76/7）、80/19、84/19 几种结构，均为四层铝线的结构型式。具体结构见表 4–8–1。

表 4–8–1　四种钢芯铝绞线结构

结构/规格	铝线分布情况	结构图	备注
72/7 72/19 （1250/50）	9+15+21+27		GB/T 1179—2017、ANSI/ASTM B 232、Q/GDW 10632—2016 中有此结构
76/7 76/19 （1250/70）	10+16+22+28		ANSI/ASTM B 232 中有此结构
80/19 （1250/85）	11+17+23+29		—
84/19 （1250/100）	12+18+24+30		标准 GB/T 1179—2017、ANSI/ASTM B 232、Q/GDW 10632—2016 中有此结构

3. 导线参数设计

几种结构的 1250mm² 级钢芯铝绞线导线具体参数见表 4–8–2～表 4–8–4。

表 4-8-2　　　　绞线参数

标称截面积（铝/钢）(mm^2)		1250/50	1250/70	1250/85	1250/100
根数	铝	72	76	80	84
	钢	7/19	7/19	19	19
单线直径（mm）	铝	4.70	4.58	4.46	4.35
	钢	3.13/1.88	3.57/2.14	2.38	2.61
面积 (mm^2)	铝	1249.16	1252.09	1249.83	1248.38
	钢	53.86/52.74	70.07/68.34	84.53	101.65
	总和	1303.02/1301.90	1322.16/1320.43	1334.36	1350.03
直径（mm）	芯线	9.39/9.40	10.71/0.7	11.9	13.1
	绞线	46.99/47.00	47.35/47.34	47.58	47.85
单位长度质量（kg/km）		3875.6/3868.3	4011.1/3999.4	4121.4	4252.3
额定拉断力（kN）	JL1/G2A	266.65/268.96	282.32/289.86	308.17	329.85
	JL1/G3A	274.19/276.34	294.23/299.43	319.16	343.07
直流电阻（20℃，Ω/km，铝线 61.5%IACS）		0.022 96	0.022 91	0.022 96	0.023 00
弹性模量（GPa）		60.5	62.0	63.6	65.2
线膨胀系数 (10^{-6}/℃)		21.5	21.2	20.8	20.5
铝钢比		23.69	18.32	14.79	12.28
拉重比（km）	JL1/G1A	6.82/6.90	7.06/7.15	7.34	7.57
	JL1/G2A	7.02/7.09	7.18/7.40	7.63	7.92
	JL1/G3A	7.22/7.29	7.49/7.64	7.90	8.23

表 4-8-3　　　　镀锌钢线技术参数表

项　目		技术参数					
外观及表面质量		镀锌钢线应较光洁，并且不应有与良好的商品不相称的所有缺陷					
直径（mm）		1.88	2.14	2.38	2.61	3.13	3.57
直径允许偏差	正（mm）	0.03	0.03	0.04	0.04	0.05	0.06
	负（mm）	0.03	0.03	0.04	0.04	0.05	0.06
计算截面积 (mm^2)		2.78	3.60	4.45	5.35	7.69	10.01
G2A	绞前抗拉强度（MPa）	≥1450	≥1450	≥1410	≥1410	≥1410	≥1380
	1%伸长应力（MPa）	≥1310	≥1310	≥1280	≥1280	≥1240	≥1170
	伸长率（标距 250mm，%）	≥2.5				≥3.0	
	扭转试验（次）	16				14	12
	卷绕试验	3D				4D	

续表

项目		技术参数					
G3A	绞前抗拉强度（MPa）	≥1620	≥1620	≥1590	≥1590	≥1550	≥1520
	1%伸长应力（MPa）	≥1450	≥1450	≥1410	≥1410	≥1380	≥1340
	伸长率（标距250mm，%）	≥2.0				≥2.5	
	扭转（次）	14				12	10
	卷绕试验	4D					
抗拉强度绞后偏差（MPa）		≤150	≤150	≤150	≤150	≤150	≤150
单位长度质量（kg/km）		21.60	27.98	34.61	41.62	59.98	78.08
镀锌层质量（g/m^2）		≥215	≥215	≥230	≥230	≥245	≥260
镀锌层附着性		4倍钢丝直径芯轴上卷绕8圈，锌层不得开裂或起皮。（3.57钢线为5倍直径）					
镀锌层连续性		用肉眼观察镀层应没有孔隙，镀层光滑，厚度均匀					

注 表中钢线强度为国家标准标准要求值，根据导线试验及配套耐张线夹接续管握力试验结果，推荐工程应用时1250/70钢线（G3A－3.57）抗拉强度调整为绞前抗拉强度1570MPa，1%伸长应力1390MPa。1250/70钢线（G2A－2.61）抗拉强度调整为绞前抗拉强度1460MPa，1%伸长应力1330MPa。

表4－8－4　　铝单线技术参数表

项目		技术参数			
外观及表面质量		表面应光洁，并不得有与良好的商品不相称的任何缺陷			
直径（mm）		4.70	4.58	4.46	4.35
直径允许偏差	正（mm）	0.047	0.046	0.045	0.044
	负（mm）	0.047	0.046	0.045	0.044
计算截面积（mm^2）		17.35	16.47	15.62	14.86
20℃时直流电阻率（nΩ·m）		≤28.034（61.5%IACS）			
抗拉强度（MPa）	绞前最小值	160			
	绞前平均值	165			
	绞后最小值	152			
	绞后平均值	157			
	均匀性	≤25			
单位长度质量（kg/km）		46.90	44.53	42.23	40.17
卷绕		1d卷绕8圈，退6圈，重新紧密卷绕，铝线不得断裂			

注 表中铝线强度为国家标准标准要求值，根据导线试验及配套耐张线夹接续管握力试验结果，推荐工程应用时1250/70铝线(L1－4.58)抗拉强度调整为绞前最小值175MPa，绞前平均值180MPa，绞后最小值166MPa，绞后平均值171MPa。1250/100铝线（L1－4.35）抗拉强度调整为绞前最小值171MPa，绞前平均值176MPa，绞后最小值162MPa，绞后平均值167MPa。

4. 相关问题分析

（1）导线结构。GB/T 1179—2017中大截面的钢芯铝绞线有72/7、72/19及84/19三种结构。ANSI/ASTM B 232中大截面钢芯铝绞线有72/7、76/19及84/19三种结构。72/7与72/19

结构相似，铝钢比大，达到了23。根据900mm^{2}及1000mm^{2}导线（JL/G3A－900/40－72/7及JL/G3A－1000/45－72/7）研制及工程运用经验，压接强度损失率大（超过 10%）。为此，在应用中为保证工程使用需大幅提高铝线及钢线强度，出现了设计参数与实际应用的不合理的情况，且存在一定的技术风险，因此在1250mm^{2}级大截面结构设计时不推荐这两种结构。76/7、76/19结构均为1250/70导线截面，根据以往经验70mm^{2}钢芯7股钢芯结构是可行的，且较19股钢芯结构压接较为简单可以搭接，因此推荐76/7结构。完成了76/7、84/19结构的大截面导线研制，验证了其结构合理性及掌握了其压接损失，证明这两种结构导线可以进行工程应用。

（2）铝单线电阻率。900mm^{2}及1000mm^{2}导线用铝线电阻率均按照不低于61.5%*IACS*设计，目前我国导线生产的主流厂都能达到该技术水平，因此1250mm^{2}级大截面参数设计时导电率采用61.5%*IACS*。

（3）绞制引起的标准增量。本次设计计算选取的绞制引起的标准增量见表4－8－5。

表4－8－5　绞制引起的标准增量

绞制结构				增量（%）		
铝绞层		钢绞层		质量		电阻
单线根数	绞层数	单线根数	绞层数	铝	钢	
72	4	7	1	2.32	0.43	2.32
72	4	19	2	2.32	0.77	2.32
76	4	7	1	2.34	0.43	2.34
76	4	19	2	2.34	0.77	2.34
80	4	19	2	2.38	0.77	2.38
84	4	19	2	2.40	0.77	2.40

注　72/19及84/19增量参考GB/T 1179—2008。

5. 钢芯铝绞线设计研究

基于900mm^{2}及1000mm^{2}大截面导线研制及工程运用经验，结合1250mm^{2}钢芯铝绞线结构及技术参数设计研究、试制、试验，得到如下结论：

（1）推荐1250mm^{2}截面钢芯铝绞线铝线20℃电阻率不低于61.5%*IACS*（28.034nΩ·m）。

（2）72/19（1250/50）、72/7（1250/50）结构钢芯铝绞线铝钢比大，压接强度损失率高，握力难以保证，不推荐该导线方案。

（3）完成了导线试制、试验推荐了工程用导线的结构，确定了工程应用的1250mm^{2}大截面钢芯铝绞线JL1/G3A－1250/70－76/19及JL1/G2A－1250/100－84/19的技术参数，并在铝线强度、钢线强度等方面进行了调整。

（二）制造技术

1. 导线的生产工序

1250mm^{2}大截面钢芯铝绞线工艺流程图如图4－8－1所示，具体流程：采购铝锭，用连铸连轧机将铝锭轧制成铝杆，用高速拉丝机拉制出铝单线，用绞线机将钢芯和铝单线绞制出符合设计要求的导线。

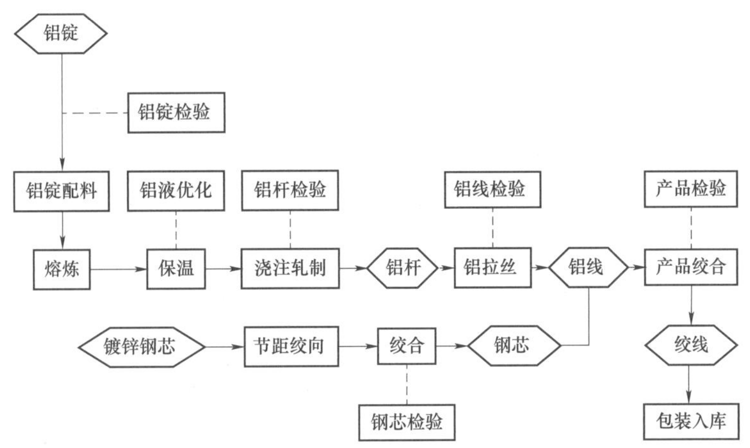

图 4-8-1　1250mm² 大截面钢芯铝绞线工艺流程图

2. 主要的生产设备

主要生产设备为连铸连轧机组、拉丝机、绞线机，参见图 4-8-2～图 4-8-4。线机的种类很多，效率高且适合绞制大截面导线的是框绞机。1250mm² 导线生产工艺与生产普通的钢芯铝绞线基本相同；绞线机的种类很多，效率高且适合绞制大截面导线的是框绞机。但是对四层绞结构的 1250mm² 导线而言，必须用四段式框绞机（84 盘及以上）才能达到一次绞合的要求。

3. 原材料的选择

根据大截面导线技术条件的要求，导线制造时必须在原材料的采购、生产工艺和过程检验等环节进行严格控制。

（1）重熔用铝锭。根据导线的技术条件，重熔用铝锭的化学成分应符合 GB/T 1196—2017《重熔用铝锭》中 Al99.70b 及以上化学成分要求，Al99.70b 及以上化学成分见表 4-8-6。

图 4-8-2　连铸连轧机组

图 4-8-3　高速拉丝机

图 4－8－4　框绞机

表 4－8－6　重熔用铝锭的化学成分

牌号	化学成分（质量分数，%）									
	Al，不小于	杂质，不大于								
		Si	Fe	Cu	Ga	Mg	Zn	Mn	其他每种	总和
Al99.90[b]	99.90	0.05	0.07	0.005	0.020	0.01	0.025	—	0.010	0.10
Al99.85[b]	99.85	0.08	0.12	0.005	0.030	0.02	0.030	—	0.015	0.15
Al99.70[b]	99.70	0.10	0.20	0.01	0.03	0.02	0.03	—	0.03	0.30

化学成分分析按 GB/T 20975《铝及铝合金化学分析方法》系列的规定进行。钒、铬、锰、钛不做常规分析，但必须保证符合表 4－8－6 的规定，铁硅比不小于 1.3。

铝锭外观呈银白色。铝锭应无飞边、夹渣和较严重的气孔。

（2）镀锌钢线技术要求。镀锌钢线应粗细均匀，并且不允许有任何种类的接头，镀层应是均匀连续、光滑、没有气孔、厚度均匀，且没有裂纹、斑疤、漏镀、镀液堆积及影响质量的一切缺陷。镀锌钢线应符合 GB/T 3428—2012《架空导线用镀锌钢线》中相应镀锌钢线（G2A、G3A）的规定。

特高强度镀锌钢芯应符合 GB/T 1179—2017 的要求。镀锌钢绞线应表面光洁，镀层连续、无任何型式的裂纹、毛刺， 不允许有任何种类的接头，绞线节距恒定，外径一致。镀锌钢绞线绞合时各单丝的张力应保持均匀一致，不得有单丝凸起、扭曲和不圆或“蛇形”现象。成品镀锌钢绞线在切割后，应无明显的回弹和散股，应易于重新组合，在压接时能将接续管自钢绞线切割端顺利套入钢管。同一钢绞线中镀锌钢线抗拉强度的不均匀值不得超过 150MPa。

4. 工序控制

（1）铝杆连铸连轧。1250mm^2 导线将铝单丝的导电率提高到 61.5%IACS、绞前平均抗拉强度大于 180MPa、绞后平均抗拉强度大于 172MPa 和强度均匀性要求小于 25MPa，作为铝单丝的重要的考核指标。要生产出低电阻率、高强度的铝杆，要从材料选用、成分的优化处理、熔铸、连铸连轧中控制铝液温控、恒速轧制、均匀冷却等的工艺条件等方面做大量的工作。

要获得优于控制指标的铝线，电工铝杆的抗拉强应控制在 120～125MPa，抗拉强度均匀性不大于 10MPa，伸长率不小于 6%，电阻率不大于 0.027 801（$\Omega \cdot mm^2$）/m。且铝杆表面应光洁，圆整。

1）铝杆电阻率的控制。铝液中 Si、Fe 元素的含量以及 Ti、V、Mn、Cr 等微量元素的含量对铝线的电阻率影响很大，因此，必须严格控制铝液成分，其中 Si≤0.07%；Fe≤0.18%；其他 Ti、V、Mn、Cr 等微量元素的含量≤0.01%，在生产过程中采用 CCD 直读光谱仪等先进检测设备对每炉的铝液成分进行检测控制，对不同成分的铝液采用加入稀土合金或硼化处理等技术，保证铝杆电阻率满足技术要求。

2）控制铝杆的表面质量。铝线的斑疤、起皮、麻点很大程度上与轧机孔径的调整有关，因此，生产前必须认真检查和调整轧机各道的孔径，而且生产过程中应随时检查铝杆的表面质量，从而消除下道拉丝工序引起表面缺陷的隐患。

3）气孔、夹渣的控制。采用优选高效无毒精炼剂对保温炉内的铝液进行处理，该精炼剂在铝液中能产生高纯氮气形成微小气泡，利用惰性气体的除气原理除掉铝液中的有害气体，然后采用粉状除渣剂除去铝液中的氧化夹渣。浇铸前在浇包内安装了陶瓷过滤板有效地控制了铝液的有害气体和夹渣。

4）铝杆强度均匀性的控制。铝单丝强度的均匀性是导线很重要的一个性能指标， 铝单丝强度的均匀性与铝杆强度的均匀性有直接的关系，导致铝杆强度不均匀性的主要原因是铸锭进轧温度不能连续的恒定，导致铸锭温度变化的原因与铝液的温度、铸锭的冷却、轧制的速度以及铝杆冷却速度等多方面原因有关，尤其是铝杆成圈前温度较高，使成圈的铝杆内外温度差异较大，冷却速度不同造成铝杆强度的不均匀。主要可以采取以下措施保证铸锭进轧温度的恒定，来保证铝杆强度的均匀。

（a）采用自动电加热方式，保证保温炉铝液温度控制在±5℃以内。

（b）浇铸机和连轧机采用 PLC 联动控制，轧制速度恒定，有利于进轧铸锭温度连续恒定。

（c）对浇铸工进行严格培训和考核，提高浇铸技术水平，保持浇铸液位在 2cm 以内波动，保证铸锭温度连续的稳定性。

（d）采用 H 形结晶轮四面均匀冷却，冷却效果好，冷却均匀，使铸锭四面结晶效果相同，铝杆强度一致。

（e）对铝杆在爬高段加装冷却装置，可以采用水冷也可以采用乳化液冷却，使成圈时的铝杆温度保持在 100℃以下。

（2）铝线拉丝。为保证铝单丝抗拉强度波动范围小于 25MPa，在拉拔时尽可能选择抗拉强度值较为接近的铝杆，以保证铝线强度的均匀性。绞前铝线抗拉强度控制在 175～195MPa，可以保证铝单丝绞合后抗拉强度平均值不小于 162MPa，抗拉强度均匀性不大于 25MPa。

铝线的电阻率主要靠控制电工铝杆电阻率来实现，需使用电阻率不大于 0.027 801（$\Omega \cdot mm^2$）/m 的铝杆拉制铝单丝，其铝单丝电阻率方能达到国家电网公司发布的《1250mm^2 大截面导线技术条件》的规定，即满足电阻率不大于 0.028 034（$\Omega \cdot mm^2$）/m 要求。

由于导线外层铝单丝不允许有接头，铝单丝拉拔时必须采用定长拉丝，这样既可以避免因铝单丝长度不足造成的接头，又可以有效减少铝单丝剩余废丝的数量。

根据试制产品的规范要求，铝单丝直径不得出现负公差，考虑到绞制过程中铝单丝存在拉细现象，在拉丝过程中需控制铝单丝公差范围。此外还要选择合适的拉丝速度、油温、拉丝模具材质等，才能保证铝单丝的指标合格。

（3）绞线。根据导线技术条件及试制的经验总结，绞线重要工艺控制点如下：

1）节径比控制。从导线的绞合质量上看，制品紧密性、握着力等都与节径比有很大的关系。从理论上讲，导线的绞合节径比越小，节距越小，导线绞合就越紧密。但是绞线的节径比并不是越小越好，太小制品会出现“码线”情形，同时应力也会增大，因此，选择合适的节径比和节距是至关重要的，它对后期导线的展放，紧线都有很大的益处，根据厂家自身的制造经验，结合设备和规范要求，将四层铝线从内到外的节径比分别控制在 15.0、14.0、13.0 倍和 11.0 倍的附近。

2）预成型效果控制。成品绞线的预成型效果要达到所有镀锌钢线和铝单丝自然地处于各自位置，当切断时，各线端应保持在原位或容易用手复位。

为此使用了单丝预扭装置，使铝单丝在进入并线模前形成 S 形走向，对各单丝都给以预扭，同时成品出线处增加了整股导线的预成形装置，使导线在该装置内做纵向和横向驼峰形曲线变化，达到金属线内部晶格的改变，从而最大程度的消除了铝线内部的弹性应力，使绞后的导线十分服贴，同时有效地解决了成品绞线的松股、蛇形问题，消除了绞线截断后的散花现象。使导线不仅能完全满足高压输导线路工程施工对接续的要求，而且满足了导线跨河、越山和恶劣环境下的使用要求。

3）成品导线的张力控制。张力如果控制不好，则制品会出现蛇形、背股及压线等现象，给施工造成很大的困难。张力控制实际上是包含两个张力：首先单丝的张力要均匀，目前一般的框绞设备均有张力稳定自动控制系统，较好地控制了单丝张力，但要经常检查维护电气原件，保证设备处于最佳状态；其次是收线张力的控制要适当，线盘底层的排线张力要大于外层的张力。如果张力较小，则导线排列不紧密，成盘后，导线在长途运输、现场展放过程中易压线，造成导线严重磨损，无法展放，带来巨大的浪费，所以张力控制是导线在制造过程中的关键。

4）外观质量控制。由于 1250mm^2 大截面导线用于特高压输导线路，因此对导线外观要求较严格。要想使成品导线圆整、光洁和表面无擦伤。绞线前应检查绞线机上的导线管，及时更换所有磨损的导线管；将生产该产品的绞线机牵引轮用洁净的丙纶地毯包严绑紧，避免绞合线芯在牵引轮上打滑磨损及粘上油污；生产过程中注意及时更换磨损变大的并线模，新更换的并线模的进线区和定径区要打磨光滑，进线区和定径区连接处应光滑过渡；成品导线采用侧板平整的交货盘收线，以避免侧沿划伤导线，成品排线要求平整；导线层与层之间垫纸。

5）外径控制。绞线成型模采用的圆形模具。

5. 过程检测

（1）原材料检测。应对铝锭的化学元素进行测定，对钢芯进行抽检，其性能应达到上述要求。

（2）铝杆检测。铝杆表面应光洁，圆整，无严重擦伤、起皮、槽沟、棱边及三角等。其机械及电气性能见表 4－8－7。

表 4－8－7　　　　铝杆机械及电气性能

规格（mm）	抗拉强度（MPa）	伸长率（%，250mm 标距）	20℃时电阻率［（Ω·mm^2）/m］
铝杆 ϕ9.5±0.5	120～125	≥6	≤0.027 801

（3）铝单丝检测。大截面导线要求圆线单丝直径没有负公差，为了满足技术要求，需要充分考虑各方面影响线径的因素，例如拉丝速度、拉丝张力、绞线张力、绞线预扭等因素，确定圆线单线成品模孔径比单丝标称直径大 0.03～0.05mm。铝单丝强度要求控制在 175～195MPa，强度太高的铝单丝电阻率难以达到 61.5%IACS 的要求，太低了强度范围比较大难以达到工程设计要求。单丝强度可通过拉丝进行适当调节，保证单丝强度在合理的范围内，但须进行 100%检验。

（4）绞线质量检测。应按技术条件的规定对绞线进行出厂检测。钢芯铝绞线 JL1/G3A－1250/70－76/7、JL1/G2A－1250/100－84/19 如图 4－8－5 和图 4－8－6 所示。

图 4－8－5　JL1/G3A－1250/70－76/7

图 4－8－6　JL1/G2A－1250/100－84/19

三、金具研制

（一）金具串研究

工程串形采用 8×1250mm^2 导线，绝缘子包括盘形悬式和复合绝缘子两种，强度等级包括 300、420、550、840kN 和 1000kN。

1. 导线分裂间距选取

运行经验表明，次档距振荡与次档距长度和分裂间距 S 及子导线直径 D 有关，S/D 的比值越大，越不易发生次档距振荡。常规设计中，这一比值为 10～20。据大电网国际会议对各会员国的咨询，$S/D>21$ 时未测到明显子导线运动，而大多数国家的 S/D 值在 15～18 之间时，也没有发生过严重的次档距振荡，如果小于 10，则可能产生严重的振荡。从国外经验看，国外大多数的交、直流输电线路不论电压高低，分裂间距与子导线直径的比值为

9.57～16.9，其 S/D 值的变化范围较大，最小值比我国采用的数值还要小。

（1）基于防次档距振荡的 8×1250mm^2 大截面导线分裂间距分析。对于 8×1250mm^2 大截面导线分裂间距选择 400、450、500mm 和 550mm 四种情况，分析不同分裂间距对次档距的影响。同样次档距长度条件下，随着分裂间距的增大，分裂导线次档距振荡幅值减小。

只考虑导线的鞭击情况时，导线的最大位移不超出 0.1m，安全系数大于 2.5，最大次档距长度的选取根据上述四种分裂间距分别为 67、74、81m 和 87m。

与 630/45、720/50、900/40 和 1000/45 导线相比，相同次档距长度条件下，1250/70 导线表现出更好的防次档距振荡能力。

（2）8×1250mm^2 大截面导线分裂间距选择建议。分裂间距为 450mm 时，采用 8×JL/G3A－1250/70 导线，S/D=9.51＜10；分裂间距为 500mm 时，采用 8×JL/G3A－1250/70 导线，S/D=10.56＞10。当 S/D 的值小于 10 时，分裂导线会发生严重的次档距振荡情况，给线路的安全稳定运行造成巨大的威胁。

考虑分裂间距取 500mm，将次档距振荡幅值控制在分裂间距为 550mm 时的水平，每千米线路大约需要增加 4 个间隔棒，过多地使用子导线间隔棒除了增大投资、经济性下降外，还会给线路造成抗覆冰扭转能力下降、抗导线覆冰舞动能力下降等不良的影响。

相同的外部激励下发生次档距振荡时，分裂间距取为 500mm 时的振动幅值比分裂间距取为 550mm 时大 5%。

因此，基于线路防次档距振荡的要求，建议 8×1250mm^2 大截面导线采用 550mm 分裂间距，然后通过选择合适的间隔棒对其进行优化布置来控制次挡距振荡水平。

2. V 形金具串夹角选取分析

从收集的国内外研究成果和设计资料看，V 形绝缘子金具串的夹角基本处在 70°～120°之间，绝缘子金具串允许受压角角度变化范围大。中国电科院进行的 V 形绝缘子金具串受压试验研究表明，当 V 形绝缘子金具串迎风肢的绝缘子最大偏移角（即 V 形绝缘子金具串受压肢的绝缘子受压角）在 9°时，钢脚应力值与 V 形绝缘子金具串夹角有关，其夹角为 110°时钢脚处应力最大，其夹角为 70°时钢脚处应力最小（此时最大水平荷载仅为 110°时的 50%左右）。对于盘形悬式绝缘子，当 V 串夹角 110°时，考虑到钢脚安全系数不宜小于 2.5，建议其迎风肢绝缘子金具串的最大偏移增大角控制在 7°以内；对于夹角 90°～70°的 V 形绝缘子金具串，其迎风肢的最大偏移增大角可以增大到 9°。考虑到绝缘子受压出现频率、冲击效应和电气间隙等问题，实际工程中迎风肢绝缘子串的最大偏移增大角一般控制在 5°以内，至今为止，已建特高压线路未发生掉联和绝缘子损坏的情况。考虑到长串受压特性要好于短串，结合参考相关实验结论，V 形绝缘子金具串的迎风肢风偏角（即受压肢受压角）按 7°～10°控制。

结合《特高压直流输电线路杆塔规划研究》成果，规划低海拔地区绝缘子金具串串形时，操作过电压倍数按 1.5（标幺值）和 1.58（标幺值）考虑，因此，针对操作过电压倍数按 1.5（标幺值）规划的塔形，其使用的 V 形绝缘子金具串的最小夹角可减小至 75°。

3. 串形优化研究

通过串形结构优化，提出紧凑型三联 V 形悬垂串，结构组成：该种轻冰区用紧凑型三联 V 形悬垂串由低压侧金具和高压侧金具两部分组成。低压侧金具采用“碗头挂板、一字形三变二联板、平形挂板和三角联板”组合，低压侧金具与铁塔连接。高压侧金具采用“碗头挂板、单三角联板、双板形一字三角联板、直角挂板”连接方式，高压侧金具与悬垂联板连接。

结构原理：高压侧金具通过“碗头挂板、单三角联板、双板形一字三角联板、直接挂板”的连接方式与悬垂联板进行连接，通过双板形三角板与单三角板连接结构缩短了金具串的长度，实现了两个悬垂联板在不均匀受力情况下的自平衡，保证了悬垂线夹的受力均匀、提高了线路的安全可靠性。低压侧金具通过“碗头挂板、一字形三变二联板、平形挂板和三角联板”组合的连接方式，通过一字形三变二联板缩短了金具串的长度，同时一字形三变二联板可自由转动，实现绝缘子之间均衡受力，保证了绝缘子及金具串各个元件受力均匀。串形结构如图 4-8-7 和图 4-8-8 所示。

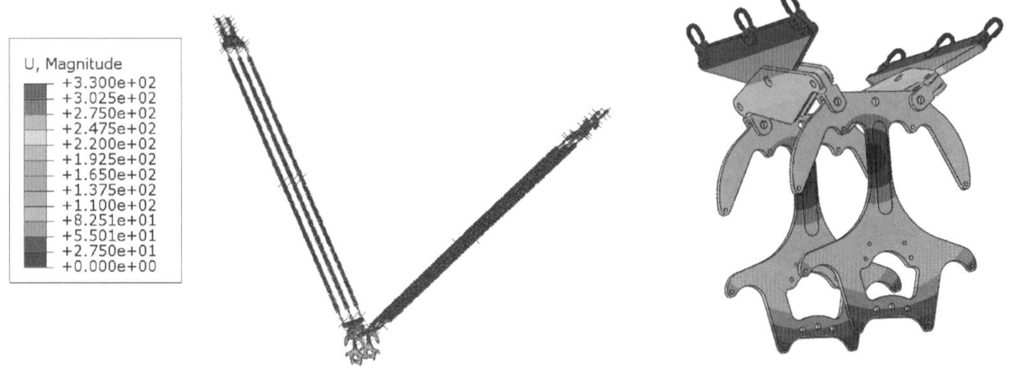

图 4-8-7　双线夹模型位移云图　　　　图 4-8-8　双线夹最大位移时刻局部放大图

（二）关键金具研制

1. 间隔棒

依据 DL/T 1098—2016《间隔棒技术条件和试验方法》中推荐的公式

$$P = 1.566\frac{2}{n}\sqrt{n-1}I_{cc}\sqrt{H\lg\frac{S}{D}} \tag{4-8-1}$$

式中　P——一根子导线短路电流向心力，N；

I_{cc}——短路电流，kA；

n——子导线分裂数；

H——子导线张力，N；

S——子导线分裂圆直径，mm；

D——子导线直径，mm。

耐受短路电流向心力是对间隔棒性能考核的主要指标，是其技术条件中起决定作用的一个方面。FJZ-855/48D 间隔棒短路电流向心力计算值为 18.08kN，考虑导线截面积增大及覆冰不同，轻、中冰区用铰链式间隔棒向心力取设计值的 1.1 倍，即 19.8kN。重冰区用预绞式间隔棒向心力取计算值的 1.2 倍，即 21.6kN。

研究试制了两种间隔棒如图 4-8-9 所示。

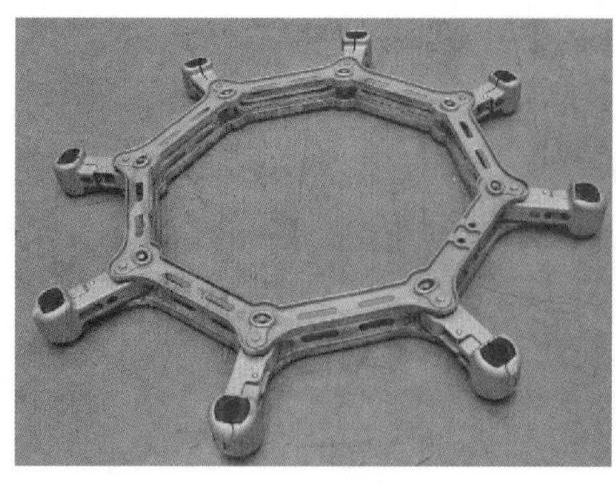

(a) 铰链式

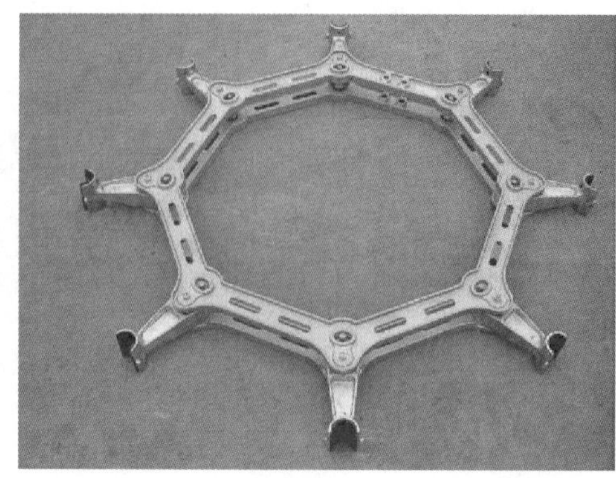

(b) 预绞式

图 4-8-9　间隔棒产品照片

2. 防振锤

根据防振锤推荐方案，设计了音叉式和狗骨头式防振锤，主要考虑防晕、谐振频率、锤头重、线夹结构和材料及工艺等几个方面。

(1) 音叉式防振锤。防振锤总质量计算公式为

$$W = m \times 3/4\lambda \tag{4-8-2}$$

式中　W——防振锤总质量；

m——导线单位质量；

λ——波长。

设计的防振锤参数为：M=5.1kg，镀锌钢绞线 n=19，d=3.2cm，J_0=1501.2N·cm²，镀锌钢绞线长度为 240mm。

(2) 狗骨头式防振锤。防振锤总质量计算公式见式 (4-8-2)，设计的防振锤参数为：M=4.8kg，镀锌钢绞线 n=19，d=3.2cm，J_0=1501.2N·cm²，镀锌钢绞线长度为 180mm。

根据 8×1250mm² 导线的特高压工程的需要，输电线路的平丘地段采用铰链式防振锤，33m/s 及以上风区和大高差地段采用预绞式防振锤，为此设计了铰链式和预绞式两种线夹的防振锤。

研制的音叉式防振锤样品如图 4-8-10 所示，狗骨头防振锤样品如图 4-8-11 所示。

图 4-8-10　音叉式防振锤样品

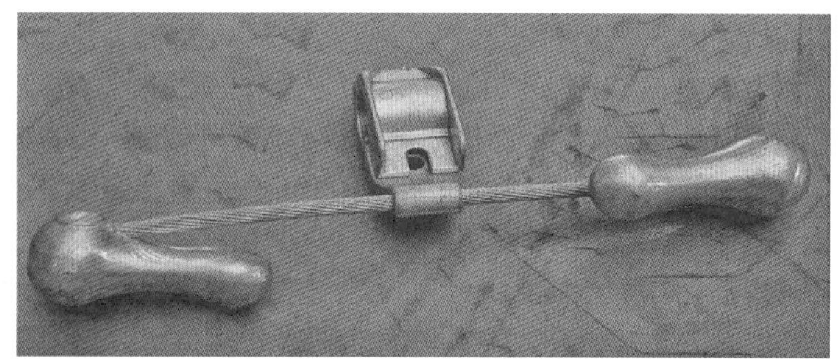

图 4－8－11　狗骨头防振锤样品

3. 悬垂联板与耐张联板

悬垂联板和耐张联板的设计应保证满足以下条件：

（1）强度等级与绝缘子的强度匹配。

（2）分裂导线的电气间隙不得改变。

（3）载荷通过联板均匀一致地分配到每联绝缘子。

（4）考虑线路运行时绝缘子串风偏影响。

（5）连接在联板上的金具在转动时不得与板相碰。

（6）悬垂线夹可在垂直导线的平面内自由摆动±40°。

悬垂联板、耐张联板均有整体式和分体式两种结构型式，8 分裂悬垂联板如图 4－8－12 所示。整体悬垂联板抗弯性能好于组合式悬垂联板，特高压直流工程导线截面积大、导线分裂数多，已建工程均采用了整体式悬垂联板，因此推荐采用整体悬垂联板。

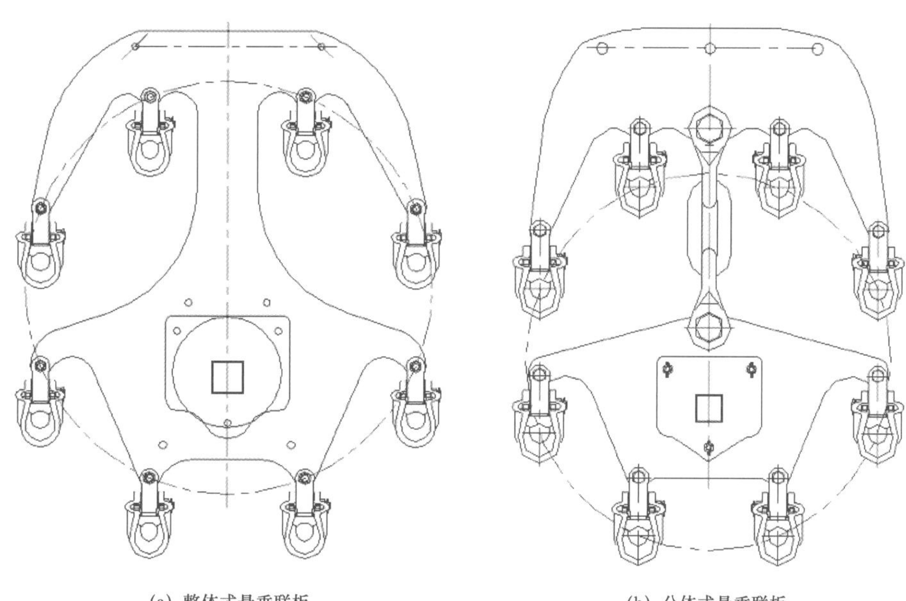

(a) 整体式悬垂联板　　(b) 分体式悬垂联板

图 4－8－12　8 分裂悬垂联板

整体式耐张联板由各联板组件焊接而成，特高压线路金具不允许焊接，分体式耐张联板灵活性好且易于安装，推荐耐张联板采用分体式。

四、小结

通过对大截面导线材质、加工设备及生产工艺的调研，经过分析计算，确定了适用于10GW 大容量特高压直流输电工程的 1250mm^2 大截面导线的结构型式，制定了《1250mm^2 级大截面导线技术条件》。结合 1250mm^2 大截面导线技术特点，提出其控制重点，包括对生产设备和生产工艺的特殊要求。为有效保证导线制造质量，结合钢芯铝绞线的生产工序进行分析后，提出了连铸连轧、拉丝、绞线时的控制要点及过程检测的要点。进行了大量的试验，验证了研究成果的正确性和合理性。

针对特高压直流工程的导线参数、分裂数及串形规划等方面的技术，开展了串形优化研究及配套金具通用设计等工作，串形优化研究包括导线分裂间距、V 形串夹角、悬垂串优化及配套金具设计等。关键金具研制主要包括防振锤、间隔棒、悬垂联板和耐张联板等。这些金具无论是机械强度还是电气性能指标均满足现行国家标准、行业标准及规范的要求，满足特高压直流输电线路工程使用要求。大截面导线及配套金具的研制与应用进一步提升了特高压直流线路的输电水平，推动了我国导线金具制造业的技术进步和装备升级。

第五章　分层接入特高压直流控制保护系统

特高压直流系统受端分层接入 500kV/1000kV 不同电压等级交流电网，有助于优化电网结构、均衡潮流分布和电力流向，实现更大直流功率的合理分散消纳，提高 1000kV 交流电网的利用效率，还可以改善故障情况下的功率平衡，提高受端电网安全稳定水平。

图 5-0-1 所示为特高压直流输电工程受端接入不同电压等级交流电网主回路示意图。受端换流站为分层接入换流站，串联的高、低端换流器分别与两个交流系统相连，并具有以下特点：

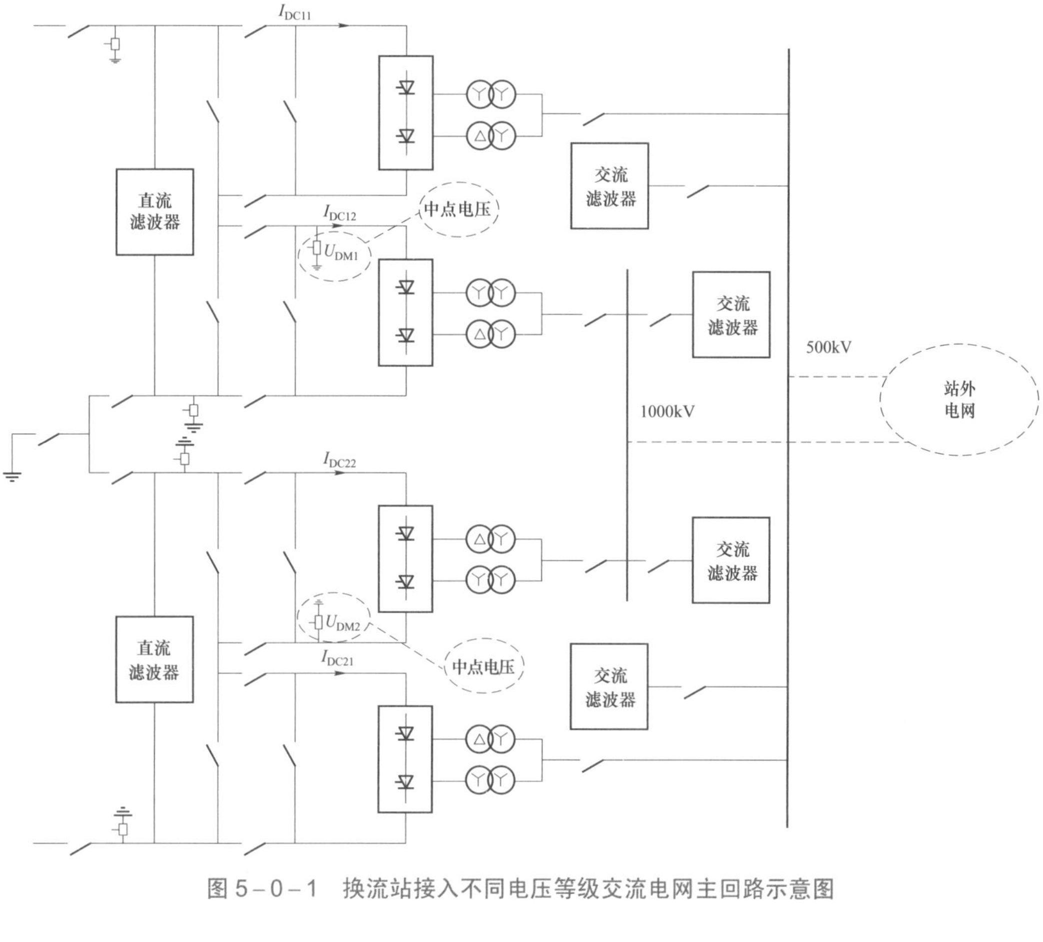

图 5-0-1　换流站接入不同电压等级交流电网主回路示意图

（1）直流系统受端每极的高端和低端换流器分别接入 500kV 和 1000kV 交流电网，1000kV 电网经站内降压变压器降至 500kV 后，通过线路在站外与 500kV 电网相连，因此 500kV 和 1000kV 交流电网之间存在一定程度的耦合。

（2）500kV 和 1000kV 换流母线分别配置独立的交流滤波器场，两个交流电网的无功控制相互独立。

（3）高、低端换流器分别接至 500kV 和 1000kV 交流电网，同步电压、频率相位、换流变压器阻抗、分接开关挡位和每挡调节步长都存在差异。

（4）分层接入换流母线的高、低端换流器串联，虽然运行的直流电流相同，但两换流器之间需增加电压测点，用于高、低端换流器电压的平衡控制。

由于两个交流系统分别具有不同的系统参数和运行特性，要求直流控制应能对两个交流系统的功率、电压、频率以及安全稳定控制指令进行相对独立的控制和响应，并根据直流系统运行的需要进行高、低端换流器的协调控制，其控制系统的复杂性相对于常规直流而言大大增加。与常规特高压直流输电系统相比较，受端网侧分层接入的直流系统对直流控制保护提出以下要求：

（1）高、低端换流器直流电压平衡。换流站高、低端换流器分层接入 500kV/1000kV 交流系统，高、低端换流变压器的调节级差、运行挡位不同，交流系统电压、相角不一致，导致高、低端换流器运行电压可能存在差异，严重时会导致换流器过应力。而且若高、低端换流器正常运行时不平衡，在一个换流器退出瞬间，由于两端换流站剩余换流器的直流电压偏差较大，系统会产生大的扰动。因此，应配置高、低端换流器直流电压平衡控制功能，确保分层接入换流站不论作为整流站或逆变站运行时，两个换流器直流电压都保持平衡。

（2）两个交流系统无功控制。换流站高、低端换流器分层接入 500kV/1000kV 两个不同交流系统，要求直流控制能对两个交流系统的无功交换及交流电压进行独立的控制和响应，并根据两个交流系统的耦合程度进行协调。

（3）功率转移与分配。换流站高、低端换流器分层接入 500kV/1000kV 不同电压等级交流系统，功率转移与分配功能较接入同一个电网的系统复杂。由于高、低端换流器串联接线，一个交流系统对所连接换流器功率的提升或回降，将影响另一个交流系统的输送功率；另外，一个换流器退出后，损失功率的转移除了受本极或健全极功率控制模式的限制，还要考虑受端两个交流系统输送功率的需求和承受能力。分层接入对功率转带和附加控制提出更高要求。

（4）直流保护。在故障特性分析方面，需考虑受端交直流系统之间的相互影响，如一个交流系统的故障对于直流系统和另一交流系统造成的影响，相应地调整直流保护功能及判据。

从分层接入特高压直流输电系统的特点分析，对分层接入特高压直流控制保护技术的关键点总结如下：

1）主回路测点配置方案；

2）适应分层接入接线方式的控制系统分层结构；

3）高、低端换流器分层接入的触发角和换流变压器的分接开关控制策略；

4）分层接入两个交流电网的无功控制功能配置；

5）串联的 12 脉动换流器间的电压平衡控制技术；

6）换流器在线投入、退出策略；

7）适应分层接入的功率转移与分配；

8）受端分层接入抵御换相失败的策略；

9）适应分层接入的直流保护配置；

10）受端高、低端换流器之间直流分压器测量故障的应对措施。

上述技术难点在世界范围内没有可借鉴的、成熟的工程经验。控制保护系统总体结构和功能需在常规特高压直流输电工程的基础上进行重新设计，使之与主回路结构和控制保护要求相适应。

第一节 控制系统关键策略研究

一、基本控制策略

在正常运行情况下，特高压直流系统整流侧通过电流控制器快速调节触发角来保持直流电流恒定，逆变侧定电压或定关断角控制。

整流侧换流变压器分接开关控制维持换流器触发角在 15° ±2.5° 范围内。逆变侧采用定直流电压控制时，换流变压器分接开关控制维持关断角在一定范围内；采用定关断角控制时，换流变压器分接开关控制维持整流侧直流电压在参考值范围内。

整流侧和逆变侧都配有闭环电流控制器和电压控制器，但配置不同的运行参数。通过两侧控制器的协调配合，在正常运行工况下，整流侧控制电流，逆变侧控制电压。该控制方式是通过在逆变侧的电流指令中减去一个电流裕度来实现的。电流裕度值通常为额定电流值的 10%，逆变侧的有效指令比整流侧低。简要地说，具有高电流指令的换流站作为整流站运行，另一站则作为逆变站运行。

图 5-1-1 所示是逆变侧采用预测性关断角控制（即修正的定关断角控制）时的直流电压—电流特性图。

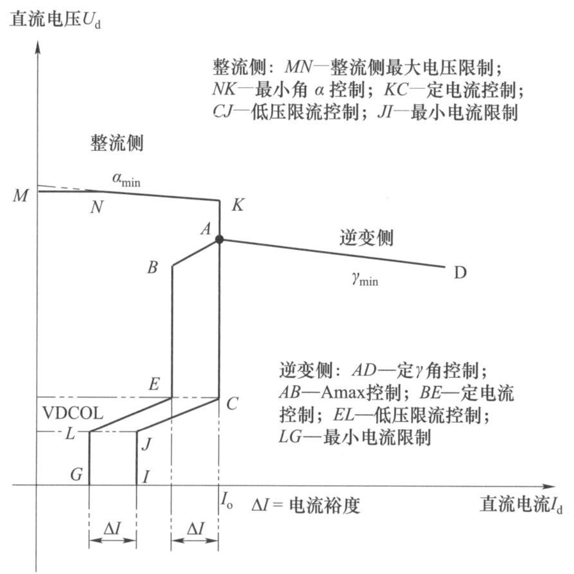

图 5-1-1 逆变侧采用预测性关断角控制时的直流电压—电流特性图

在交流电压异常的情况下，逆变侧可能获得电流控制权。此时，整流侧运行在最小触发角控制，逆变侧的闭环电流调节器控制电流。当电流控制转移到逆变侧时，电流裕度补偿控制可以防止因电流裕度引起的直流电流下降。

整流和逆变两侧都配置低压限流控制环节，当直流电压降低时，通过对直流电流指令进行限制，从而帮助直流系统在交直流故障后快速可控的恢复。

受端分层接入 500kV/1000kV 交流电网的直流输电系统基本控制策略与常规特高压直流输电系统相同，但由于受端高、低端换流器接入不同的交流电网，高、低端换流变压器的调节级差不同，500kV 换流变压器分接开关级差 1.25%，1000kV 换流变压器分接开关级差为 0.65%，两个交流系统的电压、相角不同，尽管高、低端换流器的直流电流相同，但直流电压可能不平衡。

直流系统具有功率正送和功率反送两种输送方向，受端分层接入交流电网的直流系统在正、反送运行时的运行接线和运行特性完全不同。正送运行时，逆变侧分层接入不同交流电网；反送运行时，整流侧分层接入不同交流电网。正、反送运行方式在控制保护策略上存在着以下差异。

（1）正送运行：整流侧定电流控制，由于整流侧高、低端换流器接入同一个交流电网，串联的两个 12 脉动换流器电压自然平衡，可不增加电压平衡功能；逆变侧定电压或定关断角控制，由于分别接入两个电网，需采用电压平衡策略，以保持高、低端换流器直流电压一致。

（2）反送运行：整流侧定电流控制，由于分别接入两个电网，也需采用电压平衡策略，以保持高、低端换流器直流电压的平衡。逆变侧定电压或定关断角控制，由于逆变侧高、低端换流器接入同一个交流电网，串联的两个 12 脉动换流器电压自然平衡，可不增加电压平衡控制功能。

出于对直流系统安全性和可靠性的考虑，非分层接入的换流站（即常规特高压直流换流站）不论作为整流侧或逆变侧运行时，高、低端换流器可独立控制，也可统一控制，但宜采用以往工程成熟的控制策略。分层接入的换流站高、低端换流器应独立控制，即高、低端换流单元控制主机实现独立的电流、电压、关断角的闭环控制，且应在高、低端换流器之间增加电压平衡控制功能。

以下是一种整流侧不分层接入、逆变侧分层接入时典型的控制策略及软件功能配置方案，该方案中，逆变侧采用预测型关断角控制，具体分析如下。

1. 正送运行的控制策略

（1）整流侧：采用与以往特高压直流输电工程相同的控制策略，即整流侧采用定电流控制，高、低端换流器输出相同的触发角。不需要在两个换流器之间设置电压平衡控制，只要两个换流器的分接开关挡位相同或在允许的偏差范围内，两个换流器的电压自然平衡。

（2）逆变侧：每个换流器采用定关断角控制，换流器的电压平衡通过各自的分接开关控制实现。每个换流器的分接开关控制端电压为额定电压减去线路压降后得到的电压的一半。

2. 反送运行的控制策略

（1）整流侧：高、低端换流器都采用定电流控制，各自输出触发角。由于接入不同的交流系统，在两个换流器之间设置电压平衡控制功能，将高、低端换流器间的电压偏差经过控制环节后叠加到电流参考值或触发角参考值上，以保持换流器电压平衡。

（2）逆变侧：每个换流器都采用定关断角控制，由于高、低端换流器接入同一个交流电网，不需要在两个换流器之间设置电压平衡控制。逆变测分接开关控制的功能和以往特高压直流输电工程相同，目标是控制整流侧直流电压为额定值。分接开关控制直流电压的功能在极控中实现。

图 5-1-2 所示为直流系统一端分层接入时的基本控制策略原理图。在上述控制策略下，非分层接入换流站的软件功能配置与以往特高压直流输电工程相同，电流控制、电压控制、关断角控制等调节器通常在极控中配置，极控输出触发角。分接开关控制直流电压的功能也在极控中实现。

分层接入换流站的软件功能配置则与以往特高压直流输电工程不同，电流控制、电压控制、关断角控制等调节器在高、低端换流器控制中独立配置。极控输出电流指令给高、低端换流器，高、低端换流器各自输出触发角。高、低端换流器控制中配置独立的分接开关控制功能。这种控制策略的特点是：正送时的整流侧和反送时的整流侧控制软件逻辑不同，正送时的逆变侧和反送时的逆变侧控制软件逻辑不同，程序较为复杂，但非分层接入换流站采用与以往工程相同的软件功能配置和控制策略，具有成熟的运行经验。

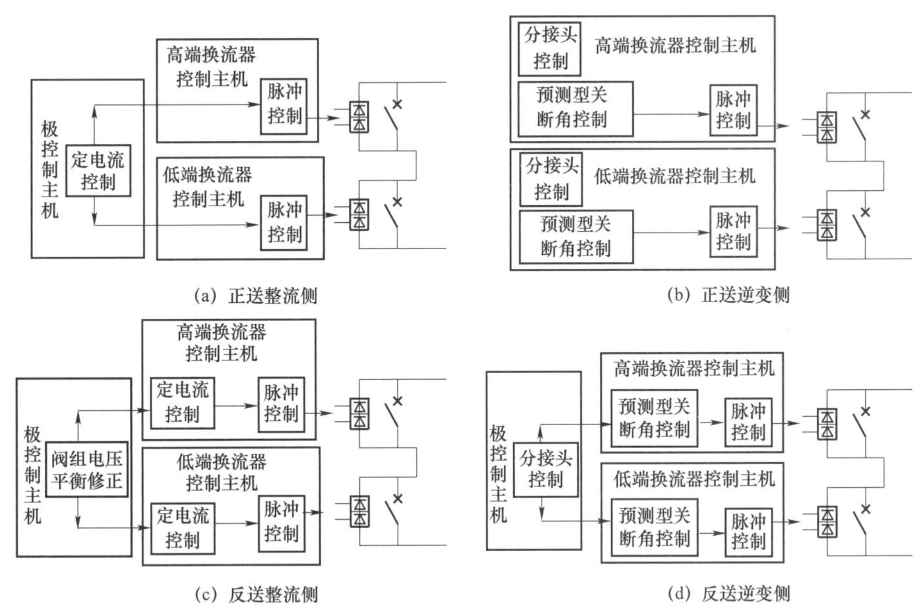

图 5-1-2 直流系统一端分层接入时的基本控制策略原理图

二、直流电压平衡控制基本逻辑

从功能层次上分，特高压直流输电工程控制系统分为极层控制系统和换流器层控制系统。极层控制系统主要完成双极/极层的控制功能，换流器层控制系统主要完成对 12 脉动换流器的触发控制及换流变压器分接开关的调节。直流电压平衡控制配置在极控制层。在分层接入换流站每极高、低端换流器之间增设直流电压互感器，分别测得高、低端换流器的直流电压。

分层接入换流站作为整流侧运行时的电压平衡控制示意图如图 5－1－3 所示。基于运行直流电压为额定值或降压运行值，将高端换流器电压减去低端换流器电压的差值经比例积分后，得出的电流或触发角参考值调整量分别送往两换流器层的电流控制环中，从而达到控制两换流器电压平衡的目的。电压平衡控制功能只在双换流器投入时起作用。在退出一个换流器的过程中，电压平衡控制功能即退出；在投入一个换流器的过程中，电压平衡控制功能也被屏蔽，直到该换流器投入。500kV 或 1000kV 交流系统故障情况下，电压平衡控制功能也应投入。

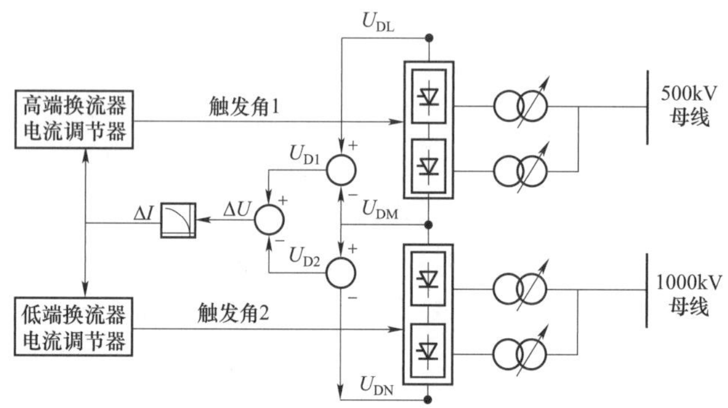

图 5－1－3　分层接入换流站作为整流侧运行时的电压平衡控制示意图

当分层接入换流站作为逆变侧运行时，换流器的电压平衡通过各自的分接开关控制实现。通过换流变压器分接开关电压参考值设置来达到换流器电压平衡的目的，每个换流器的分接开关控制 12 脉动换流器端电压为整流侧直流参考电压减去线路压降后得到的电压的一半，即$U_{ref}=(U_{dN}-RI_d)/2$（式中：U_{ref}为换流器端电压参考值；U_{dN}为额定直流电压；R为直流电阻；I_d为直流电流）。图 5－1－4 所示为分层接入换流站作为逆变侧运行时的电压平衡控制示意图。

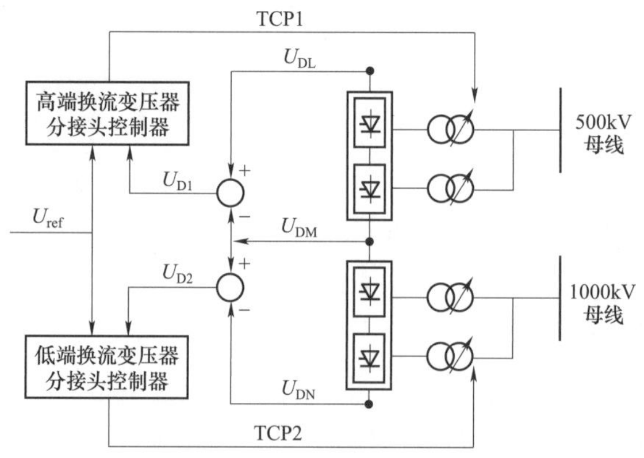

图 5－1－4　分层接入换流站作为逆变侧运行时的电压平衡控制示意图

TCP1、TCP2—换流变压器分接头挡位

三、换流变压器分接开关控制

换流变压器分接开关控制是配合换流器控制的一种慢速控制，分为手动模式和自动模式。通常，整流侧分接开关控制目标是维持触发角在一定范围内；逆变侧分接开关控制目标是维持整流侧线路平波电抗器出口直流电压稳定；对于分层接入的直流系统，则是维持各换流器直流电压为极线电压的一半。当换流站处于闭锁和线路开路试验状态时，换流变压器分接开关控制阀侧空载直压为设定值。

（一）角度控制

正常运行工况下，整流侧换流变压器分接开关控制维持换流器触发角为 15°±2.5°。换流变压器分接开关控制器将实测的换流器触发角和设定的参考值进行比较，得到角度差。当角度差超过动作死区上限时，发出降分接开关的命令；当角度差超过动作死区下限时，发出升分接开关的命令。执行换流变压器分接开关升降指令时有一定的延时，以避免分接开关在交、直流电压扰动时发生升降。对于分层接入直流系统，正送时非分层接入换流站分接开关的主要控制目标仍是将触发角控制 12.5°～17.5°之间。

（二）直流电压控制

分层接入换流站高、低端换流器分别接入两个电网，高、低端换流器的分接开关独立控制，将各自换流器的电压控制在 400kV，从而也实现了控制整流侧直流电压为额定值的目标。由于 500kV 换流变压器的级差是 1.25%，1000kV 换流变压器的级差是 0.65%，1000kV 换流变压器调整一挡在阀侧产生的电压变化是 500kV 的一半，所以正常运行时，高、低端换流变压器分接开关位置不再相同。高、低端换流变压器分接开关动作死区根据换流变压器调节级差不同也有所区别。因此，对于分层接入的直流系统，每极的换流变压器分接开关不设置同步功能。

当交流电压异常，整流侧退出定电流控制、逆变侧进入电流控制模式时，逆变侧高、低压换流器的换流变压器分接开关控制采用定触发角策略。两换流器电压会存在差异，换流器的平衡运行控制通过电压平衡功能调节换流器触发角实现。

（三）换流变压器阀侧空载电压的分接开关控制

换流变压器阀侧空载电压的分接开关控制用于换流站闭锁和线路开路试验的情况。空载电压控制将换流变压器分接开关位置控制在以下预先设定的位置：

（1）如果换流变压器失电，换流变压器分接开关移至充电前的设定挡位。

（2）如果换流变压器带电，但不处于线路开路试验状态下，换流变压器分接开关根据允许的最小运行电流建立 U_{di0}。

（3）在线路开路试验时，换流变压器分接开关空载控制根据空载加压需要的直流电压等级控制 U_{di0} 为参考值。

（四）自动分接开关同步功能

特高压直流系统的分接开关同步控制功能有三种，即 12 脉动换流器换流变压器分接开关同步，高、低端换流变压器分接开关同步及双极换流变压器分接开关同步。自动同步功能仅在自动控制模式下有效。

1. 12 脉动换流器换流变压器分接开关同步功能

当 12 脉动换流变压器的各分接开关位置不一致时，产生报警信号至换流站监控系统。

此时，自动同步功能可以重新同步换流变压器分接开关。

自动同步功能力图同步换流变压器的分接开关位置，如果同步功能不成功，将发出一个报警信号，并禁止自动控制。

2. 高、低端换流变压器分接开关同步功能

非分层接入换流站每极的高、低端换流器及其变压器参数相同，当每极双换流器同时运行时，每个换流器的分接开关控制功能以同一个触发角指令（作为整流侧运行）或者同一个直流电压（作为逆变侧运行）为目标，一般能够保证两个换流器对应换流变压器的分接开关挡位一致，实现两个换流器的平衡运行。

为防止特殊情况下，出现两个换流器对应的换流变压器分接开关挡位不一致的情况，非分层接入换流站设置了换流器分接开关挡位同步功能。当两个换流器的分接开关挡位出现两挡及以上的偏差时，自动同步两个换流器的挡位。

分层接入换流站每极的高、低端换流器分别连接至500kV和1000kV的交流电网，相应的两个换流器对应换流变压器的设计分接开关挡位总数和每挡的电压大小都有所差别。为保证双换流器同时运行时的电压平衡，需通过分接开关调节保证两个换流器直流电压大小一致，所以高、低端换流变压器分接开关挡位不要求同步。

3. 双极换流变压器分接开关同步

当双极运行且两极均为双极功率控制方式运行时，非分层接入换流站配置双极换流变压器分接开关同步功能。

分层接入换流站高、低端换流器换流变压器特性不同，不能采用对四个换流器平衡同步的功能，仅需按同一交流网同一特性换流变压器分别同步。当双极平衡运行时可配置双极按高端对高端、低端对低端分别对分接开关进行同步的功能。

四、无功功率控制

无功功率控制用于控制全站的交流滤波器/无功补偿电容器，其主要目的是根据当前直流的运行模式和工况计算全站的无功消耗，通过控制所有无功设备的投切，保证全站与交流系统的无功交换在允许范围之内或者交流母线电压在安全运行范围之内。交流滤波器设备的安全和对交流系统的谐波影响也是无功控制必须实现的功能。

分层接入直流系统中，非分层接入换流站的高、低端换流器接入同一个交流电网，无功功率控制方式及功能与以往工程均相同，全站无功功率统一控制，以交流母线的无功交换或电压为控制目标。

分层接入换流站的高、低端换流器分别接入500kV/1000kV交流电网，每个交流电网分别配置交流滤波器场，需单独配置无功控制功能，500kV和1000kV系统无功控制有各自的控制对象和控制逻辑，以各自交流母线的无功交换或交流电压作为控制目标。根据双极低压换流器和双极高压换流器的无功需求进行独立的控制，将各母线连接的换流器无功消耗和交流滤波器补偿之差控制在死区范围内，具体如下式所示

$$|Q_{\text{ACF}-500}-Q_{\text{cov}11}-Q_{\text{cov}21}|\leqslant Q_{\text{deadband}-500} \tag{5-1-1}$$

$$|Q_{\text{ACF}-1000}-Q_{\text{cov}12}-Q_{\text{cov}22}|\leqslant Q_{\text{deadband}-1000} \tag{5-1-2}$$

式中　$Q_{\text{ACF}-500}$——500kV交流滤波器发出的无功；

$Q_{ACF-1000}$——1000kV 交流滤波器发出的无功；

Q_{cov11}——极 1 高压换流器无功消耗；

Q_{cov21}——极 2 高压换流器无功消耗；

Q_{cov12}——极 1 低压换流器无功消耗；

Q_{cov22}——极 2 低压换流器无功消耗；

$Q_{deadband-500}$——500kV 无功控制死区；

$Q_{deadband-1000}$——1000kV 无功控制死区。

两个交流系统无功单元的投切动作是异步的，伴随每次滤波器投切，考虑到两个交流电网电气上相距不远，会存在一些相互耦合的影响，对另一交流系统的电压可能会产生一定的扰动。直流运行时，如果任一电网内投入的交流滤波器不满足设计的绝对最小滤波器要求即启动功率回降。同一极接入与不同母线的换流器串联在一起，如果一个母线失去一大组滤波器而导致功率回降，将会影响到另一个母线所连接换流器的有功功率和无功功率。

对于分层接入换流站这种特殊的主回路情况，换流器投入和退出操作可能会引起直流功率在两个交流电网分配的变化，特别是大功率工况下会引起两个电网所受有功功率的急剧变化，一个电网所受有功的突然大量增大，另一个电网所受有功的突然大量减小。有功的变化引起换流站与交流网交换无功功率的突然大量过剩或大量缺额。无功的过剩可能会引起交流过电压，无功的缺额可能会引起交流欠压，以及最小滤波器不足导致的谐波偏大。

针对上述情况，无功控制模块可以提供一种控制策略，在检测到有换流器投入或退出的情况下，且无功功率缺额较大时，启动快速投入滤波器功能，将无功控制投入滤波器时间间隔缩小，快速投入交流滤波器以弥补无功缺额。对于无功功率过剩的情况，可采取常规特高压直流输电工程的过压快速切除滤波器功能，不需再增加控制策略。

五、稳定控制

直流系统稳定控制功能包括有功功率调制、频率控制和阻尼次同步振荡等。当交流系统受到干扰时，稳定控制功能通过调节直流系统的传输功率使之尽快恢复稳定运行。

（一）有功功率调制

有功功率调制功能是直流极控系统的附加控制功能。通过向直流功率指令增加调制值的手段，影响直流输电系统输送的实际功率，以提高整个交直流系统的性能。

功率调制的输入信号来自于系统的安全稳定控制装置，或者通过对系统交流电压、频率的监视产生。所有的功率调制功能在运行人员界面上都设置有相应的投入和退出按钮，供运行人员根据需要启动或者解除相应调制功能。极控系统通过站间通信将逆变侧生成的稳定调制量送到整流侧，并与整流侧产生的调制量相加形成最终的稳定控制参考值。当两侧站间通信失败时，逆变侧的稳定控制功能闭锁。

1. 功率提升

当逆变侧交流系统损失发电功率或整流侧交流系统甩负荷故障时，有可能要求迅速增大直流系统的传输功率，以便改善交流系统性能。由于极控系统与安控装置采用数字化光纤通信，极控接收安控装置发送的功率提升信号和功率提升量，可以实现功率的连续调制。

功率提升功能作用于功率指令或电流指令，并使传输的功率增加所选择的增量。无论在单极运行还是在双极运行，均能使用功率提升功能。根据双极功率控制模式的组合，功率提升原则如下：

（1）两极均为双极功率控制模式，在这种情况下，增加的功率按两极电压比进行分配。

（2）一极是极电流控制或是极功率独立控制，另一极是双极功率控制。在这种情况下，如果双极功率控制极可以满足提升功率要求，则仅提升该极功率；如果双极功率控制极不足以满足提升功率要求，剩余功率由极电流控制或是极功率独立控制极承担。

（3）双极都是极电流控制或者都是极功率独立控制，在这种情况下，增加的功率按两极电压比进行分配，使不平衡电流不高于功率提升前的水平。

在两极都按应急极电流控制方式运行时，也能使用功率提升功能，只在整流侧有效。整流侧收到功率提升信号和变化增量，就增大其电流指令。

2. 功率回降

对于整流侧交流系统损失发电功率或者逆变侧交流系统甩负荷的事故，可能要求自动降低直流输送功率。直流系统在单极运行和双极运行两种方式下，均能使用功率回降功能。功率回降的原则如下：

（1）两极均为双极功率控制模式，在这种情况下，减小的功率按两极电压比进行分配。

（2）一极是极电流控制或是极功率独立控制，另一极是双极功率控制。在这种情况下，如果双极功率控制极可以满足回降功率要求，则仅回降该极功率；如果双极功率控制极不足以满足回降功率要求，剩余功率由极电流控制或是极功率独立控制极承担。

（3）双极都是极电流控制或者都是极功率独立控制，在这种情况下，减少的功率按两极电压比进行分配，使不平衡电流不高于功率回降前的水平。

在应急极电流控制时，整流站用一个安全的速率降低电流参考值。

对于分层接入换流站的高、低端换流器，两个交流系统的稳定控制是相对独立的。两个独立的稳定控制模块输出的功率调制量相加作为总的功率调制量。

（二）频率控制

直流输电工程运行中，两端的交流电网可能出现系统的频率偏移，高于或者低于额定值 50Hz。对于频率偏移，系统提供了频率控制功能。该功能根据频率变化情况自动地提升或降低直流输送功率，以保持系统稳定。频率控制功能可以由运行人员在操作界面上投入或者退出。

频率控制功能实质是闭环的实际系统频率与额定频率差值的比例积分控制器，当系统频率超过设定的频率死区后，由频率限制控制器实时计算出当前需要调整的功率值，实时控制直流输送功率，并最终通过这一闭环控制将频率控制到死区内。

频率控制功能的控制器参数将依据附加控制功能研究确定，并考虑与发电机调速器等有关控制参数的协调配合。

整流侧、逆变侧的频率控制功能逻辑上相对独立。两侧的运行人员可以通过操作界面上的频率控制投退按钮分别控制两侧的频率控制功能的投退。在两站频率控制功能均投入时，两侧的频差的积分控制器输出的功率调制值在整流侧进行累加，获得最终的频率控制功率。

对于分层接入直流系统，非分层接入换流站换流器连接相同的交流电网，选择相应电网的频率用于频率控制；分层接入换流站连接不同交流电网的换流器运行，选择频率偏差较大的电网频率用于频率控制。

六、功率转移与分配

（一）功率转移

常规特高压直流输电工程中，换流器间和双极间的功率转移是按照控制模式确定的。

（1）极电流控制模式时，本极一个换流器的投入或退出不会导致本极的电流变化，对极闭锁或换流器投入及退出也不应引起本极电流的改变。

（2）极独立功率控制模式时，如果本极退出一个换流器，则为了保持本极功率不变，退出换流器的功率将转移到本极另一运行换流器上；如果本极投入一个换流器，本极电流将减小以使本极功率维持不变。

（3）双极功率控制模式时，功率的转移方式取决于对极的功率控制模式，情况较为复杂。如果对极也是双极功率控制，投入或退出换流器的功率转移将在两极运行的所有换流器中按照电压比例分配，以保持双极电流平衡；如果对极是极独立功率控制或极电流控制，则由本极承担总功率指令减去对极的功率。

对于高、低端换流器分别连接不同电压等级交流电网，如果按照上述功率转移分配方法，可能会造成一个电网损失部分输送功率，而另一个电网的输送功率增加。例如：当本极处于极功率控制模式下退出一个高端换流器，按以往的原则，损失的功率将转移到低端换流器，这样会使500kV电网损失的功率转移到1000kV电网中去。系统应研究这种输送功率的转移是否会对两个交流电网的稳定性产生影响，并根据需要对功率转移分配控制功能进行相应调整。

（二）功率速降

对于受端分层接入不同电压等级交流电网的直流系统，当某层的绝对最小滤波器不满足而导致降功率时，由于同一极的高、低端换流器串联，将导致另一层也降功率。为了减少对另一极或另一层的功率影响，应采取一定措施。在双极半压（两极不同网单换流器）、双极混压（一极双换流器，另一极单换流器）运行方式下，当绝对最小滤波器不满足降功率时，可不考虑接地极电流平衡需求，将降功率极转为单极功率方式。图5-1-5给出了以下示例的双极半压、双极混压运行方式示意图。

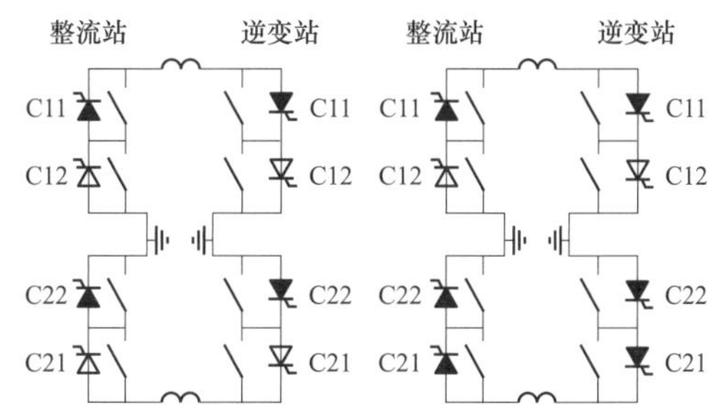

图5-1-5 双极半压、双极混压运行方式示意图

1. 双极半压运行

（1）500kV 交流电网不满足绝对最小滤波器要求功率回降，将极 1 转为单极功率控制模式，只回降极 1 的功率，极 2 功率保持不变。

（2）1000kV 交流电网绝对最小滤波器不满足要求功率回降，将极 2 转为单极功率控制模式，只回降极 2 的功率，极 1 功率保持不变。

2. 双极混压运行

（1）500kV 交流电网不满足绝对最小滤波器要求功率回降时，将极 1 转为单极功率控制模式，优先回降极 1 的功率，极 2 功率保持不变。当绝对最小滤波器不满足要求必须闭锁一个换流器时，优先闭锁极 2 高端换流器，保证接地极电流最小。

（2）1000kV 交流电网绝对最小滤波器不满足要求功率回降，将极 2 转为单极功率控制模式，只回降极 2 的功率，极 1 功率保持不变。

七、换流器在线投入退出

特高压直流输电工程中，可以通过换流器的投入和退出顺序实现运行方式的在线转换。换流器的在线投入与退出，不应中断另一换流器的正常运行；同时对直流功率输送带来的扰动应尽量小，以避免对整个电网带来过大的冲击。

站间通信正常时，换流器投入退出命令由主控站发出，两端换流站之间通过站间通信协调两站的控制时序。

无站间通信投入换流器时，两站分别下达换流器解锁命令，由运行人员通过电话协调两站解锁的次序，整流站先解锁，逆变站后解锁。无站间通信时，某站单换流器故障退出，对站通过换流器不平衡保护功能自动退出本极低端换流器。

受端分层接入直流系统在线投入、退出换流器的基本策略与常规工程相同。但由于受端分层接入 500kV/1000kV 交流电网，为了尽量减少对 1000kV 交流断路器的操作，正常时，无论什么原因要求双换流器运行转单换流器运行，均默认退出高端换流器，但同时应增加换流器退出的预选择功能。因此增加了投、退阀组的复杂性。

对于在线退出功能：

（1）当非分层接入换流站退出换流器时，分层接入换流站可选择是否使用换流器退出的预选功能。

（2）在预选功能投入后，分层接入换流站默认退高端换流器，也可选择退出低端换流器。

（3）在预选功能退出的情况下，分层接入换流站按照与非分层接入换流站退出换流器保持一致的原则，高退高、低退低。

（4）若投入换流器不成功，分层接入换流站按照后投先退原则退出换流器。

（5）以往工程投入换流器不成功，则按照高退高、低退低的原则闭锁换流器。对于分层接入的换流站，该原则可能导致 500kV 与 1000kV 两个交流网中的功率发生变化，因此在分层接入换流站投入换流器不成功情况下，则按照后投先退原则退换流器。

八、空载加压试验

为了方便地测试直流极在较长一段时间的停运后或检修后的绝缘水平，直流极控系统具有空载加压试验（Open Line Test）的功能。空载加压试验具有以下运行方式：

（1）单换流器不带线路的空载加压试验；
（2）单换流器带线路的空载加压试验；
（3）单极两换流器串联不带线路的空载加压试验；
（4）单极两换流器串联带线路的空载加压试验。

整流侧十二脉动桥峰值整流后产生的直流电压公式为

$$U_{\mathrm{d}}=\frac{4\pi}{3\sqrt{3}}U_{\mathrm{di0}}\cos(\alpha-60^{\circ}) \tag{5-1-3}$$

该式表明：α为150°时直流电压开始上升，当α为60°时电压达到最大值。上式仅在不带线路试验时（直流电流为零）成立，如果带线路进行开路试验，电晕损耗以及其他损耗将降低直流电压，闭环控制将减小α补偿电压的下降。

常规特高压直流极空载加压试验功能是按极统一控制，计算出触发角分别发送给高端和低端换流器，因高、低端压换流器各设备参数均一致，高、低端换流器电压自动保持平衡运行。

分层接入换流站的高端和低端换流器分别连接不同电压等级的交流电网，相应的换流变压器分接开关挡位数和每挡的电压大小都存在差别，不能按极统一控制。高端和低端换流器独立控制，其空载加压控制的目标分别为本极空载加压目标电压值的一半，以保证两个换流器的平衡运行。

九、换相失败预测

特高压直流受端分层接入系统的高端和低端换流器，分别接入500kV和1000kV两个交流电网，两个交流电网通过交流联络变相连，存在一定的耦合度。

当分层接入的两个交流电网耦合紧密时，一个电网交流故障时将对另一个交流电网产生影响，两个交流电网的交流电压都发生畸变。采用常规直流工程的零序电压法和α/β变换法换相失败预测控制功能，两个交流电网所连接的两个换流器能同步检测到交流故障，能同时启动换相失败预测控制，同时增大关断角以防止换相失败。

当分层接入的两个交流电网耦合性低或无耦合时，一个电网交流故障时对另一个交流电网的影响不大，采用常规直流工程的零序电压法和α/β变换法换相失败预测控制功能，发生交流故障电网所连接的换流器能及时启动换相失败预测控制，而另一个交流电网所连接的换流器并不能同时启动换相失败预测控制。

由于高端和低端换流器之间为串联关系，直流电流的快速增大会造成另一换流器的换相叠弧角增大，关断角减小。在换流器未能及时启动换相失败预测控制的情况下，这将增大该换流器出现换相失败的概率。

针对上述情况，需要对换相失败预测控制功能做相应的修改，可在分层接入换流站的换流器控制中增加以下两种功能：

（1）同时配置两个换相失败预测控制模块策略。将分层接入换流站的两个交流电网换流母线的电压信号同时接入高端和低端换流器控制系统，高端和低端换流器控制主机分别配置两个换相失败预测控制模块，两个模块分别检测两个交流电网的故障。当任一模块换相失败预测控制启动时，则立即增大关断角，以防止换相失败情况的发生。对于受端分层接入两个耦合紧密的交流电网，增大的角度取两个预测模块计算值中较大值。

（2）采用直流电流测量值与指令值差值为判据的策略。鉴于单个换流器发生换相失败引起的直流电流冲击而造成另一个换流器换相失败，在分层接入直流系统中增加以直流电流测量值与指令值差值大于设定电流值为判据的换相失败预测功能，判据启动后立即增大关断角，从而增大换流器的换相裕度，提升逆变侧抵御换相失败的能力。

十、大容量直流转换开关控制策略

特高压直流工程中，为实现大地回线运行和金属回线运行方式的转换、接地极接地和站内接地方式的转换以及故障电流的转移，换流站内配置了金属回线转换开关、大地回线转换开关、中性线开关和站内接地开关，直流转换开关采用双断口串联方式。根据直流转换开关在主回路中的位置以及作用的不同，直流控制保护系统配置了与之相适应的控制保护功能，在顺序控制和保护逻辑中双断口串联结构直流转换开关按单断口进行控制和保护，串联的两个断口由转换开关实现同步动作。

由于大容量直流系统额定电流的提升，双断口串联结构直流转换开关已无法满足大容量直流工程通流能力的要求，因此，大容量直流工程采用了并联结构的直流转换开关，采用三断口串联再并一单断口或单断口再并一单断口的结构，三断口或单断口为主断口，并联的断口为辅助断口。具体控制策略如下：

（1）当主断口和辅助断口任一个处于合位时，则判断回路为连接状态；当两个断口均为分位时，判断回路为断开状态。

（2）分闸时，控制保护系统首先发出辅助断口的分闸命令，在收到辅助断口的分位状态并经设定的延时后，发出主断口的分闸命令；若辅助断口分闸失败，则直流保护依据直流转换开关回路电流与主断口电流的差值触发直流转换开关保护，保护动作发出重合辅助断口命令；若主断口分闸失败，则直流保护依据主断口电流触发直流转换开关快速段保护或依据直流转换开关回路电流触发直流转换开关慢速段保护，保护动作发出主断口重合命令，并经设定的延时后发出辅助断口重合命令。

（3）合闸时，控制保护系统首先发出主断口合闸命令，在收到主断口的合位状态并经设定的延时后，发出辅助断口的合闸命令。

（4）直流运行电流超过任一断口的电流耐受能力时，直流转换开关过流保护发出报警信息并发出自动降功率命令。

第二节　直流保护配置研究

一、直流保护分区及功能配置

分层接入特高压直流系统保护分为直流保护、换流变压器保护、交流滤波器保护。其中直流保护按照区域又可以划分为换流器区保护、极区保护、双极区保护、直流线路区保护以及直流滤波器区保护。图 5-2-1 中，换流器保护区包括图中③、④区域及⑥区域的旁通开关，极保护区包括图中⑤、⑦区域及⑥区域的换流器连接区，双极保护区包括图中⑨、⑪、⑫区域，直流线路保护区为图中⑩区域，直流滤波器保护区为图中⑧区域。

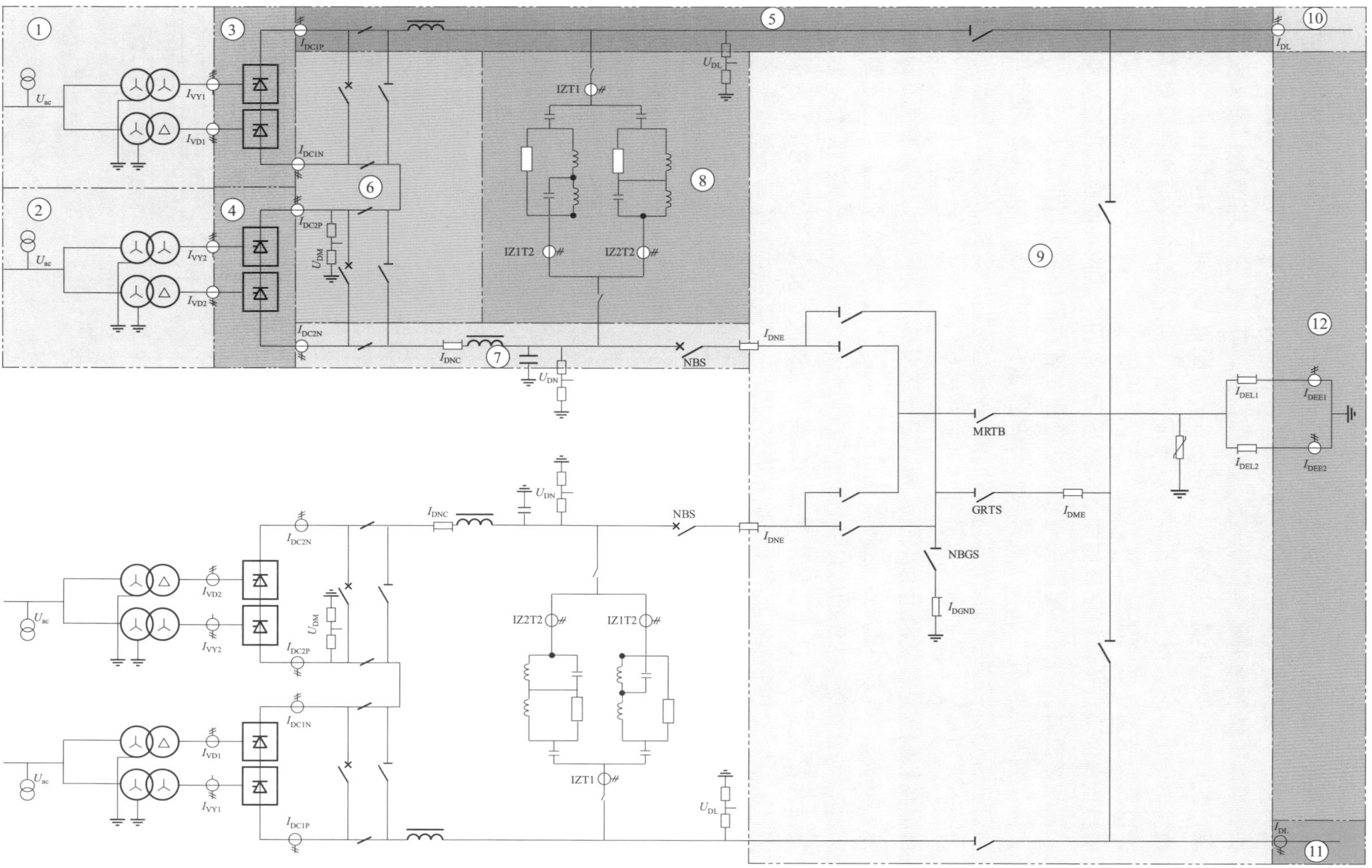

图 5-2-1　分层接入特高压直流输电工程保护分区

（一）换流器区保护

换流器区保护主要包括换流器阀短路保护、换流器换相失败保护、换流器差动保护、换流器过流保护、换流变压器阀侧中性点偏移保护、换流器旁通开关保护、换流器旁通对过负荷保护、换流器谐波保护和换流器直流过电压保护。其中，换流器谐波保护和换流器直流过压保护仅在分层接入换流站配置。另外还有一些配置在控制主机中的保护性控制功能，包括换流器电压过应力保护、换流器触发异常保护、换流器大角度监视、换流器晶闸管结温监视以及交流系统低电压检测等。

典型的换流器区测点及保护配置如图 5-2-2 所示，图中保护按照高端和低端换流器配置，高、低端换流器区的保护配置完全相同，分布在各自的保护主机里。

该保护区用到测点包括：I_{DC1P}（高端换流器高压侧直流电流）、I_{DC1N}（高端换流器低压侧直流电流）、I_{VYH}（高端换流变压器星接阀侧三相交流电流）、I_{VDH}（高端换流变压器角接阀侧三相交流电流）、U_{VYH}（高端换流变压器星接阀侧三相交流套管电压）和 U_{VDH}（高端换流变压器角接阀侧三相交流套管电压）为高端换流器区测点；I_{DC2P}（低端换流器高压侧直流电流）、I_{DC2N}（低端换流器低压侧直流电流）、I_{VYL}（低端换流变压器星接阀侧三相交流电流）、I_{VDL}（低端换流变压器角接阀侧三相交流电流）、U_{VYL}（低端换流变压器星接阀侧三相交流套管电压）和 U_{VDL}（低端换流变压器角接阀侧三相交流套管电压）为低端换流器区测点，I_{DNC}（极中性母线区平波电抗器侧电流）。

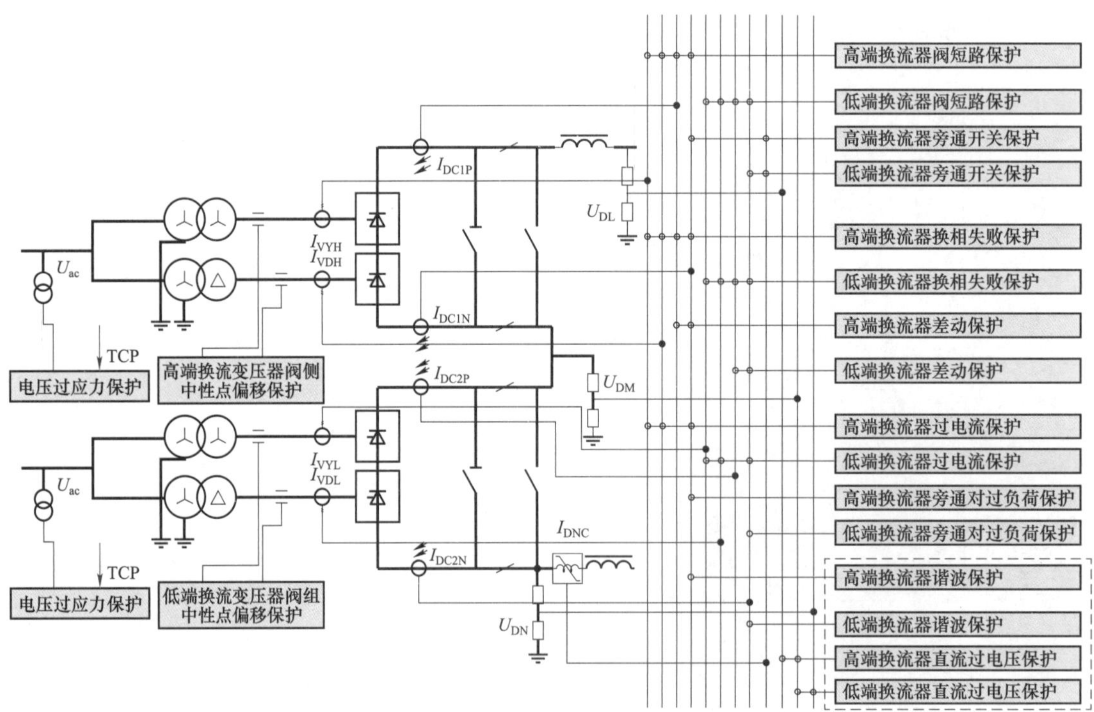

图 5-2-2　换流器区测点及保护配置

（二）极区保护

极区保护主要包括极母线差动保护、极中性母线差动保护、换流器连接线差动保护、极差保护、接地极线开路保护、50Hz/100Hz 谐波保护、中性母线开关保护、直流过电压保护、直流低电压保护、开路试验保护、冲击电容器过电流保护及交直流碰线监视。典型极区保护测点及保护配置如图 5－2－3 所示，该保护区的测点包括：I_{DC1P}（高端换流器高压侧直流电流）、I_{DC1N}（高端换流器低压侧直流电流）、I_{DC2P}（低端换流器高压侧直流电流）、I_{DC2N}（低端换流器低压侧直流电流）、I_{DL}（直流线路电流）、U_{DL}（直流线路电压）、U_{DN}（中性母线电压）、I_{DNE}（中性母线开关电流）、I_{ZxT1}（直流滤波器首端电流）、I_{ZxT2}（直流滤波器尾端电流）、I_{AN}（中性母线避雷器电流）、I_{CN}（中性母线冲击电容器电流）。

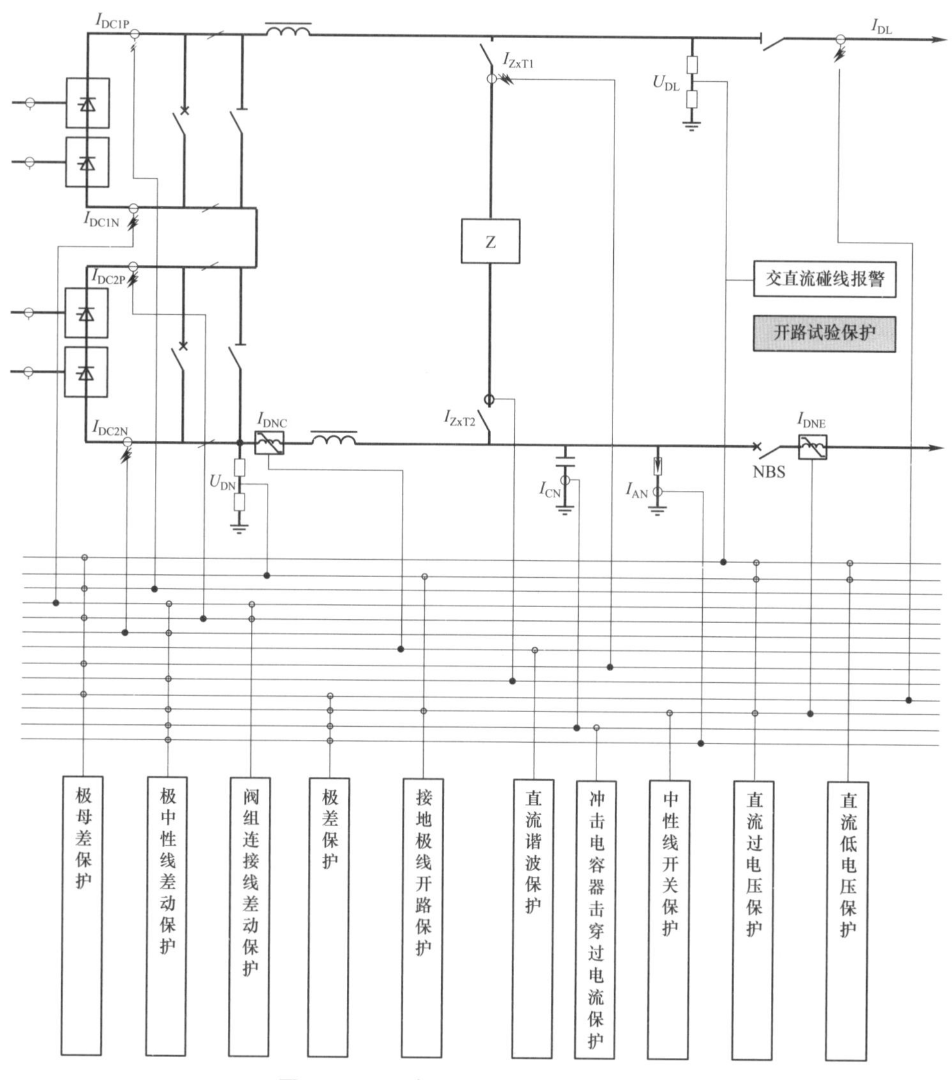

图 5－2－3 极区保护测点及保护配置

（三）双极区保护

双极区保护主要包括极双极中性母线差动保护、站接地过电流保护、后备站接地过电流保护、站接地开关保护、大地回线转换开关保护、金属回线转换开关保护、金属回线接地保护、金属回线横差保护、金属回线纵差保护、接地极线过电流保护、接地极线不平衡保护以及接地极线差动保护。

双极区保护测点及典型保护配置如图 5-2-4 所示，该保护区用到测点包括 I_{DL}（直流线路电流）、I_{DNE}（中性母线开关电流）、I_{DL_OP}（对极直流线路电流）、I_{DME}（金属回线开关电流）、I_{DGND}（站内接地开关电流）、I_{DEL1}（接地极线 1 零磁通电流）、I_{DEL2}（接地极线 2 零磁通电流）、I_{DEE1}（接地极线 1 光 TA 电流）、I_{DEE2}（接地极线 2 光 TA 电流）。

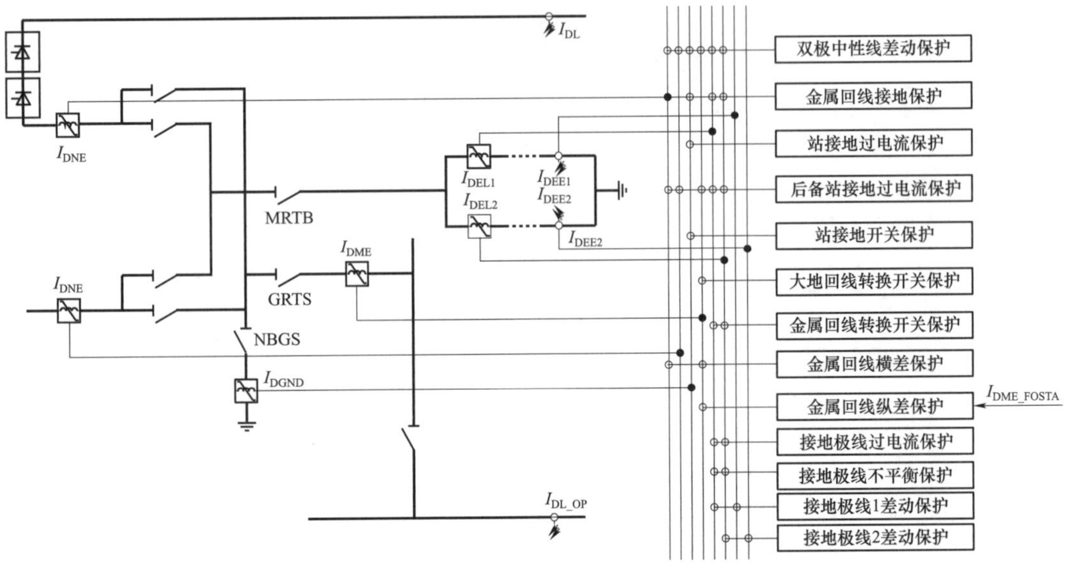

图 5-2-4　双极区保护测点及保护配置

（四）直流线路区保护

直流线路区保护主要包括行波保护、突变量保护、直流线路低电压保护和直流线路纵差保护。

典型直流线路区保护测点及保护配置如图 5-2-5 所示，该保护区用到的测点包括 I_{DL}（直流线路电流）、U_{DL}（直流线路电压）、I_{DL_OP}（对极直流线路电流）、U_{DL_OP}（对极直流线路电压）、I_{DL_FOSTA}（对站直流线路电流）。

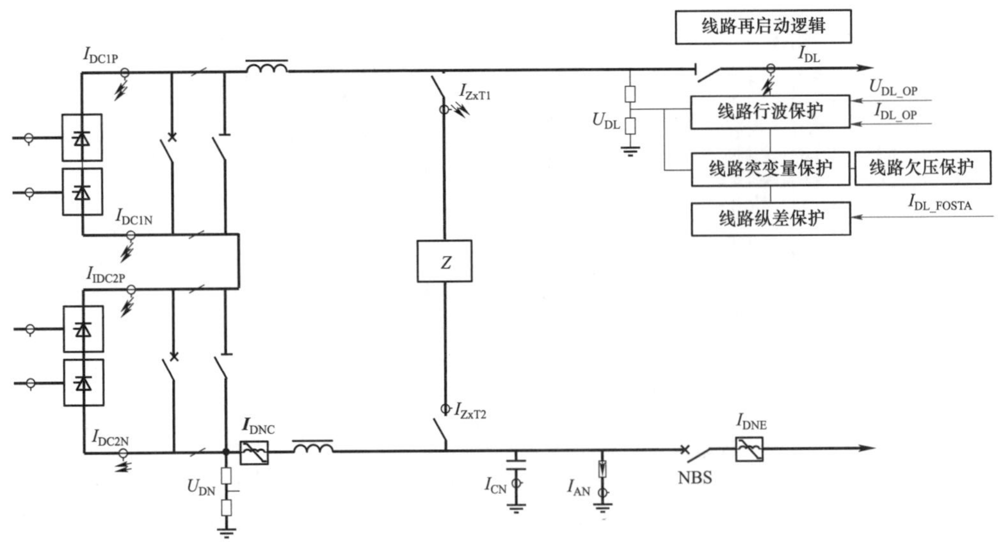

图 5-2-5　直流线路区保护测点及保护配置

（五）直流滤波器区保护

直流滤波器区保护主要包括差动保护、高压电容器接地保护、高压电容器不平衡保护、电阻过负荷保护、电抗过负荷保护和失谐保护。典型直流滤波器区保护测点及保护配置如图 5－2－6 所示。

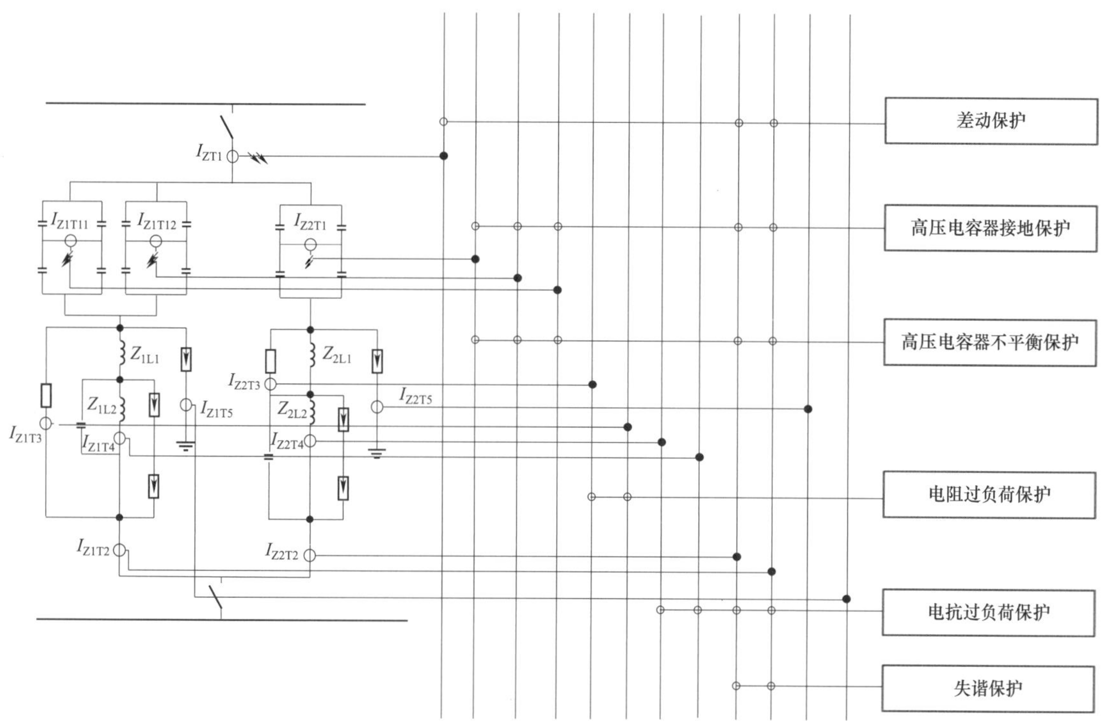

图 5－2－6 直流滤波器区保护测点及保护配置

（六）换流变压器区保护

换流变压器区保护可以分为差动保护、过电流保护、过电压保护、过励磁保护和饱和保护五大类。差动保护为主保护，其他均为后备保护。其中差动保护可以分为大差差动保护、小差差动保护、引线差差动保护和绕组差差动保护；过电流保护可以分为开关过电流保护、网侧过电流保护和零序过电流保护；过励磁保护可以分为定时限过励磁保护和反时限过励磁保护。小差差动保护还可以分为星接和角接；绕组差差动保护还可以分为 YY 网侧、YD 网侧、YY 阀侧和 YD 阀侧；网侧过电流保护和零序过电流均可以分为 YY 和 YD。

大差差动保护和小差差动保护原理类似，均采用差动速断、比例差动和工频变化量差动的原理；绕组差又分为分相差动和零序差动，引线差、YY/YD 阀侧绕组差不配置零序差动，原因是该保护区域系统谐波含量本身比较大，容易误动。如图 5－2－7 所示为换流变压器区保护测点及保护配置。

（七）交流滤波器区保护

交流滤波器区保护包括交流滤波器小组保护和交流滤波器母线保护，其中小组保护的功能包括差动保护、过电流保护、零序过电流保护、电容器不平衡保护、电阻过负荷保护、电抗过负荷保护和失谐保护。典型交流滤波器小组保护测点及配置如图 5－2－8 所示。

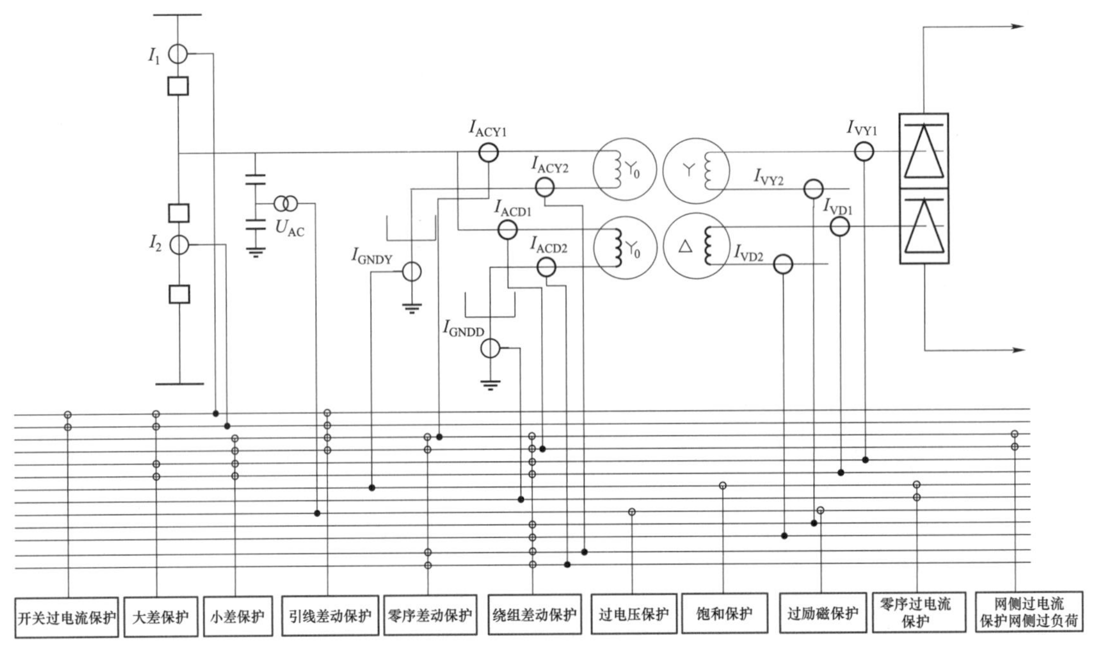

图 5-2-7 换流变压器区保护测点及保护配置

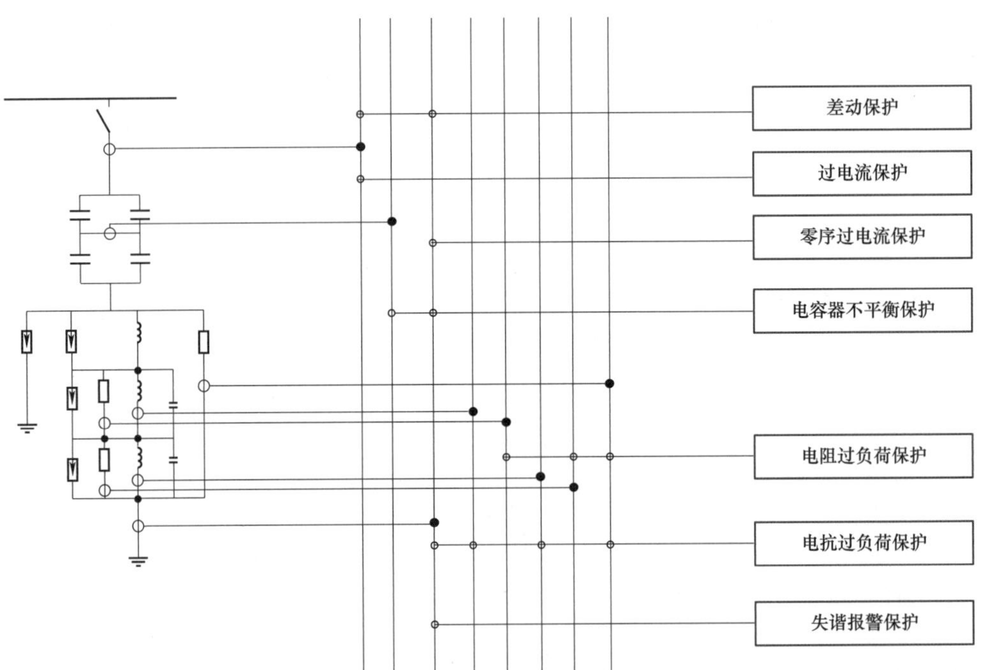

图 5-2-8 交流滤波器小组保护测点及保护配置

交流滤波器母线保护主要包括母线差动保护、母线过电压保护、母线过电流保护以及失灵保护。交流滤波器母线保护测点及配置如图 5-2-9 所示。

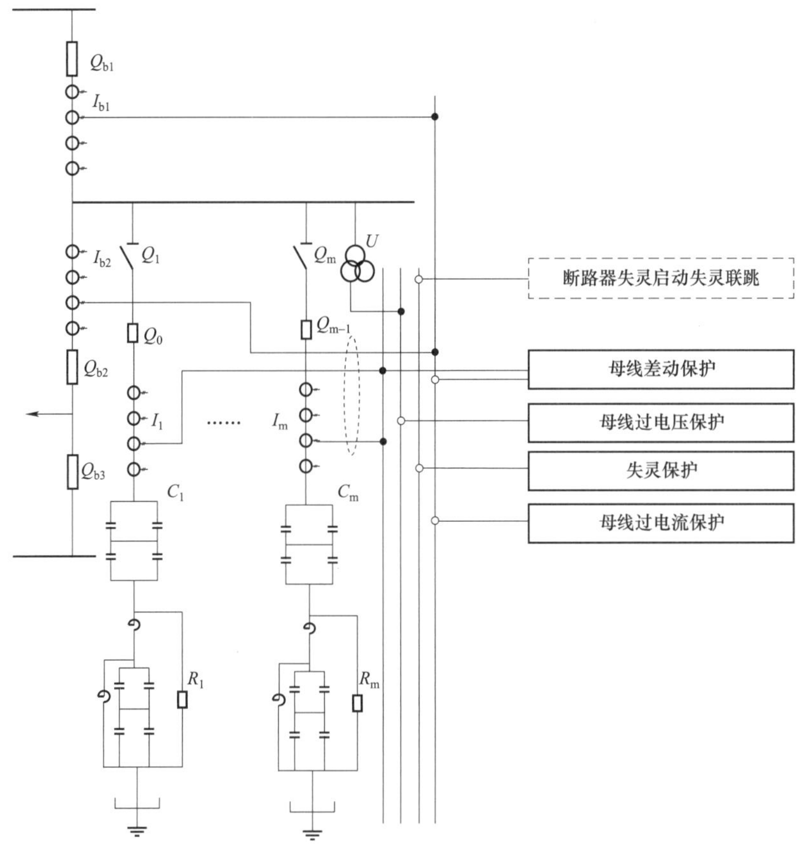

图 5-2-9 交流滤波器母线保护测点及配置

二、分层接入特高压直流系统特殊保护功能配置

分层接入特高压直流输电工程的直流保护分区、测点配置、保护功能与常规特高压工程基本一致。不同的是，分层接入换流站高、低端换流器接入不同等级的交流系统，同一极高、低端换流器中间增加了极中点电压测点。由于分层接入的特殊性，直流保护在两个方面进行适应性变化。首先是分层接入换流站在换流器区增加了换流器直流过电压保护，替换了极过电压保护；其次是为了防止扩大故障动作范围，将极区直流谐波保护功能下放至换流器保护层中，一个交流系统故障时只清除与其相连的换流器。非分层接入换流站的保护功能与常规特高压保持一致。

另外，10GW 大容量特高压直流输电工程直流额定电压±800kV，直流额定电流 6250A，超过一般直流断路器单断口 5500A 的上限值，因此直流断路器需要采用双断口设计。即两个断口并联，其中一个断口配置断口 TA，另一个断口流过电流由直流断路器外侧 TA 与该断口 TA 的测量值作差得到。开关保护原理在常规特高压的基础上增加了断口开关保护快速段，两个断口分别配置断口开关保护。

（一）换流器直流过电压保护

分层接入换流站增加了高、低端换流器中点分压器，可以实现对换流器两端直流电压的实时计算，所以在换流器层增加了换流器直流过电压保护，其原理见表 5-2-1。

表 5-2-1　　换流器直流过电压保护

保护的故障	保护整个换流器区的所有设备，避免由于各种原因造成的过电压的危害
保护原理	高端换流器： $\lvert U_{DL}-U_{DM}\rvert > U_{D\_set}$ 低端换流器： $\lvert U_{DM}-U_{DN}\rvert > U_{D\_set}$
保护段数	2
保护配合	与一次设备的绝缘配合。受端高、低端换流器中间增加 UDM 测点，换流器直流过电压保护与极层直流过电压保护原理基本一致，只是保护的区域不一样，换流器直流过电压保护保护该换流器区域设备，极层直流过电压保护保护整个极层区域设备
后备保护	控制系统中的电压控制功能
是否依靠通信	否
被录波的量	所有电压、保护动作
保护动作后果	– 请求控制系统切换； – 换流器闭锁； – 跳交流断路器； – 启动失灵； – 锁定交流断路器； – 触发录波

换流器直流过电压保护与极层直流过电压保护原理基本一致，只是保护的区域不一样，换流器过电压保护保护该换流器区域设备，极层直流过电压保护保护整个极层区域设备。

保护动作后果：请求控制系统切换，Ⅰ段保护动作换流器 Y 闭锁，Ⅱ段保护动作换流器 X 闭锁，跳交流断路器、启动失灵、锁定交流断路器，并触发录波。

（二）谐波保护

考虑到谐波保护均按设备耐受能力配置，在分层侧双网耦合比较强的情况下，依靠交流电压特征量无法准确定位谐波源位置，为了尽可能减小单极功率损失风险，分层侧 50Hz 谐波保护与 100Hz 谐波保护均下放至换流器保护主机。

谐波保护定值按照小负荷时防止电流断续，大负荷时与设备的谐波过负荷能力相配合的原则进行整定。换流器谐波保护原理如表 5-2-2 所示。

表 5-2-2　　换流器谐波保护原理

保护的故障	主要保护在交流系统不对称故障无法切除时，作为后备保护
保护原理	高、低端换流器： $(I_{DCxN\_100Hz} > I_{set})$ & $(U_{ac} < U_{ac\_set})$ 换流器层 100Hz 谐波保护在分层接入换流站使能，根据不同交流系统接入，增加了判断交流系统电压低信号能力
保护段数	2
保护配合	与交流系统故障切除时间与阀的过应力能力配合。系统小负荷时防止电流断续，大负荷时与设备的谐波过负荷能力相配合

续表

后备保护	本身为后备保护
是否依靠通信	否
被录波的量	I_{DCxN_100Hz}、保护动作
保护动作后果	– 请求控制系统切换； – 换流器闭锁； – 跳交流断路器； – 启动失灵； – 锁定交流断路器； – 触发录波

（三）开关保护

大容量特高压直流输电工程直流断路器需采用双断口设计。涉及的断路器包括极区的极中性母线开关 NBS，双极区的大地回线转换开关 GRTS 以及金属回线转换开关 MRTB。极中性母线开关 NBS 保护原理见表 5–2–3、大地回线转换开关 GRTS 保护原理见表 5–2–4 以及金属回线转换开关 MRTB 保护原理见表 5–2–5。

表 5–2–3　　　　极中性母线开关 NBS 保护原理

保护的故障	在 NBS 无法断弧的情况下，重合开关以保护设备
保护原理	I 段慢速段： （$\|I_{DNE}\|>I_{\_set1}$）&（$N_{BS\_OPEN\_IND}=1$） II 段速段： 断口 1： （$\|I_{NBS}\|>I_{\_set21}$）&（$N_{BS\_OPEN\_IND}=1$） 断口 2： （$\|I_{DNE}-I_{NBS}\|>I_{\_set22}$）&（$N_{BS\_OPEN\_IND}=1$） 经过一定的延时，保护动作
保护段数	2
保护配合	与开关的特性配合
后备保护	无
保护动作后果	重合 NBS； 触发录波

表 5–2–4　　　　大地回线转换开关 GRTS 保护原理

保护的故障	在 GRTS 无法断弧的情况下，重合开关以保护设备
保护原理	I 段慢速段： （$\|I_{DME}\|>I_{\_set1}$）&（$G_{RTS\_OPEN\_IND}=1$） II 段速段： 断口 1： （$\|I_{GRTS}\|>I_{\_set21}$）&（$G_{RTS\_OPEN\_IND}=1$） 断口 2： （$\|I_{DME}-I_{GRTS}\|>I_{\_set22}$）&（$G_{RTS\_OPEN\_IND}=1$） 经过一定的延时，保护动作

续表

保护段数	2
保护配合	与开关的特性配合
后备保护	无
保护动作后果	重合 GRTS； 触发录波

表 5-2-5　　金属回线转换开关 MRTB 保护原理

保护的故障	在 MRTB 无法断弧的情况下，重合开关以保护设备
保护原理	I 段慢速段： $(\lvert I_{DEL1}+I_{DEL2}\rvert>I_{\_set1})$ & $(M_{RTB\_OPEN\_IND}=1)$ II 段速段： 断口 1： $(\lvert I_{MRTB}\rvert>I_{\_set21})$ & $(M_{RTB\_OPEN\_IND}=1)$ 断口 2： $(\lvert I_{DEL1}+I_{DEL2}-I_{MRTB}\rvert>I_{\_set22})$ & $(M_{RTB\_OPEN\_IND}=1)$ 经过一定的延时，保护动作
保护段数	2
保护配合	与开关的特性配合
后备保护	无
保护动作后果	重合 MRTB； 触发录波

三、中点分压器测量故障处理策略

受端分层接入特高压直流系统电压平衡控制需要实时监测高、低端换流器电压，而换流器电压则由直流极线电压 U_{dL}、中性线电压 U_{dN} 及新引入的中点分压器电压 U_{dM} 测量值计算得到，具体如下。

高端换流器电压

$$U_{CV1}=U_{dL}-U_{dM} \tag{5-2-1}$$

低端换流器电压

$$U_{CV2}=U_{dM}-U_{dN} \tag{5-2-2}$$

式中　U_{dL}——直流极线电压；

U_{dM}——中点分压器电压；

U_{dN}——中性线电压。

从式（5-2-1）和式（5-2-2）中可以看出，一旦中点分压器电压测点 U_{dM} 出现故障或输出测量值不正确，将直接影响高、低端换流器电压平衡控制，进而影响直流系统的稳定运行。因此，为了保证直流系统在中点分压器故障时，不会因控制系统动作而导致换流器闭锁，在控制中引入换流器电压计算值。

正常运行时，逆变侧换流器电压可由下式计算得到

$$U_{CV} = U_{di0} \cdot \cos\gamma - (d_x - d_r) \cdot \frac{U_{di0N}}{I_{dcN}} \cdot I_{dc} \tag{5-2-3}$$

式中　U_{CV}——换流器电压；

U_{di0N}——理想空载直流电压；

d_x——相对感性压降；

d_r——相对阻性压降；

I_{dc}——直流电流；

I_{dcN}——直流电流额定值。

当控制系统检测到 U_{dM} 测量值异常时，发出报警并切换系统。若异常依然存在，则控制系统采用换流器电压的计算值代替测量值进行控制，实现对特高压直流输电系统高、低端换流器电压的平衡控制，可避免因 U_{dM} 测量故障影响系统运行问题。

高、低端换流器中点分压器采用阻容分压的原理，其信号输出可采用模拟量输出或光信号输出两种型式。其中，光信号输出的分压器拓扑结构如图 5－2－10 所示。

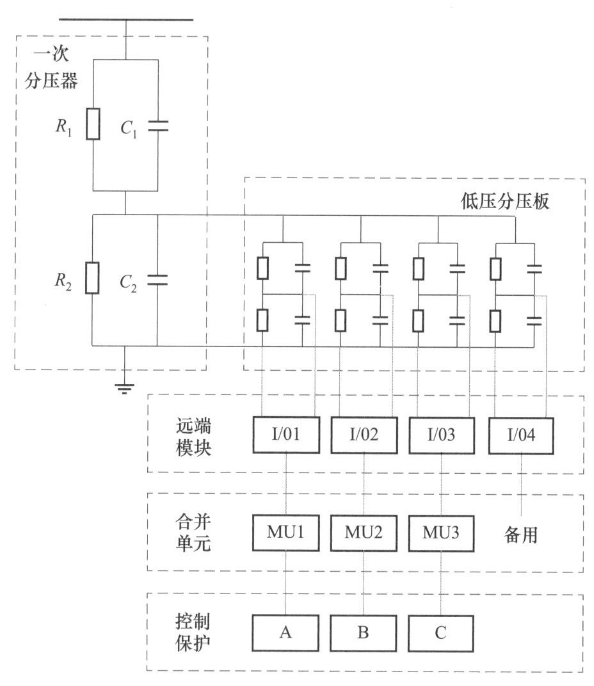

图 5－2－10　光信号输出的分压器拓扑结构

根据控制保护系统能否收到故障信息，中点分压器故障主要可分为以下两大类。

（一）控制保护系统能检测故障信息的中点分压器故障

该类故障主要为通信异常问题，具体表现为丢帧、数据校验出错（帧头/帧尾校验、CRC 校验等）、数据电平低等。这些故障通常是由远端模块器件异常、强电磁干扰、激光供电问题、光纤回路断线等导致的。

合并单元通过实时监测远端模块传送的数据帧，判断其工作状态，一旦故障发生，合

并单元将置输出量为零，同时向控制保护发送故障信息。

类似地，控制保护也对合并单元发出的数据帧进行实时监测，一旦出现光纤回路故障，将维持故障时刻的数值，同时发送故障信息。

（二）控制保护系统无法检测故障信息的中点分压器故障

该类故障主要为中点分压器本体故障，如本体局部阻容器件损坏等。故障会影响分压关系，可能导致输出的电压值增大或减小一个固定的比例。

针对中点分压器可能出现的两种故障类型，为了保证直流系统在中点分压器故障时，不引起控制系统动作而导致换流器闭锁，采取以下两种策略。

策略 1：控制系统能收到中点分压器故障信息。

（1）延时 5ms 将 U_{dM} 测量值切换为计算值，且向运行人员工作站发送告警事件，并触发故障录波，再延时 40ms 切换控制系统。

（2）若备用系统也收到故障信息或处于不可用状态，则不切换系统，当前系统采用 U_{dM} 计算值维持运行；计算值的可用/不可用判据见后。

（3）若计算值不可用，则延用 U_{dM} 测量值维持运行。

（4）信息消失后，无延时切换回 U_{dM} 测量值。

策略 2：控制保护系统无法收到故障信息的故障，如中点分压器本体故障，此时通过比较 U_{dM} 测量值与计算值进行故障判断。

（1）在计算值可用时，U_{dM} 测量值与计算值的差值超过 5%，延时 1s 向运行人员工作站报告警事件，直流系统维持运行。

（2）在计算值可用时，U_{dM} 测量值与计算值的差值超过 8%，延时 100ms 切换为计算值，再延时 40ms 切换控制系统；若备用系统 U_{dM} 测量值与计算值的差值也超过 8%，则不切换系统，当前系统采用 U_{dM} 计算值维持运行。

（3）直流系统采用 U_{dM} 计算值运行时，若测量值与计算值的差值恢复至 5%以下，则延时 100ms 切换回测量值运行。

（4）若计算值不可用，则延用 U_{dM} 测量值维持运行。

直流保护系统作为保护直流设备安全的屏障，始终采用 U_{dM} 测量值运行，不使用计算值。

由式（5－2－3）可以看出，计算换流器直流电压需用到交流电压（用于计算 U_{di0}）、关断角（γ）及直流电流（I_{dc}）的测量值。一旦任何量出现测量问题，均会对 U_{dM} 计算造成影响。为保证 U_{dM} 计算值的可信度，在直流系统的某些工况或状态下，主要包括整流侧强制移相、保护性闭锁、逆变侧检测出换相失败等，式（5－2－3）不再适用，则判断为 U_{dM} 计算值不可用，禁止控制系统切换为计算值。

第三节　整体设计方案

一、直流控制保护系统结构及功能配置

（一）特高压直流控制保护系统可靠性设计原则

针对特高压直流输电工程每极双 12 脉动换流器串联结构的接线方式，为提高直流系统

的可靠性和可用率，直流控制保护系统设计原则如下：

（1）控制保护装置以每个 12 脉动换流器单元为基本单元进行配置，各 12 脉动换流器单元控制功能的实现和保护配置相互独立，以利于单独退出单 12 脉动换流器单元而不影响其他设备的正常运行；同时各 12 脉动控制和保护系统间的物理连接尽量简化。

（2）控制保护系统单一元件的故障不应导致直流系统中任何 12 脉动换流器单元退出运行。

（3）任何一极/一换流器的二次回路故障及测量装置故障，不影响另一极或本极另一换流器的正常运行。当一极/换流器的装置检修（含退出运行、检修和再投入三个阶段）时，不会对继续运行的另一极或本极另一换流器的运行方式产生任何限制，也不会导致另一极或本极另一换流器任何控制模式或功能的失效，更不会引起另一极或本极另一换流器的停运。

（二）直流控制系统功能配置

分层接入特高压直流输电系统中，非分层接入换流站的高、低端换流器在一个换流站内，并且接入同一个交流系统中，因此其控制系统采用常规特高压直流输电方式，按照双极、极、换流器控制功能进行配置。

对于分层接入换流站，由于其高、低端换流器也在同一个站内，因此仍采用双极层控制、极层控制和换流器层控制功能的分层结构。其中，双极层的功能既可配置在站控系统中，也可下放至极控系统中；极 1 和极 2 的极控系统独立配置；以十二脉动换流器为单元配置各自相应的换流器控制功能。

分层接入换流站接入两个独立的交流系统，每个系统各自连接对应的换流器和交流滤波器组，虽然其控制系统仍采用双极层、极层和换流器层控制功能的分层结构，但每个控制层内部与常规特高压有较大的区别，尤其是在双极层控制中，为实现对每个电气节点完整的无功控制，须分别针对两个交流系统进行单独控制。

图 5－3－1 为直流控制系统的分层结构示意图。图中每一个换流器控制单元实现对一个 12 脉动换流器单元的控制，各控制层的主要功能如下。

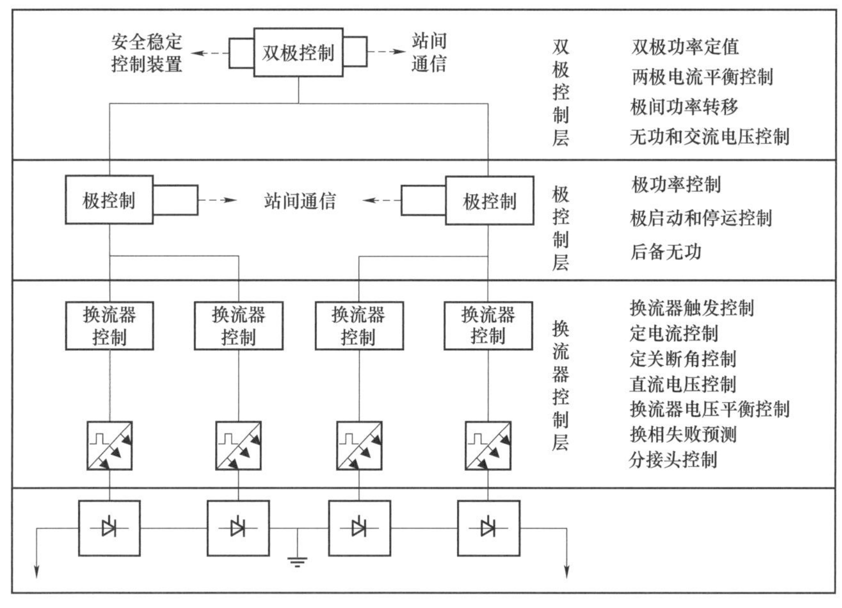

图 5－3－1　直流控制系统的分层结构示意图

1. 双极控制层

为双极直流输电系统中同时控制两个极的控制层次，实现功率/电流指令的计算和分配、站间电流指令的协调、站无功设备的投切控制、站级直流顺序控制功能。与双极控制有关的功能应尽可能下放到极控制层实现，以保证当发生任何单重电路故障时，不会使两个极都受到扰动，具体功能主要包括以下内容：

（1）设定双极的功率定值。

（2）两极电流平衡控制。

（3）极间功率转移控制。

（4）换流站各换流器与交流系统交换无功功率或换流母线电压控制等。

2. 极控制层

极控制层为直流输电系统单个极的控制层次。极控制级的主要功能有：

（1）极功率控制，经计算控制极电流运行值，并向换流器控制层提供电流整定值。

（2）极启动和停运控制。

（3）故障处理控制，包括移相停运和自动再启动控制、低压限流控制等。

（4）各换流站同一极之间的远动和通信，包括电流整定值和其他连续控制信息的传输、交直流设备运行状态信息和测量值的传输等。

3. 换流器控制层

特高压直流输电系统单个换流器单元的控制层次，实现换流器运行所必需的控制功能和阀触发功能，主要包括对直流电流、直流电压、换流器电压、换流器电压平衡、关断角等的闭环控制，以及换流器的解锁、闭锁等功能。换流器控制还具有手动方式的电流升降功能，作为在双极/极控制主机故障情况下的后备功能。

换流器控制层的具体功能主要包括换流器触发控制、定电流控制、定关断角控制、直流电压控制、换流器电压控制、换流器电压平衡控制；触发角、直流电压、直流电流最大值和最小值限制控制以及换流器单元闭锁和解锁顺序控制等。对于非分层接入端换流站，由于同一极的高、低端换流器接入同一个交流电网，也可以将换流器控制功能中的直流电流、直流电压、关断角等的闭环控制功能配置在极控制层中，换流器控制层只是接受上层发出的触发角信号。对于分层接入换流站，直流电流、直流电压、关断角等闭环控制一般位于换流器控制中，同时配置换流器电压平衡控制模块，以实现换流器电压平衡运行目标，不对主设备带来过应力。

（三）直流系统保护配置

1. 直流保护配置

直流保护分为换流器保护区、极保护区和双极保护区，直流保护配置如图 5－3－2 所示。对于特高压直流输电工程双 12 脉动换流器串联的接线方式，为消除各换流器之间的联系，避免单 12 脉动换流器检修或故障对运行换流器产生影响，提高整个系统的可靠性，需要保证换流器区保护的独立性，即每个 12 脉动换流器配置单独的保护装置。

直流保护配置原则如下：

（1）每个换流器配置独立的保护主机，完成换流器的所有保护功能，换流变压器电量保护可集成到换流器保护中实现，不独立配置。

（2）配置独立的极保护主机完成完整的极、双极保护功能。为避免双极保护设备故障影响两个极的运行，双极保护集成在极保护主机中，不独立配置。直流滤波器保护也集成在极保护中实现，不独立配置。

（3）I/O 单元按换流器配置。当某一换流器退出运行时，只需将对应的保护主机和 I/O 设备操作至检修状态，就可以针对该换流器做任何操作，而不会对健全系统运行产生任何影响。

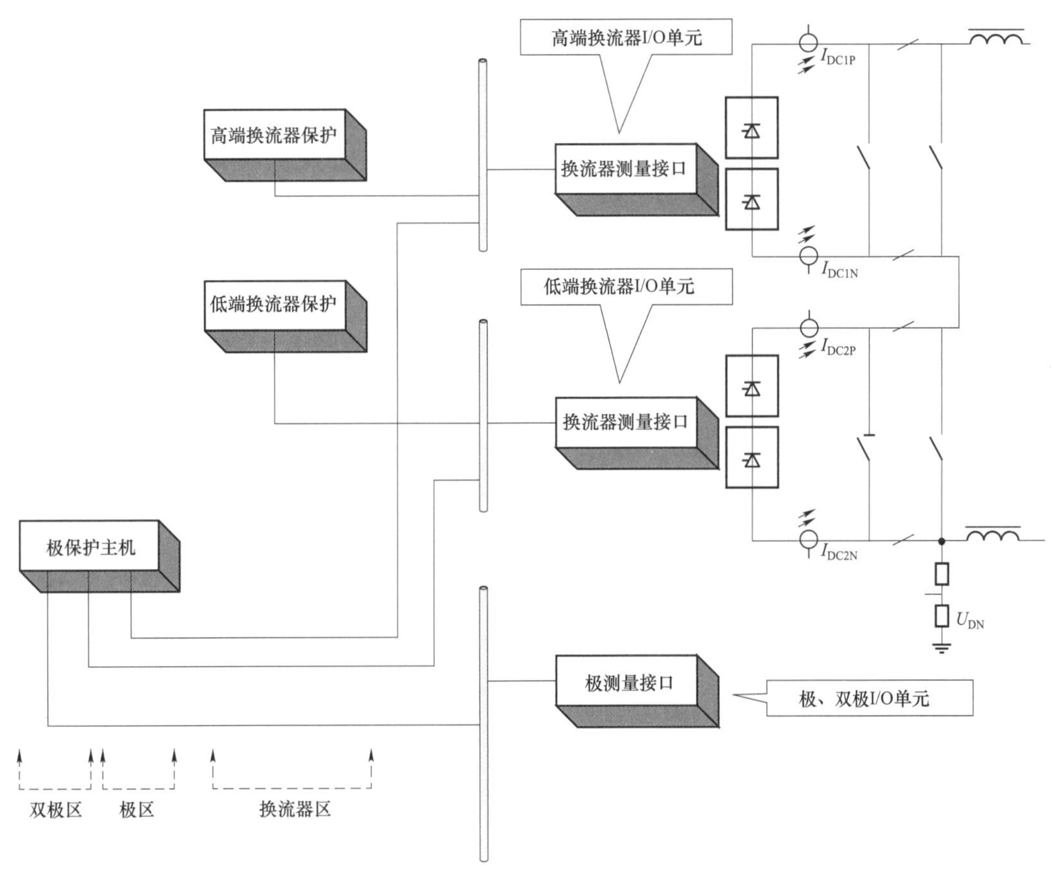

图 5－3－2　直流保护整体配置图

2. 换流变压器非电量保护配置

换流变压器非电量保护属换流变压器本体保护装置，采用“三取二”出口逻辑，通常通过非电量接口屏柜采集非电量跳闸信号，以光纤网络点对点的方式送至换流器冗余控制主机中，实现“三取二”逻辑。换流变压器非电量出口逻辑如图 5－3－3 所示。

3. 交流滤波器保护配置

交流滤波器大组母线、交流滤波器小组分别配置保护装置。交流滤波器大组母线保护，共由两面屏（柜）组成，每屏布置一台保护装置。每组交流滤波器小组保护由两面屏（柜）

组成，每屏布置一台保护装置，保护屏内还需配置选相合闸装置和操作箱。保护装置以及与保护配合的回路应双重化配置。双重化配置的保护装置及其回路之间应完全独立，无直接的电气联系。每套保护采用“启动+动作”的出口方式。

交流滤波器保护应可以采用如下接口方式中的任意一种与电子式 TA 接口：

（1）IEC 标准协议（IEC 60044－8 或 IEC 61850）的数字式接口方式。

（2）TDM 协议的数字接口方式。

（3）模拟量接口方式。

交流滤波器保护的跳闸出口回路如图 5－3－4 所示。

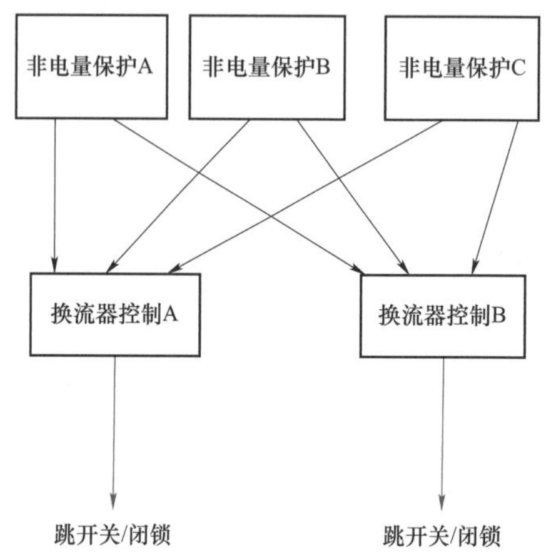

图 5－3－3　换流变压器非电量出口逻辑

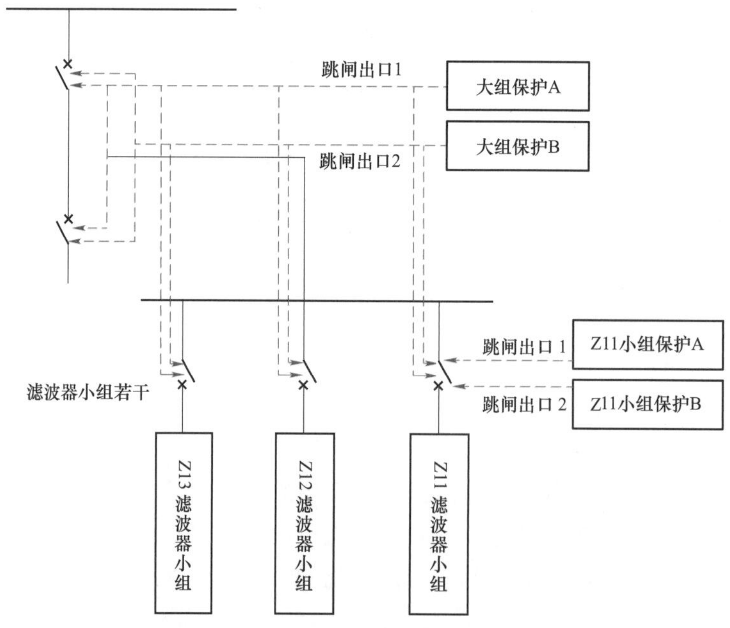

图 5－3－4　交流滤波器保护的跳闸出口回路

二、直流控制保护设备

（一）直流控制保护设备特点

目前国内具有代表性的直流控制保护系统设备有两类，即南瑞继保公司的 PCS9550 和许继集团的 DPS－3000 直流输电控制保护系统。各公司的直流控制和直流保护都使用各自相同的硬件平台，采用目前业界可靠性、功能和处理能力最有优势的嵌入式 CPU、DSP 和大容量的 FPGA 进行设计，同时采用符合工业标准的高速以太网和 IEC 标准的数据采集的光纤通道作为数据传输链路，内部采用高可靠、高实时、高效率的数据交换接口。同时具备嵌入式系统高可靠性和 PC 技术灵活性的特征。

控制保护硬件平台具有以下特点：

（1）可扩充性好。采用当今先进的高性能、高效率的 CPU、DSP、FPGA 来实现高性能的数据处理，运算处理能力更强。

（2）适用范围广。平台充分考虑各系列产品线，提供相应的插件供选择。

（3）结构简单、连接方便。装置硬件结构复杂度低，从而功耗与温度低；插件与背板采用插针，连接简单可靠。

（4）高电磁兼容性，抗干扰能力强。

（5）灵活支持分布计算。插件之间通过数据总线进行通信，应用功能在插件间可无缝移动。

（二）直流控制保护系统结构

1. 直流控制系统结构

直流控制系统设备包括极控制系统设备（可含直流站控功能）和换流器控制系统设备，其中，极控制系统设备主要包含极控主控单元、直流站控单元及其分布式 I/O 单元；换流器控制系统设备主要包含换流器控制主控单元及其分布式 I/O 单元，双极控制功能集成在极控制系统设备。

2. 直流保护系统结构

直流保护设备包含极/双极保护系统设备、换流器保护系统设备，其中，极/双极保护系统设备主要包含极/双极保护主控单元、极“三取二”装置及其分布式 I/O 单元，换流器保护系统设备主要包含换流器保护主控单元、换流器“三取二”装置及其分布式 I/O 单元。换流变压器电量保护功能集成在换流器保护设备中，直流滤波器保护集成到极保护设备中。

（三）直流控制保护系统冗余配置

1. 直流控制系统冗余配置

直流控制系统的各层次都按照完全双重化原则设计。双重化的范围从测量二次线圈开始，包括完整的测量回路，信号输入、输出回路，通信回路，主机和所有相关的直流控制装置。为满足高可靠性的要求，极控制系统（包括直流站控功能、双极控制功能）和换流器控制系统均采用冗余配置，冗余的极控制系统和换流器控制系统通过交叉互连实现完整的控制功能，以保证在任何一套控制系统发生故障时不会对另一个控制层次或另一个换流器健全控制系统的功能造成影响。在发生系统切换时，极控制系统和换流器控制系统可以分别从 A 系统切换至 B 系统，或从 B 系统切换至 A 系统。

在各层控制系统主机中，同时也可配置功能相同的软件“三取二”保护出口逻辑。各控制主机接收各套保护分类动作信息，通过软件的“三取二”保护逻辑出口，与硬件三取二保护出口装置同时实现闭锁、跳交流开关等功能。

2. 直流保护系统冗余配置

直流保护系统按照三重化原则设计。

（1）“三取二”逻辑实现方案。分层接入特高压直流保护采用三重化配置，保护动作采用“三取二”逻辑出口。该“三取二”逻辑同时配置于独立的“三取二”硬件主机和控制主机中。“三取二”主机接收各套保护分类动作信息，其逻辑出口实现跳换流变压器进线断路器、启动开关失灵保护等功能。

极层、换流器层分别配置的三套保护，均以光纤方式分别与“三取二”装置和本层的控制主机进行通信，传输经过校验的数字量信号。三重保护与“三取二”逻辑构成一个整体，三套保护主机中有两套相同类型保护动作被判定为正确的动作行为，才允许出口闭锁或跳闸，以保证可靠性和安全性。此外，为了确保设备的安全，当三套保护系统中有一套保护因故退出运行后，采取“二取一”保护逻辑；当三套保护系统中有两套保护因故退出运行后，采取“一取一”保护逻辑；当三套保护系统全部因故退出运行后，控制系统发出闭锁停运指令。直流保护“三取二”功能如图 5－3－5 所示。

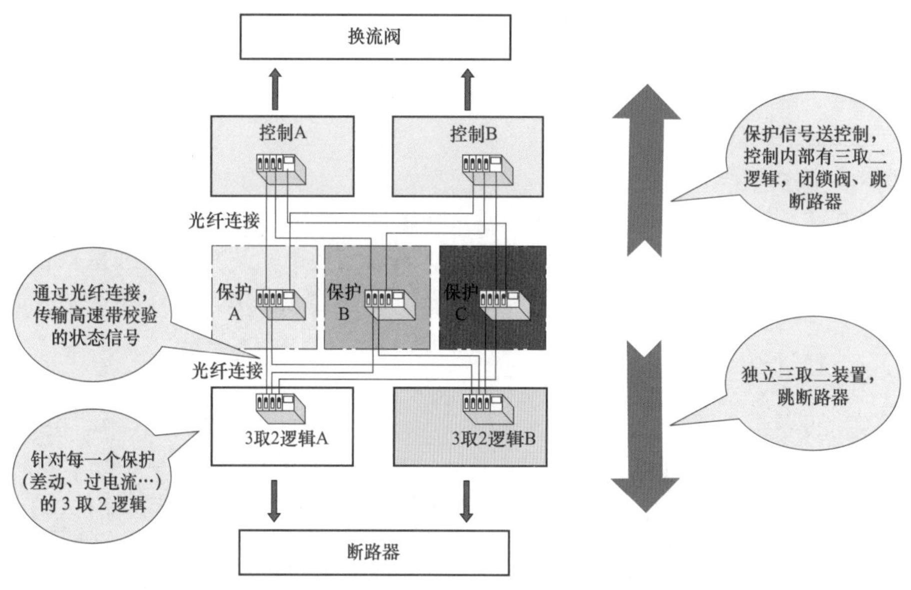

图 5－3－5　直流保护“三取二”功能图

（2）“三取二”方案特点。“三取二”方案具有高度的可靠性，其特点如下：

1）在独立的“三取二”装置和控制主机中分别实现“三取二”功能。“三取二”装置出口实现跳换流变压器开关功能。在保护动作后，如极端情况下冗余的“三取二”装置出口未能跳换流变压器进线断路器，控制主机也将完成跳断路器的功能。

在保护动作后，如极端情况下冗余的控制系统未能完成闭锁，在“三取二”装置出口跳开换流变压器进线断路器后，由断路器的预分闸信号通知极控闭锁。

2）保护主机与“三取二”主机、控制主机通过光纤连接，传输经校验的数字量信号，提高了信号传输可靠性和抗干扰能力。

3）“三取二”功能按保护分类实现，而非简单跳闸出口相“或”，提高了“三取二”逻辑的精确性和可靠性。由于各保护装置送出至“三取二”主机和控制主机的均为数字量信号，“三取二”“二取一”“一取一”等逻辑可以做到按保护类型进行选择，比如三套保护功能正常情况下只有两套以上保护有同一类型的保护动作时，“三取二”逻辑才会出口。由于根据具体的保护类型判别，而不是简单地取跳闸接点相“或”，提高了保护动作逻辑的精确性和可靠性。

第四节　二次系统试验

一、二次系统联调试验简介

二次系统联调试验指通过数字方式仿真电力系统，将功率放大器等接口设备与直流控制保护系统的主要设备连接，构成闭环的测试系统。通过联调试验可以全面检查，包括直流控制保护在内的二次系统各组成部分的接口特性，全面测试直流控制保护系统的整体功能、性能。

大容量分层接入特高压直流输电工程二次系统联调试验平台，在实时仿真器中建立交/直流系统一次部分的电磁暂态模型。为了尽可能与实际保持一致，模型充分体现了大容量分层接入特高压直流输电系统的特点：分层接入侧高、低端换流器分别接入 500kV 与 1000kV 交流系统，两个交流系统通过变压器相互耦合；为了保证高、低端换流器的电压平衡，两者间配置了中点分压器；基于大电流的运行需求，直流转换开关采用双回路并联的拓扑结构等。

大容量分层接入特高压直流输电工程二次系统联调试验项目，主要涉及顺序控制与连锁、直流系统外特性、空载加压、分接开关控制、系统自监视与切换、控制系统动态响应、无功控制、换流器投退试验、电压平衡控制、中点分压器故障、附加控制、故障与保护（双极/极/换流器保护、直流线路保护、直流滤波器保护、交流系统故障、6250A 直流转换开关控保试验等）、阀控设备接口、阀冷接口、安控接口、换流变压器 TEC 接口、后备无功控制等内容。控制、保护策略验证试验项目分类如下。

（一）控制试验

1. 顺序控制与连锁试验

顺序控制与连锁试验主要包含直流场开关/刀闸的连锁控制、换流器顺序控制、极的顺序控制、双极的顺序控制等试验，目的为检验直流场开关和刀闸的连锁关系、换流器、极和双极的顺序控制、初始状态等是否满足工程要求。

2. 空载加压试验

空载加压试验主要是双换流器/单换流器在不带线路和带线路条件下进行手动/自动空载加压试验，目的为检验空载加压相关控制功能是否满足工程要求。

3. 分接开关控制试验

分接开关控制试验主要包括分接开关手动/自动控制试验、分接开关挡位调节校核试验、电压应力试验、分接开关同步试验、空载控制试验等，其目的为检验分接开关控制中的手动/自动调节功能、电压应力保护功能、分接开关同步功能以及空载控制功能是否满足工程要求。

4. 解闭锁顺序控制试验

解闭锁顺序控制试验主要包含保护闭锁试验、保护性控制功能试验、完整顺序控制功能试验，目的为检验正常解闭锁、保护性闭锁顺序控制及完整顺序控制是否满足工程要求。

5. 有功控制试验

有功控制试验主要包括直流系统稳态参数校核、动态响应试验、电流裕度补偿试验、过负荷限制试验、不同运行方式下启停、功率升降、系统切换、系统模式转换试验等内容，目的为检验直流控制保护系统的稳态指标、动态性能、过负荷控制特性、启停特性、功率升降特性是否满足工程设计要求，同时验证系统切换、系统模式切换过程中系统能否保持稳定运行。

6. 无功控制试验

无功控制试验主要包括手动投切滤波器试验、滤波器替换试验、U 控制试验、Q 控制试验、U_{max}/Q_{max} 控制试验、绝对最小滤波器试验、滤波器需求试验、交流滤波器切除试验、低抗试验，目的是检验交流滤波器场交流开关接口是否正确，验证无功控制中的 U_{max}/Q_{max} 控制功能、绝对最小滤波器控制功能、U 控制功能、Q 控制功能、最小滤波器控制功能是否满足工程要求。

7. 系统监视与切换试验

系统监视及切换包括控制主机系统切换试验、保护主机系统切换试验、屏柜电源故障试验、装置断电试验、总线故障试验、TV/TA 断线试验、主机死机试验、模拟量测量异常试验、负载率测试、网络风暴测试等，目的为检验相关系统监视及切换逻辑符合工程要求。

8. 换流器在线投退试验

换流器在线投退试验主要包含双极运行换流器投退试验、单极大地运行换流器投退试验、单极金属运行换流器投退试验，目的为检验直流系统在不同运行方式下换流器在线投退功能是否满足工程要求。

9. 交流系统瞬时故障试验

交流瞬时故障试验主要在不同运行方式、不同类型交流系统故障类型条件下，检验交流瞬时故障发生时，直流系统的故障恢复能力是否满足工程要求。

（二）保护试验

1. 换流器区故障试验

换流器保护主要是针对一个极的两个换流器提供保护，其保护的范围全在阀厅内部，即 IDC1P 与 IDC2N 之间的部分。换流器区的故障有丢脉冲（F9），旁路开关合、分故障（F10），换流器桥臂短路（F11），换流器高端接地（F12），换流器高端对中点短路（F13），换流器中点接地（F14），YY 换流器单相接地（F16），YY 换流器相间短路（F17），YD 换流器单相接地（F18），YD 换流器相间短路（F19），换流器低端接地（F20）。换流器区故障示意图如图 5－4－1 所示。

2. 极区故障试验

极区的故障一般有极母线接地故障（F1，F2），极中点接地故障（F3），极中性母线接地故障（F4，F5），接地极开路故障（F6），NBS 断路器故障（F7），如图 5－4－2 所示。

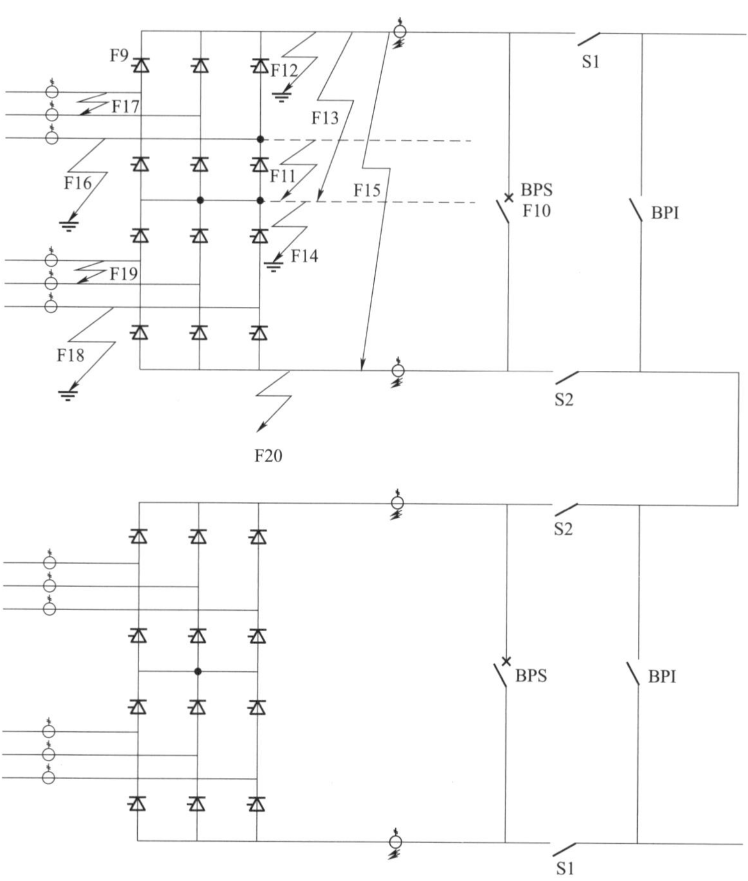

图 5－4－1　换流器区故障示意图

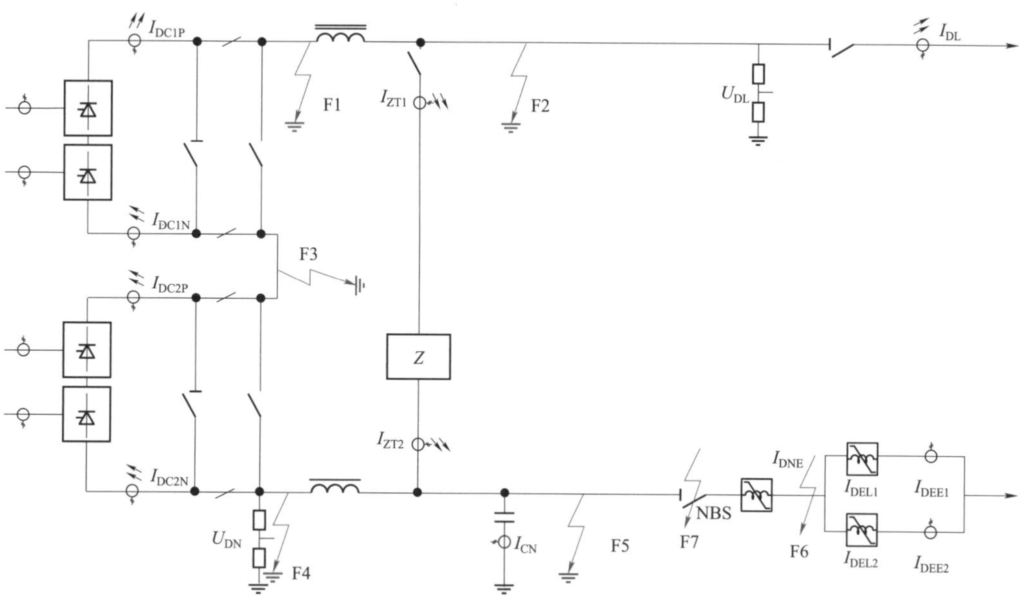

图 5－4－2　极区故障示意图

3. 双极区故障试验

双极区保护的范围在接地极与极中性母线 I_{DNE} 测点之间的部分，其中还包括了金属回线测点 I_{DME} 与测点 I_{DNE} 之间的部分。在双极区配置的保护中，涉及的测点有两个极的 I_{DNE}、I_{DEL1}、I_{DEL2}、I_{DME}、I_{DGND}。其典型故障有双极中性母线接地故障（F25），接地极开路故障（F40，极区故障 F6），接地极引线开路故障（F43），接地极引线接地故障（F49），金属回线连线接地故障（F48），以及 MRTB（F44），GRTS（F45），NBGS（F46）断路器故障，站内接地过流故障（F47），金属回线返回线接地故障（F42）。双极区故障示意图见图 5-4-3。

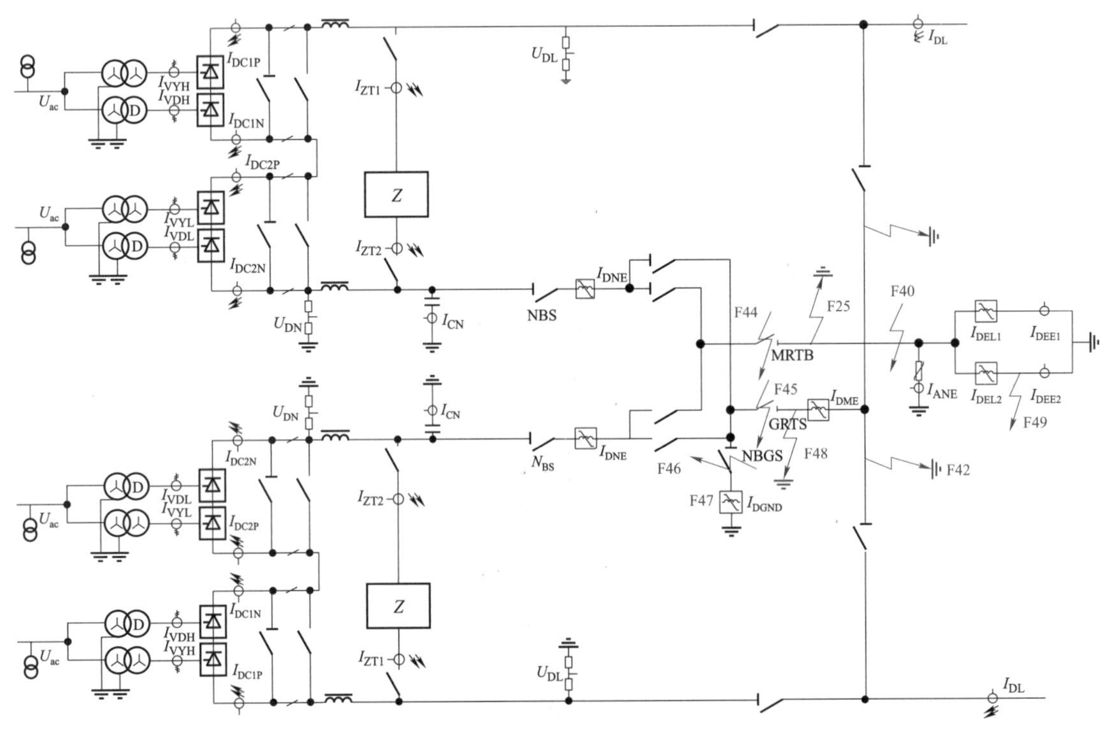

图 5-4-3　双极区故障示意图

4. 直流线路区故障试验

直流线路保护是指对直流输电线路的保护。其测点主要是两个站线路的电压 U_{DL} 和线路的电流 I_{DL}。线路的故障点有线路的首端金属接地故障 k1，线路中端金属接地故障 k2，线路末端金属接地故障 k3。线路接地故障大多数是瞬间故障，因此线路保护的动作结果先是按照预先设定的重启次数对线路重启，如果重启失败再闭锁相应的极。直流线路区故障见图 5-4-4。

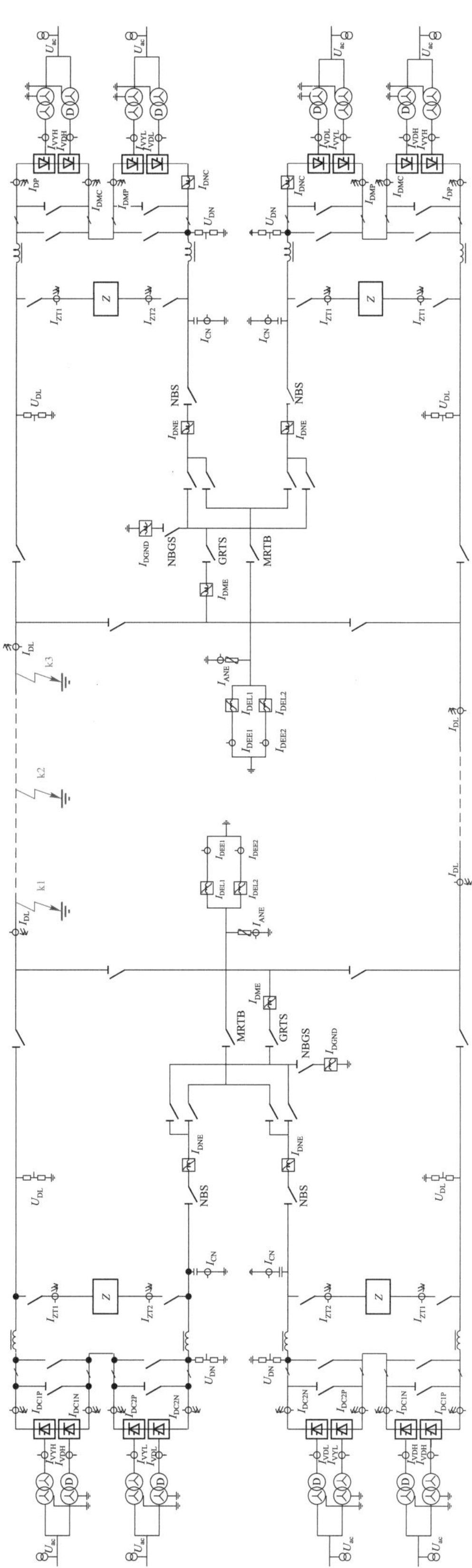

图 5－4－4　直流线路区故障示意图

5. 直流滤波器区故障试验

直流滤波器区典型的故障有直流滤波器首端接地故障（F51）、直流滤波器尾端接地故障（F52）、直流滤波器电容器短路故障（F53），直流滤波器电容器上半区接地故障（F54），直流滤波器电容器下半区接地故障（F55）。直流滤波器区故障见图 5-4-5。

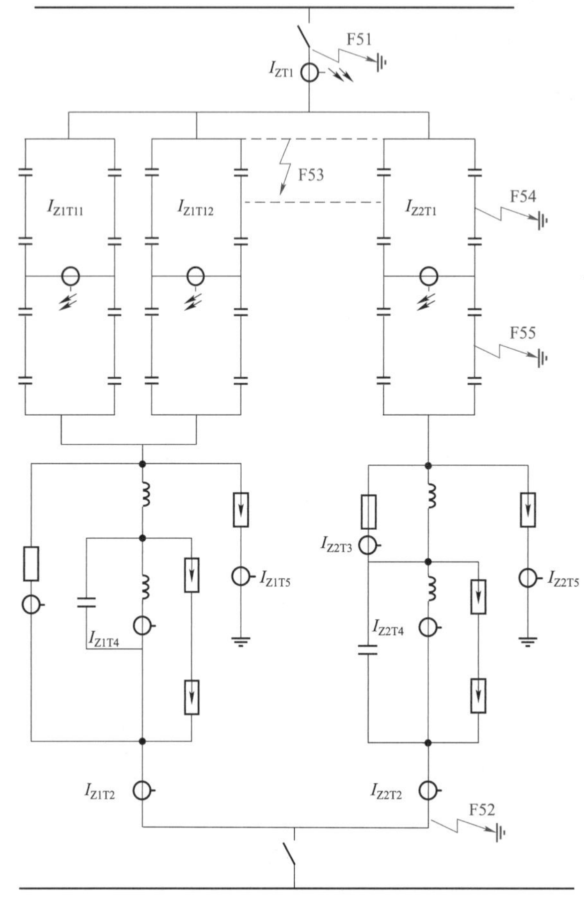

图 5-4-5　直流滤波器区故障示意图

6. 换流变压器区故障试验

换流变压器区典型的故障有电源系统区外接地故障（k1）、引线区接地故障（k2）、YD 网侧绕组区接地故障（k3）、YY 网侧绕组区接地故障（k6）、YD 阀侧绕组区接地故障（k4）、YY 阀侧绕组区接地故障（k7）、YD 阀侧绕组区外接地故障（k5）、YY 阀侧绕组区外接地故障（K8），换流变压器区故障见图 5-4-6。

7. 交流系统故障试验

典型的交流电源系统故障有，单相接地故障（F30）、相间短路故障（F31）和三相接地故障（F32）。交流系统区故障示意图见图 5-4-7。

（三）分层接入特高压直流输电工程二次系统重点试验项目

基于 10GW 分层接入特高压直流输电工程的传输容量与接线方式，在以往特高压直流输电工程试验项目的基础上，重点新增了换流器电压平衡控制试验、中点分压器故障试验、6250A 直流转换开关控保试验、换流器预选择投退试验、分层接入侧不同交流系统故障试验等项目。

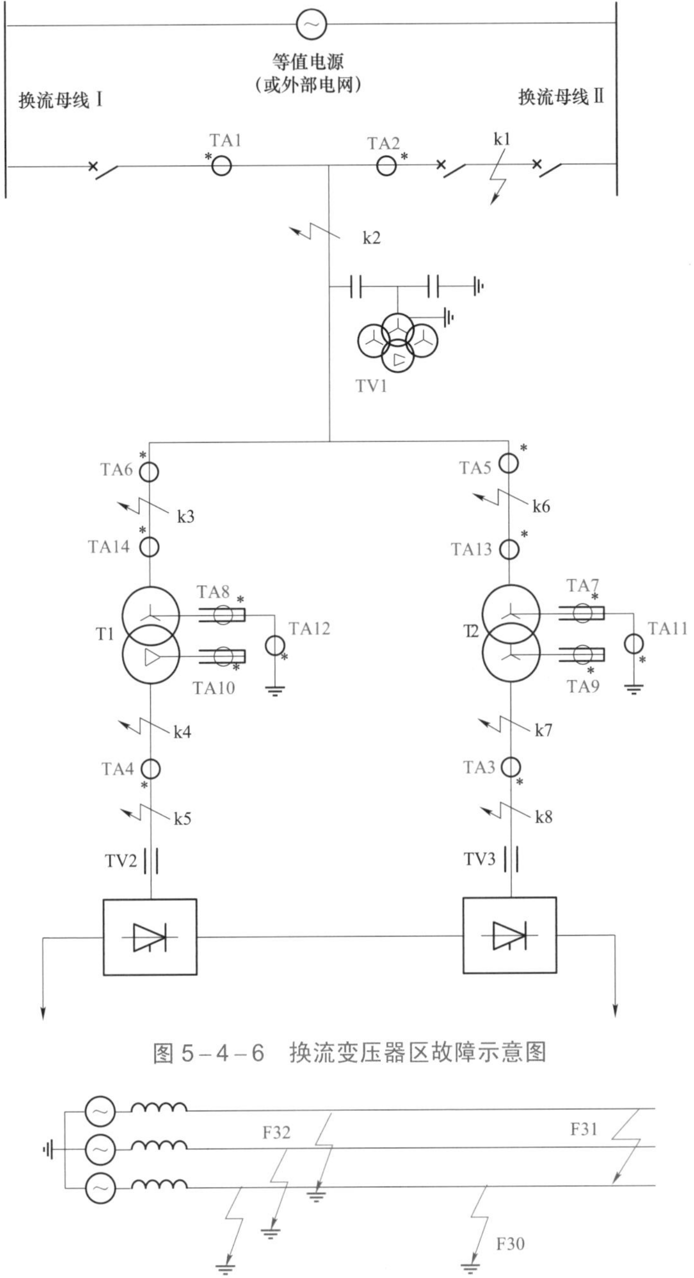

图 5-4-6　换流变压器区故障示意图

图 5-4-7　交流系统区故障示意图

（1）受端中点分压器故障试验。受端中点分压器故障试验主要包含分压器测量异常试验及分压器测量值与计算值比较校验试验，目的为检验分压器故障条件下系统运行是否满足工程要求，验证故障下的控制保护策略。

（2）电压平衡控制试验。电压平衡控制试验主要是在功率正送、功率反送条件下，通过手动将换流变压器分接开关挡位调节偏离正常运行挡位。检验异常扰动情况下换流器电压平衡控制功能是否满足工程要求。

（3）分层侧换流器预选择退出功能试验。分层侧换流器预选择退出功能试验主要在分层接入换流站优先退出换流器功能投入与退出条件下，通过在非分层接入换流站投退阀组，验证分层侧优先退出换流器功能是否满足工程要求。

二、典型试验分析

1. 换流器电压平衡控制试验

（1）功率正送，单极大地、全压运行 0.1 倍标幺值，先手动降低分层侧 1000kV 分接开关挡位，电压平衡控制功能试验。

功率正送时，受端分层高、低端换流器作为逆变站，均处于定关断角控制，此时关断角 γ 始终处于 17° 运行，因此换流器电压的变化将主要受 U_{di0} 影响。此时，换流器将通过自动调节各自换流变压器的分接开关挡位，保证换流变压器阀侧交流电压相同，进而实现高、低端换流器的电压平衡。在不考虑直流线路损耗的情况下，分接开关控制目标为将换流器电压控制为额定值，一旦换流器电压高于/低于目标值，则将调节分接开关挡位，直至电压测量值在目标值的死区范围内。

图 5－4－8 给出了功率正送、单极大地全压运行，0.1 倍标幺值下分层侧 500kV 换流变压器分接开关挡位自动调节试验波形。由图 5－4－8 可以看到，将分层侧低端换流器分接开关控制模式由自动切换为手动，并手动将挡位由 18 挡降至 1 挡，此时该换流器电压将随着挡位的下降而下降，因此直流电压也逐步降低。送端换流器为了保证直流电压不变，逐步将触发角 α 由稳态值 14° 向上提升，直至超出其分接开关调节范围 17.5° 后，送端分接开关降低，试图降低 α 角，但由于受端分接开关的持续动作，可以看到，导致直流电流的逐步上升，直至受端分接开关降至 1 挡。在 t=150s 时，将分层侧低端换流器分接开关控制模式重新由手动切换为自动，此时，低端换流器分接开关的控制目标为将换流器电压控制为额定值，可以看到，分接开关挡位迅速上升，直至恢复为试验前的稳态值 18 挡，此时，直流极线电压 U_{DL} 与高、低端换流器重点电压 U_{DM} 均重新恢复至试验前稳态值，两个换流器电压重新恢复至平衡状态。

图 5－4－8（a）纵坐标依次为直流电压、直流电流、高/低端换流器触发角、高/低端换流器分接开关挡位及直流功率。图 5－4－8（b）纵坐标依次为直流电压、中点分压器电压、高/低端换流器触发角、高/低端换流器关断角及高/低端换流器分接开关挡位。

（2）功率反送，单极大地、全压运行，0.1 倍标幺值，整流站低端换流器电流测量出现+10%偏差。

功率反送时，受端分层侧高、低端换流器处于定直流电流控制模式，两个换流器的电流测量回路一旦出现误差，就可能导致控制器的发散。在控制系统中退出电压平衡控制器，随后将分层侧（整流站）低端换流器电流测量环节增加 10%用于模拟测量误差，并于 t=1.9s 时，重新投入电压平衡控制器。图 5－4－9 给出了功率反送、单极大地、全压运行，0.1 倍标幺值下整流站低端换流器电流测量出现+10%偏差的试验波形。从图 5－4－9 可以看到，在电压平衡控制器投入之前（U_{B_EN}=0），直流电流 I_{DNC} 正处于逐渐上升过程，系统无法稳定运行，而电压平衡控制器投入后（U_{B_EN}=1），在换流器触发角在原有闭环控制基础上，叠加了电压平衡控制器的输出，波形中的触发角迅速变化，高、低端换流器电压随着恢复平衡，系统重新进入稳定运行状态。

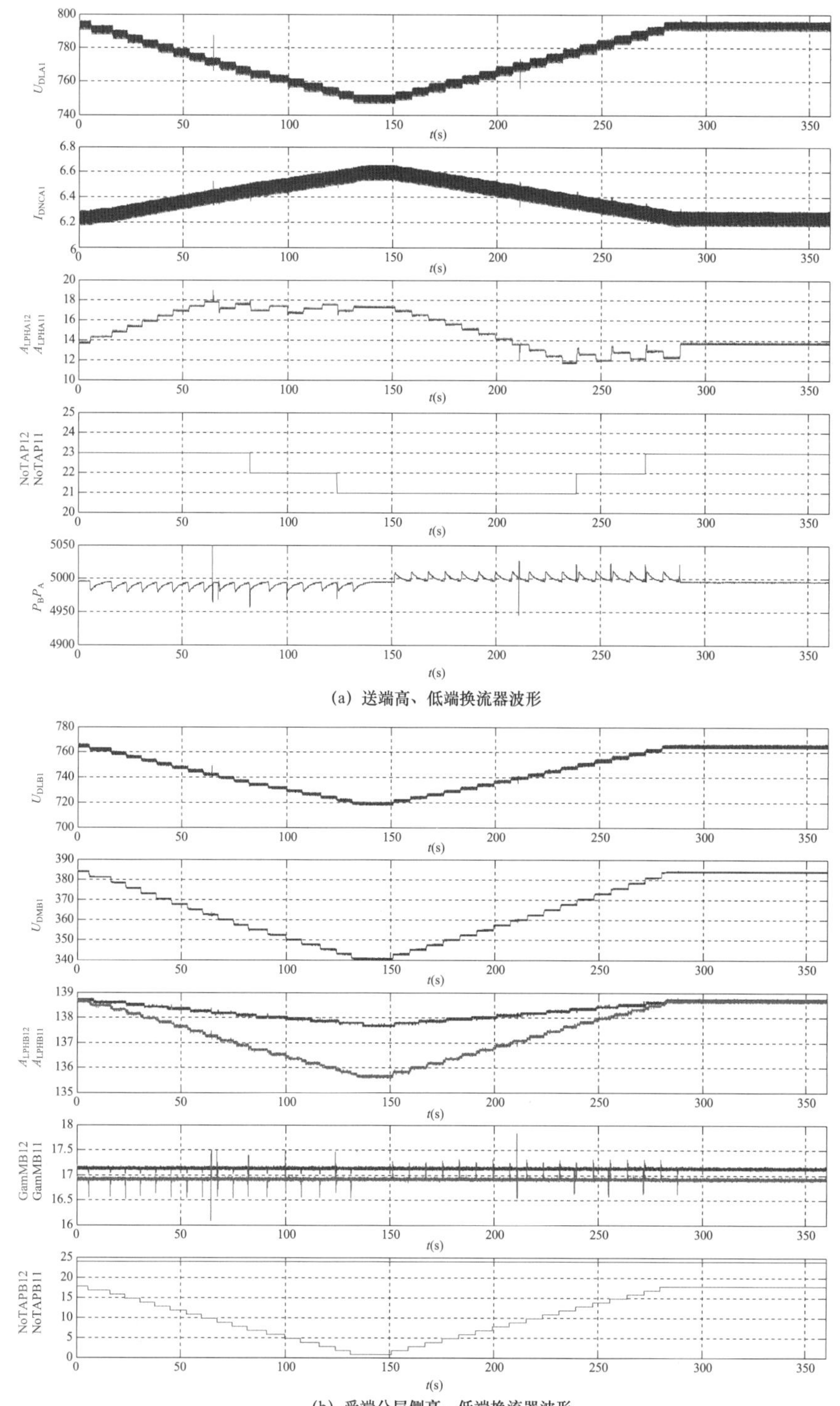

(a) 送端高、低端换流器波形

(b) 受端分层侧高、低端换流器波形

图 5-4-8　功率正送，单极大地、全压运行，0.1 倍标幺值下分层侧 500kV 换流变压器分接开关挡位自动调节试验波形

图 5-4-9 纵坐标均依次为交流电压有效值、直流电压、直流电流及直流电流指令值、换流器触发角、解锁状态、电流控制模式、电压控制模式、关断角控制模式、电压平衡控

制使能、极控主系统及阀控主系统。

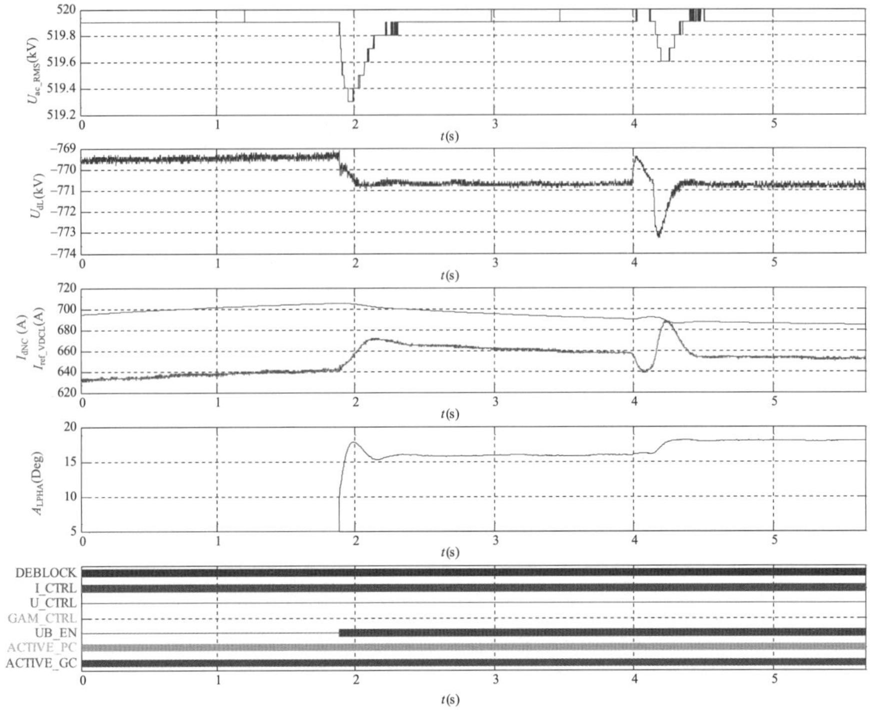

(a) 受端高端换流器波形

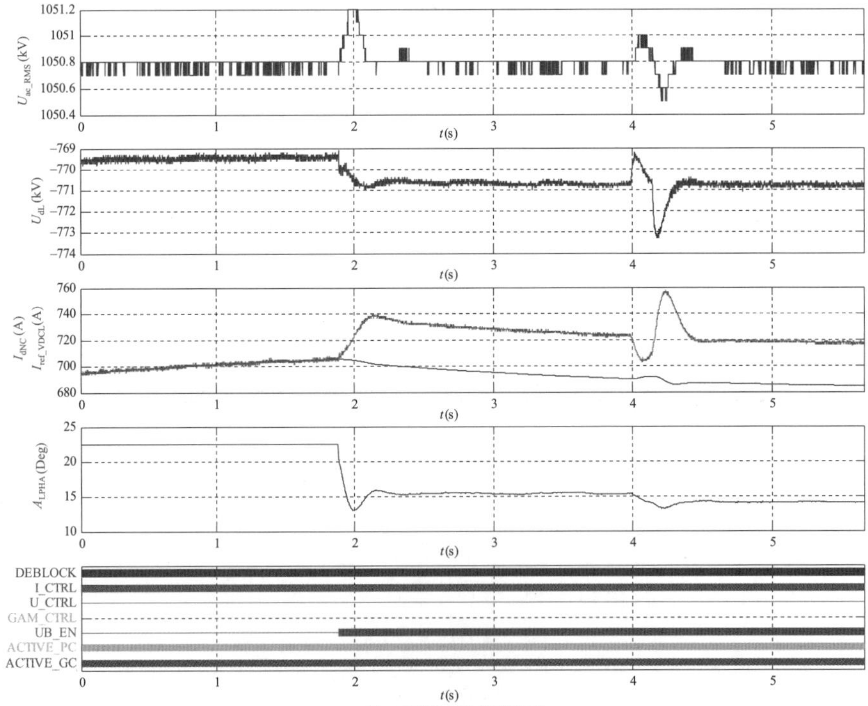

(b) 受端低端换流器外形

图 5-4-9　功率反送、单极大地、全压运行、0.1 倍标幺值下整流站低端换流器电流测量出现+10%偏差

2. 分层侧中点分压器故障试验

（1）功率正送、双极全压运行，在 1.0 倍标幺值下模拟分层侧中点分压器主系统远端传输模块到合并单元光纤故障试验，备用系统可用。

由于分层侧主系统远端传输模块到合并单元光纤发生故障，合并单元通过光纤校验检测到故障后，将输出值置 0 并同时向控制保护系统发送故障信息，控制系统收到故障信息后，延时 5ms 切换至从系统。可以看到，经过短时的暂态过程后，直流电压、直流电流迅速恢复至故障前状态。

图 5－4－10 纵坐标均依次为直流电压、直流电流、换流器触发角、解锁状态、移相、投旁通对、BPS 合指令、BPS 合状态、BPS 分指令、BPS 分状态、脉冲使能、移相 90°、X 闭锁、Y 闭锁、Z 闭锁、S 闭锁、电流控制、电压控制、关断角控制、站控主系统、极控主系统、阀控主系统、中点分压器故障、阀控采用 U_{dM} 计算值、极控采用 U_{dM} 计算值、电压平衡控制使能。

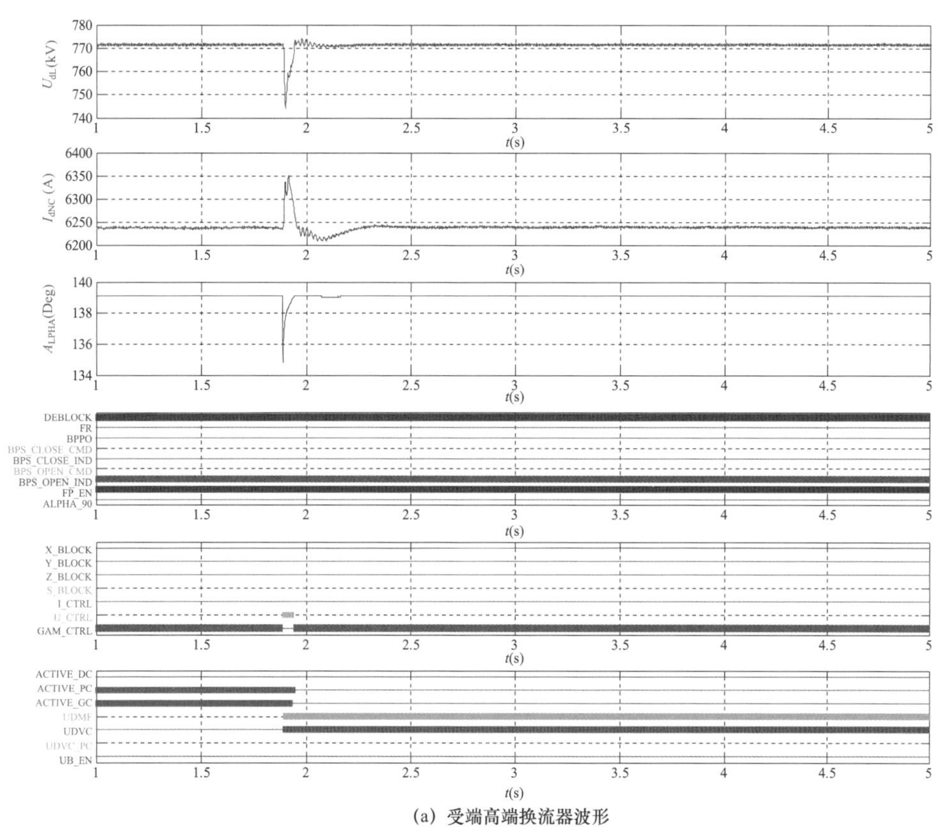

(a) 受端高端换流器波形

图 5－4－10　功率正送、双极全压运行，1.0 倍标幺值下模拟分层侧中点分压器主系统远端传输模块到合并单元光纤故障试验，备用系统可用（一）

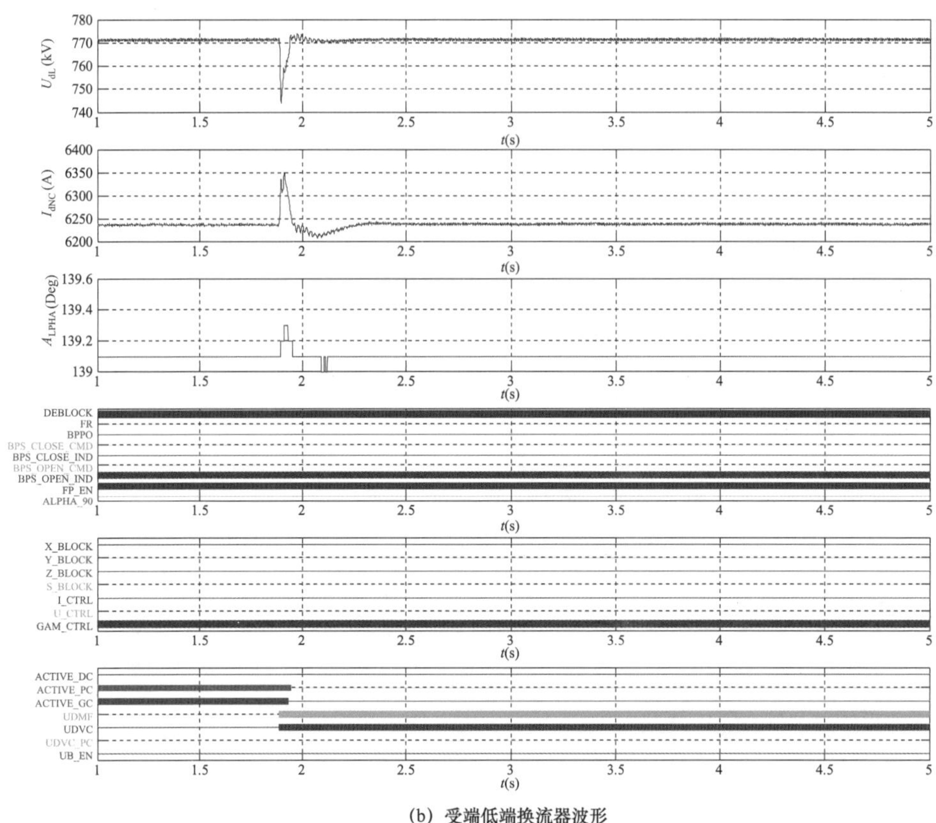

(b) 受端低端换流器波形

图 5－4－10　功率正送、双极全压运行，1.0 倍标幺值下模拟分层侧中点分压器主系统远端传输模块到合并单元光纤故障试验，备用系统可用（二）

（2）功率正送、双极全压运行，在 0.1 倍标幺值下模拟分层侧中点分压器合并单元到高端换流器测量装置光纤故障试验，备用系统可用。控制系统检测到合并单元至高端换流器光纤故障，将保持故障时刻，可以看到 U_{dM} 值，U_{dM} 在故障时刻的快速保持，使直流系统能继续平稳地保持运行，直至切换至从系统。

图 5－4－11 纵坐标均依次为直流电压、直流电流、换流器触发角、解锁状态、移相、投旁通对、BPS 合指令、BPS 合状态、BPS 分指令、BPS 分状态、脉冲使能、移相 90°、X 闭锁、Y 闭锁、Z 闭锁、S 闭锁、电流控制、电压控制、关断角控制、站控主系统、极控主系统、阀控主系统、中点分压器故障、阀控采用 U_{dM} 计算值、极控采用 U_{dM} 计算值、电压平衡控制使能。

3. 6250A 直流转换开关控保试验

10GW 工程采用 6250A 直流转换开关，为双断口并联开关结构，针对该开关进行专项试验验证。试验为功率正送、单极大地，在 1.0 倍标幺值下整流侧极 1 大地/金属回线转换，相应试验波形见图 5－4－12。由图 5－4－12 可以看出，控制系统下发大地/金属回线转换指令后，GRTS 开关 Q1 与 Q2 依次合上，此时直流极线电流分别通过 MRTB 与 GRTS 两个开关形成回路。随后 MRTB 开关 Q2 与 Q1 依次分开，此时极 I 完全转换为金属回线。在整个大地/金属回线转换过程中，直流系统均处于稳定运行状态。

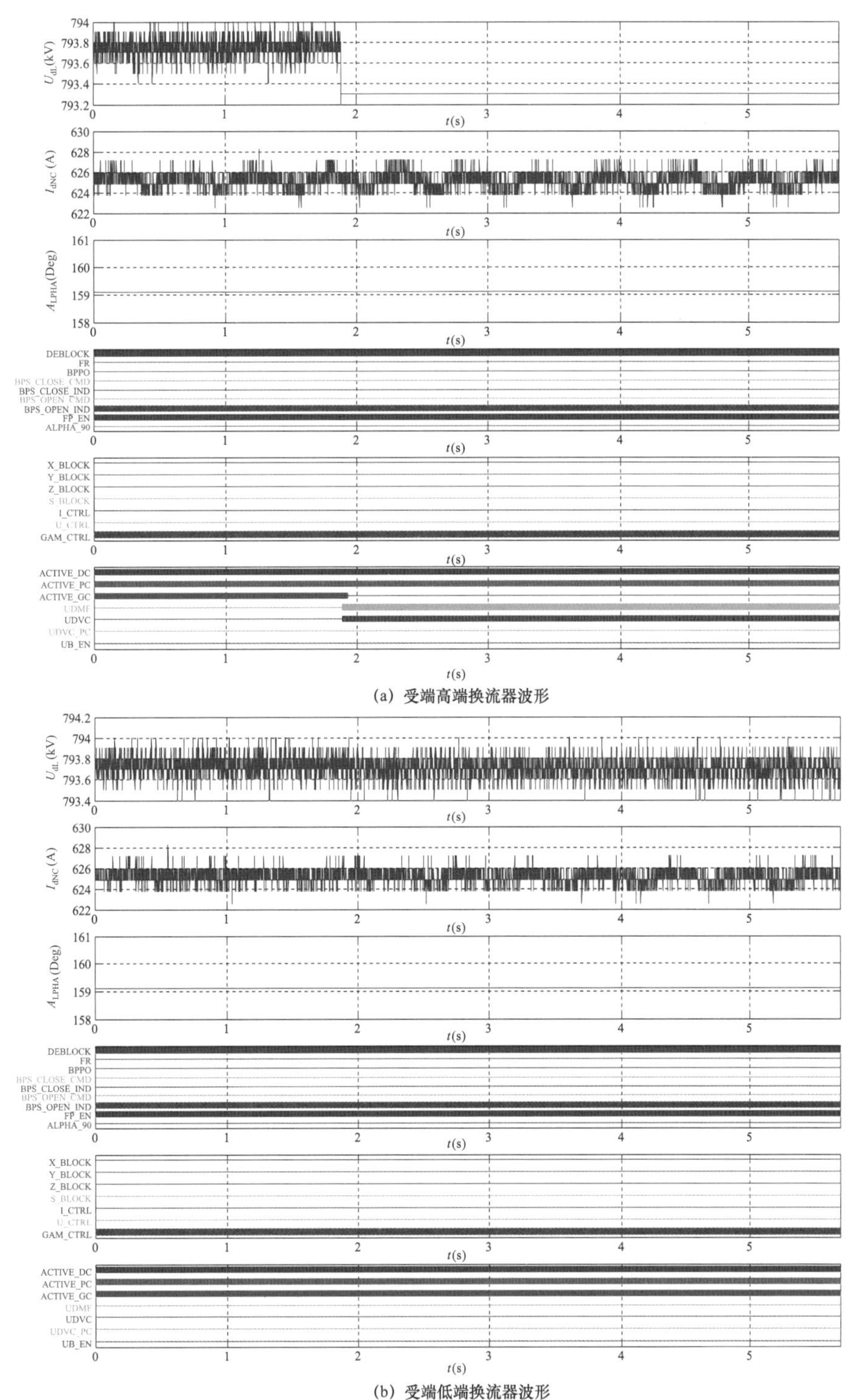

(a) 受端高端换流器波形

(b) 受端低端换流器波形

图 5－4－11　功率正送、双极全压运行，在 0.1 倍标幺值下模拟分层侧中点分压器合并单元到高端换流器测量装置光纤故障试验，备用系统可用

图 5－4－12 纵坐标均依次为直流电压、中点分压器电压、直流电流、高、低端换流器触发角、MRTB 主回路与辅助回路电流、GRTS 主回路与辅助回路电流。

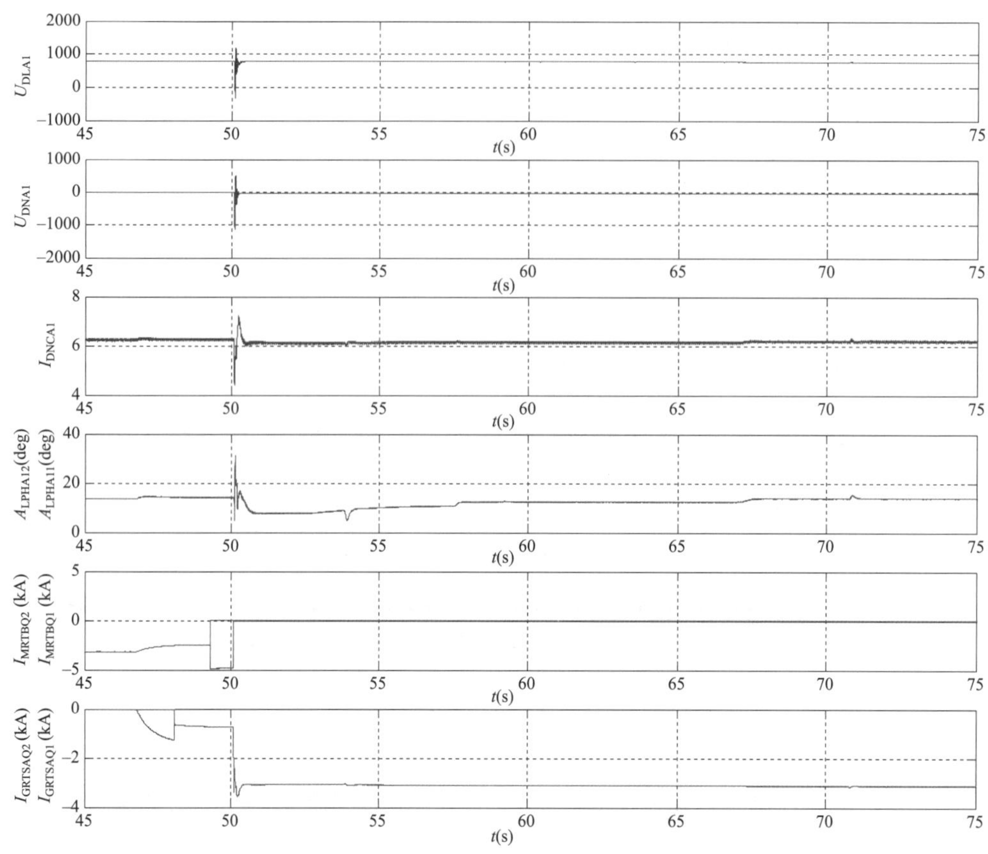

图 5－4－12　功率正送，单极大地运行，在 1.0 倍标幺值下整流侧极 I 大地/金属回线转换

4. 换流器投退试验

（1）功率正送，单极大地运行、整流侧有通信全压 0.1 倍标幺值，极电流控制，退出整流侧高端换流器。当整流侧发起退换流器操作时，受端分层侧能根据运行人员预先选择的换流器进行退出。运行人员在 OWS 上首先选择预退出高端换流器，一旦整流侧由退出或因故障退出任何一个换流器，受端分层侧均会按照运行人员的选择执行。

可以看到手动退出送端高端换流器，此时，受端分层侧高端换流器按照运行人员预选择退出相应的高端换流器，随后直流电压降至 400kV。由于是定直流电流控制，因此换流器退出前后直流电流保持不变。

图 5－4－13 中纵坐标均依次为交流电压有效值、直流电压、直流电流测量值与指令值、换流器触发角、解锁状态、移相、投旁通对、BPS 合指令、BPS 合状态、BPS 分指令、BPS 分状态、脉冲使能、移相 90°、X 闭锁、Y 闭锁、Z 闭锁、S 闭锁、电流控制、电压控制、关断角控制、双极功率控制模式、单极功率控制模式、单极电流控制模式。

（2）功率正送，单极大地、全压运行、有通信、0.1 倍标幺值，单极功率控制，整流侧投入退出低端换流器。运行人员在 OWS 上首先选择预退出低端换流器，此时手动退出送端低端换流器，此时，受端分层侧高端换流器按照运行人员预选择退出相应的低端换流器，随后直流电压降至 400kV。由于是定功率控制，因此换流器退出前后功率保持不变。另由于直流电压由 800kV 降为 400kV，因而直流电流升至故障前 2 倍。

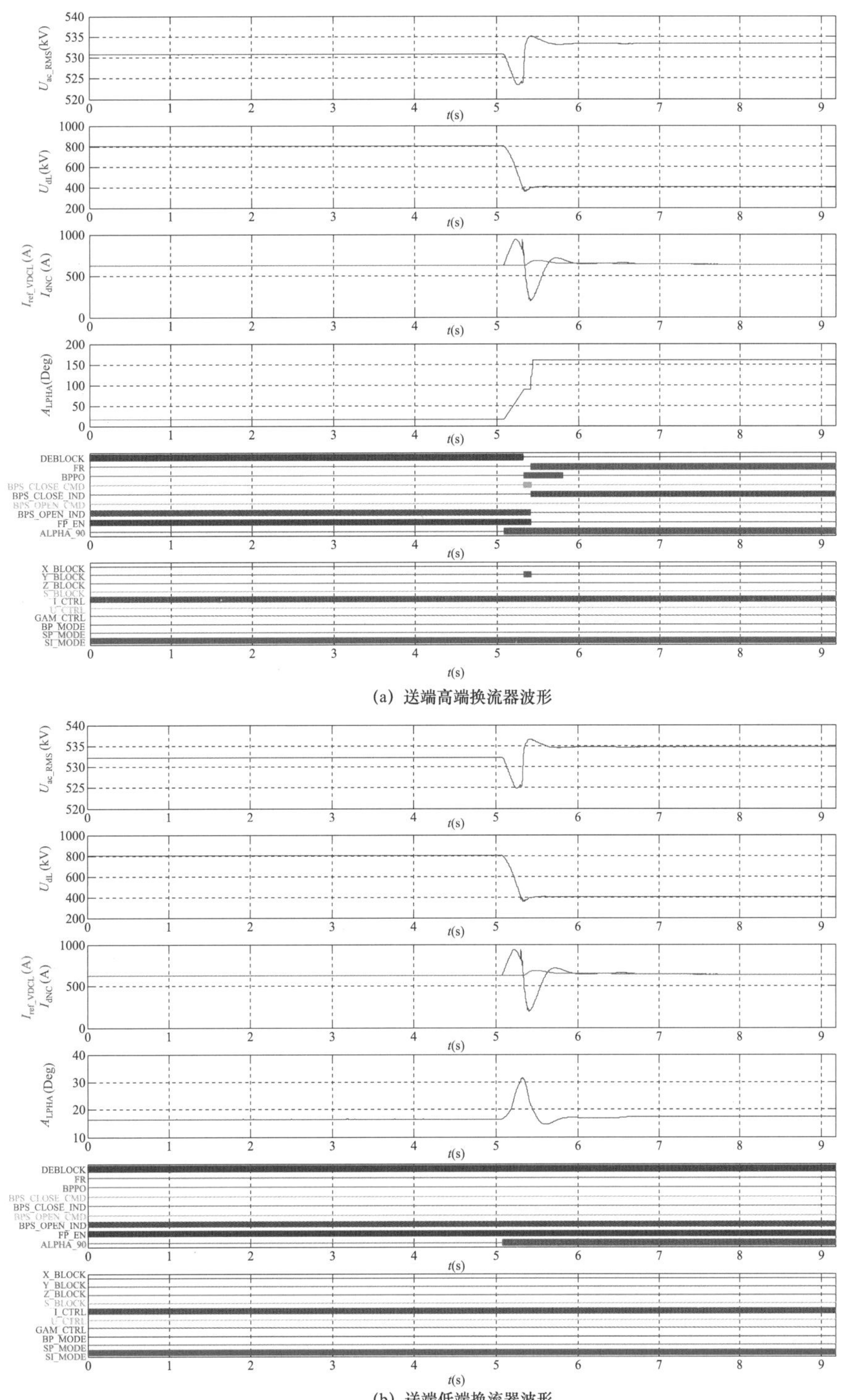

(a) 送端高端换流器波形

(b) 送端低端换流器波形

图 5－4－13　功率正送，单极大地、全压运行，有通信、1.0 倍标幺值，极电流控制，整流侧投入退出高端换流器（一）

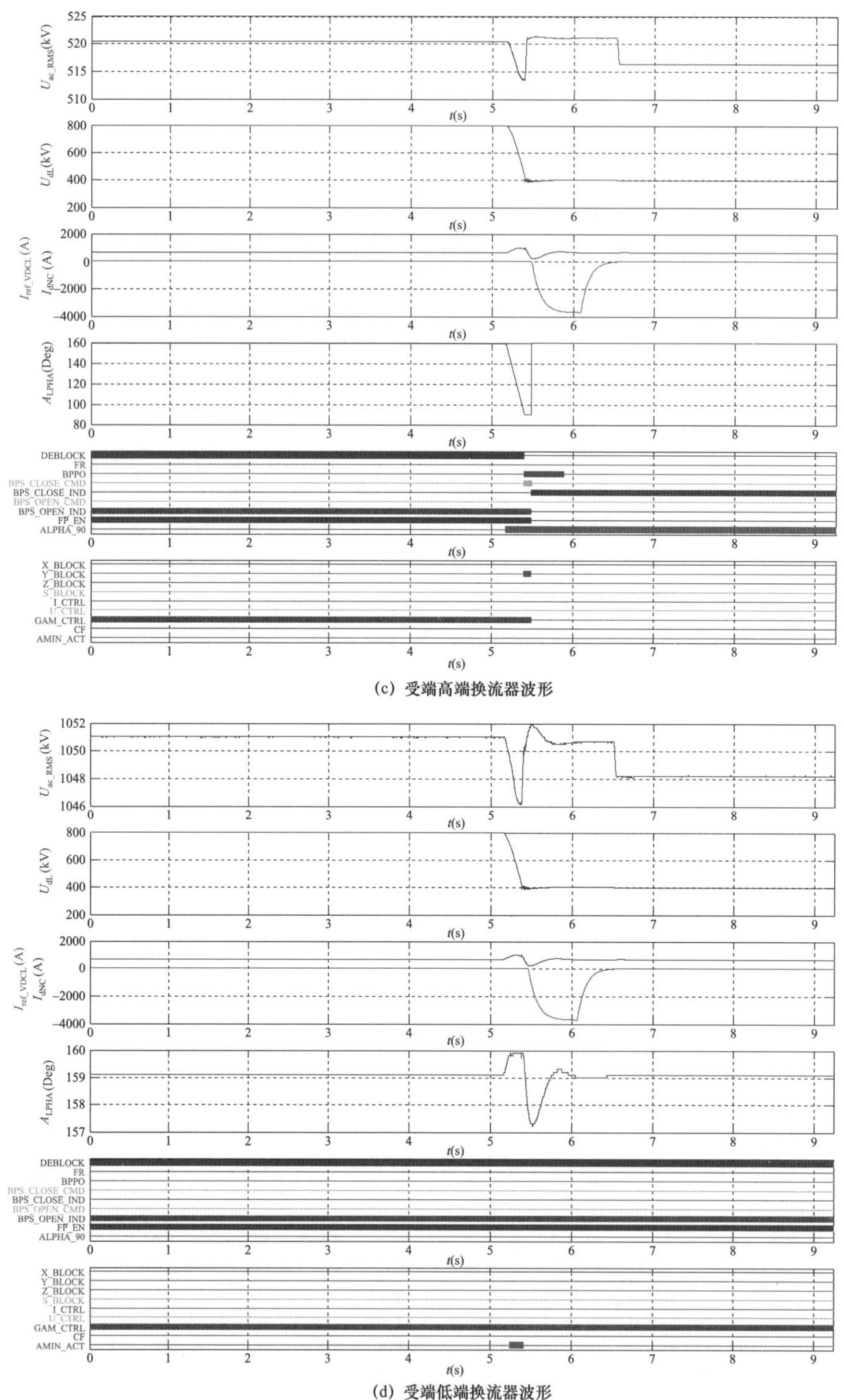

(c) 受端高端换流器波形

(d) 受端低端换流器波形

图 5-4-13　功率正送，单极大地、全压运行，有通信、1.0 倍标幺值，极电流控制，整流侧投入退出高端换流器（二）

图 5-4-14 纵坐标均依次为交流电压有效值、直流电压、直流电流测量值与指令值、换流器触发角、解锁状态、移相、投旁通对、BPS 合指令、BPS 合状态、BPS 分指令、BPS

分状态、脉冲使能、移相 90°、X 闭锁、Y 闭锁、Z 闭锁、S 闭锁、电流控制、电压控制、关断角控制、双极功率控制模式、单极功率控制模式、单极电流控制模式。

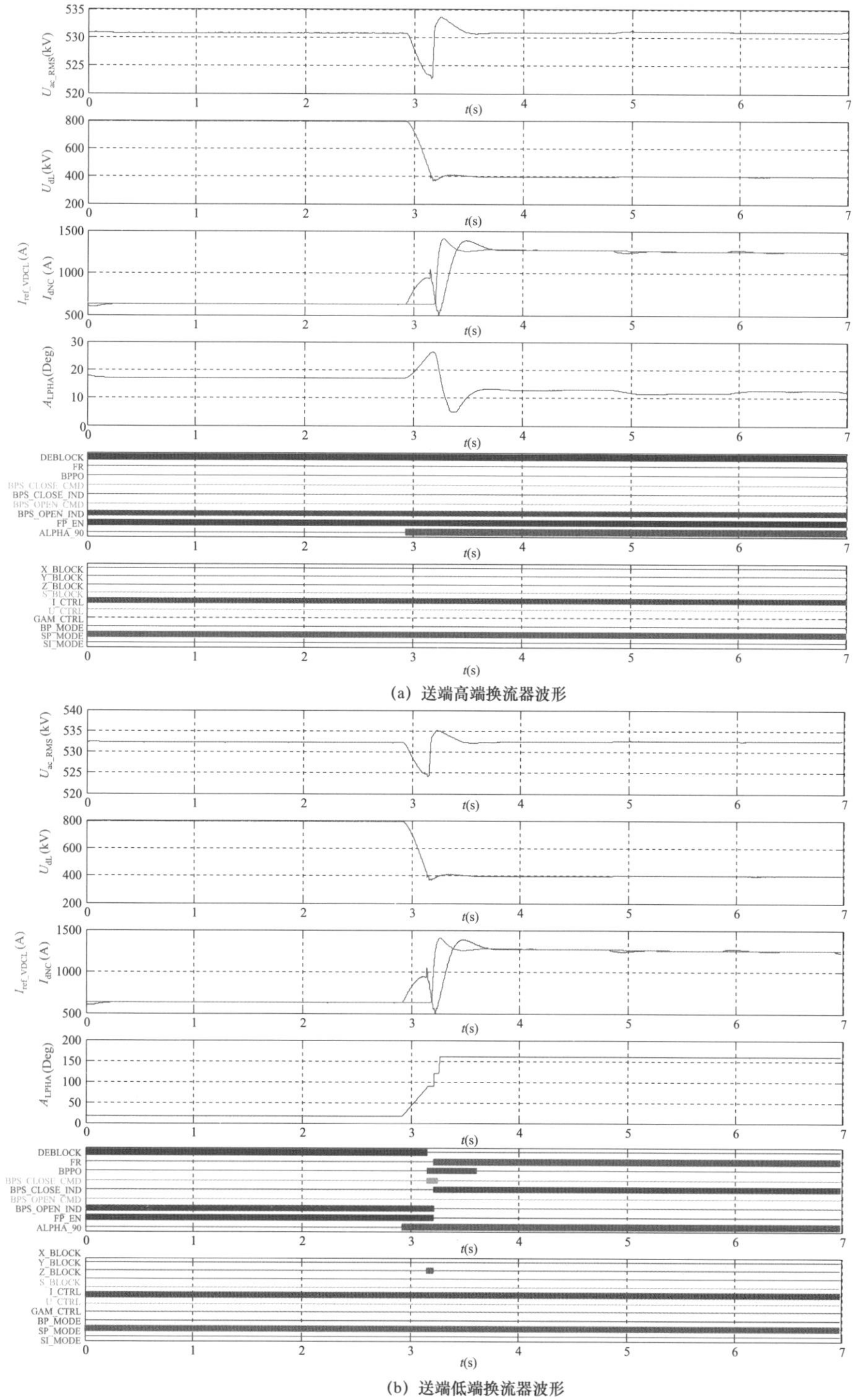

(a) 送端高端换流器波形

(b) 送端低端换流器波形

图 5-4-14　功率正送，单极大地、全压运行，有通信、0.1 倍标幺值，单极功率控制，整流侧退出低端换流器（一）

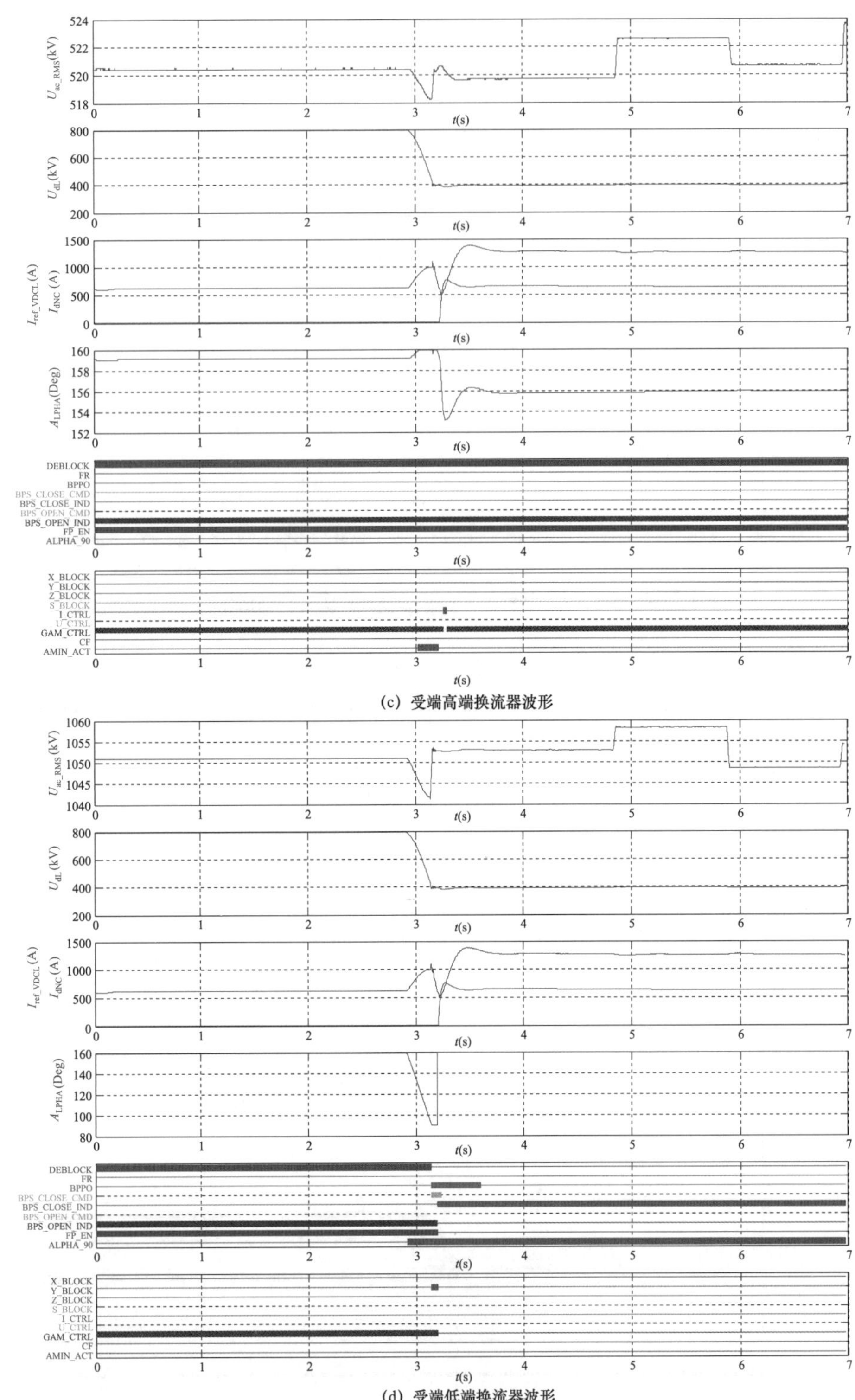

图 5-4-14　功率正送，单极大地、全压运行，有通信、0.1 倍标幺值，单极功率控制，整流侧退出低端换流器（二）

5. 分层接入侧交流系统故障试验

（1）功率正送、双极全压运行、1.0 倍标幺值、有通信，逆变侧 1000kV 交流系统单相金属接地故障。以锡泰工程为例，受端高、低端换流器分别接入 500kV/1000kV 交流系统，两个交流系统在换流站近端通过降压变压器耦合，在 1000kV 交流系统进行单相金属接地故障，可以看到逆变侧交流系统故障导致直流电压迅速跌落，直流电流随之上升。整流侧为了降低直流电流，迅速提升触发角，直至故障消失后，直流电压、直流电流及触发角也随之恢复，并且接入故障电网的低端换流器在恢复中未发生换相失败。

图 5-4-15（a）、（b）纵坐标均依次为交流电压瞬时值、直流电压、直流电流、触发角、解锁状态、电流控制、电压控制、关断角控制，图 5-4-15（c）、（d）纵坐标均依次为交流电压瞬时值、直流电压、直流电流、触发角、解锁状态、电流控制、电压控制、关断角控制、换相失败状态、Y 接阀侧电流、D 接阀侧电流。

（2）功率正送、双极全压运行、1.0 倍标幺值、有通信，逆变侧 500kV 交流系统三相金属接地故障。以锡泰工程为例，500kV 交流系统三相金属接地故障与单相故障类似，均会导致直流电压的降低，直流电流的上升。待故障消失后，直流系统逐渐恢复，同时未在恢复过程中发生换相失败。

图 5-4-16（a）、（b）纵坐标均依次为交流电压瞬时值、直流电压、直流电流、触发角、解锁状态、电流控制、电压控制、关断角控制；图 5-4-16（c）、（d）纵坐标均依次为交流电压瞬时值、直流电压、直流电流、触发角、解锁状态、电流控制、电压控制、关断角控制、换相失败状态、Y 接阀侧电流、D 接阀侧电流。

6. 谐波保护试验

在常规特高压直流输电工程中，谐波保护位于极保护中，一旦保护动作，即闭锁整个极。由于受端分层侧高、低端换流器分别接入 500kV/1000kV 交流系统。而谐波保护通常是由于交流系统发生故障，或者换流器出现触发脉冲丢失造成的。为了尽最大可能降低一个交流系统中的故障对健全阀的影响，将谐波保护下放至换流器保护层，保护动作仅闭锁故障换流器，尽可能地保持健全换流器的正常运行。

功率正送、双极全压运行、1.0 倍标幺值，在受端低端换流器进行模拟脉冲丢失试验，由图 5-4-17 可以看到，低端换流器因谐波保护动作闭锁后，高端换流器仍能恢复至稳态运行。整流侧也相应地退出低端换流器后，高端换流器维持正常运行。

图 5-4-17（a）、（b）纵坐标均依次为交流电压瞬时值、直流电压、直流电流、触发角、解锁状态、电流控制、电压控制、关断角控制，图 5-4-17（c）、（d）纵坐标均依次为交流电压瞬时值、直流电压、直流电流、触发角、解锁状态、电流控制、电压控制、关断角控制、换相失败状态。

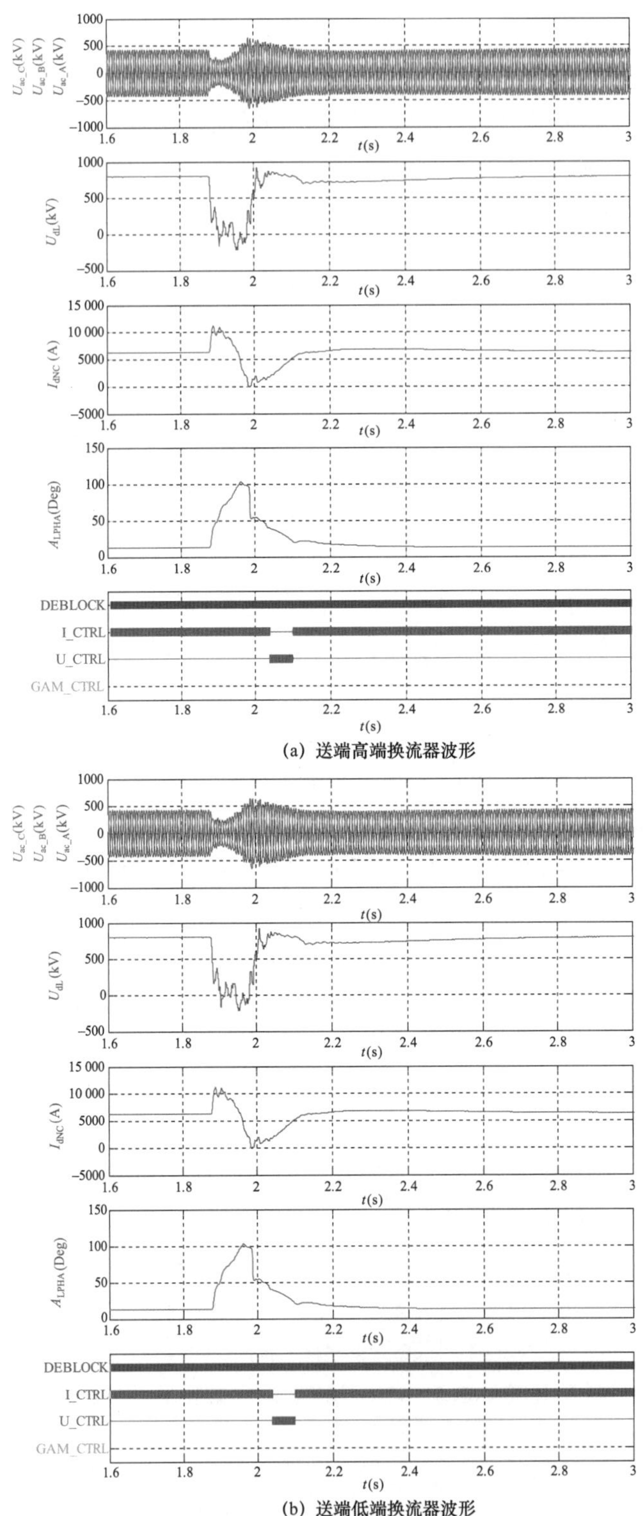

(a) 送端高端换流器波形

(b) 送端低端换流器波形

图 5-4-15　功率正送、双极全压运行、1.0 倍标幺值，有通信，逆变侧 1000kV 交流系统单相金属接地故障（一）

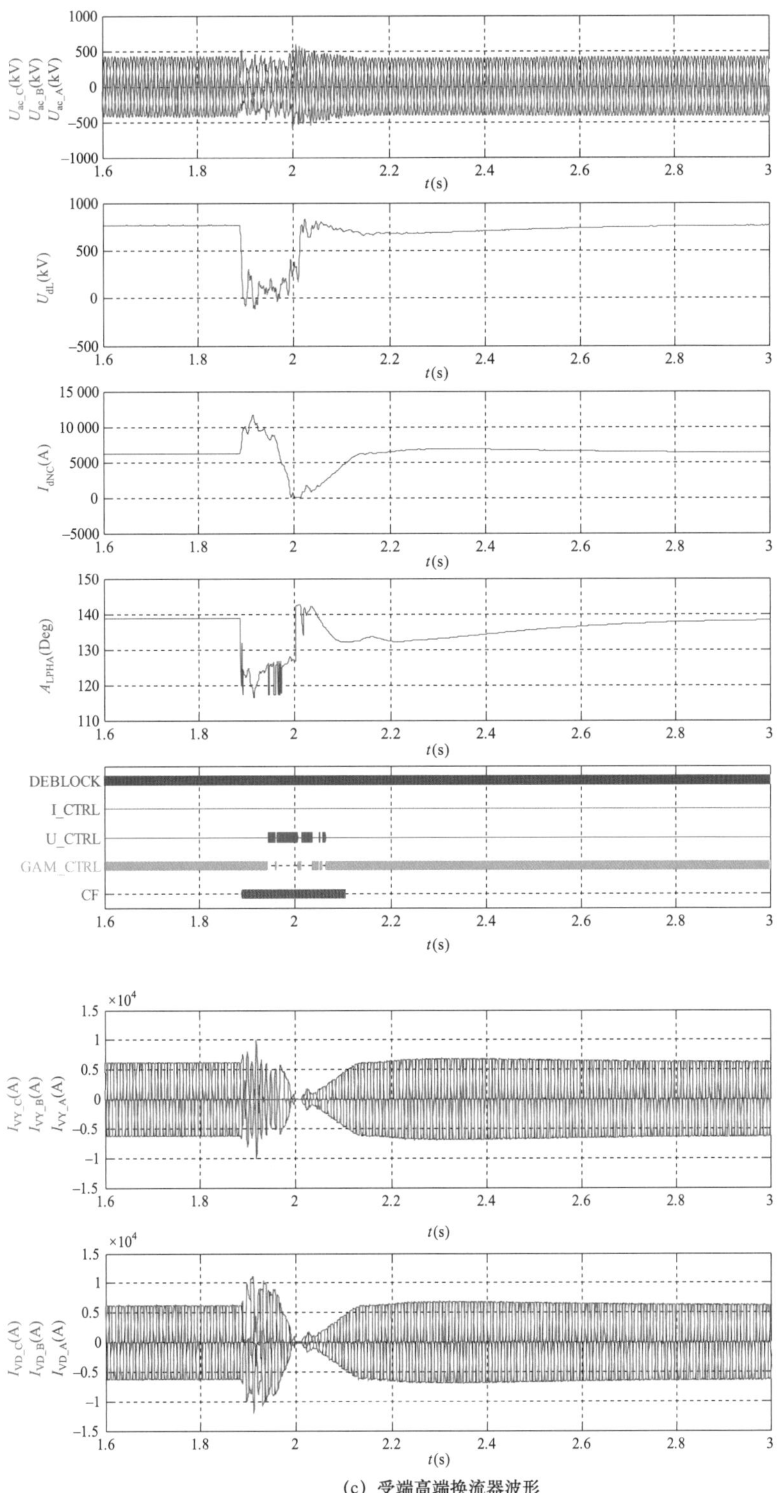

(c) 受端高端换流器波形

图 5-4-15　功率正送、双极全压运行、1.0 倍标幺值，有通信，逆变侧 1000kV 交流系统单相金属接地故障（二）

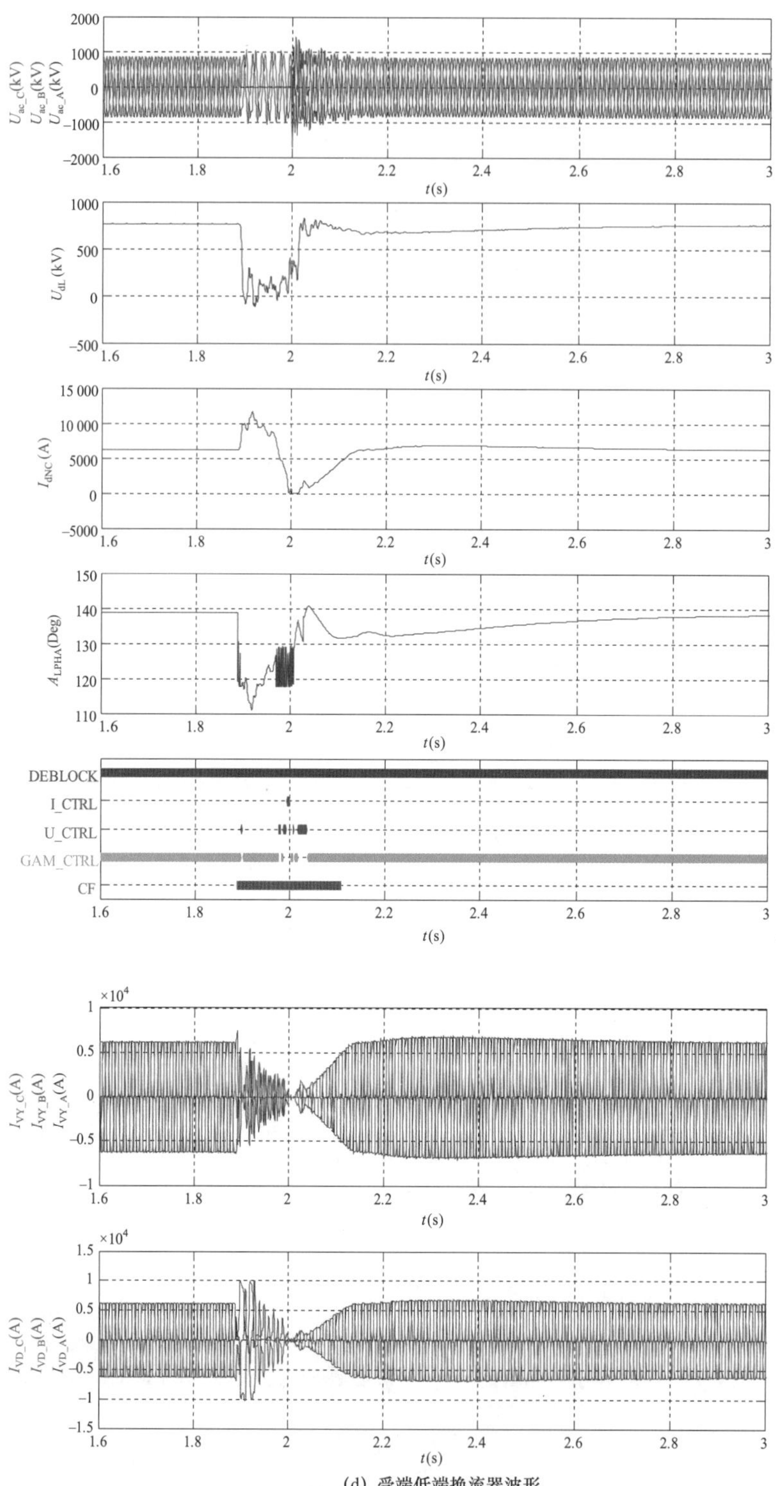

(d) 受端低端换流器波形

图 5-4-15　功率正送、双极全压运行、1.0 倍标幺值，有通信，逆变侧 1000kV 交流系统单相金属接地故障（三）

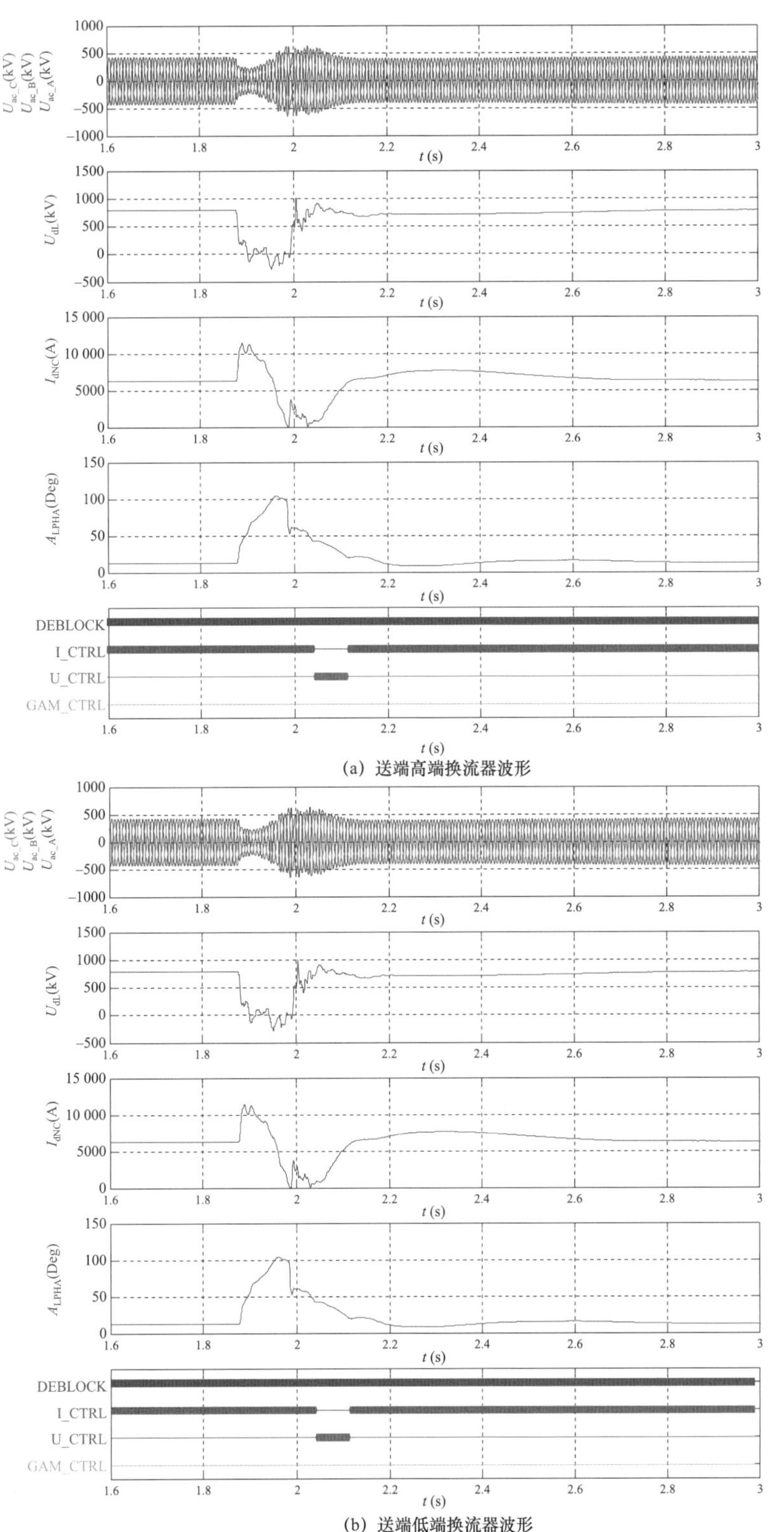

(a) 送端高端换流器波形

(b) 送端低端换流器波形

图 5－4－16　功率正送、双极全压运行、1.0 倍标幺值，有通信，逆变侧 500kV 交流系统三相金属接地故障（一）

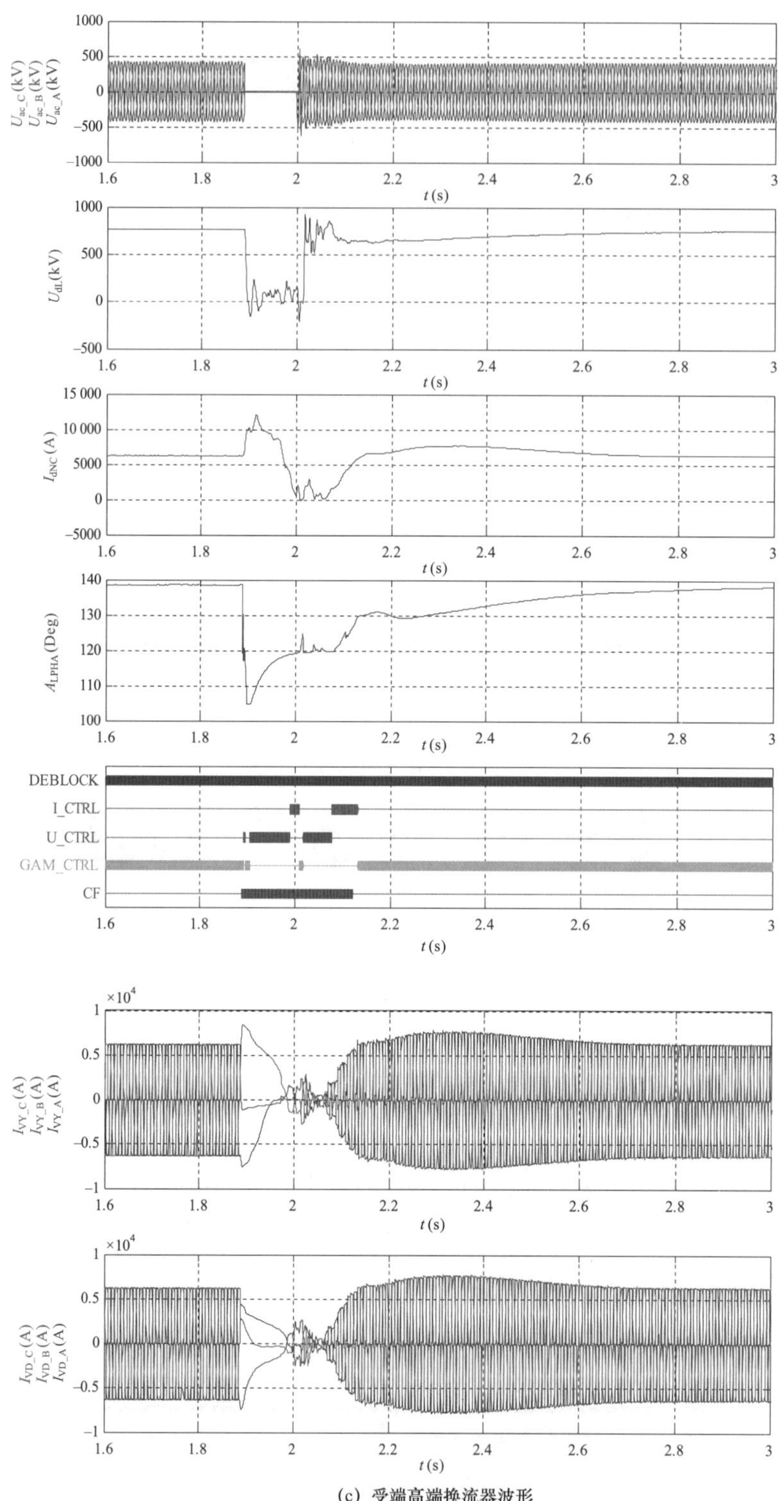

(c) 受端高端换流器波形

图 5-4-16 功率正送、双极全压运行、1.0 倍标幺值，有通信，逆变侧 500kV 交流系统三相金属接地故障（二）

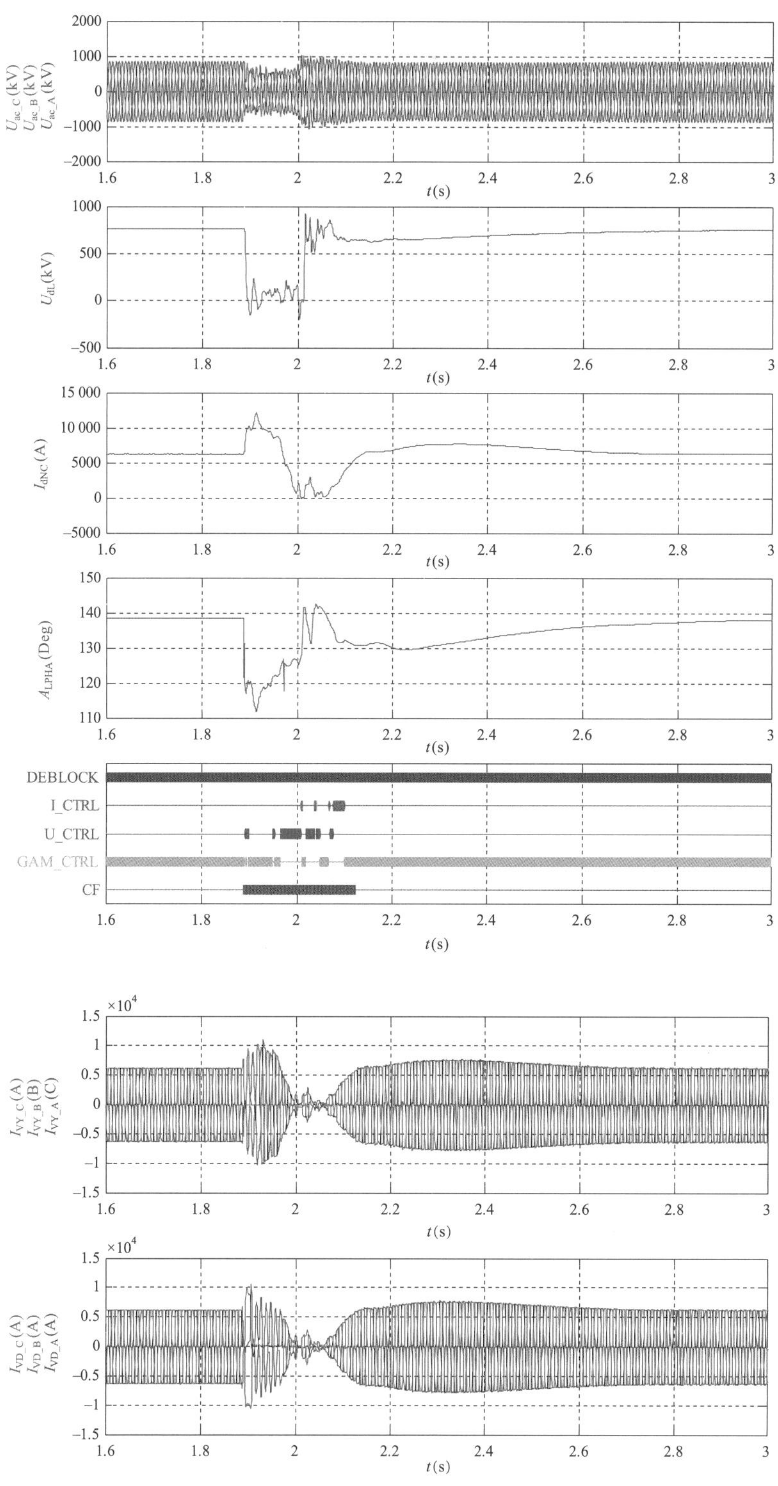

(d) 受端低端换流器波形

图 5－4－16 功率正送、双极全压运行、1.0 倍标幺值，有通信，逆变侧 500kV 交流系统三相金属接地故障（三）

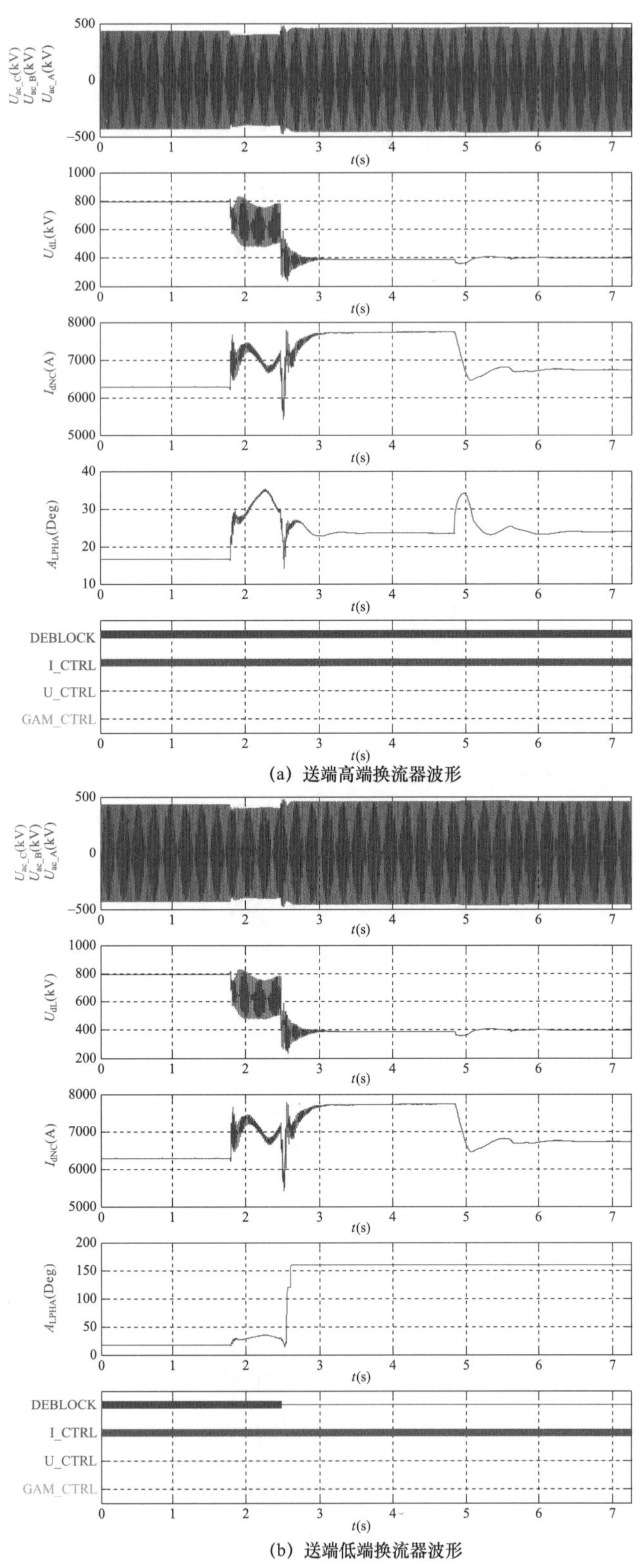

(a) 送端高端换流器波形

(b) 送端低端换流器波形

图 5－4－17　功率正送、双极全压运行、1.0 倍标幺值，低端换流器谐波保护动作试验（一）

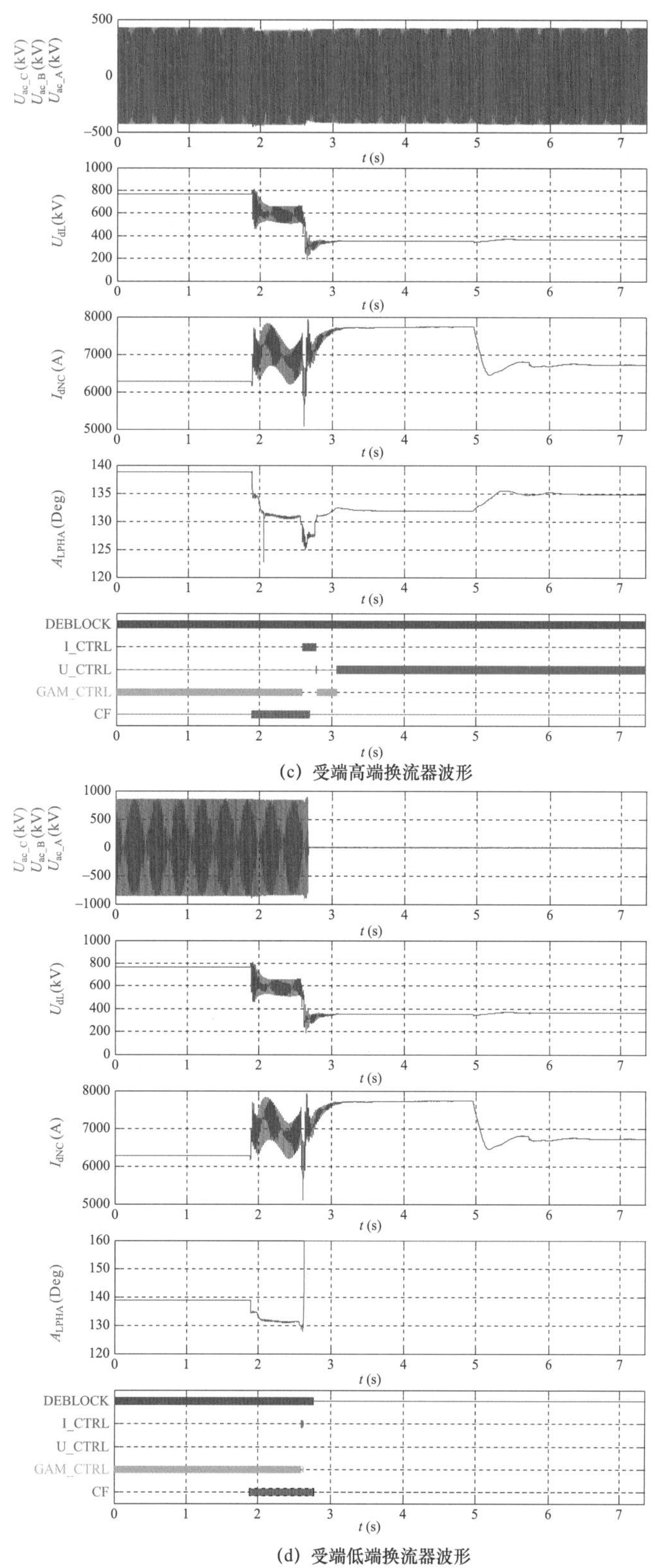

(c) 受端高端换流器波形

(d) 受端低端换流器波形

图 5-4-17　功率正送、双极全压运行、1.0 倍标幺值，低端换流器谐波保护动作试验（二）

第六章　工程调试及应用

直流输电工程现场调试分为设备调试、分系统调试、站系统调试和系统调试四个阶段。

设备调试的目的是确认设备在运输中没有损坏，检查设备的状况和安装质量，检验设备是否能安全地充电、带负荷或者启动，以及设备性能和操作是否符合合同和工程技术规范书的要求。

分系统调试是换流站所有独立分系统的充电或启动试验，其目的是证明几个部件能作为一个分系统组合在一起安全地运行，并检查其功能、性能是否满足合同和工程技术规范书的要求。

站系统调试的目的是按照合同和工程技术规范书的要求，检查单个换流站的功能。站调试分别在两端换流站分别进行，同时也是为端对端系统调试做好准备。

系统调试是在工厂试验、直流系统联调试验、现场设备调试、现场分系统调试以及每个换流站站系统调试完成并通过验收的基础上，经过系统分析研究，确定典型的试验项目及试验方案，对工程的实际交直流系统运行进行稳态、动态、暂态性能的试验验证。其目的是消除相关缺陷和不安全因素，保证工程安全可靠地投入运行。

特高压直流受端高、低端换流器分层接入不同电压等级的交流电网方式的系统调试是特高压直流系统调试的一部分，其目的是验证高低端换流器接入不同电压等级电网的系统性能。

在上述四个阶段中，设备调试是分系统调试的基础，分系统调试是站系统调试的基础，站系统调试是系统调试的基础，系统调试是对前 3 个阶段调试结果的检验。因此，工程调试的各个环节相互衔接，层层把关。

第一节　设备、分系统和站系统调试

一、概述

直流输电工程换流站设备运抵现场后，设备生产厂商和施工安装单位首先对设备进行开箱检查，然后进行设备安装。设备安装范围包括换流器阀厅本体设备；阀冷却设备；换流变压器（含 1 台备用）；平波电抗器（含 1 台备用）；全站站控、直流极控制、保护系统；站用电系统（含一次、二次设备）；全站电力电缆、控制电缆及相关辅助设施安装；全站室外照明、综合水泵房；全站通信及综合自动化系统；全站的图像监视系统、大屏幕及呼叫系统；换流变压器及平波电抗器的水喷雾系统；全站火灾报警系统安装；全站构支架；全站防雷接地及设备接地施工；直流无源滤波器组；直流场配电装置；500kV GIS 交流配电装置，交流出线；500kV 交流滤波器组。

按照直流工程调试计划安排，直流工程设备调试完成后，紧接着要进行换流站分系统调试。特高压直流换流站的设备分换流站交流场、交流滤波器场、换流变压器、直流场及阀厅、其他二次系统和辅助系统六个调试区域部分。换流站分系统调试就是逐一对上述六个部分的功能进行调试验证。

在分系统调试完成以后，开始站调试，在两端换流站分别进行。站调试项目有：交流母线和交流滤波器充电试验，同时检查一次和二次设备；顺序操作试验；通电前的跳闸试验；换流变压器和阀组充电试验；抗干扰试验；直流线路开路试验（空载加压试验）；中开关联锁试验；零功率试验（根据工程设计、系统安全和换流站设备状况以及设备承包商的技术要求，确定是否进行此项试验），以及换流站站用电源试验。

二、设备调试

按照合同和工程技术规范要求，设备调试分为常规设备调试和特殊设备调试两大类，分别根据相关的技术标准，提出试验项目、编写试验方案、完成相关试验。

（一）常规设备试验项目

常规设备试验范围包括换流变压器、平波电抗器、晶闸管阀、直流电流互感器、直流电压分压器、套管（包括穿墙套管）、交流断路器、直流开关、交/直流隔离开关和接地开关、交/直流滤波器、载波装置及噪声滤波器、并联电容器组、空心电抗器、光电式电流互感器、氧化锌避雷器、接地极装置、站用电源变压器、交流高压并联电抗器、交流互感器、电力电缆、组合电器等设备。

在设备调试过程中，严格按照 GB 50150—2006《电气装置安装工程电气设备交接试验标准》、Q/GDW 1157—2013《750kV 电力设备交接试验规程》、DL/T 274—2012《±800kV 高压直流设备交接试验》及 Q/GDW 275—2009《±800kV 直流系统电气设备交接试验》的要求，由电气设备试验单位编制试验方案，完成设备调试试验。

（二）特殊设备试验项目

（1）换流变压器的长时感应耐压和局部放电试验、绕组变形频率响应特性测试及中性点耐压试验。

（2）站用电直降变压器长时感应耐压和局部放电试验、频率响应特性曲线、中性点耐压试验和低压侧耐压试验。

（3）站用变压器长时感应耐压带局部放电试验、绕组变形频率响应特性测试试验。

（4）换流站 GIS 主回路耐压和局部放电检测试验，引线段耐压试验。

（5）换流站罐式断路器交流耐压试验。

（6）中性母线开关（NBS）、站内接地开关（NBGS）振荡特性测试。

（7）阀避雷器、阀桥避雷器及直流避雷器试验。

（8）站内接地网接地电阻测量、跨步电压和接触电势测量。

（9）金属回线转换开关（MRTB）振荡特性及辅助回路测试。

（10）SF_6 气体全组分分析。

（11）变压器油气相色谱检测。
（12）支柱瓷绝缘子超声波探伤检测。
（13）水冷系统表计校验、内冷水电导率测试和外冷水特性检查、离子交换树脂性能检测。
（14）计量用互感器误差测试。

三、分系统调试

分系统调试的范围：换流站交流场、交流滤波器场、换流变压器、直流场及阀厅、其他二次系统和辅助系统六个调试区域。主要包括交流场设备、交流滤波器场设备、换流变压器、换流阀、直流电压分压器、电流互感器、直流控制保护系统、远动通信系统、计量系统、故障录波系统、保护信息管理子站等以及交流站用电系统、站用直流电源、阀冷却系统、UPS 不间断电源、空调系统、通风系统、火灾探测及消防系统、闭路电视及红外监视系统等辅助系统。特高压直流换流站高、低端换流器分层接入不同电压等级交流电网方式与以往特高压直流工程分系统调试的不同点，增加了一个电压等级的交流场和交流滤波器场分系统调试，因此增加了部分分系统调试项目。

（一）交流场

主要试验项目包括：
（1）主接线和二次回路的检查。
（2）交流断路器操作及信号试验。
（3）交流隔离开关操作及信号试验。
（4）交流接地开关操作及信号试验。
（5）断路器同期功能试验。
（6）连锁试验。
（7）交流保护信号和跳闸传动试验。

（二）交流滤波器场

主要试验项目包括：
（1）主接线和二次回路的检查。
（2）交流断路器操作及信号试验。
（3）交流隔离开关操作及信号试验。
（4）交流接地开关操作及信号试验。
（5）连锁试验。
（6）电容器不平衡调整/调谐试验。
（7）过零点投切装置试验。
（8）交流滤波器保护信号和跳闸传动试验。

（三）换流变压器

主要试验项目包括：
（1）主接线和二次回路的检查。
（2）非电量保护信号和传动试验。
（3）电量保护信号和传动试验。
（4）换流变压器冷却系统信号和控制试验。

（5）换流变压器分接头检查。
（6）换流变压器冷却系统信号和控制试验。
（7）换流变压器控制、动力电源回路试验。

（四）直流场及阀厅

直流场主要试验项目包括：
（1）主接线和二次回路的检查。
（2）直流开关信号和操作试验。
（3）直流隔离开关信号和操作试验。
（4）直流接地开关信号和操作试验。
（5）直流滤波器配平调谐试验。
（6）连锁试验。
（7）直流滤波器保护信号和操作试验。
（8）直流故障录波系统试验。
（9）站内通信系统试验。
（10）接地极线路阻抗监视装置检查。

阀厅主要试验项目包括：
（1）主接线和二次回路的检查。
（2）直流接地开关信号和操作试验。
（3）直流电流测量装置一次注流试验。
（4）连锁试验。
（5）换流阀触发脉冲检查、信号检查。
（6）低压加压试验。
（7）阀塔漏水、避雷器动作次数信号检查。

（五）其他二次系统

主要试验项目包括：
（1）远动系统信号（模拟量和开关量）试验。
（2）保护信息管理子站接入 LAN 试验。
（3）站主时钟系统对时检查。
（4）直流线路故障定位系统信号试验。
（5）安全稳定控制系统信号联调。
（6）故障录波系统功能试验。
（7）计量系统测量回路检查。
（8）一体化辅助监控系统检查。
（9）同一体化在线监测系统的检查。

（六）辅助系统

主要试验项目包括：
（1）交流站用电系统保护、开关操作、信号及保护极性校验试验。
（2）站用直流电源信号及操作试验。
（3）UPS 不停电电源信号试验。
（4）阀冷却系统接入二次系统试验。

（5）空调系统接入二次系统试验。

（6）消防系统接入二次系统试验。

（7）火灾报警系统接入二次系统试验。

直流换流站分系统调试项目和试验内容较多，下面就几个重点项目做简单介绍和分析。

（1）换流阀低压加压试验。主要检查换流变压器联结组别、换流阀触发同步电压、换流阀触发控制信号、阀组触发顺序的正确性。

（2）换流变压器套管 TA 一次注流试验。新安装的换流变压器投运前，须进行一次注流试验以检验、检查保护控制系统电流回路接线的正确性，校核换流变压器套管电流互感器变比以及极性的正确性。

（3）直流场大回路注流试验。本项试验检查直流场光电流互感器和零磁通电流互感器的变比、极性是否正确，是否满足设计要求。本项试验采用满足试验精度要求的大容量直流电流发生器进行试验；对于直流滤波器组不平衡光 TA，为满足测量精度要求，需要采用继保测试仪进行相关的一次注流试验。

（4）交、直流滤波器调谐试验。对全站每相滤波器组进行滤波器幅频特性、相位频率特性，并通过调整滤波器电抗器匝数使其满足设计要求。

（5）滤波器电容器不平衡保护电流测试。本项试验主要测量试验电压下流过电容器组桥臂的不平衡电流，并将其折算为最高运行电压下的不平衡电流，通过调整电容器桥臂电容值，使不平衡电流在允许范围内。

（6）跳闸传动试验。本项试验主要检查紧急跳闸、换流变压器保护、直流保护、VBE 保护动作后跳开交流场开关的正确性，还可检查保护三取二逻辑的正确性。

（7）直流分压器一次加压试验。本项试验主要验证直流电压分压器的变比、二次回路接线符合设计要求，检查二次相关控制保护测量装置能正确采集电压信号、接地符合要求。

（8）交流场 GIS 电流互感器三相一次注流试验。本项试验目的是校验电流互感器二次回路正确性，防止电流互感器二次出现开路、相序错误、变比选择不正确及极性配置错误的现象发生。

（9）阀厅火灾报警和跳闸试验。本项试验检查阀厅火灾报警系统报警和自动跳闸功能的正确性和可靠性。试验前火灾报警监测系统调试完毕，通信功能测试合格，被试阀厅火灾报警系统、紫外火焰检测系统单体试验已通过验收，换流变压器进线断路器跳闸逻辑已验证。

四、站系统调试

特高压直流换流站站系统调试内容包括交流场带电、站用变压器充电投切试验，交流保护极性校验（带负荷试验），交流滤波器带电及投切试验，中开关连锁试验，站用电备自投试验，顺序控制试验，通电前的跳闸试验，换流变压器和换流器充电试验，空载加压试验，抗干扰试验。

高、低端换流器分层接入不同电压等级交流电网的特高压直流换流站的站系统调试增加了一个电压等级的交流场带电试验、交流滤波器带电及投切试验、中开关连锁试验和顺序控制试验等。

（1）换流站交流场（含交流母线）的启动带电试验。试验目的是完成新投产断路器带电操作试验，检查新投产线路设备状态；完成换流站交流场开关设备带电操作试验，检查母线设备状态；完成新投产线路、换流站交流母线、滤波器母线的核相试验。

（2）站用变压器充电投切试验。试验目的是检验站用变压器耐受冲击合闸性能；检查站用变压器带电运行状况；检查站用变压器励磁涌流对保护的影响；检查站用变压器保护、测量系统接入电压正确性；核对站用变压器各侧相序。

（3）交流保护极性校验（带负荷试验）。试验目的是检查换流站交流场各串开关电流接入保护装置幅值与极性的正确性，核查差动保护差流是否正常。

（4）交流滤波器带电及投切试验。试验目的：检查开关切断容性电流的能力，测试交流滤波器和并联电容器组的合闸涌流是否在允许范围，完成交流滤波器、无功补偿电容器组带负荷测试，检查高压设备运行状况，检查连接是否存在异常发热现象；检查交流滤波器及无功补偿电容器组的保护、控制、测控装置接入电流、电压的正确性，检查电容器不平衡电流是否控制在允许范围，检查滤波器母线差动保护电流、电压接入的正确性，进行背景谐波测试。

（5）中开关连锁试验。换流站交流场中开关连锁功能试验主要检查滤波器组与交流线路共串时的中开关连锁功能，在滤波器组与交流线路共串时，合上交流线路侧边开关和中开关，拉开边开关，验证中开关是否正确跳开。

（6）站用电备自投试验。根据启动调试调度方案的调度顺序，分别在三电源和两电源供电方式下通过拉开不同开关来实现各种电源失电情况，验证 10kV、400V 站用电备自投功能。在三电源情况下，拉开母联联络开关，模拟母联联络开关不可用状态，分别拉开站用变电源侧开关，验证 10kV 备自投与 400V 备自投时间配合逻辑是否正确。

（7）顺序控制试验。顺序控制试验是检验操作顺序及电气连锁是否能正确执行。检验当一个操作顺序在执行过程中发生故障而没有完成时，直流设备是否停留在安全状态。

在手动/自动控制模式下检验每一单个步骤的操作和执行情况。

（8）通电前的跳闸试验。不带电跳闸试验的目的是检查站或者元件的保护跳闸情况。主要设备包括直流保护系统柜、站控柜、交流滤波器/并联电容器的就地交流保护柜等设备。

（9）换流变压器和换流器充电试验。换流变压器带换流器充电试验验证在正常交流系统电压下换流变压器带换流器正常运行的能力，并检查其保护和监视测量系统的运行情况。该试验主要考查：换流变压器带电后的振动情况、合闸涌流、换流器控制电压相序和极性接入正确性、换流器带电后阀设备运行情况、晶闸管元件的闭锁状态、阀内冷系统带电运行情况、外冷却水设备运行情况、阀控系统运行情况和交直流控制保护系统运行情况。

（10）空载加压试验。空载加压试验是在直流一次回路断开的情况下，通过换流器解锁将直流电压上升至额定电压，检查换流器阀的触发能力及解锁阀的电压耐受能力，以及直流场（包括直流滤波器）的耐压能力。同时，空载加压试验还应检查直流电压控制功能的正确性。

（11）抗干扰试验。试验的目的是验证交直流系统带电时交直流保护和控制设备在受干扰时是否发出错误信息或误动。该试验在每次换流变压器充电后进行。

五、小结

常规设备试验和特殊设备试验结果满足相关技术标准和工程设备技术规范书的要求，验收合格，换流站具备分系统调试条件。

分系统调试分别对各整组设备的各种功能、性能，通过验证满足合同和有关标准、规范的要求，分系统调试整体通过验收，具备了进行站系统调试的条件。

交流场和交流滤波器进行了带电试验，试验结果满足技术规范要求；直流场顺序操作的逻辑正确；换流变压器带电、换流变压器进线开关投切功能正常，试验期间一次设备无异常；交流和直流保护跳闸回路的动作正确无误；交、直流控制保护系统具备抗移动电话和无线对讲机引起的电磁干扰的能力，所有被试的控制和保护装置工作正常；站用电源切换正常。

第二节 系统调试仿真计算

一、概述

为了保证大容量、采用分层接入技术的特高压直流工程安全、可靠地投入运行，在系统调试前，需要对接入系统进行系统安全稳定计算分析、电磁暂态计算分析和控制保护特性计算分析，为保证该工程系统调试的顺利完成奠定了技术基础。

二、调试前的系统计算分析

（一）系统计算分析

建立交、直流输电系统的数字计算模型，对可能发生的交直流故障相互影响及直流工程系统调试项目进行细致地计算分析研究。根据系统计算结果，编写系统调试计算分析报告，作为落实系统调试方案的技术基础。

（1）系统调试方式下的安全稳定计算分析及防范事故措施研究。针对系统调试时拟考虑的各种典型运行方式，通过安全稳定计算分析，找出系统中存在的薄弱环节和事故隐患，包括与第（2）项的研究内容相结合，对在交流系统发生故障后直流系统同时发生换相失败的可能性及其后果进行研究，并从确保系统调试时的安全稳定性出发，研究各项安全稳定措施及其协调配合，制订出各调试项目应配备的安全稳定措施方案。

（2）直流输电系统动态特性和控制保护特性的计算分析。针对系统调试时拟采用的各种典型运行方式，通过计算分析全面了解和掌握直流输电系统动态特性，提出系统调试时对直流控制、保护和通信系统的要求，以确保系统调试的安全可靠性。

（3）系统电磁暂态性能的计算分析。针对系统调试时的典型接线方式和运行方式，结合系统调试项目，对系统的电磁暂态特性进行计算分析，包括交流侧的工频过电压和暂时过电压及限制措施的研究；直流侧启动、操作和发生各类故障时的过电压及限制措施的研究等，以确保系统调试时电气设备的安全性。

（4）对直流解锁/闭锁方式下的换流站母线电压变化范围进行了计算分析，确定了母线电压控制策略。

（5）对于受端换流站高低端换流器分层接入不同电压等级的特高压直流工程，系统计算分析内容增加了受端直流多馈入分析，需考虑直流接入不同电压等级的系统稳定、潮流分布、高低端换流器功率转移以及换流站母线电压变化对直流系统稳定运行的影响，通过系统分析，提出系统稳定措施、母线电压控制策略和高低端换流器功率转移的控制策略。

（二）模拟仿真实验分析

建立稳态运行方式仿真试验模型，进行单换流器、单极双换流器、双极不对称和双极双换流器启停控制及接入电网试验；控制回路参数优化试验；直流系统故障及保护试验；交、直流系统相互影响试验；直流附加控制（含直流调制）功能试验。

（三）送受端系统分析实例

1. 送端系统控制策略

以锡泰工程系统调试为例。通过系统分析计算，直流解锁送端换流站电压控制计算分析结果如下：

（1）送端锡盟换流站系统直流小功率运行期间，配套电源尚未投产，换流站短路电流约 8.8kA，短路容量约 8000MVA。发生胜利—锡盟换 500kV 线路 $N-1$、胜利—锡盟 1000kV 线路 $N-1$、锡盟—北京东 1000kV 线路 $N-1$ 故障后换流站短路电流分别降低至 8.5、7.1kA 和 7.2kA，均不满足直流成套设计最小短路电流要求（23.2kA），需要校核直流运行条件，若故障后不满足直流运行要求，需配置故障后闭锁直流的安全稳定措施。

（2）锡盟工程直流解锁时，需要投入 2～3 组滤波器（245Mvar），电压波动较大，需要交替投入换流站低压电抗器配合调压，解锁时投入 1×245Mvar 滤波器锡盟 500kV 换流站电压上升 17kV，投入 2×90Mvar 低压电抗器，锡盟 500kV 换流站电压下降 12kV。

（3）直流调试小功率运行方式下，锡盟换流站投切 1 组滤波器（245Mvar），锡盟 500kV 换流母线稳态电压变化约 15kV，稳态电压变化率 2.9%，需校核直流运行条件。

（4）直流小功率运行期间，考虑恶劣情况，若换流站投入 3 台低压电抗器、胜利 1 台主变压器下投入 2 组低压电抗器，发生联络变压器 $N-1$、胜利变电站主变压器 $N-1$ 故障，锡盟 500kV 换流站电压分别上升 16、31kV。发生胜利特—锡盟特 1000kV 线路 $N-1$ 故障，锡盟 500kV 换流站电压下降约 23kV。锡盟 500kV 换流站电压运行空间为 500～550kV，考虑 $N-1$ 故障的电压波动范围超过 50kV，系统调试电压控制困难，需核实直流参与调压能力。

（5）直流小功率运行期间，锡泰工程直流发生单、双极闭锁故障，锡盟换流站稳态电压上升约 17kV，暂态电压波动约 0.08 倍标幺值；锡泰直流发生换相失败故障，锡盟换流站暂态电压波动约 0.16 倍标幺值；锡泰工程直流发生单极 2 次全压 1 次降压再启动成功故障，锡盟换流站 500kV 母线电压下降约 27kV，建议直流调试期间取消降压再启动策略。

2. 受端系统控制策略

受端换流站电压控制：

（1）锡泰工程直流调试期间，受端电网受泰州 1 台特高压主变压器热稳限制，需要预控泰州主变压器下网不超过 2800MW，因此调试期间建议受端近区电网采用大开机方式运行、淮沪送端适当控制送端袁庄、平圩机组出力。

（2）锡泰工程直流调试期间，受端泰特换短路电流约 11.6kA，短路容量约 21 000MVA；泰州换短路电流约 25.9kA，短路容量约 22 800MVA。均不满足直流成套设计中换流站最小三相短路电流要求（16.1kA 和 25.4kA），需校核直流运行条件。

（3）锡盟工程直流解锁时，若在受端 1000kV 泰州换流站投入 1 组 350Mvar 滤波器

+500kV 泰州换流站投入 1 组 245Mvar 滤波器，1000kV/500kV 泰州换流站母线电压变化不超过 17kV/6kV；若在受端 1000kV 泰州换流站投入 2 组 350Mvar 滤波器+500kV 泰州换流站投入 2 组 245Mvar 滤波器，1000kV/500kV 泰州换流站母线电压变化不超过 34kV/12kV。

（4）直流调试小功率运行方式下，500kV 泰州换流站投切 1 组滤波器（245Mvar），泰州换流站 500kV 母线电压变化约 4.3kV，稳态电压变化率小于 1%；1000kV 泰特换流站投切 1 组滤波器（350Mvar），泰特换流站 1000kV 母线电压变化约 14.4kV，稳态电压变化率 1.4%，需校核运行条件。

（5）典型方式下，锡泰工程直流近区元件发生 $N-1$ 故障，系统可保持暂态稳定运行，南京—泰州 1000kV 线路 $N-1$ 故障后泰州 1000kV 换流站母线电压下降约 16kV，泰州 1000kV 主变压器 $N-1$ 故障后，泰州 1000kV 换流站母线电压上升约 38kV（主变压器带 2×263Mvar 低压电抗器）或 26kV（主变压器带 1×263Mvar 低压电抗器）。泰州 1000kV 换流站电压运行空间为 1000～1070kV，考虑 $N-1$ 故障的电压波动范围约 54kV 或者 42kV，系统调试电压控制较为困难，待核查泰州 1000kV 换流站最小滤波器要求。

（6）泰州—南京 1000kV 线路 $N-1$、泰州—凤城 500kV 线路 $N-1$ 以及泰州 1000kV 主变压器 $N-1$ 故障后，泰州 1000kV 换流站短路电流分别降低至 10.9、11.2kA 和 9.0kA，需校核直流运行要求，若短路电流不满足直流运行要求，需要配置故障后闭锁锡泰工程直流低端双换流器的安全稳定措施。

（7）典型方式下，锡泰工程直流近区 500、1000kV 线路发生三永 $N-2$ 故障，保护元件正确动作，系统均可保持稳定运行，母线电压在合理范围内。泰特换—南京、泰特换—凤城 $N-2$ 故障后，锡泰工程直流 1000kV 换流站短路电流分别降低至 4.1、9.1kA，需要相关部门校核直流运行要求。若短路电流不满足直流运行要求，需要配置故障后闭锁锡泰工程直流低端双换流器的安全稳定措施。泰州换—双草、泰州换—凤城以及泰州换—旗杰 500kV 出线 $N-2$ 故障后，泰州 500kV 换流站短路电流分别降低至 18.6、15.8kA 和 17.8kA，需要相关部门校核直流运行要求。若短路电流不满足直流运行要求。需要配置故障后闭锁锡泰直流高端双换流器的安全稳定措施。

（8）典型方式下，锡泰工程直流发生单极闭锁、双极闭锁、连续换相失败 2 次、单极 2 次再启动以及双极再启动故障，系统均可保持稳定运行。其中锡泰工程直流发生双极闭锁故障，切除全部滤波器，同时泰州换流站再切除 2 组低压电抗器，稳定后泰特换 1000kV 母线电压下降 14kV，泰州换 500kV 母线电压下降 3kV。

三、分层接入 500kV/1000kV 电网仿真分析

作为系统调试前系统计算分析一部分内容，为了深入了解特高压直流换流站高低端换流器分层接入 500kV/1000kV 交流电网后，系统调试时拟采用的各种典型运行方式，通过直流控制保护计算分析，全面了解和掌握直流输电系统动态特性，提出系统调试时对直流控制、保护和通信系统的要求，以确保系统调试的安全可靠性，以及直流系统的性能得到充分验证；对在交流系统发生故障后直流系统同时发生换相失败的可能性及其后果进行研究；并从确保系统调试时的安全稳定性出发，研究各项安全稳定控制措施及其协调配合，提出相关的控制措施。为此，建立了逆变侧采用分层接入方式的±800kV 特高压直流工程仿真计算模型，为现场系统调试奠定技术基础。

（一）直流控制系统的仿真配置方案

建立特高压直流换流站高低端换流器分层接入不同电压等级的仿真计算模型，逆变侧分层接入两个交流系统，由于其高、低端换流器位于同一个站内，因此仍采用双极、极、阀组的分层控制结构。分层接入的特高压直流控制系统层次结构如图 6－2－1 所示。

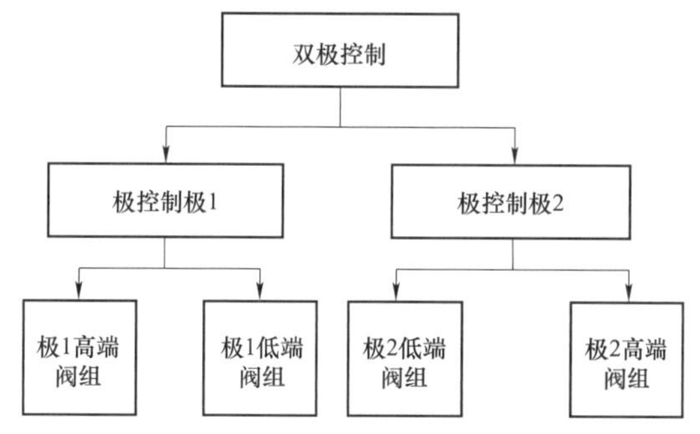

图 6－2－1 分层接入的特高压直流控制系统层次结构

（1）双极控制层。分层接入方式下，双极控制层中配置 500kV 和 1000kV 系统独立的无功控制功能，500kV 和 1000kV 系统无功控制以各自交流母线的无功交换或电压作为控制目标。

（2）极控制层。分层接入方式下，极控制层中还应该配置高、低换流器直流电压平衡控制功能，以确保正常运行时两个换流器直流电压保持平衡。

（3）换流器控制层即图 6－2－1 中的阀组控制层。在分层接入方式下，由于同一个极的高、低端阀组接入两个交流系统，因此原来在极控系统中配置的电流、电压、关断角的闭环控制需要在换流器控制系统中实现。由于 500kV 换流变压器的级差是 1.25%，1000kV 换流变压器的级差是 0.65%，1000kV 换流变压器调整一挡在阀侧产生的电压变化是 500kV 的一半，所以高、低压换流变压器分接头应独立控制。

（二）仿真建模

1. 直流电压平衡控制

逆变侧直流电压计算公式为

$$U_{\mathrm{d}}=U_{\mathrm{di0}}\left[\cos\gamma-(d_{\mathrm{x}}-d_{\mathrm{r}})\frac{I_{\mathrm{d}}}{I_{\mathrm{dN}}}\frac{U_{\mathrm{di0N}}}{U_{\mathrm{di0}}}\right]+U_{\mathrm{T}} \tag{6-2-1}$$

式中 U_{di0}——理想空载直流电压，kV；

U_{di0N}——额定理想空载直流电压，kV；

I_{d}——直流电流，A；

I_{dN}——额定直流电流，A；

d_{x}——相对感性压降；

d_{r}——相对阻性压降；

U_{T}——换流器前向压降，kV；

γ——关断角，(°)。

单层接入方式下，由于高、低压换流变压器参数一致，高、低端换流器 d_{x}、d_{r} 和 U_{di0N} 相等，此外高、低端换流器的电流指令 I_{d} 和 I_{dN} 均一致，所以常规特高压直流输电工程采取高、低端换流变压器分接头同步控制和关断角参考值相同实现高、低端换流器电压自然平衡。分层接入方式下，由于高、低压换流变压器参数不一致，传统的控制方式必然导致高、低端换流器电压不平衡。因此，采用的控制策略是将逆变侧极控系统中配置的电流、电压、关断角的闭环控制下放至换流器控制系统中，其中高、低端换流器仍工作在最大触发延迟角控制方式，换流变压器分接开关采用独立控制，用来调节换流器间的电压平衡。

分层接入方式下换流器阀触发控制系统框图如图 6－2－2 所示。图 6－2－2 中，U_{dINV} 为逆变侧直流母线电压；I_{ORD} 为极控产生的电流指令；I_{d} 为逆变侧直流母线电流；$\alpha_{\mathrm{ORD\_H}}$ 为高端换流器输出触发角指令；$\alpha_{\mathrm{ORD\_L}}$ 为低端换流器输出触发角指令。正常状态下，逆变侧电压调节器（VCA）的输出作为电流调节器（CCA）的上限，最大触发角调节器的输出作为 VCA 的上限，其中最大触发角调节器中的关断角 γ 为 17°。不同于常规特高压直流，分层接入方式下高、低端换流器的 $\alpha_{\mathrm{ORD\_H}}$、$\alpha_{\mathrm{ORD\_L}}$ 由各自阀控制系统分别给出。

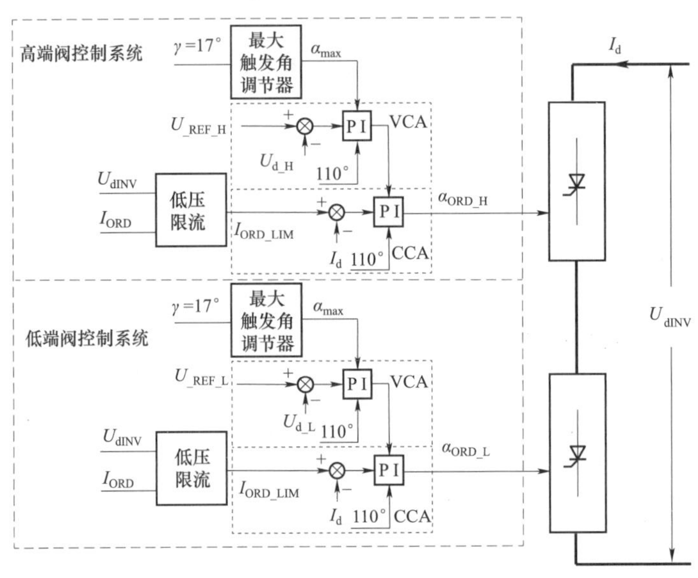

图 6－2－2　分层接入方式下换流器阀触发控制系统框图

受端换流变压器分接头控制目标是保证整流侧电压保持 800kV，其数学表达式为

$$U_{\mathrm{d}}=U_{\mathrm{dINV}}-U_{\mathrm{dN}}+I_{\mathrm{d}}R_{\mathrm{L}} \tag{6-2-2}$$

式中　U_{dN}——中性母线对地电压，kV；

R_{L}——线路电阻，Ω；

U_{dINV}——逆变侧换流器直流电压，kV。

分层接入方式下，因为高、低端换流器独立控制，所以式（6－2－2）中的 U_{dINV} 不适用于分层的分接头控制。经过变形后的数学表达式为

$$U_{\mathrm{d}}=\left(U_{\mathrm{dINV}}-U_{\mathrm{dMINV}}+\frac{I_{\mathrm{d}}R_{\mathrm{L}}}{2}\right)+\left(U_{\mathrm{dMINV}}-U_{\mathrm{dN}}+\frac{I_{\mathrm{d}}R_{\mathrm{L}}}{2}\right) \tag{6-2-3}$$

式中　U_{dMINV}——逆变侧高、低端换流器中间测点对地电压。

换流变压器分接头控制框图如图 6－2－3 所示。图 6－2－3 中，U_{DEAD} 为电压控制限制

值。高/低端 TCC 将高/低端换流器间电压值加上线路压降的一半，通过与U_{DEAD}比较，来控制高/低端换流变压器分接头挡位的升降。单个换流器工作在逆变侧 AMAX 控制，运行在关断角恒定状态。通过上述控制器配置，一方面能保证将直流电压控制在 800kV，另一方面能够保证两个串联换流器的平衡运行。

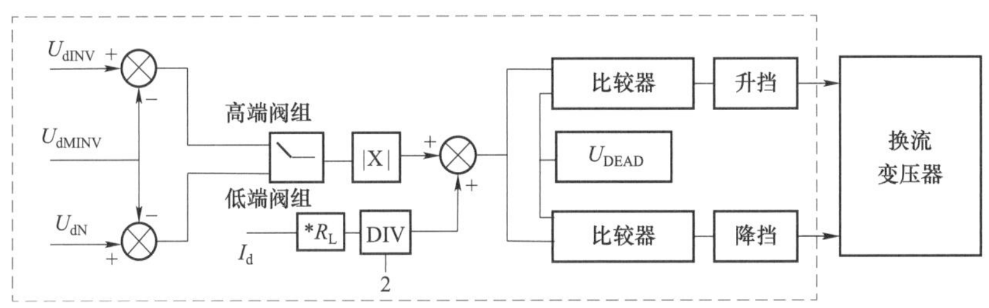

图 6-2-3　换流变压器分接头控制框图

2. 无功功率控制

对于逆变侧两个交流电网电气距离短的系统，一个交流系统无功单元的投切动作对另一个交流系统的电压可能产生一定的扰动。分层接入方式下受端两个交流系统的无功功率控制采用独立控制策略，分层接入方式下特高压直流控制系统无功控制策略为：非分层接入换流站无功功率可由直流站控系统统一控制，以交流母线的无功交换或电压为控制目标；分层接入换流站直流站控系统分别配置 500kV 和 1000kV 系统无功控制功能，两个交流系统的无功控制以各自交流母线的无功交换或电压为控制目标。

无功功率控制逻辑如图 6-2-4 所示。图 6-2-4 中，Q_{MEAS}/U_{MEAS}为交流母线无功交换实测值/电压实测值；Q_{DEAD}/U_{DEAD}为无功控制限制值/电压控制限制值；Q_{REF}/U_{REF}为运行人员设定的无功参考值/电压参考值；Q_{INC}/U_{INC}为投入无功补偿装置指令；Q_{DEC}/U_{DEC}为切除无功补偿装置指令。

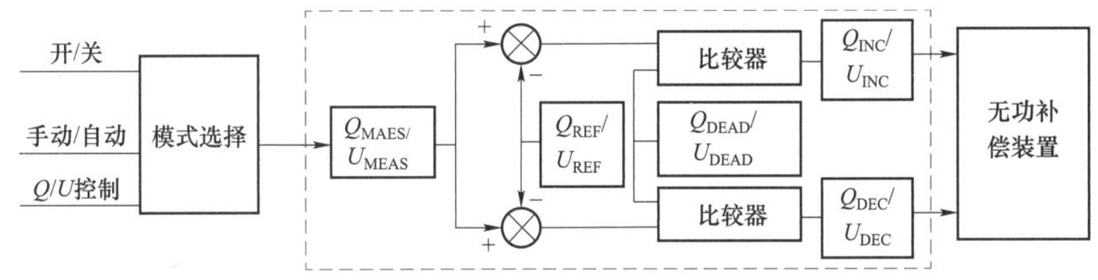

图 6-2-4　一个电压等级的无功功率控制框图

3. 改进的换相失败预测控制策略

逆变侧换相失败预测功能配置在最大触发延迟角单元中，如图 6-2-5 所示。由于高、低端换流器分别接入两个交流系统，其换相失败预测功能也是独立配置的，高端换流器产生的触发角增量为$AMIN_{CFPRED500}$，低端阀组产生的触发角增量为$AMIN_{CFPRED1000}$。图 6-2-5 中引入式（6-2-4）对定γ控制进行修正，在暂态情况下，直流电压随着电流的增加而增加，逆变器具有正阻抗特性，有利于提高直流输电系统的稳定性。

$$\beta=\arccos\left[\cos\gamma-2d_x\frac{I_0}{I_{dN}}\cdot\frac{U_{di0N}}{U_{di0}}-K(I_0-I_d)\right]\qquad(6-2-4)$$

式中 I_0 ——直流电流指令；

K ——正系数。

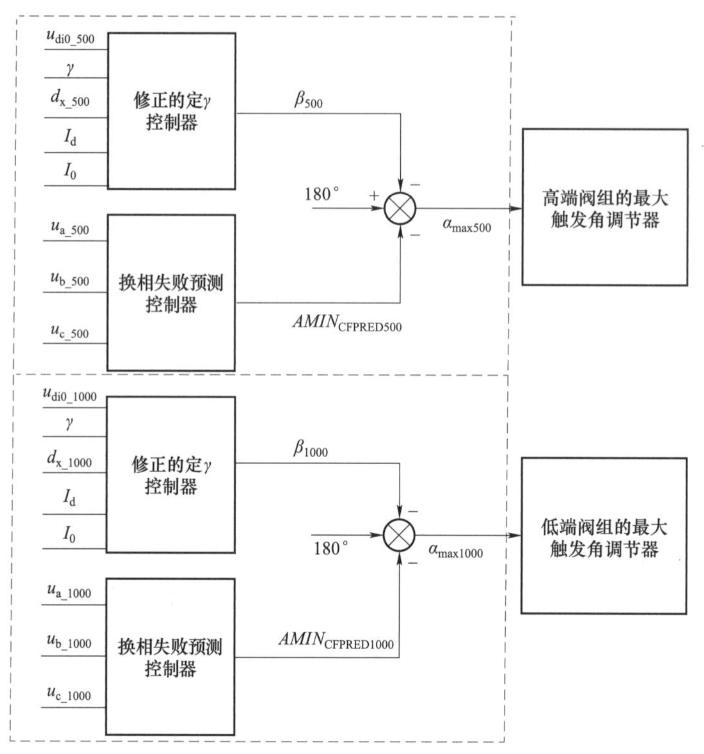

图 6-2-5 传统的换相失败预测控制框图

当一个交流电网发生故障、另一个交流电网正常运行时，故障交流电网连接的换流器发生换相失败，逆变侧直流电压相对整流侧直流电压下降较大，导致流过逆变侧正常运行换流器的直流电流快速上升。由式（6-2-4）可知，正常运行阀组中 β 减小，通过提高正常运行换流器电压抑制直流电流上升。此外，当分层接入方式下两个交流系统耦合较弱，一个交流电网故障对另一个交流系统影响较小，无故障交流电网连接阀组中的换相失败预测功能产生的触发角增量很小。

对于分层接入方式，如果继续沿用传统的换相失败预测控制策略，在电网的某些故障情况下与非故障电网相连的换流器可能会发生连续换相失败，引发直流输电系统功率振荡。因为直流电流增加，一方面导致换相重叠角 μ 增加；另一方面导致正常运行换流器中的 β 减小，γ 实际值远小于 γ 参考值。其中，正常运行换流器中配置的换相失败预测功能未能正确反映另一交流电网的故障，是导致正常运行换流器发生连续换相失败的根本原因，逆变侧直流电流快速增加是引起连续换相失败的直接原因。

提出的改进换相失败预测控制策略的逻辑如图 6-2-6 所示。图 6-2-6 的虚线框中表示的是改进换相失败预测控制器。故障切换模块用于判定并量化受端两个交流系统的情况，设定 u_{fault} 为故障状态变量，当 500kV 交流母线发生故障时，u_{fault} 为 1；1000kV 交流母线发生故障时，u_{fault} 为 0。此外，当两个交流系统同时发生故障时，故障切换模块选择故障时间长的交流系统作为状态输出。将故障换流器中换相失败预测产生的触发角增量作为故障期间串联换流器统一的触发角增量，实现了正常运行换流器不发生换相失败的控制目标，避免了直流功率振荡。

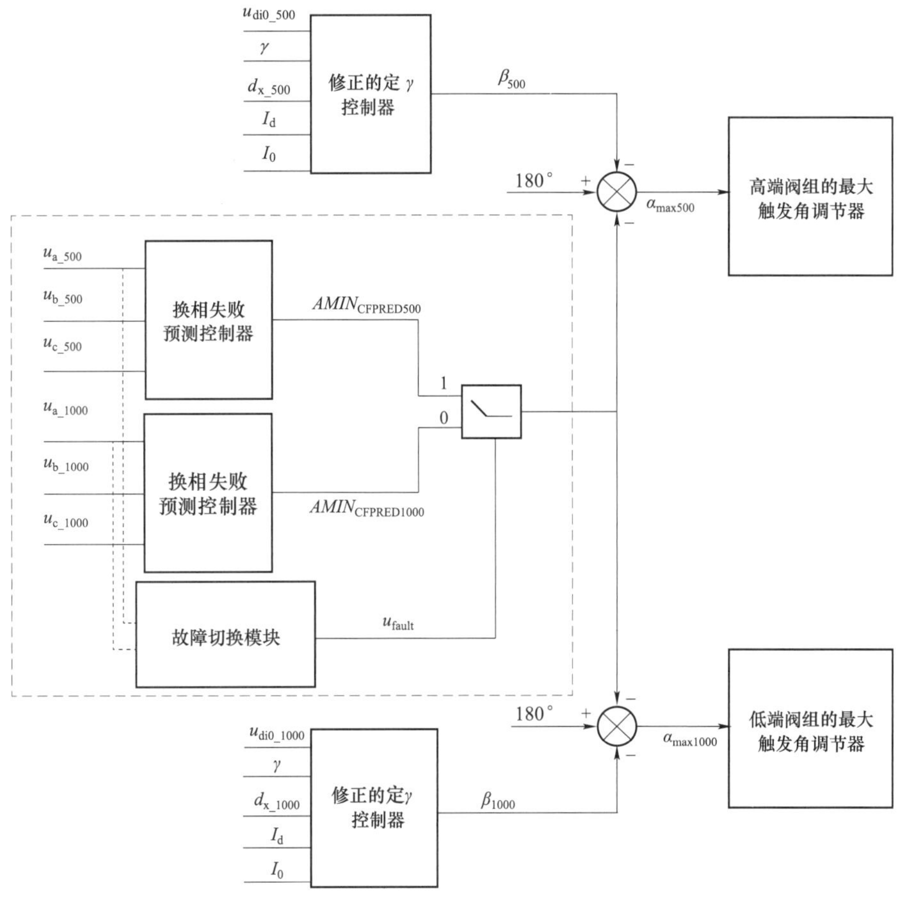

图 6－2－6　改进的换相失败预测控制框图

（三）仿真验证

1. 计算条件

以锡泰工程参数为基础，包括换流器、换流变压器、平波电抗器、直流线路、接地极线路、交直流滤波器等关键设备，基于 PSCAD/EMTDC 建立实际控制系统的电磁暂态仿真模型。对两侧交流系统进行静态等值，等值后的交流系统参数如表 6－2－1 所示。±800kV 直流输电系统整流侧采用定功率控制、逆变侧采用修正的定关断角控制。

表 6－2－1　　交 流 系 统 参 数

交流系统编号	额定电压（kV）	等值阻抗（Ω）	短路电流（kA）
1	530	3.03+j34.62	8.8
2	520	1.31+j14.95	20
2	1050	4.40+j50.30	12

注　1—整流侧；2—逆变侧。

2. 仿真结果

完成分层接入方式下特高压直流控制系统建模后，需要进行大量的仿真测试工作。依托锡泰工程，对直流系统解锁和闭锁、动态特性以及交流系统故障进行仿真计算，结果如下。

图 6－2－7 为单极 800kV 双 12 脉动换流器解锁波形，输送功率 500MW。在电流调节器的作用下，实际录波和仿真波形的触发角均下降至 16.9°，直流电流上升至 90 %的时间分别为 326ms 和 289ms。

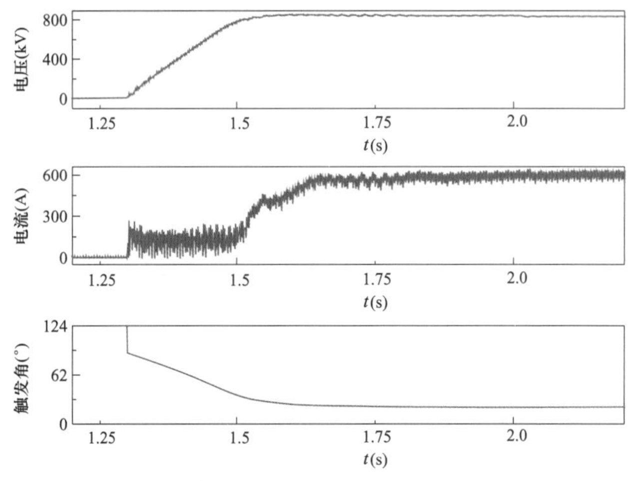

图 6－2－7　单极 800kV 双 12 脉动换流器解锁波形

图 6－2－8 所示为单极 800kV 双 12 脉动换流器稳定运行，输送功率 500MW，直流线路靠近线路中点瞬时金属性接地故障波形。在图 6－2－8 中模拟重现了现场极 1 直流线路瞬时接地故障，重启一次后，直流系统恢复正常运行。但由于交流电压畸变，泰州换流站高、低端换流器在功率恢复过程中发生了多次换相失败，在此之后，直流系统逐渐恢复至稳态运行。直流线路靠近线路中点瞬时金属性接地故障仿真波形。

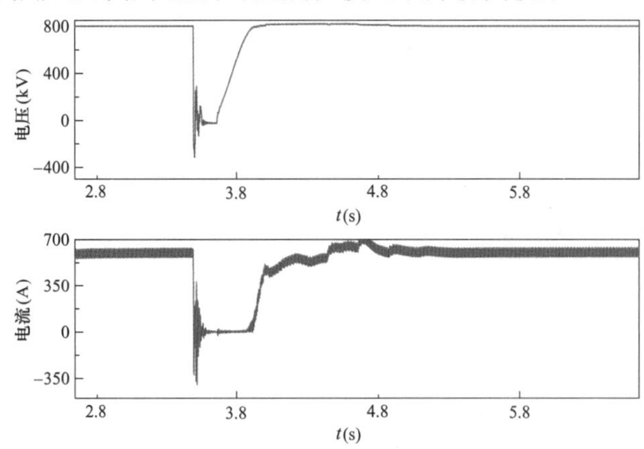

图 6－2－8　极 1 直流线路瞬时接地故障试验仿真波形

图 6－2－9 所示为单极 800kV 双 12 脉动换流器稳定运行，输送功率 550MW，在直流系统中施加持续时间为 500ms，幅值为 160MW 的功率指令阶跃响应波形，功率上阶跃响应时间为 85ms，超调量为 7.2%，在规定的限制范围内。

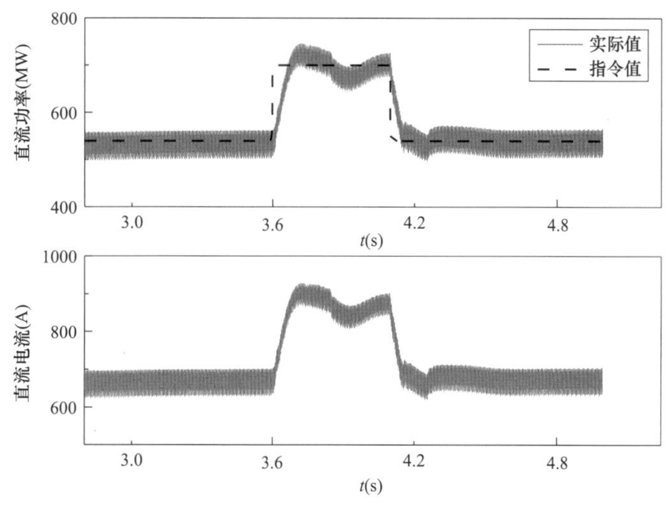

图 6－2－9　功率阶跃响应试验仿真波形

（四）模型应用

锡泰工程系统调试过程中，由于华东地区交流系统运行要求，不具备做人工交流系统接地故障的试验条件。为了分析逆变侧交流系统接地故障后直流控制系统的响应，以及直流传输功率能否在规定的时间内平稳地恢复，采用本文建立的特高压直流仿真模型，模拟逆变侧交流系统故障。故障时序为：逆变侧低端换流器所连接的 1000kV 交流母线发生金属性三相接地故障，100ms 后跳开故障相，而高端换流器所连接的 500kV 交流母线正常运行，仿真波形如图 6－2－10 所示。t_1 时刻，1000kV 交流系统发生金属性三相接地故障，在改进的换相失败预测模块作用下，逆变侧高、低端换流器触发角均下降至 138°。t_2 时刻，交流故障消失，直流电压和直流功率开始恢复。t_3 时刻，直流输电系统功率恢复。由图 6－2－10 可知，在逆变侧交流系统发生故障期间，直流控制系统响应正确，且直流传输功率未发生振荡。

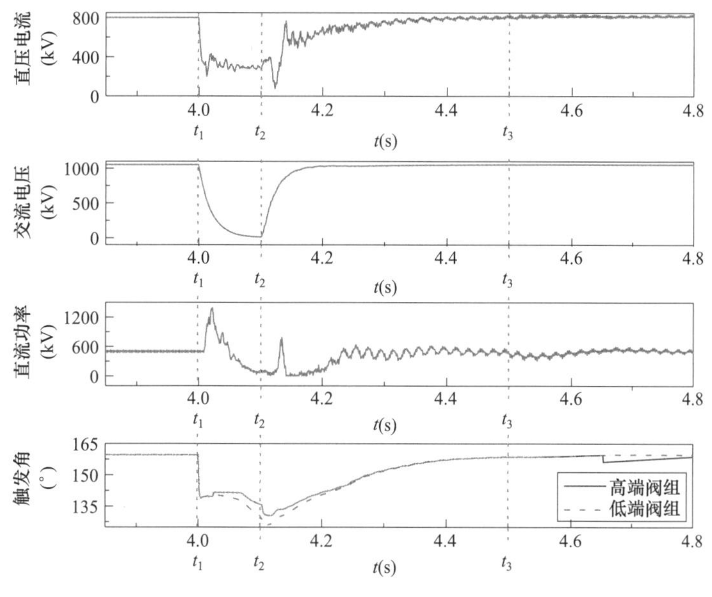

图 6－2－10　1000kV 交流系统三相故障波形

四、系统调试方案

（一）系统调试项目

根据系统计算分析结果、直流输电工程主回路接线运行方式、换流站接线等特点，提出系统调试项目。在此基础上，编制系统调试方案，大概分为以下内容：

（1）经过系统分析研究，对工程的实际交直流系统运行进行稳态、动态、暂态性能的试验验证，确定典型的大负荷试验、交直流线路故障试验等试验项目。

（2）通过主回路接线结构，确定与主回路相关的系统调试项目；根据控制保护设计规范，以及二次联调试验结果，确定控制保护功能验证的试验项目。

（3）根据现场设备以及接线图，确定换流站辅助设备以及相关的控制保护功能的试验项目。

（4）根据系统分析结果和设备性能，根据安稳装置出厂试验结果和以及电网频率控制研究结果，确定现场安稳联调试验项目和频率控制试验项目。

（5）根据系统需求，确定断面失电试验项目。

（6）根据计算结果，确定孤岛/联网转换试验项目和次同步振荡试验项目。

（7）对于受端换流站高、低端换流器分层接入不同电压等级的特高压直流工程，通过对分层接入系统的特点分析，确定相应的系统试验项目。

（二）常规直流工程系统调试方案

常规直流输电工程是指直流 500kV 及以下的直流工程，一般有两个极，每极由 1 个 12 脉动换流器组成，直流主回路接线共有 5 种接线方式。在系统调试过程中，5 种接线方式均要进行系统调试验证，直流控制保护功能验证在低功率条件下完成。大功率试验主要考核系统和设备性能，常规高压直流工程系统调试方案分为以下几类：

（1）单极低功率系统调试方案。

（2）单极大功率系统调试方案。

（3）双极低功率系统调试方案。

（4）单极大功率系统调试方案。

（三）特高压直流工程系统调试方案

特高压直流工程每极由两个 12 脉动换流器串联组成，且每一换流器单独可以运行。每极不但有单极双换流器接线方式，单换流器接线方式，还有单换流器交叉连接接线方式；双极不但有双极双换流器接线方式，还有双极单换流器接线方式、双极不对称接线方式。特高压直流主回路接线方式共有 45 种，均需在系统调试过程中进行系统调试验证。将特高压直流工程系统调试方案划分如下：

（1）单换流器系统调试方案。

（2）单极双换流器系统调试方案。

（3）双极系统调试方案。

每一类系统调试方案包括低功率系统调试和大功率系统调试方案。

（四）分层接入不同电压等级交流电网方式系统调试方案

根据受端换流站高、低端换流器分层接入不同电压等级的特高压直流工程的特点，即受端直流多馈入和高、低端换流器独立控制等特点，确定系统调试项目，编制分层接入不同电压等级交流电网方式系统调试方案。

（五）系统调试测试方案

根据系统调试方案和试验项目的内容，编写系统调试测试方案。包括直流系统测试、过电压测试、交流系统测试、交流谐波测试、直流谐波测试、电磁环境测试、噪声测试、红外测温等。

五、小结

建立了特高压直流系统模型，将等值交流系统参数和模比输入仿真系统的数据库，通过潮流稳定计算验证后，便可得到模型的参数。根据这些参数首先建立起各个输电线路、发电机、动态负荷和恒定负荷模型，并通过性能检验，再相互连接成网络。通过对单换流器或 4 换流器直流输送额定功率的系统潮流校核的结果，满足稳态潮流和系统安全稳定的要求，通过计算，提出系统安全稳定措施。

建立了特高压直流系统模型。直流系统的主接线和主参数主要取自该工程的技术合同和设计规范，将实际的直流系统参数乘以相应的模比，得到直流模型的主参数。对直流具有一些特殊的控制、保护功能，像变压器分接开关控制、无功控制、直流系统保护等，经过修改在直流模型中实现。

在深入分析分层接入方式下特高压直流控制系统的分层结构和功能配置方案的基础上，对控制系统的关键环节，如分接头控制、换流器间电压平衡控制、无功功率控制和换相失败预测控制策略进行分析和建模，建立了基于 PSCAD/EMTDC 的特高压直流控制系统电磁暂态模型。对锡泰工程直流系统动态特性进行了大量的仿真计算，通过逆变侧交流系统故障研究，为工程调试提供技术支持。

在系统计算分析基础上，结合大容量、分层接入特高压直流输电工程的特点，对现场系统调试项目进行了深入分析，提出了系统调试项目，编写了系统调试方案。根据系统调试方案和试验项目的内容，编写系统调试测试方案。

第三节 工程系统调试应用

一、概述

锡泰工程是第一个采用受端高、低端换流器分层接入 500kV/1000kV 的特高压直流工程。在工程投运初期，送端没有有效的电源支撑，系统很弱。系统调试电源需从北京东 1000kV 变电站通过 1000kV 特高压线路送到内蒙古胜利变电站，然后通过三回 500kV 线路接入锡盟换流站，送端短路电流水平仅 7.7kA，远低于成套设计标准。$N-1$ 故障情况下，锡盟换流站稳态电压波动幅度接近 50kV，运行控制极为困难。$N-1$ 故障后可造成电压越出正常范围。

受端泰州换流站高、低端换流器分层接入 500kV/1000kV 电网，系统有效短路比均大于 3.5，满足±800kV 直流系统双极额定功率 10 000MW 运行要求。

锡泰工程系统调试分为三个阶段：

第一阶段进行双极低端换流器系统调试，完成了 5 种接线方式的系统调试，完成试验项目 175 项。

第二阶段完成极 1 高端和极 2 高端换流器投入后的所有 41 种接线方式的系统调试，完成计划内试验项目 409 项。

第三阶段完成大负荷及相关试验 47 项，三个阶段共计完成 631 项试验。

为此在总结、消化和吸收溪浙和酒湖±800kV 直流输电工程系统调试和运行经验的基础上，结合锡泰工程受端高低端换流器分层接入特点以及二次设备联调出厂试验的结果，开展了锡泰工程系统调试方案的研究，确定和编制完成了第一阶段和第二阶段系统调试方案以及大负荷试验方案，按期完成了锡泰工程的系统调试，保证了工程按期投入试运行。

二、编制系统调试方案

（一）编制原则

特高压直流输电工程系统调试方案分为单极单换流器系统调试方案、单极双换流器系统调试方案和双极系统调试方案。由于 3 种类型的接线运行方式下的所有系统调试试验项目较多，因此，在安排现场系统调试试验时，需对试验项目进行优化组合分析，结合锡泰工程特点，确定现场系统调试项目，编制系统调试方案和现场系统调试实施计划。通过研究确定现场系统调试方案编制原则如下：

（1）在编制直流系统保护跳闸性能试验方式，应考虑到极控制层面的直流闭锁性能检验，还要考虑到换流器控制层的直流闭锁性能检验。

（2）在编制控制系统切换试验方案时，要考虑在极控制层进行，又要考虑在换流器控制层进行。

（3）在编制失去站用辅助电源试验方案时，既要考虑在极控制层进行，又要考虑在换流器控制层逐个进行。因为站用辅助电源设计是每一个换流器控制一套辅助电源、每一个极控制一套辅助电源以及每一个双极控制一套辅助电源。

（4）由于锡泰州工程中，直流保护系统采用三取二的原则，因此在一套直流保护装置软件中模拟故障，当三个保护系统都投入运行时，不发生跳闸，当有一套保护装置退出运行，再在软件中模拟故障，则保护跳闸。

（5）根据工程建设进度安排，分阶段编写系统调试方案，即第一阶段系统调试方案和第二阶段系统调试。

（6）根据锡泰工程泰州侧高低端换流器分层接入 500kV/1000kV 电网的特点，编制了分层接入方式系统特殊试验，放在第二阶段系统调试方案中。

（二）系统调试项目

1. 第一阶段系统调试项目

（1）极 1/极 2 低端换流器系统调试项目。换流器启停、保护跳闸、监控功能检查、电流控制、功率控制、扰动试验、无功功率控制、金属/大地转换、控制地点变化、丢失脉冲试验、直流偏磁测试、直流线路故障试验、接地极线路故障试验、功率反送试验及大功率试验等。

（2）双极低端系统调试项目。双极低端换流器启停、功率/电流升降、主控权转移、保护跳闸、功率补偿、无功功率控制、扰动试验、交流线路故障试验、接地极线路故障试验及控制地点变化。

2. 第二阶段系统调试项目

（1）极 1 高端换流器系统调试包括：换流器启停、保护跳闸、功率控制、扰动试验等。

（2）极 1 双换流器系统调试包括：换流器启停、保护跳闸、电流控制、功率控制、降压运行、金属/大地转换、扰动试验及控制地点变化试验等。

（3）极 2 高端换流器系统调试包括：换流器启停、保护跳闸、功率控制、扰动试验及偏磁电流复测等。

（4）极 2 双换流器系统调试包括换流器启停、保护跳闸、功率控制、降压运行、金属/大地转换及扰动试验等。

（5）双极系统调试包括：双极启停、功率/电流升降、主控权转移、保护跳闸、功率补偿、无功功率控制、降压运行、扰动试验、交直流线路故障试验及控制地点变化等。

（6）换流器交叉连接系统调试包括：单换流器交叉连接、双极单换流器交叉连接、双极不对称换流器交叉连接等。内容包括：直流启停、系统控制切换等。

（7）单换流器在线投退包括：双极运行方式、双极不对称运行方式、单极双换流器运行方式下的换流器投退等。

（8）分层接入方式系统调试。系统调试过程中、大约有 300 项试验与分层接入方式有关、其中特殊试验项目 28 项、内容包括直流系统启停、稳态运行、保护跳闸试验、降压运行试验、扰动试验、直流电压控制、无功功率控制、直流调制及功率反送试验等。

（三）系统调试方案和实施计划

根据上述确定的系统调试原则和分阶段系统调试项目，结合系统计算确定的调试期间系统安全稳定措施和换流站母线电压控制原则，编写现场系统调试方案和实施计划。

三、现场系统调试

锡泰工程额定电压±800kV、输送容量 10 000MW 的直流输电工程是受端首次采用高、低端换流器分层接入 500kV/1000kV 电网的特高压直流工程。在国家电网公司的统一领导下，紧密结合锡泰工程特点，对送端和受端系统安全稳定进行了科学计算和仿真试验，周密制定试验方案、试验计划和安全措施。全体参加调试人员努力工作，安全高效优质地进行系统调试工作。在工程启动委员会指导下，与设备成套、建设、调度、运行、安装、监理等单位密切合作，严格按照批准的方案和计划顺利开展，系统调试历经以下三个阶段。

（一）第一阶段系统调试

锡泰工程第一阶段系统调试从 2017 年 6 月 22 日开始，到 7 月 3 日结束，共计 12 天，完成了双极低端换流器直流站调试项目 30 项；完成系统调试计划试验项目 175 项。

完成的试验项目包括：

（1）极 1 和极 2 低端换流器顺控试验、最后跳闸试验、换流变压器带电、不带线路/带线路开路试验、抗干扰试验、中开关连锁试验。

（2）双极低端换流器初始运行方式建立、直流系统保护跳闸功能验证、系统监控功能、电流控制、功率控制、无功/电压控制。

（3）极 1 或极 2 低端换流器丢失触发脉冲故障、交直流辅助电源切换、扰动试验等。

（二）第二阶段系统调试

第二阶段从 2017 年 8 月 6 日开始，到 9 月 2 日结束，除去中间各种因素不能调试 18

天，第二阶段系统调试共计 28 天，完成站系统试验项目 42 项，系统调试项目 409 项。

完成的试验项目包括：

（1）极 1 和极 2 高端换流器初始运行方式建立、直流系统保护跳闸功能、系统监控功能、功率控制等。

（2）极 1 和极 2 双换流器初始运行方式建立、直流系统保护跳闸功能、系统监控功能、电流控制、功率控制、金属/大地转换、丢失触发脉冲故障、交直流辅助电源切换、扰动试验，单换流器在线投退试验。

（3）极 1 和极 2 单换流器交叉连接试验、双极单换流器接线试验、双极不对称换流器试验，单换流器在线投退试验等。

（三）第三阶段系统调试

第三阶段是大负荷试验从 2017 年 9 月 17 日开始，9 月 22 日结束，共完成系统调试项目 47 项。

（1）极 1 和极 2 高、低端换流器额定负荷和 1.05 倍标幺值过负荷运行试验，交直流线路故障试验和泰州站安稳装置联调试验。

（2）远方（国调中心）控制试验。在系统调试过程中，对换流变压器、换流阀、平波电抗器、交流滤波器、电容器、开关等一次设备和直流控制保护系统的性能进行了严格检验。

（3）极 1 单换流器 2500MW 和 1.05 倍标幺值过负荷 2650MW 运行试验、接地极参数测试、额定功率运行、极 1 大地/金属转换试验等。

在工程启动委员会指导下，与设备成套、建设、调度、运行、安装、监理等单位密切合作，严格按照批准的方案和计划顺利开展，组织协调各参调单位技术人员对系统调试期间发现的问题进行了分析，并提出了解决措施，使系统调试期间发现的各类技术和设备问题得到了及时解决，保证了系统调试的顺利进行和按期完成。

在系统调试过程中，换流变压器、换流阀、平波电抗器、交流滤波器、电容器、开关等一次设备经受了满负荷/过负荷大容量，以及换流器解/闭锁等试验的过电压冲击考验；对直流控制保护系统的性能进行了的检验，对于调试过程中发现的问题，调试人员与设备制造厂以及相关技术人员进行沟通分析，使问题能及时得到处理，完善和优化了系统功能。

针对首个受端采用分层接入技术的特高压直流工程，通过系统调试验证，分层接入方式控制功能得到了充分验证。另外，其输送容量比以往特高压直流工程输送容量增加了 2000MW，由于工程运行初期，送端系统较弱，不能满足额定容量输送电力。但是有条件满足单换流器额定负荷和过负荷运行，通过系统调试，验证了单换流器额定负荷和 1.05 倍标幺值过负荷运行试验考核，按照系统调试标准要求，直流设备和控制保护性能得到了充分验证，工程可以投入试运行。

四、专项测试结果

（一）过电压测试

在锡泰工程系统调试过程中，对锡盟换流站、泰州换流站中的交、直流设备在各种操作方式下可能出现的过电压进行了波形采集和数据处理分析，并与换流站交、直流设备的绝缘水平进行了比较，在泰州和锡盟两个换流站的交、直流设备上的过电压测量最大值均未超过设备的绝缘水平。

（二）交流测试

锡泰工程系统调试中，直流输电系统的操作及工作状态的改变、直流输送功率的调整变化、直流输电系统故障等情况对交流系统所造成的影响，结果如下：

（1）锡盟换流站和泰州换流站交流母线电压在系统试验操作中，均满足成套设计书中相关要求。

（2）锡盟换流站和泰州换流站正常运行及扰动所引起的频率波动，均没有超过成套设计书中所述范围。

（三）换流站电磁环境测试

站外围墙 1m 处噪声为 31.4～48.8dB（A），不超过二类区域夜间标准限值 50dB（A）。但围墙也未发现噪声有超过 50dB（A）限值的情况。

（四）直流参数、谐波测试结果

在第一阶段和第二阶段系统调试过程中，每进行一项系统试验，均要对直流电压、电流、触发角等直流参数进行测试，均在正常范围内。

（1）谐波测试结果满足技术规范要求。

（2）交直流过电压测试结果。

在锡泰工程系统调试过程中，进行了交直流过电压测试，从过电压测量结果可见，锡盟换流站和泰州换流站的交直流设备，经历了多次解闭锁、丢失脉冲、滤波器投切操作以及短路接地试验冲击的考验，设备上的过电压测量最大值均未超过设备的绝缘水平。

结果满足工程技术规范要求。

（五）接地极测试结果

（1）锡盟换流站：

1）接地电阻测试值为 0.056 6Ω，与设计计算值 0.047 4Ω 比较吻合，满足运行要求。

2）测试了全部 18 个检测井附近的跨步电压，位于东北的 3 个检测井（JC－15、JC－03、JC－17）跨步电压值稍大，分别为 13.6、13.5、12.4V，略高于锡盟换流站接地极跨步电压控制值 11.92V，其余点的跨步电压均满足要求。

3）测试了接地极极环内的两基接地极线杆塔的接触电压，最大值为 2.479V，满足人身安全运行要求。

4）36 根导流电缆最大分流 331A，满足电缆额定载流量的要求。但测试发现 24 号导流电缆分流明显小于其他电缆，后来经过测试分析，可能是该电缆缆芯与金属护套之间发生了短路故障，经处理后，测试满足要求。

（2）泰州换流站：

1）接地极接地电阻测量结果表明：泰州换流站接地极接地电阻实测值不大于 0.022 1Ω，满足运行要求。

2）泰州换流站接地极极线电阻测量值为 0.707Ω。当泰州换流站接地极在额定电流 6250A 运行时，换流站中性母线上的电位升为 4556.9V。

3）接地极电缆分流测量结果表明：当入地电流为系统最大过负荷电流 6690A 时，内环分流约占总电流的 30.9%；外环分流约占总电流的 69.1%。内环导流电缆中编号内 4－2 的电缆分流最大，分流值为 189.4A；外环导流电缆中编号外 8－2 的电缆分流最大，分流值为 212.2A，均小于内、外环导流电缆 YJY43－6/6kV－1×240mm^2 的额定载流量 500A，导流电缆均满足接地极长期安全运行要求。

4）接地极址最大跨步电势的测量结果表明：接地极附近地面的最大跨步电势位于外环监测井 JC11 与 JC12 中间的环外方向，推算至系统最大过负荷电流（6690A）运行时，最大跨步电势值为 2.75V，小于跨步电势控制值 7.7698V，满足安全运行的要求。

5）接地极址最大接触电势的测量结果表明：各区域的最大接触电势值均小于最大跨步电势值，推算出系统最大过负荷电流（6690A）运行时，最大接触电势仅为 0.33V，小于允许值，满足设计要求。

（六）直流偏磁测试

在特高压直流输电工程第一阶段系统调试过程中，两端属地电科院和运维等单位对两端换流站接地极周围变电站主变压器进行了直流偏磁测试。根据测试结果，对直流偏磁电流超出设备限值的变电站进行了治理，在主变压器中性点装设了隔直装置，解决了直流偏磁对主变压器运行的影响。在直流工程第二阶段系统调试过程中，两端属地电科院和运维单位对两端换流站接地极的变电站主变压器偏磁电流进行了复测，对直流偏磁治理效果进行检验，满足了工程设计要求。

五、系统调试结果

锡泰工程是输送容量 10 000MW 的直流工程，受端首次采用高低端换流器分层接入 500kV/1000kV 交流电网，全部采用国内控制保护设备的特高压直流工程。通过锡泰工程特点研究，提出了系统调试方案的编制原则和实施计划。工程系统调试解决了工程中存在的缺陷和问题，保证了工程安全可靠按期投入运行，取得了显著的经济效益和社会效益。

（1）根据锡泰工程及其接入电网后的运行特点，对特高压直流工程调试系统进行了系统分析研究，提出了送端锡盟换流站系统调试期间母线电压控制策略；根据直流系统的运行接线方式，提出了直流控制和保护功能验证的试验方法、直流控制与换流阀接口功能验证的试验方法，以及直流偏磁测试方法，编制了系统调试方案和实施计划。

（2）深入分析了系统调试过程中一次设备和控制保护功能存在的缺陷，提出了解决方案，并在工程中得到了应用。包括锡盟换流站直流中性母线 EM 避雷器损坏问题，现场检查后，是由于避雷器匹配不均匀，在进行金属回线直流线路故障试验时，产生的直流中性母线过电压，致使单柱避雷器承受的很高的过电压而损坏；以及在融冰方式下，泰州换流站极 2 高端换流器解锁失败，造成阀避雷器损坏问题，经检查对解锁时损坏的避雷器进行了更换，改变了泰州换流站极 2 高端换流器解锁控制策略，重新进行试验，极 2 高端解锁正常。

（3）通过对送端锡盟侧和受端泰州换流站接地极附近变电站主变压器直流偏磁测试，确定了直流偏磁的治理措施，并在这些变电站加装了直流偏磁隔离装置，保证了系统稳定运行。

六、小结

在系统试验中，对一次和二次设备进行了全面的检验，对系统运行特性进行了考核，包括针对 45 种接线方式的各种操作、对控制保护系统功能的检测、交/直流系统故障试验和单换流器、单极双换流器额定功率及1.05倍过负荷试验等，以及过电压、电磁环境、接地极等各项测试。主要结果如下：

（1）直流系统在45种接线方式下（包括单换流器、单极、双极、高低端交叉、双极不平衡等方式）都能正常启动和停运。

（2）当系统发生故障时，相关的保护跳闸功能动作正常，能为设备和系统的安全运行提供保障。

（3）直流系统的电流控制、功率控制、无功/电压控制等功能正常，具备快速调节输送功率的能力，能够保证系统的安全稳定运行。

（4）完成了额定电流工况下的单极大地/金属转换，保证单极大功率运行的转换。

（5）直流功率提升/功率回降、紧急功率控制等功能正常，可供电网安全稳定控制系统使用。

（6）直流系统瞬时接地故障试验表明，系统控制保护能够正确动作；故障消除后，直流线路保护动作正确，故障测距误差在允许范围内，满足工程要求。

（7）本地/远端控制转换功能正常，可以在国调中心进行远方控制。

系统调试结果表明：锡泰工程一次和二次设备性能满足技术规范的要求，试验期间系统电压和功率控制正常，经受了各种操作、交/直流系统人工接地故障和大负荷等试验的考核，具备了试运行的条件。

系统调试的圆满完成，证明锡泰工程的前期科研和设计、设备研制、施工建设和调度运行均是成功的，保证了工程的安全可靠投入运行，也为后续特高压直流工程的建设积累了宝贵的经验，打下了坚实的基础。

参 考 文 献

[1] 刘振亚. 中国电力与能源 [M]. 北京：中国电力出版社，2012.

[2] 刘振亚. 特高压交直流电网 [M]. 北京：中国电力出版社，2013.

[3] 刘振亚. 全球能源互联网 [M]. 北京：中国电力出版社，2015.

[4] 舒印彪. 中国直流输电的现状及展望 [J]. 高电压技术，2004，30（11）：1-2，20.

[5] 刘振亚，秦晓辉，赵良，等. 特高压直流分层接入方式在多馈入直流电网中的应用 [J]. 中国电机工程学报，2013，33（10）：1-7.

[6] 舒印彪，张文亮. 特高压输电若干关键技术研究 [J]. 中国电机工程学报，2007，27（31）：1-6.

[7] 刘振亚，舒印彪，张文亮，等. 直流输电系统电压等级序列研究 [J]. 中国电机工程学报，2008，28（10）：1-8.

[8] 刘泽洪，高理迎，余军. ±800kV 特高压直流输电技术研究 [J]. 电力建设，2007（10）：17-23.

[9] 舒印彪，刘泽洪，袁竣，等. 2005 年国家电网公司特高压输电论证综述 [J]. 电网技术，2006，30（5）：1-12.

[10] 常浩. 我国高压直流输电工程国产化回顾及现状 [J]. 高电压技术，2004，30（11）：30-36.

[11] 马为民. 高压直流输电系统设计 [M]. 北京：中国电力出版社，2015.

[12] 国家电网公司直流建设分公司. 高压直流输电系统成套标准化设计 [M]. 北京：中国电力出版社，2012.

[13] 林福昌. 高电压工程 [M]. 北京：中国电力出版社，2016.

[14] 中国电力科学研究院，特高压输电技术 直流输电分册 [M]. 北京：中国电力出版社，2012.

[15] 张殿生. 电力工程高压送电线路设计手册. 北京：中国电力出版社，2003.

[16] 水利电力部西北电力设计院. 电力工程电气设计手册　第 1 册　电气一次部分. 北京：中国电力出版社，1989.

[17] 能源部西北电力设计院. 电力工程电气设计手册　2　电气二次部分. 北京：中国电力出版社，2010.

[18] 郑劲，聂定珍. 换流站滤波器断路器暂态恢复电压的研究 [J]. 高电压技术，2004，30（11），57-59.

[19] 聂定珍，郑劲. 灵宝换流站交流暂态过电压研究 [J]. 高电压技术，2005，31（4），54-56.

[20] 王雅婷，张一驰，郭小江，等. ±1100kV 特高压直流送受端接入系统方案研究 [J]. 电网技术，2016，40（7）：1927-1933.

[21] 蒲莹，厉璇，马玉龙，等. 网侧分层接入 500kV/1000kV 交流电网的特高压直流系统控制保护方案 [J]. 电网技术，2016，40（7）：3081-3087.

[22] 李少华，王秀丽，张望，等. 分层接入特高压直流交流电网方式下直流控制系统设计 [J]. 中国电机工程学报，2015，35（10）：2409-2416.

[23] 王永平，卢东斌，王振曦，等. 适用于分层接入的特高压直流输电控制策略 [J]. 电力系统自动化，2016，40（21）：59-65.

[24] 卢东斌，王永平，王振曦，等. 分层接入方式的特高压直流输电逆变侧最大触发延迟角控制 [J]. 中国电机工程学报，2016，36（7）：1808-1816.

[25] 熊凌飞，蒲莹，张进，等. 受端分层接入特高压直流系统中点分压器故障控制保护策略 [J]. 电网

技术，2018，42（12）：4006－4014.

［26］Kundur P.Power system stability and control［M］. New York，USA：McGraw－Hill，1994.

［27］曾兵，张健，等. 锡泰特高压直流系统计算分析. 北京：中国电力科学研究院，2017.

［28］郑晓冬，邰能灵，杨光亮，等. 特高压直流输电系统的建模与仿真［J］. 电力自动化设备，2012，32（7）：10－14.

［29］陶瑜. 直流输电控制保护系统分析及应用［M］. 北京：中国电力出版社，2015：44－69.

［30］杨万开，印永华，曾南超，等. 向家坝—上海±800kV 特高压直流输电工程系统调试技术分析［J］. 电网技术，2011，35（7）：19－23.

［31］杨万开，印永华，班连庚. ±1100kV 特高压直流系统试验方案研究［J］. 电网技术，2015，39（10）：2815－2821.

［32］杨万开，李新年，印永华，等. ±1100kV 特高压直流系统试验技术分析［J］. 中国电机工程学报，2015，35（增刊）：8－14.

［33］刘振亚. 国家电网公司输变电工程通用设计　±800kV 换流站分册（2013 年版）［M］. 北京：中国电力出版社，2014.

［34］刘振亚. 国家电网公司输变电工程通用设备　±800kV 换流站分册（2013 年版）［M］. 北京：中国电力出版社，2014.

［35］中国电力工程顾问集团中南电力设计有限公司. 高压直流输电设计手册［M］. 北京：中国电力出版社，2017.

［36］《中国电力百科全书》编辑委员会. 中国电力百科全书　输电与变电卷. 3 版［M］. 北京：中国电力出版社，2014.

［37］杨万开. 锡盟—泰州±800kV 特高压直流输电工程系统调试总结［R］. 北京：中国电力科学研究院，2018.

［38］杨万开，贾一超，雷霄. 锡泰直流工程分层接入 500/1000kV 交流电网仿真计算与现场系统试验结果分析，电网技术，2018，42（7）：2255－2261.

［39］袁清云. 特高压直流输电技术现状及在我国的应用前景［J］. 电网技术，2005，29（14）：1－3.

［40］PU Ying, XIONG Lingfei, GONG Xun. Study on Control Strategies for UHVDC System with 500kV/1000kV AC Hierarchical Connection at Receiving End. 2018 International Conference on Power System Technology.

［41］刘振亚. 特高压直流电气设备［M］. 北京：中国电力出版社，2009.

［42］舒印彪，刘泽洪，高理迎，等. ±800kV、6400MW 特高压直流输电工程设计［J］. 电网技术，2006（1）：1－8.

［43］聂定珍，马为民，郑劲. ±800kV 特高压直流换流站绝缘配合［J］. 高电压技术，2006（9）：75－79.

［44］苏宏田，齐旭，吴云. 我国特高压直流输电市场需求研究［J］. 电网技术，2005，29（24）：1－4.

［45］查鲲鹏，高冲，汤广福，等. 哈密南—郑州±800kV/5000A 特高压直流输电工程晶闸管阀设计与试验［J］. 电网技术，2015，25（24）：20－25.

［46］丁荣军，刘国友. ±1100kV 特高压直流输电用 6 英寸晶闸管及其设计优化［J］. 中国电机工程学报，2014，34（29）：5180－5187.

［47］潘福泉，关艳霞，高颖. 晶闸管 dv/dt 的研究［J］. 变频技术应用，2014（1）：49－53.

［48］郭贤珊，郄鑫，曾静. ±800kV 换流站通用设计研究与应用［J］. 电力建设，2014，35（10）：36－42.

［49］李兴文，郭泽，傅明利，等. 高压直流转换开关电流转换特性及其影响因素［J］. 高电压技术，2018，

44（9）：9.

[50] 辛清明，黄莹，邱伟，等．高压直流输电系统阻尼型双调谐交流滤波器的优化设计［J］．电力自动化设备，2017，37（10）：218－223.

[51] 李威，符劲松，张欢，等．特高压直流滤波器电容器组不平衡电流保护整定计算分析［J］．电力电容器与无功补偿，2018，39（06）：1－6.

[52] 吕文韬，谢海葳，徐群伟，等．特高压直流换流站交流滤波器组对电网谐波的影响分析［J］．电力系统自动化，2019，43（23）：217－225.

[53] 杨勇，张静，杨智，等．特高压直流输电系统交流滤波器电容元件击穿故障仿真研究［J］．电力电容器与无功补偿，2018，39（04）：22－29.

[54] 马烨，郭洁，陈洁，等．±1100kV 直流系统整流侧交流滤波器断路器开断时负荷特性研究［J］．高压电器，2014，50（11）：45－50.

[55] 蔡希鹏．±500kV 天广直流输电系统交流滤波器频繁投切分析［J］．电网技术，2005，29（4）：1－3.

[56] 张望，郝俊芳，曹森，等．直流输电换流站无功功率控制功能设计［J］．电力系统保护与控制，2009，37（14）：72－76.

[57] 张志朝，汪洋，周翔胜，等．云广±800kV 直流系统滤波器组投切控制策略优化［J］．南方电网技术，2010，04（4）：40－43.

[58] 方冰，关永刚，申笑林．特高压换流站交流滤波器断路器恢复电压特性研究［J］．高压电器，2015（8）：1－7.

[59] 吴红斌，丁明，李生虎．直流输电模型和调节方式对暂态稳定影响的统计研究［J］．中国电机工程学报，2003，23（10）：32－37.

[60] 聂定珍，曹燕明．HVDC 换流站投切交流滤波器用断路器特殊性能要求［J］．电网技术，2008，32（23）：86－90.

[61] 林莘．现代高压电器技术［M］．2 版．北京：机械工业出版社，2006：323－334.

[62] 刘飞，赵建辉，许甫茹．±800kV 干式空心平波电抗器 6250A/50mH 技术难点分析［J］．电子元器件与信息技术，2021，5（3）：104－107.

[63] 刘成柱，张猛，奚晶亮，等．基于流体—热力学耦合的大容量干式电抗器温度场研究［J］．高压电器，2021，57（4）：84－89.

[64] 肖彩霞，李琳，纪锋，等．特高压干式平波电抗器损耗与热点温升计算及试验研究［J］．高压电器，2018，54（9）：177－182.

[65] 姜志鹏，文习山，王羽，等．特高压干式空心平波电抗器温度场耦合计算与试验［J］．中国电机工程学报，2015，35（20）：5344－5350.

[66] 张猛，刘成柱，孙国华，等．复合绝缘子倾斜支撑干式空心电抗器地震模拟震动台试验［J］．南方电网技术，2020，14（4）：69－75.

[67] 王黎明，汪创，傅观君，等．特高压直流平波电抗器的复合支柱绝缘子抗震性能［J］．高电压技术，2011，37（9）：2081－2088.

[68] 刘振亚．特高压直流输电系统过电压及绝缘配合［M］．北京：中国电力出版社，2009.

[69] 邵天晓．架空送电线路的电线力学计算［M］．2 版．北京：中国电力出版社，2003.

[70] 赵畹君．高电压直流输电技术［M］．北京：中国电力出版社，2004.

[71] 丁永福．±800kV 特高压直流换流站阀厅金具的结构特点［J］．高压电器，2013，49（11）：13－18.

[72] 张文亮．特高压直流技术研究［J］．中国电机工程学报，2007，27（22）：1－7.

索 引

B

C

D

R

F

X

Y

Z